关口电能计量技术与典型故障分析处理

国网北京市电力公司 / 编著

中国电力出版社
CHINA ELECTRIC POWER PRESS

内容提要

在推动以新能源为主体的新型电力系统建设的大背景下，电能计量技术作为计量电能供应和电能消费的关键基础性技术，在支撑碳达峰、碳中和实现过程中起着重要作用。

本书从关口电能计量装置的运维实践出发，对关口电能计量技术以及典型故障案例分析处理进行了介绍。全书内容包括：电能计量基础知识、关口电能计量技术、关口电能计量管理，以及电能表、计量二次回路、采集相关及其他故障的典型案例分析处理。

本书可供电力企业或电力用户计量岗位技术人员及管理人员参阅，也可供从事电能计量装置研究与生产的有关人员参考。

图书在版编目（CIP）数据

关口电能计量技术与典型故障分析处理 / 国网北京市电力公司编著. —北京：中国电力出版社，2023.12（2025.1重印）

ISBN 978-7-5198-8152-8

Ⅰ.①关… Ⅱ.①国… Ⅲ.①电能计量－装置－故障诊断 Ⅳ.① TM933.4

中国国家版本馆 CIP 数据核字（2023）第 182774 号

出版发行：中国电力出版社
地　　址：北京市东城区北京站西街 19 号（邮政编码 100005）
网　　址：http://www.cepp.sgcc.com.cn
责任编辑：莫冰莹（010-63412526）
责任校对：黄　蓓　王海南
装帧设计：赵丽媛
责任印制：杨晓东

印　　刷：北京天宇星印刷厂
版　　次：2023 年 12 月第一版
印　　次：2025 年 1 月北京第二次印刷
开　　本：787 毫米 ×1092 毫米　16 开本
印　　张：20.25
字　　数：381 千字
定　　价：89.00 元

编 委 会

编 写 组

前言 PREFACE

随着新型电力系统建设的加速推进，电力绿色低碳转型的不断升级，电网系统主体多元化、形态复杂化、运行方式多样化的特点愈发明显，对电力系统安全、高效、优化运行提出了更大挑战。关口电能计量装置作为新型电力系统电能计量的关键设备，其可靠运行、准确计量对提升电网线损管理水平具有重要意义，是支撑电力系统稳定、经济运行的关键环节之一。

此外，新形势下电力体制改革逐步深入，全国电力市场交易规模进一步扩大，关口电能计量装置作为支撑电网企业、发电企业、关键用户完成电能贸易结算的核心设备，确保其安全稳定运行，对促进新型电力系统灵活高效、便捷互动的电力市场建设具有重要意义。

为了进一步提升关口电能计量装置的运维管理水平和故障处理能力，特编本书。全书从实际工作出发，对关口电能计量的有关技术进行了介绍，在此基础上，详细分析了生产实际中遇到的各类关口电能计量异常和故障处理案例，以帮助运维人员学习、掌握相关知识，提高业务、技术水平和解决生产中的实际问题。

全书共分为六章：第 1 章为电能计量基础知识，介绍主要电能计量装置及由其组成的电能计量系统。第 2 章为关口电能计量技术，介绍关口电能计量装置的分类及技术要求。第 3 章为关口电能计量管理，介绍关口电能计量装置的运维管理、差错调查等内容。第 4 章为电能表故障典型案例分析处理，详细介绍由电能表故障引起的各类计量异常及其处理过程。第 5 章为计量二次回路故障典型案例分析处理，详细介绍不同类型的计量二次回路故障的分析处理过程。第 6 章为采集相关及其他故障典型案例分析处理，详细介绍运行过程中采集终端及采集回路常见故障和处理方法。

限于编者水平，书中难免存在不妥和疏漏之处，恳请广大读者批评指正。

编者

2023 年 9 月

目录 CONTENT

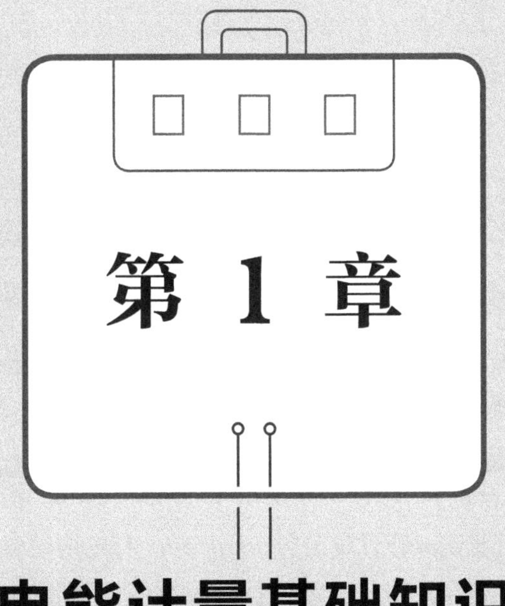

第 1 章

电能计量基础知识

电能计量是保证电力安全生产、经济运行、降低能源消耗、提高供电质量的重要手段。在电力体制改革不断深化的大背景下，电能计量数据作为贸易结算的重要依据，电力生产对其准确性和可靠性也有了更高的要求。电能计量工作的正常进行则依赖于电网中大量的电能计量设备及其组成的计量系统，包括电能表、互感器、电量采集终端以及电能量采集系统等。本章重点介绍了各类电能计量设备及其接线方式，同时对常用的电网管理信息系统也做了简要介绍。

1.1　关口电能计量装置

关口电能计量装置是指用于关口计量点的各类计量装置。“关口计量点”是一个管理上的概念，通常是指电网经营企业之间、电网经营企业与发电或供电企业之间进行电量结算、考核的电能计量点，简称“关口”。

以国家电网有限公司的相关管理规范为例，《国家电网有限公司关口电能计量设备管理办法》[国网（营销 /4）387—2022）] 作为开展关口电能计量运维管理工作的依据，规定关口电能计量点是指发电公司（厂、站）与电网经营企业之间、不同电网经营企业之间、电网经营企业与其所属供电企业之间和不同供电企业之间的电量交换点，以及供电企业内部用于经济技术指标分析、考核的电量计量点，简称“关口”，关口按其性质分为发电上网、跨国输电、跨区输电、跨省输电、省级供电、地市供电、趸售供电、内部考核八类。

关口电能计量点安装的电能计量装置统称为关口电能计量装置，包括电能表，电压互感器、电流互感器及其二次回路，电能计量屏（柜、箱）等用于实现电能计量的各类设备以及附属部件。

1.1.1　电能表

电能表是电能计量装置的核心设备，起着计量电能的作用。根据用途，可将其分为测量用电能表和标准电能表。测量用电能表用于实际的电能计量，标准电能表用于对测量用电能表进行现场检验。

按照电能表的工作原理，可将其分为数字式电能表、电子式电能表、机电一体式电能表和机械式电能表。机电一体式电能表和机械式电能表已经基本淘汰，目前广泛使用的多为电子式电能表和数字式电能表。

1.1.1.1　电子式电能表

电子式电能表也称为静止式电能表，是由电流和电压作用于电子器件而产生与电能成比例输出量的一类仪表。电子式电能表与机械感应式电能表一样，都用于测量单相或三相电路的电能，因此可以分为单相电能表和三相三线、三相四线电能表。单相电能表多用于居民用户的电能计量，关口电能表多为三相三线、三相四线电能表，虽然结构和功能与单相电能表存在差异，但其原理基本相同。

（1）电子式电能表工作原理。电子式电能表采用乘法器实现对电功率的测量，其工作原理如图 1-1 所示。

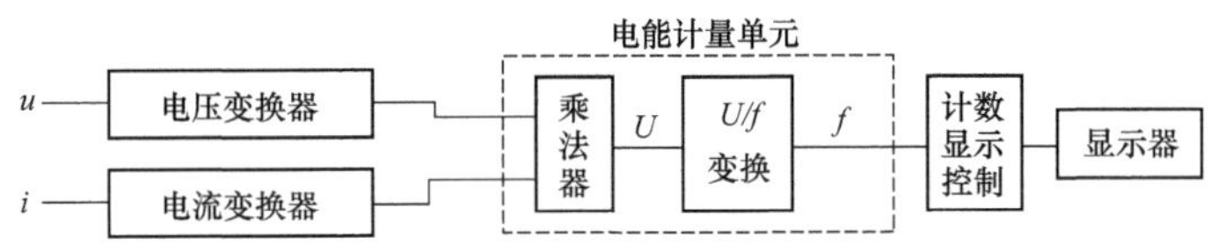

图 1-1 电子式电能表工作原理框图

被测量的电压 u 和电流 i 经电压变换器和电流变换器转换后送至乘法器，乘法器完成电压和电流瞬时值相乘，输出一个与一段时间内的平均功率成正比的直流电压 U，然后再利用电压 / 频率转换器，电压 U 被转换成响应的脉冲频率 f，将该频率分频，并通过一段时间内计数器的计数，最后显示出相应的电能。

第一步：被测量的高电压 u 和大电流 i 经电压变换器和电流变换器转换后，成比例地变换成能被乘法器接受的弱小信号。

第二步：乘法器完成电压和电流瞬时值相乘，输出一个与一段时间内平均功率 P 成正比的直流电压 U_o。

第三步：利用电压 / 频率转换器，将 U_o 转换成一列脉冲，该列脉冲的频率 f_o 正比于平均功率 P，平均功率越大，脉冲就越密集，而每个脉冲对应的电能量是个定值（即脉冲常数），每个脉冲相当于感应式电能表的铝盘转一圈。

第四步：将该列脉冲分频（相当于感应式电能表计度器中传动减速齿轮的作用），并通过一段时间内计数器的计数，显示出相应的电能，其电能值 W 为：W= 脉冲常数 × 所计脉冲个数。

电子式电能表测量的有功电能量是 0 ~ t 时间内电压、电流的乘积对时间的积分，其基本原理为

$$W(t)=\int_0^t p(t)\mathrm{d}t=\int_0^t u(t)i(t)\mathrm{d}t \tag{1-1}$$

式中：$p(t)$ 为瞬时有功功率；$u(t)$ 为瞬时电压；$i(t)$ 为瞬时电流；$W(t)$ 为有功电能量。

如图 1-2 所示，$p(t)=u(t)\times i(t)$ 为功率曲线，而有功电能 $W(t)$ 为功率曲线与横轴 t 所包围的面积（阴影部分）之和。

为实现以上测量目标，测量过程应有如图 1-1 所示的几个步骤，图 1-3 所示画出

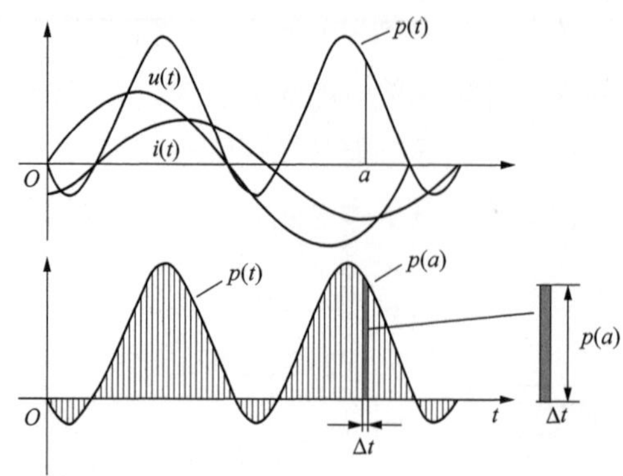

图 1-2 电压、电流、功率、电能曲线图

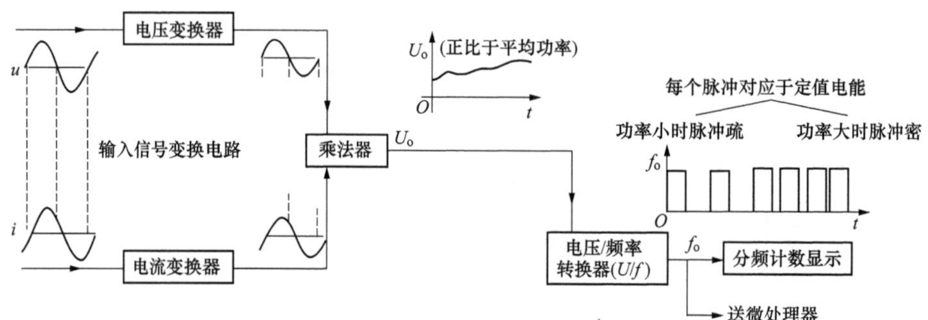

图 1-3 测量线路的组成部分

了每一个步骤的信号波形。

电子式电能计量仪表中必须有电压和电流输入电路。输入电路的作用为：一方面是将被测信号按一定比例转换成低电压、小电流输入信号到乘法器中；另一方面是将乘法器和电网隔离，减小干扰。

1）电流输入变换电路。要测量几安培乃至几十安培的交流电流值，就必须要将其转变为等效的小信号交流电压（或电流），否则无法进行测量。直接接入式电子式电能表一般采用锰铜分流片；经互感器接入式电子式电能表内部一般采用二次侧互感器级联，以满足前级互感器二次侧不带强电的要求。

锰铜片分流器是以锰铜片作为分流电阻 R_s，当大电流 $i(t)$ 流过时会产生响应正比的微弱电压 $u_i(t)$，其数学表达式为

$$u_i(t)=i(t)R_s \tag{1-2}$$

该小信号 $u_i(t)$ 送入乘法器，作为测量流过电能表的电流 $i(t)$ 信号，其原理如图 1-4 所示。

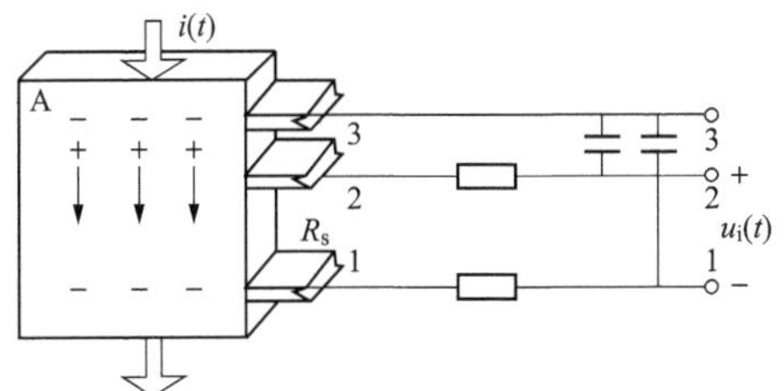

图 1-4　锰铜片分流器测量电路原理图

锰铜片分流器和普通电流互感器相比，具有线性好和温度系数小等优点。

电流互感器分流电路一般采用普通互感器（电磁式），其最大优点是可以将电能表内的主回路与二次回路、电压和电流回路隔离分开，实现供电主回路电流互感器二次侧不带强电，并且可以提高电子式电能表的抗干扰能力。其原理如图 1-5 所示。

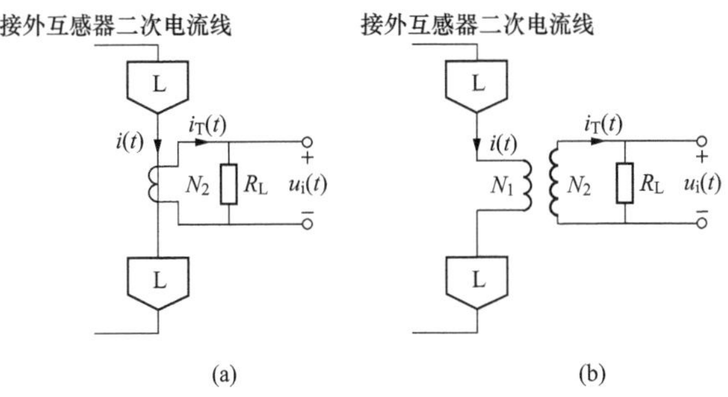

图 1-5　电流互感器电气原理图

（a）穿线式；（b）接入式

流过电能表主回路的电流计算式为

$$i(t)-K_{\mathrm{I}}i_{\mathrm{T}}(t) \tag{1-3}$$

式中：$i(t)$ 为流过电能表主回路的电流；$i_{\mathrm{T}}(t)$ 为流过电流互感器二次侧的电流，K_{I} 为电流互感器的变比。

另有

$$u(t)=i_{\mathrm{T}}(t)R_{\mathrm{L}}=\frac{i(t)}{K_{\mathrm{I}}}R_{\mathrm{L}} \tag{1-4}$$

式中：$u(t)$ 为送往电能计量装置的电流等效信号；R_{L} 为负载电阻。

2）电压输入变换电路。与被测电流一样，上百伏的被测电压也必须经分压器或电压互感器转换为等效的小电压信号方可送入乘法器。电子式电能表内使用的分压器一般为电阻网络或电压互感器。

电阻网络输入变换电路最大的优点是线性好、成本低，缺点是不能实现电气隔离。

在实际应用中，一般采用多级分压，以便提高耐压，方便补偿和调试。典型接线如图 1-6 所示。

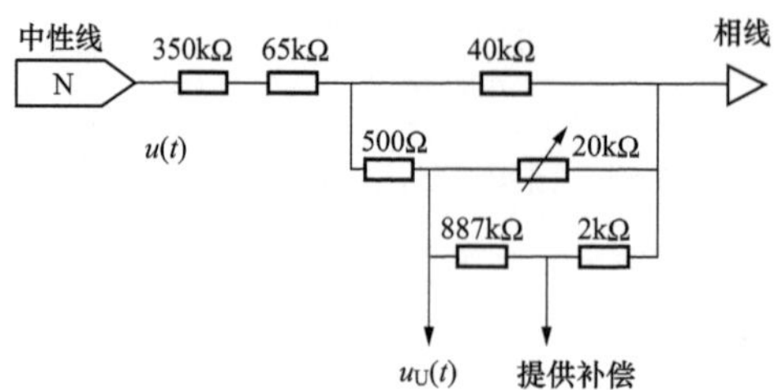

图 1–6　典型电阻网络线路图

采用电压互感器作为电压输入变换的最大优点是可以实现一次侧和二次侧的电气隔离，并且可以提高电能表的抗干扰能力，缺点是成本高。被测电压计算公式为

$$u(t)=K_{\mathrm{U}}u_{\mathrm{U}}(t) \tag{1-5}$$

式中：$u(t)$ 为被测电压；$u_{\mathrm{U}}(t)$ 为送给乘法器的等效电压。

3）乘法器电路。乘法器电路有两种，分别为模拟乘法器和数字乘法器。

模拟乘法器是一种对两个互不相关的模拟信号（如输入电能表内连续变化的电压和电流）进行相乘作用的电子电路，通常具有两个输入端和一个输出端，是一个三端网络，如图 1-7 所示。理想乘法器的输出特性方程式可表示为

$$U_{\mathrm{U}}(t)=KU_{\mathrm{x}}(t)U_{\mathrm{y}}(t) \tag{1-6}$$

式中：K 为乘法器的增益。

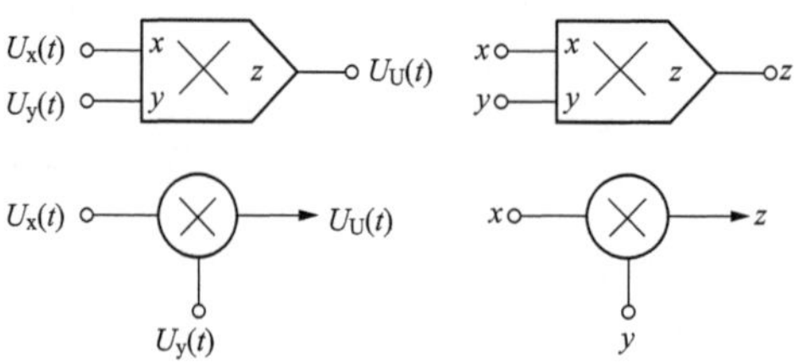

图 1–7　乘法器表示方式

从乘法的代数概念出发，乘法器具有四个工作区域，由它的两个输入信号极性来确定。根据两个输入信号的不同极性，乘积输出的极性有四种组合，可以用图 1-8 所示 xy 平面的四个象限来具体说明。凡是能够适应两个输入信号极性的四种组合的乘法器，称为四象限乘法器。若一个输入端能够适应正、负两极性信号，而另一个输入端只能适应单一极性信号的乘法器，则称其为二象限乘法器。若乘法器的两个输入端

被分别限定为某一种极性的信号并能正常工作，它就是单象限乘法器。

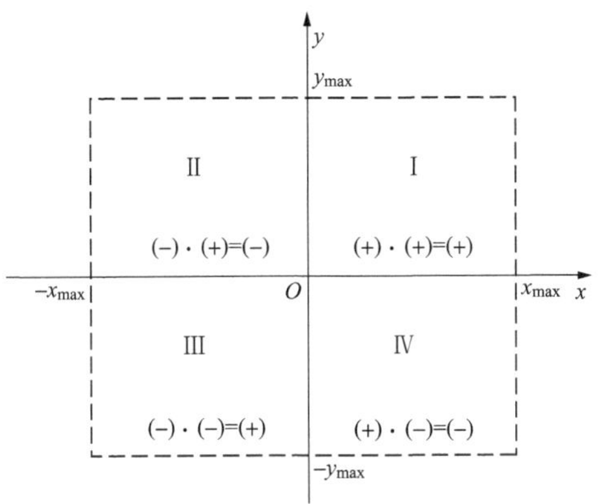

图 1-8　模拟乘法器的工作象限

实现两个输入模拟量相乘的方法有多种多样。乘法器是电子式电能表的核心部件，并非每一种乘法器电路都能适用电子式电能表，下面介绍电子式电能表常用的乘法器。

时分割模拟乘法器的工作过程实质上是一个对被测对象进行调宽、调幅的工作过程。它在提供的节拍信号周期 T 里，对被测电压信号 u_x 作脉冲调宽处理，调制出一正负宽度 T_1、T_2 之差（时间量）与 u_x 成正比的不等宽方波脉冲，即 $T_2-T_1=K_1u_x$；再以此脉冲宽度控制与 u_x 同频的被测电压信号 u_y 的正负极性持续时间，进行调幅处理，使 $u=K_2u_y$；最后将调宽调幅波经滤波器输出，输出电压 U_o 为每个周期 T 内电压 u 的平均值，它反映了 u_x、u_y 两同频电压乘积的平均值，实现了两信号的相乘，输出的调宽、调幅方波如图 1-9 所示。

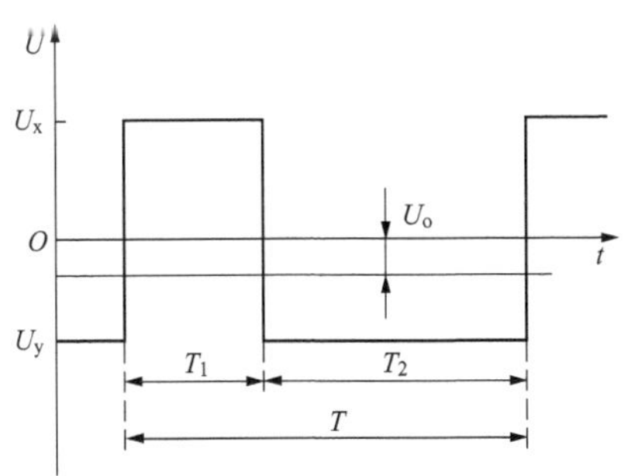

图 1-9　调宽、调幅方波示意图

也有的时分割乘法器对电流信号 i_x、i_y 进行调宽调幅处理，输出的直流电流信号 I_o 表示电流 i_x、i_y 乘积的平均值。前者称为电压平衡型时分割乘法器，后者称为电流平衡型时分割乘法器。

采用三角波作为节拍信号的电压型时分割乘法器的电路原理如图 1-10 所示。被测电压转换为 u_x，被测电流转换成电压 u_y。图 1-10 中电路的上半部分是调宽功能单元，下半部分是调幅功能单元。由运算放大器 N1 和电容 C_1 组成积分器，对经 R_1、R_2 输入的电流作求和积分；$+U_N$ 和 $-U_N$ 是正、负基准电压，在电路的设计中，基准电压 U_N 的幅值应比输入电压 u_x 大得多；S1、S2 为两个受电平比较器控制并同时动作的开关；电平比较器是具有两个稳态的直流触发器；运算放电器 N_2、电阻 R_4 和电容 C_2 组成了滤波器。积分器输出电压 u_1 和三角波发生器产生的节拍三角波电压 u_2 都加到电平比较器上，当 $u_1>u_2$ 时，电平比较器输出低电平，S1、S2 分别接 $-U_N$、$-u_y$；当 $u_1<u_2$ 时，电平比较器输出高电平，S1，S2 分别接 $+U_N$、$+u_y$；当 $u_1=u_2$ 时，为比较器转换状态。乘法器输出电压 U_o 就是由 S2 动作所得到的幅值为 $\pm u_y$ 的不等宽方波电压经滤波后的直流成分。该乘法器电路若干单元输出电压的波形如图 1-11 所示。

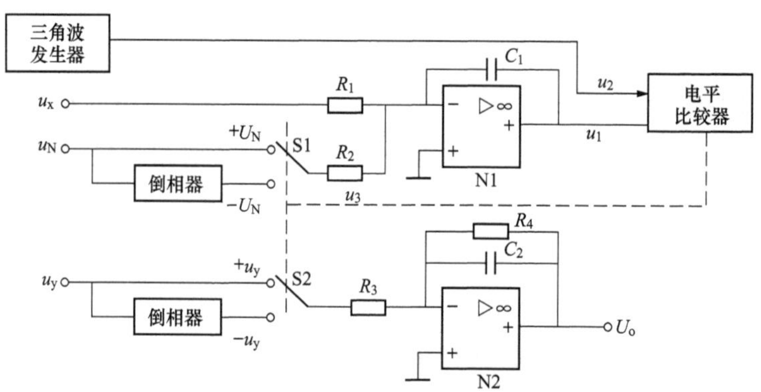

图 1-10　三角波信号的时分割乘法器电路原理图

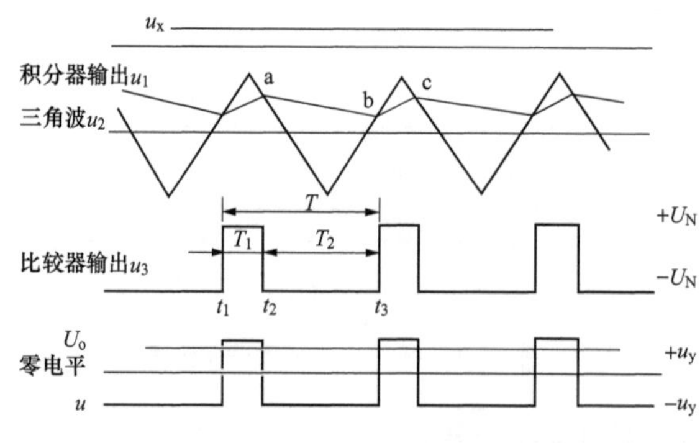

图 1-11　三角波信号的时分割乘法器波形图

数字乘法器可以实现多种电量参数的测量，当采样频率足够高时，可以进行非正弦信号的测量和谐波分析，电能测量精度也可以做得较高，精度从 0.1 级到 1 级均可以实现。

数字乘法器首先将模拟量进行采样，并通过 A/D 转换器将其转换为数字量，再进行数字量相乘，得到数字量的功率值，再乘以采样间隔 Δt，电能量即等于所有乘积的累加，即为

$$W(t)=\int_0^t P(t)\mathrm{d}t=\int_0^t u(t)\times i(t)\mathrm{d}t\approx\sum_{k=0}^{n}u(k)i(k)\Delta t \tag{1-7}$$

数字乘法器的原理如图 1-12 所示。

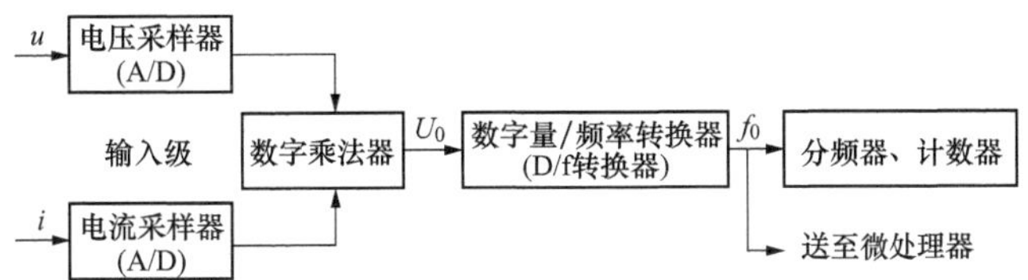

图 1-12　数字乘法器原理图

由图 1-2 可知，有功电能为功率曲线与横轴所包围的面积。如果将功率曲线按时间间隔 Δt 采样后，ΔP 乘以 Δt 后再相加，即近似等于各个矩形面积之和。显然，Δt 越小，准确度越高。

数字乘法器实现电能测量的精度主要取决于 A/D 转换器的精度（位数）以及采样间隔的大小。A/D 转换器的精度越高，测量精度越高，采样间隔越小，测量的精度越高，而且对负荷变化的反应越准确。

构成数字乘法器的关键器件为数字相乘和模数转换器单元。数字相乘单元一般采用 DSP（数据处理器）或高速 MCU（微处理器）实现数字相乘。目前，比较常用的模数转换器为逐次逼近型模数转换器，该处理器转换精度高、速度快、转换时间稳定，易与微机接口，应用非常广泛。微处理器在全电子式电能表中主要用于数据处理，在其测量机构中的应用并不多。随着芯片速度的提高和外部接口电路更加成熟，微处理器的功能已得到充分发挥和扩展。采用数字乘法器，由计算机软件来完成乘法运算，可以在功率因数为 0 ~ 1 的全范围内保证电能表的测量准确度，这是模拟乘法器难以胜任的。

4）电压 / 频率转换器。以下介绍乘法器的输出如何通过电压 / 频率转换器转换为频率数字信号。这里乘法器的输出为电压 / 频率转换器的输入 U_i。

电压 / 频率转换利用积分方式实现，原理如图 1-13 所示。运算放大器 N 和电容器 C 组成积分器，上下电平比较器有两个比较电平 U_1、U_2。当开关 S 接通 $+U_i$ 时，

电容器 C 充电，积分器输出电压 U_o 往负方向变化（ab 段）；当 U_o 达到比较器的下限电平 U_2 时，比较器控制开关 S 接通 $-U_i$，C 放电，积分器输出电压 U_o 往正方向变化（bc 段）；当 U_o 达到比较器的上限电平 U_1 时，S 再次接通 $+U_i$，如此反复。如此时所测负载功率不变（即 U_i 不变），达到稳态后，便得到了周期为 T 的三角波。由于 ab 段和 bc 段的积分斜率是一样的，故充放电的时间也相等，均为 $T/2$。

充电时，S 接 $+U_i$，U_o 下行，在 ab 段有

$$U_2 = U_1 - \frac{1}{C}\int_0^{\frac{T}{2}} \frac{U_i}{R} \mathrm{d}t \tag{1-8}$$

$$U_1 - U_2 = \frac{U_i}{RC}\frac{T}{2} \tag{1-9}$$

放电时，S 接 $-U_i$，U_o 上行，在 bc 段有

$$U_1 = U_2 + \frac{1}{C}\int_{\frac{T}{2}}^{T} \frac{0-(-U_i)}{R} \mathrm{d}t \tag{1-10}$$

$$U_1 - U_2 = \frac{U_i}{RC}\frac{T}{2} \tag{1-11}$$

得到输出电压 U_o 的频率为

$$f = \frac{1}{T} = \frac{1}{2RC(U_1 - U_2)} U_i \propto U_i \tag{1-12}$$

即电压 / 频率转换器输出 U_o 的频率 f 与输入电压 U_i 成正比。这里与前面的积分调宽电路不同，周期 T 是随 U_i 变化的，U_i 值越大，充放电速度越快，T 越小，脉冲越密。这种电压 / 频率转换器的主要特点是输出频率较低，选择高稳定性的 R、C 元件，可使其准确度长期保持在 ±0.1% 的水平。

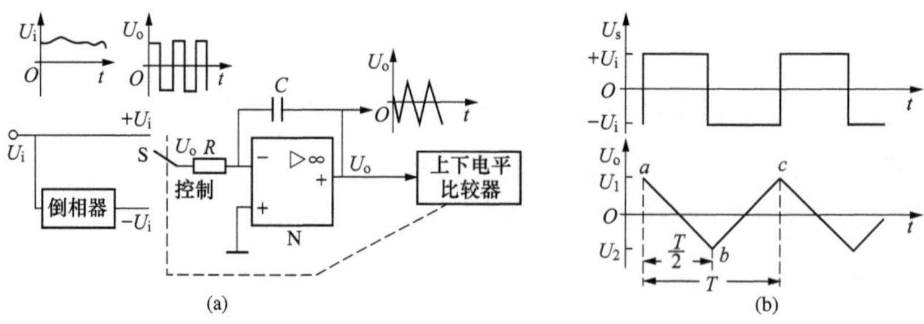

图 1-13　电压 / 频率转换器转换原理图

5）分频计数器。电子式电能表中，代表被测电能的脉冲信号由数字乘法器和电压 / 频率转换器输出。这两种脉冲信号送入计数器计数之前，需要先送入分频器进行

分频，以降低脉冲频率，图 1-14 所示为五分频电路，这时每个脉冲代表的电能值增加了。这样做，一方面是为了便于读取电能计量单位的位数（如百分之一度的位数）；另一方面是考虑到计数器长期计数的容量。

分频器和计数器采用 CMOS 器件集成，工作可靠性、抗干扰能力、功率消耗、电路保安和机械尺寸均优于分立元件电路。

图 1-14（a）中，代表被测电能的脉冲 f_x 经整形电路整形为规则的矩形波 A，晶振产生的标准式中脉冲分频后作为时间基准 B，B 送至控制门，于是控制门打开，将计数脉冲 C 输出，计数器可记录时间 T 内通过控制门的脉冲个数。每个脉冲所代表的电能数经计算确定后，便可以经译码电路由显示器显示出来。对应的波形图见图 1-14（b）。

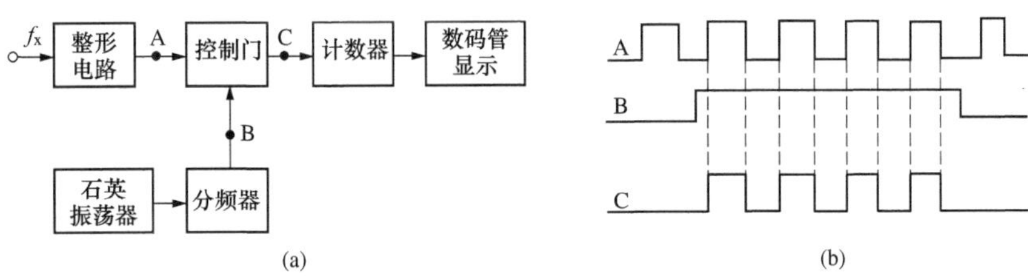

图 1-14　分频、计数电路示意图

（a）电路图；（b）波形图

（2）电子式电能表功能介绍。电能表最重要的就是计量功能。多功能电能表具有输入、输出有功计量，输入、输出无功计量，四象限无功计量，视在电能计量等功能，还可以根据用户要求进行组合无功计量（如Ⅰ象限无功与Ⅳ象限无功绝对值相加，Ⅲ象限无功与Ⅱ象限无功绝对值相加等）。

1）电能计量功能。一般电能计量是累计电量，为用表以来的用电量的总和，多功能电能表还要求记录多月用电量，如 3 ~ 12 个月的历史电量等。

输入有功一般也叫正向有功，是指电流从输入端子到输出端子的方向；而输出有功也叫反向有功，电流方向与正向相反。

输入无功是指电流滞后电压时，线路所具有的无功；而输出无功是指电流超前于电压时线路所具有的无功。

图 1-15（b）所示为有功、无功反向以及四象限无功示意图，假设 B 地为常规负载所在地 B 地也可能向 A 地输送有功电能，变成实际的电源，设 B 地的电流、电压参考方向为关联参考方向，并设电流为参考正弦量（初相位为零），那么 B 地的有功功率 P、无功功率 Q 依据

$$P=UI\cos\varphi \tag{1-13}$$

$$Q=UI\sin\varphi \tag{1-14}$$

有表 1-1 中的四种情况。

表 1-1　B 地的有功功率、无功功率

相量图的象限	实际潮流方向	B 地功率因数角	有功功率 P	无功功率 Q	对 B 地无功电能的计算
第Ⅰ象限	A 地流向 B 地	φ_1=0°～90°（感性）	+，B 地输入有功	+，B 地输入无功	两种情况按绝对值相加
第Ⅳ象限	A 地流向 B 地	φ_4=0°～−90°（容性）	+，B 地输入有功	−，B 地输出有功	
第Ⅱ象限	B 地流向 A 地	φ_2=90°～180°（感性）	−，B 地输出有功	+，B 地输入无功	两种情况按绝对值相加
第Ⅲ象限	B 地流向 A 地	φ_3=−90°～−180°（容性）	−，B 地输出有功	−，B 地输出无功	

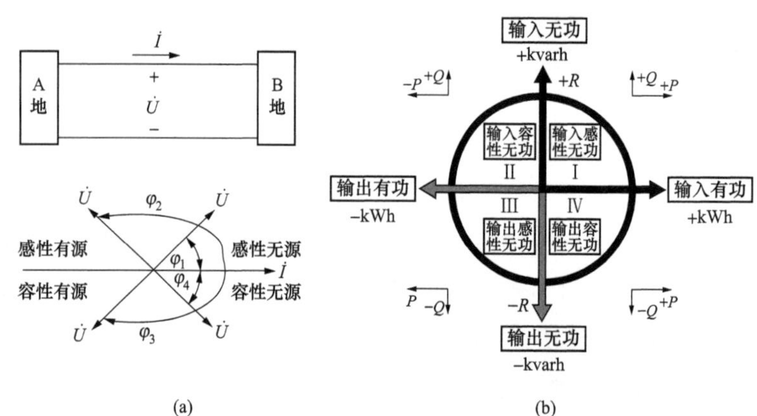

图 1-15　有功、无功方向以及四象限无功示意图

（a）电流、电压相量图；（b）有功、无功方向

电气设备无论是电源还是负载，在电压与电流关联参考方向下，电压超前于电流就是感性设备，感性设备的无功功率定义为正无功，即消耗无功，需从外部设备输入无功，要求外部设备是容性的。在整个电力系统中，感性设备消耗的无功与容性设备提供的无功要达到平衡。而作为负载的 B 地增加输入、输出无功功率都会在输电线路上增加额外的线损，因此要将Ⅰ、Ⅳ象限的无功电能按绝对值相加来考核负载的无功电能。

2）分时计量功能。将一天分成若干时间段，对每段时间规定其费率特征：尖、峰、平、谷。按照费率特征分别累计电量，即可得到电能的分时计量。规定不同费率能起到调节用电量，削峰填谷、平衡负荷的作用，使发电机和电网发挥最大的功效。

目前，国内绝大部分省份都实行了变电站和大用户的分时计量和计费，部分省份的居民用户也实行了分时计费。电能表的分时计费需要表计内部自带实时时钟，并且将时段参数设置到表计中，电能表自动进行时段的切换。

一般简单的时段表全年 365 天只按照一个日时段进行，复杂的时段表有节假日表、周休日表、季节表、多套日表等，以满足不同需要。

为了准确进行分时计费，要求表计内部时钟精度较高：日计时误差小于 0.5s，而时段切换误差小于 5s。

3）最大需量计量。

需量的定义：定长时间内的平均功率。

最大需量的定义：一个抄表周期内需量的最大值。

定长时间也称为需量周期，一般为 5、10、15、30、60min。而计算需量的间隔称为滑差步进时间，一般为 1、3、5、15min。

最大需量计量方法为：每个滑差步进时间到时，计算截止到当前时刻的一个需量周期的平均功率，并且与最大值进行比较。例如，需量周期为 15min，滑差步进时间为 5min，即每 5min 计算一次当前 15min 的平均功率，并且与最大值进行比较，如果大于最大值，则将其记录为最大需量，如图 1-16 所示为最大需量计算说明。

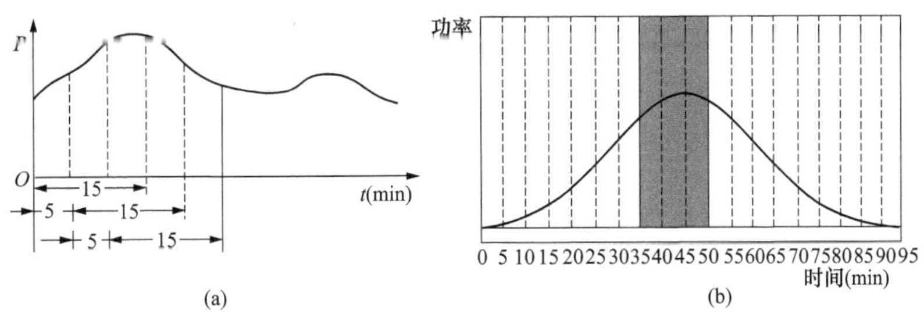

图 1-16 最大需量计算说明

（a）定长时间与滑差步进时间的关系；（b）捕捉最大需量示意图

图 1-16（a）中，电能表从 0min 开始计时，第 15min 计算第一次需量，以后每隔 5min 再计算一次，当第 50min 时计算得到需量的最大值。

国内只需要计量有功最大需量，并依此进行收费。最大需量为一个月需量的最大值，过月时，要求将当月最大值进行保存，而新的一月最大值清零后重新开始计量。一般要求记录多个月的最大需量，如 3 ~ 12 个月的历史数据等。

4）事件记录功能。电子式电能表可以记录多种事件的发生时间及当时的状态，以便进行故障分析和判断。这些事件包括：电能表上电、电能表掉电、清零、参数设置、最大需量清零、断相、失压、过流、失流、功率超限、自检出错等。在多功能电能表中，事件记录数据非常重要。下面详细介绍失压事件与事件记录。

a. 失压事件。

根据 Q/GDW 1354—2013《智能电能表功能规范》，失压是指在三相供电系统中，某相电流大于设定的失压事件电流触发下限，同时该相电压低于设定的失压事件电压触发上限，且持续时间大于设定的失压事件判定延时时间，此种工况称为该相失压。

需注意的是，失压工况的判定前提是三相供电系统，且有三个条件限制：一是电流要大于触发下限；二是电压要低于触发上限；三是持续时间要满足要求。在三相三线情况下，电压用 u_{ab} 和 u_{cb} 参与运算，不判断 B 相失压。当全失压发生时，分相失压事件记录结束。

全失压是指在三相供电系统中，三相电压均低于电能表的临界电压，有任一相或多相负荷电流大于 5% 额定（基本）电流，且持续时间大于 60s 的工况。

由失压和全失压的定义可知：失压事件是指回路中电流存在的情况下，电压低于正常值这一异常运行工况。

b. 事件记录。

电能表失压事件应记录各相失压的总次数，最近失压发生时刻、结束时刻及对应的电能量数据等信息，全失压后程序不应紊乱，所有数据都不应丢失，且保存时间应不小于 180 天；电压恢复后，电能表应正常工作。

可记录每种事件总发生次数和（或）总累计时间。

三相智能电能表通过按键可以显示“总失压次数”“总失压累计时间”“最近一次失压起始日期”“最近一次失压起始时间”“最近一次失压结束日期”“最近一次失压结束时间”“最近一次 A 相失压起始时刻正向有功电量”“最近一次 A 相失压结束时刻正向有功电量”“最近一次 A 相失压起始时刻反向有功电量”“最近一次 A 相失压结束时刻反向有功电量”“最近一次 B 相失压起始时刻正向有功电量”“最近一次 B 相失压结束时刻正向有功电量”“最近一次 B 相失压起始时刻反向有功电量”“最近一次 B 相失压结束时刻反向有功电量”“最近一次 C 相失压起始时刻正向有功电量”“最近一次 C 相失压结束时刻正向有功电量”“最近一次 C 相失压起始时刻反向

有功电量”“最近一次 C 相失压结束时刻反向有功电量”。

三相智能电能表按键显示“失压总次数”是指 A、B、C 三相失压次数之和；“总失压累计时间”指 A、B、C 三相失压次数累计时间之和；“最近一次失压发生时刻”指 A、B、C 三相中最近发生的一次失压的发生时刻，“最近一次失压结束时刻”指 A、B、C 三相中最近发生的一次失压的结束时刻。

电能表失压时，会显示最近一次各相失压起始时刻正向有功电量、最近一次各相失压结束时刻正向有功电量、最近一次各相失压起始时刻反向有功电量、最近一次各相结束时刻反向有功电量。

通过通信，可以将电子式电能表记录的失压数据抄读出来进行分析，及时发现电网在什么时候出现过失压以及失压时的功率，从而作出合理的电量追补或及时排查电网故障。

1.1.1.2 数字化电能表

随着数字化技术的发展，数字化电能表大量应用于 IEC 61850 体系下的数字化变电站中，数字化电能表是变电站系统中的重要组成部分。数字化计量系统基于 IEC 61850 标准，从结构上可分为电子式电流 / 电压互感器、合并单元、数字化电能表三个部分，各层之间和层内部均采用高速通行，其系统结构如图 1-17 所示。

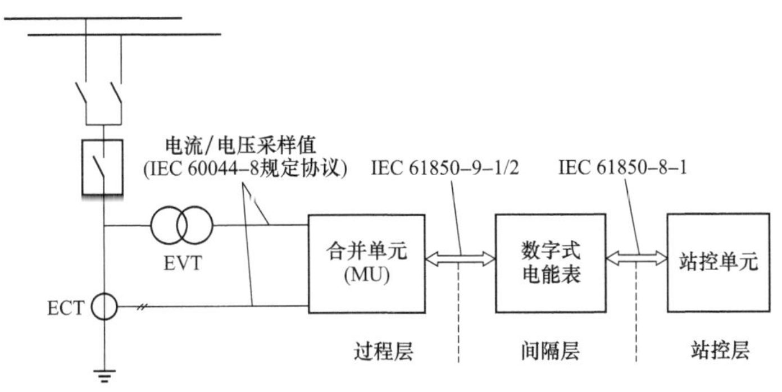

图 1–17 数字化计量系统结构

与电子式电能表相比，数字化电能表的组成结构有了根本性的变化，数字化电能表不再是接收模拟信号，而是接收合并单元传输的电子式互感器的电流和电压采样数据报文，经过数据计算处理实现电能计量、电参量计算、信息存储及处理、实时监测、自动控制、信息交互等功能。基于 IEC 61850 的数字化电能表的典型结构框图如图 1-18 所示。

图 1-18 基于 IEC 61850 的数字化电能表的典型结构框图

由图 1-18 可知，基于 IEC 61850 的数字化电能表接收到的信号不再是模拟信号，而是内含模拟量采样值的以太网数据包。将由信号调理电路以及 A/D 转换电路组成的预处理电路集成到电子式电流互感器和电子式电压互感器中，电能表只用于信号的处理。电能表接口采用 IEC 61850 规定的光纤数字接口，先要对数字光学信号进行光电转换，以太网控制器对数据包进行简单的解包处理后，就交给微处理器集中进行电能参量的计算。由于以太网数据包解析任务和多种电能参量的计算任务都由微处理器处理，数据的计算量很大，因此微处理器一般选用具有高速运算能力的 DSP 作为处理核心。基于 IEC 61850 的数字化电能表可以应用到任意一个数字化变电站中，而不会产生任何兼容性问题。

图 1-19 所示为某型号数字化电能表的结构框图。输入侧接口遵循 IEC 61850-9-2LE 协议，其设计方案采用数字信号处理器与中央微处理器相结合的构架，将数字信号处理器的高速数据吞吐能力与中央微处理器复杂的管理能力相结合。通过协议处理芯片获取合并单元的数据包，传送至数字信号处理单元完成对电参量测量、电能累计以及电能计量等任务，然后与中央微处理器进行数据交换，最终由中央微处理器完成表计的显示、数据统计、存储、人机交互、数据交换等管理功能。

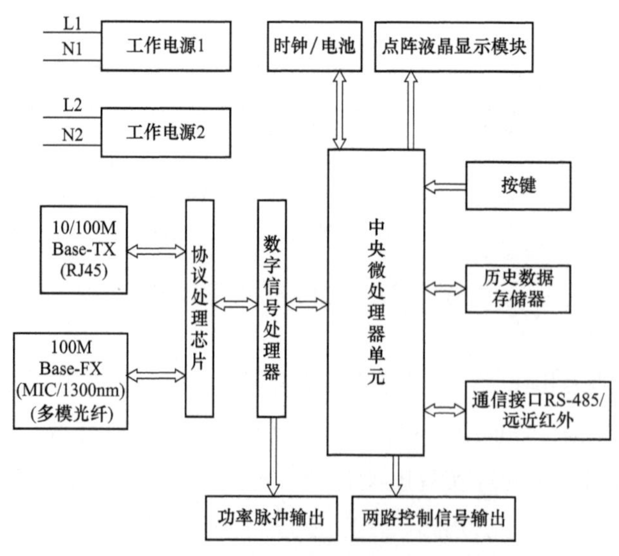

图 1-19 数字化电能表结构框图

1.1.2 电流互感器

电流互感器是依据电磁感应原理将电网一次侧大电流转换成二次侧小电流的测量仪器，起到了电流变换和一、二次侧电气隔离的作用，是进行电流测量的重要设备。

1.1.2.1 电流互感器基本工作原理

目前，电力系统使用的电流互感器一般为电磁式，其基本结构和原理与变压器相似，由两个绕制在闭合铁芯上彼此绝缘的绕组（一次绕组和二次绕组）所组成，其匝数分别为 N_1 和 N_2，如图 1-20 所示。

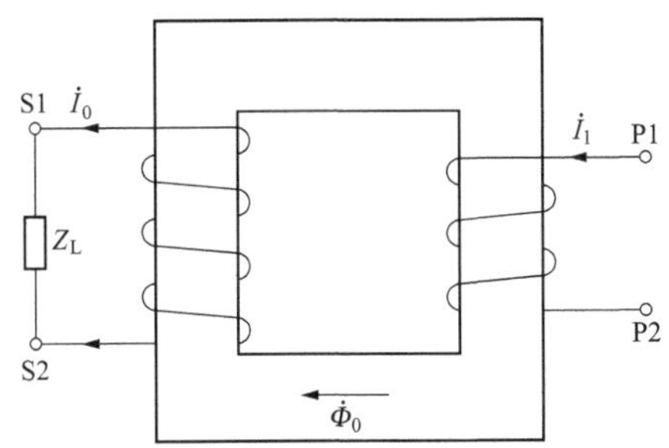

图 1-20 电流互感器工作原理

一次绕组两端 P1、P2 与被测线路串联，电流为 $\dot{I}_1$；二次绕组两端 S1 和 S2 与计量仪表、继电保护、自动装置等二次设备串联，电流为 $\dot{I}_2$。

当电流 $\dot{I}_1$ 通过匝数为 N_1 的一次绕组时，将建立一次磁通势 $\dot{I}_1N_1$，一次磁通势又叫一次安匝。同理，二次电流 $\dot{I}_2$ 与二次绕组匝数 N_2 的乘积将构成二次磁通势 $\dot{I}_2N_2$，又叫二次安匝。一次磁通势与二次磁通势的相量和为励磁磁通势，表达式为

$$\dot{I}_1N_1+\dot{I}_2N_2=\dot{I}_0N_1 \tag{1-15}$$

式中：$\dot{I}_0$ 为励磁电流；$\dot{I}_0N_1$ 为励磁磁通势。

式（1-15）就是电流互感器的磁通势平衡方程式。由此可见，一次磁通势包括两部分：其中一部分用于励磁，它是励磁电流与一次匝数的乘积，叫励磁磁通势或励磁安匝，以产生主磁通；另一大部分用于平衡二次磁通势，这一部分磁通势与二次磁通势大小相等，方向相反。

当忽略励磁电流时，式（1-15）可简化为

$$\dot{I}_1N_1=-\dot{I}_2N_2 \tag{1-16}$$

若以额定值表示，则可以写成

$$\dot{I}_{1n}N_1=-\dot{I}_{2n}N_2 \tag{1-17}$$

这是理想电流互感器的一个重要关系式，即一次磁通势等于二次磁通势，且相位相反，整理可得电流互感器额定电流比为

$$K_n=\frac{\dot{I}_{1n}}{\dot{I}_{2n}}\approx\frac{N_2}{N_1} \tag{1-18}$$

即理想电流互感器两侧的额定电流大小与它们的绕组匝数成反比，并且等于常数 K_n，通常称 K_n 为电流互感器的额定变比。

电流互感器的基本工作原理、结构形式与普通变压器相似，但是电流互感器的工作状态与普通变压器仍存在区别。

（1）电流互感器的一次电流取决于一次电路的电压和阻抗，与电流互感器的二次负载无关，即当二次负载变化时，不能改变其一次电路电流值的大小。

（2）电流互感器二次回路所消耗的功率随二次回路阻抗的增大而增大，若用一个集中阻抗 Z_L 来表示二次设备的（电流绕组）阻抗及二次回路的连接导线阻抗，则二次回路负荷可表示为 $S_2=I_2^2Z_L$。

（3）电流互感器二次电路的负载阻抗都是些内阻很小的仪表，如电流表以及电能表的电流线圈等，所以其工作状态接近于短路状态。

1.1.2.2 误差与影响因素

（1）电流互感器误差。根据基本电磁关系，可以得出电流互感器的简化相量图，如图 1-21 所示。

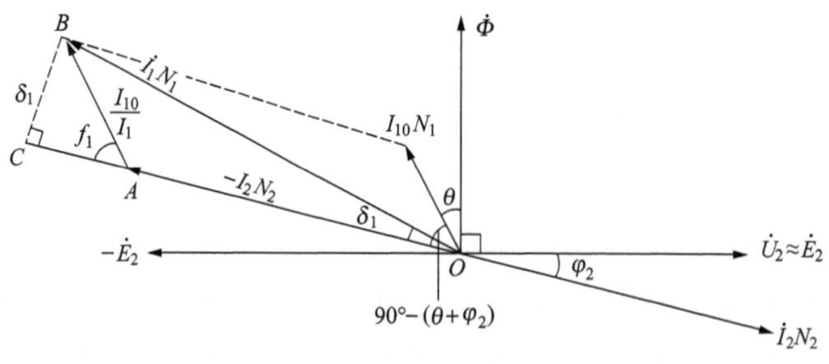

图 1-21 电流互感器的简化相量图

电流互感器二次绕组的感应电动势 $\dot{E}_2$ 滞后于铁芯中的磁通 $\dot{\Phi}$ 约 90°。忽略二次绕组的漏阻抗压降，认为 $\dot{U}_2\approx\dot{E}_2$，二次回路负载的功率因数角为 φ_2。由相量图可知，二次磁通势 $\dot{I}_2N_2$ 旋转 180° 后（即 $-\dot{I}_2N_2$）与一次安匝数的相量 $\dot{I}_1N_1$ 相比，大小不等，相位不同。

1）比值误差。前面提到励磁磁通势为零时一次磁通势等于二次磁通势，但实际

上理想电流互感器是不存在的，励磁磁通势不为零，因此铁芯和绕组中存在损耗，所以按额定电流比折算到一次侧的二次电流与实际一次电流在数值上存在差值。这一差值表现为实际电流比不等于额定电流比，故这一差值又叫比值差，简称比差。

电流互感器的比差表示为

$$f_i(\%)=\frac{K_\mathrm{n}I_2-I_1}{I_1}\times 100\% \tag{1-19}$$

式中：K_n 为额定电流比；I_1 为实际一次电流；I_2 为一次侧电流为 I_1 时二次侧的实际电流。

由式（1-19）可知，如果折算后的二次电流大于一次电流，即 $K_\mathrm{n}I_2>I_1$，则比差为正值，反之为负值。由于空载电流的存在，电流互感器在未采取补偿措施的情况下，比值差为负值。

2）相位差。相位差是指一次电流与二次电流相量的相位之差，又叫相角差，它是旋转 180° 后的二次磁通势安匝 $-\dot{I}_2N_2$ 与一次磁通势安匝 $\dot{I}_1N_1$ 之间的相位差，用 δ_1 表示，通常用“ ′ ”（分）作为计算单位。若 $-\dot{I}_2N_2$ 超前于 $\dot{I}_1N_1$，则角差为正值；若滞后，则角差为负值。

从相量图中可求出比差与角差的公式，因为 δ_1 很小，所以认为

$$OB=OC=I_1N_1 \tag{1-20}$$

其中

$$\begin{aligned}AC&=I_{10}N_1\cos[90^\circ-(\theta+\Phi_2)]\\&=I_{10}N_1\sin(\theta+\Phi_2)\end{aligned} \tag{1-21}$$

又因为

$$AC=OC\ \ OA=I_1N_1\ \ I_2N_2 \tag{1-22}$$

所以

$$\begin{aligned}f_1&=\frac{I_2N_2-I_1N_1}{I_1N_1}\times 100\%=-\frac{I_{10}N_1\sin(\theta+\varphi_2)}{I_1N_1}\times 100\%\\&=-\frac{I_{10}\sin(\theta+\varphi_2)}{I_1}\times 100\%\end{aligned} \tag{1-23}$$

式中：θ 为电流铁芯中的损耗角；φ_2 为电流互感器二次负荷的功率因数角。

又因为

$$\sin\delta_1=\frac{BC}{OB}=\frac{I_{10}N_1\cos[90^\circ-(\theta+\varphi_2)]}{I_1N_1}=\frac{I_{10}N_1\sin(\theta+\varphi_2)}{I_1N_1} \tag{1-24}$$

通常 δ_1 很小，可以认为 $\sin\delta_1=\delta_1$，则有

$$\delta_1 = \frac{I_{10}}{I_1}\cos(\theta + \varphi_2) \times 3438' \tag{1-25}$$

因为 δ_1 的单位为分，所以将度转化为分的公式是：$\frac{180°}{\pi} \times 60 = 3438'$。

在三角形 ABC 中，若将 AB 以 I_{10}/I_1 取代，则 I_{10}/I_1 的垂直分量相当于角差 δ_1，水平分量相当于比差 f_1。

上述内容表明：电流互感器比差与角差的大小与励磁电流 I_{10}、负载功率因数 φ_2 和损耗角 θ 有关。

（2）影响误差因素。电流互感器的误差主要与一次安匝数 I_1N_1、二次回路总阻抗 Z_L（或者输出容量 S）、负载功率因数、铁芯尺寸和铁芯材料等有关，下面对其进行简单说明。

假设铁芯的导磁系数为常数，根据电磁感应定律有

$$\Phi_0 = \frac{\sqrt{2}E_2}{2\pi f N_2} \tag{1-26}$$

式中：Φ_0 为铁芯中主磁通的幅值；E_2 为二次感应电动势的有效值；N_2 为二次绕组匝数。又因为

$$E_2 = I_2 Z_L = I_2\sqrt{(R_2 + R_Z)^2 + (X_2 + X_Z)^2} \tag{1-27}$$

于是有

$$\Phi_0 = \frac{\sqrt{2}I_2 Z_L}{2\pi f N_2} \tag{1-28}$$

又根据磁路定律，有

$$\Phi_0 = BA_C = \sqrt{2}\,\mu H A_C \quad HL_C = I_0 N_1$$

式中：B 为磁通密度幅值；H 为磁场强度有效值。

则有

$$\Phi_0 = \frac{\sqrt{2}\mu A_C I_0 N_1}{L_C} \tag{1-29}$$

式中：μ 为铁芯导磁系数；A_C 为铁芯有效面积；L_C 为铁芯的平均磁路长度。

由式（1-28）和式（1-29）得出

$$I_0 N_1 = \frac{I_2 Z_L L_C}{2\pi f \mu A_C N_2} \tag{1-30}$$

将式（1-30）代入式（1-23）和式（1-25）得

$$f_i(\%) = -\frac{I_2 Z_L L_C}{2\pi f \mu A_C N_2 I_1 N_1} \sin(\alpha+\theta) \times 100\% \tag{1-31}$$

$$\delta = \frac{I_2 Z_L L_C}{2\pi f \mu A_C N_2 I_1 N_1} \cos(\alpha+\theta) \times 3440' \tag{1-32}$$

由式（1-31）和式（1-32）可归纳出，影响电流互感器误差的因素如下。

1）误差与一次安匝成反比，要减小误差，就要增加一次安匝，因此对额定一次电流小的互感器，通常采用增加一次绕组匝数的方法来增加一次安匝。

2）互感器误差与二次回路总阻抗 Z_L 成正比，要减小误差，就应该减小二次负荷阻抗和绕组阻抗。

3）在其他参数不变的条件下，二次负荷功率因数增大时，φ_2 角减小，α 角减小，电流误差减小，而相位差增大；当功率因数减小时，α 角增大，电流误差增大，而相位差减小；当 $\alpha+\theta=90°$ 时，相位差为零，当 $\alpha+\theta$ 超过 90° 时，相位差变为负值。

4）减小平均磁路长度 L_C，增大铁芯截面积 A_C，都会使误差减小。

5）在其他参数不变的情况下，铁芯损耗角 θ 增加时，电流误差增大，而相位差减小；当 θ 减小时，电流误差减小，而相位差增大。此外，铁芯磁导率 μ 越高，误差也越小。

以上分析是建立在磁导率 μ 为常数的基础上，实际上铁磁材料的磁导率在运行中随 B 值变化，铁芯磁化曲线如图 1-22 所示。

未采取误差补偿的电流互感器，如 Z_L 和功率因数不变，当一次电流小于额定值的情况下，随着一次电流的增大，电流误差和相位误差都会减小；而当一次电流达到额定值后，随着一次电流的增大，电流误差和相位误差均会逐渐增大。这是因为一次电流小于额定值时，铁芯磁通密度处在磁化曲线 $B=f(H)$ 的直线段，即处于磁导率增加的区域，电流增加时，E_2 增加，B 值上升，μ 值增大，误差减小。而当一次电流达到额定值后，随着一次电流的增加，$B=f(H)$ 进入饱和曲线后段，B 值增加，μ 值反而减少，故误差增大。因此，电流互感器应在产品保证准确度的电流限值内运行。

图 1-23 所示为未补偿电流互感器的误差曲线，因为未补偿的电流互感器的电流误差总是负值，故电流误差曲线在横坐标的下方。而在大多数情况下，$\alpha+\theta$ 不超过 90°，相位差为正值，所以相位差曲线在横坐标上方。

未采取误差补偿措施的电流互感器，其电流误差永远是负值。采取补偿措施可使电流误差向正方向变化，从而可以减小电流误差的绝对值，同时采用适当的补偿措施

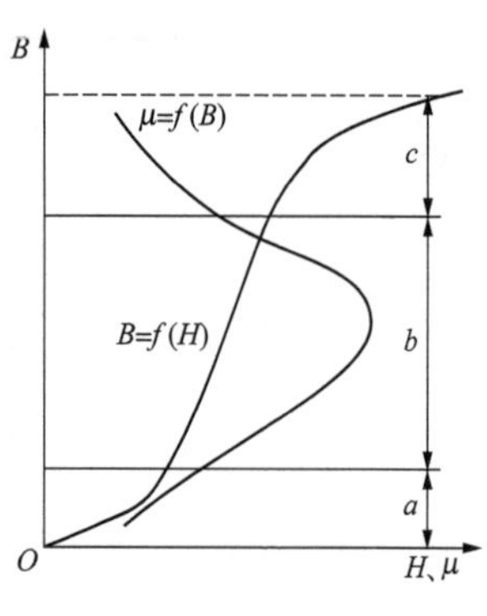

图 1–22　铁芯磁化曲线

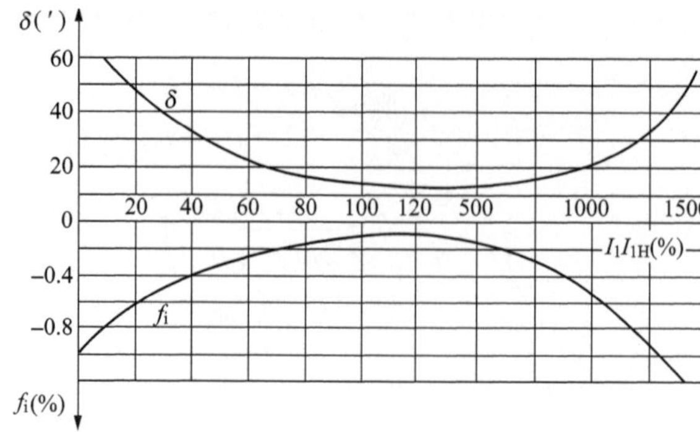

图 1–23　未补偿的电流互感器误差曲线图

也可以使相位差的绝对值减小。补偿误差的方法有很多，一般有整数匝补偿、分数匝补偿、磁分路补偿等。

1.1.2.3　准确度等级与额定容量

（1）准确度等级。电流互感器的准确度以标称准确度等级来表征，对应不同的准确度等级有不同的误差要求，测量用电流互感器的标准准确度等级有 0.1、0.2、0.5、1、3、5 级，对特殊要求还有 0.2S 和 0.5S 级，测量用电流互感器的误差限值详见表 1-2。保护用电流互感器的标准准确度等级有 5P 和 10P 级，电流互感器各准确度等级所对应的误差限值详见表 1-3。

表 1–2　测量用电流互感器的误差限值

准确度等级	一次电流为额定电流的百分数（%）	误差限值		保证误差的二次负荷范围 cos φ =0.8（滞后）
		电流误差（%）	相位差（′）	
0.1	5	± 0.4	± 15	（0.25 ~ 1.0）S_{2n}
	20	± 0.2	± 8	
	100 ~ 200	± 0.1	± 5	
0.2	5	± 0.75	± 30	
	20	± 0.3	± 15	
	100 ~ 200	± 0.2	± 10	
0.5	5	± 1.5	± 90	
	20	± 0.75	± 45	
	100 ~ 200	± 0.5	± 30	
1	5	± 3.0	± 180	
	20	± 1.5	± 90	
	100 ~ 200	± 1.0	± 60	

（续表）

准确度等级	一次电流为额定电流的百分数（%）	误差限值		保证误差的二次负荷范围 $\cos\varphi$ =0.8（滞后）
		电流误差（%）	相位差（′）	
3	50	±3	—	（0.5～1.0）S_{2n}
	120	±3	—	
5	50	±5	—	
	120	±5	—	
0.2S	1	±0.75	±30	（0.25～1.0）S_{2n}（仅用于额定二次电流为 5A 的互感器）
	5	±0.35	±15	
	20	±0.2	±10	
	100～200	±0.2	±10	
0.5S	1	±1.5	±90	
	5	±0.75	±45	
	20	±0.5	±30	
	100～200	±0.5	±30	

表 1-3　保护用电流互感器的误差限值

准确度等级	额定一次电流下的误差		额定准确限值一次电流下的复合误差（%）	保证误差的二次负荷范围 $\cos\varphi$=0.8（滞后）
	电流误差（%）	相位差（′）		
5P	±1	±60	5	S_{2n}
10P	±3	—	10	S_{2n}

从表 1-3 中可以看出，对于测量用电流互感器，互感器的准确度等级是以额定电流下所规定的最大允许电流误差的百分数来标称的，而保护用电流互感器的准确度等级是以额定准确限值一次电流下的最大允许复合误差百分数来标称的（字母“P”表示保护用）。所谓额定准确限值一次电流是指保护用电流互感器复合误差不超过限值的最大一次电流。保护用电流互感器实际上是在超过额定电流许多倍的短路电流流过一次绕组时才开始有效工作，向二次侧传递信息，以保证保护装置的正确动作，此时必须有一定的准确度，即复合误差不超过限值。

（2）额定容量。从表 1-2 中可以看出，只有当二次负荷在额定容量的一定范围时，才能保证误差不超过规定的限值，如测量用互感器的二次负荷不得大于额定容量，也不得小于额定容量的 25%；对保护用互感器，则要求二次负荷不得大于额定容量。二次负荷通常用视在功率来表示，当二次负荷用阻抗表示时，则有

$$Z_{2n}=\frac{S_{2n}}{I_{2n}^{2}} \tag{1-33}$$

式中：S_{2n} 表示额定二次容量；I_{2n} 表示额定二次电流。额定二次负荷是指二次负荷在功率因数为 0.8（滞后）时的值。

1.1.2.4 运行与安全要求

（1）电流互感器的接线应遵守串联原则，即一次绕阻应与被测电路串联，而二次绕阻则与所有仪表负载串联。

（2）按被测电流大小，选择合适的变比，否则误差将增大。同时，二次侧一端必须接地，以防绝缘损坏时，一次侧高压窜入二次低压侧，发生人身和设备事故。

（3）二次侧绝对不允许开路，因为一旦开路，一次侧电流 I_1 全部成为磁化电流，引起 φ_m 和 E_2 骤增，导致铁芯过度饱和磁化、发热严重乃至烧毁绕组；同时，磁路过度饱和磁化后，会使误差增大。电流互感器在正常工作时，二次侧与测量仪表和继电器等电流线圈串联使用，测量仪表和继电器等电流线圈阻抗很小，二次侧近似于短路。TA 二次电流的大小由一次电流决定，二次电流产生的磁通势，是平衡一次电流的磁通势的。若突然使其开路，则励磁电动势会由数值很小的值骤变为很大的值，铁芯中的磁通将呈现严重饱和的平顶波，因此二次侧绕组将在磁通过零时感应出很高的尖顶波，其值可达到数千甚至上万伏，会危及工作人员的安全和影响仪表的绝缘性能。

另外，二次侧开路使二次侧电压达几百伏，一旦触及将发生触电事故。因此，电流互感器二次侧都备有短路开关，防止二次侧开路。在使用过程中，二次侧一旦开路，应马上撤掉电路负载，然后，再停电处理。一切处理好后方可再投入使用。

（4）为了满足测量仪表、继电保护、断路器失灵判断和故障滤波等装置的需要，在发电机、变压器、出线、母线分段断路器、母线断路器、旁路断路器等回路中均设有 2～8 个二次绕组的电流互感器。

（5）对于保护用电流互感器的装设地点，应按尽量消除主保护装置的不保护区来设置。例如：当有两组电流互感器，且位置允许时，应设在断路器两侧，使断路器处于交叉保护范围之中。

（6）为了防止支柱式电流互感器套管闪络产生母线故障，电流互感器通常布置在断路器的出线侧或变压器侧。

（7）为了减轻发电机内部故障时的损伤，用于自动调节励磁装置的电流互感器应布置在发电机定子绕组的出线侧。为了便于分析，以及在发电机并入系统前发现内部故障，用于测量仪表的电流互感器宜装在发电机中性点侧。

1.1.2.5 型号及铭牌参数

（1）电流互感器型号。电流互感器型号编号方法一般用字母加数字的方式表示，其中第 1 个字母固定为 L，表示电流互感器，第 2、第 3 个字母以及后续字母的表示意义如表 1-4 所示。字母后面，通常会有额定电压等级以及准确度等级等基本信息，例如：LFC-10 0.5 表示额定电压为 10kV 的贯穿式瓷绝缘电流互感器，准确度等级为 0.5。编号示意如下。

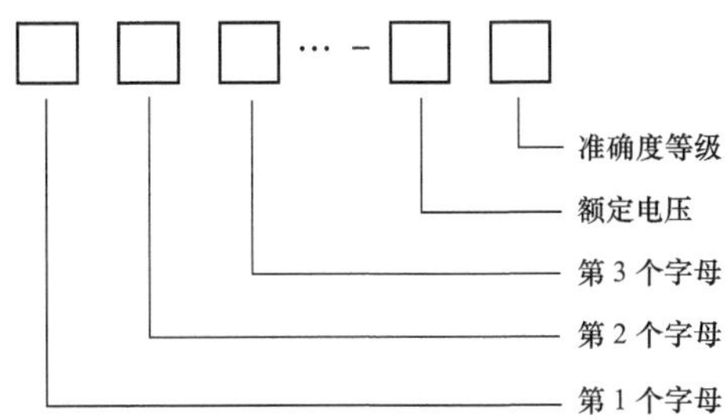

表 1-4 电流互感器字母代表意义及顺序

序号	分类	含义	代表字母
1	用途	电流互感器	L
2	结构型式	套管式（装“入”式）	R
		支柱式	Z
		线圈式	Q
		贯穿式（“复”匝）	F
		贯穿式（“单”匝）	D
		母线型	M
		开合式	K
		倒立式	V
3	线圈外绝缘介质	变压器油	—
		干式	G
		气体绝缘	Q
		瓷绝缘	C
		浇筑式	Z
		绝缘壳	K
4	结构特征及用途	带有保护级	B
		带有保护级（暂态误差）	BT
5	油保护方式	带金属膨胀器	—
		不带金属膨胀器	N

电流互感器接线端子须有标志，标志应位于接线端子表面或近旁且应清晰牢固，标志由字母或数字组成，字母均为大写印刷体，如图 1-24 所示。

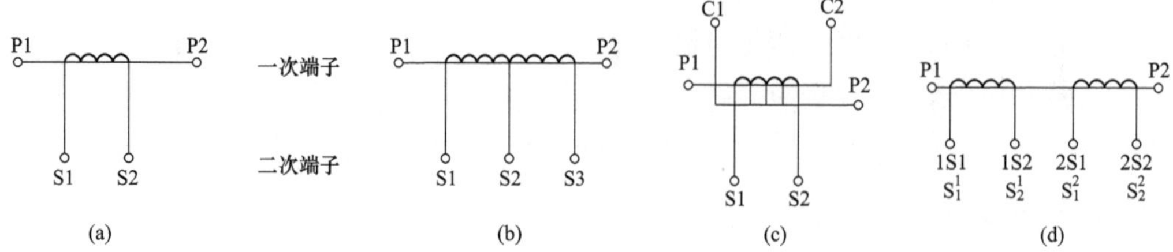

图 1-24　电流互感器绕组接线图

图 1-24 中各项标志介绍如下。

一次端子：P1、P2。

一次绕组分段端子：C1、C2。

二次端子：S1、S2（单电流比），或 S1、S2、S3（多电流比）。如互感器有两个及以上二次绕组，各有其铁芯，则可以表示为 1S1、1S2，2S1、2S2 和 3S1、3S2 等。

以上所有标有 P1、S1 和 C1 的接线端子，在同一瞬间具有同一极性。

（2）铭牌参数。电流互感器的主要铭牌参数应包含以下内容。

1）制造厂名（应同时标出地名）。

2）型号或序号。

3）额定一次和二次电流：一般应表示为额定一次电流 / 额定二次电流，当一次电流为分段式，通过串、并联得到几种电流比时，表示为“一次绕组段数 × 一次绕组每段的额定电流 / 额定二次电流”，如 2 × 600/1A。

当二次绕组具有抽头，以得到几种电流比时，应分别标出每一对二次出线端子及其对应的电流比，如 S1-S2 200/5A、S1-S3 300/5A、S1-S4 400/5A 等。

4）额定频率。

5）准确度等级。电流互感器的准确度等级有 0.01 级、0.02 级、0.05 级、0.1 级、0.2 级、0.5 级、1.0 级、3.0 级、5.0 级、0.2S 级和 0.5S 级。

0.1 级以上电流互感器主要用于试验室进行精密测量，或者作为标准用于检验低等级的互感器，也可以与标准仪表配合，用于检验仪表，所以也叫作标准电流互感器。用户电能计量装置通常采用 0.2 级和 0.5 级电流互感器，对于某些特殊要求（希望电能表在 0.05 ~ 6A，即额定电流 5A 的 1% ~ 120% 的某一电流下进行准确测量），可采用 0.2S 级和 0.5S 级的电流互感器。

6）额定容量。电流互感器的额定容量就是额定二次电流通过二次额定负载时所消耗的视在功率。

电流互感器在使用中，二次接线和仪表电流线圈的总阻抗，不超过铭牌上规定的额定容量且不低于1/4额定容量时，才能保证它的准确度。制造厂铭牌上标定的额定二次负载通常用额定容量表示，其输出标准值有2.5、5、10、15、20、25、30、40、50、60、80、100VA等。

7）额定电压。电流互感器的额定电压是指一次绕组长期能够承受的最大电压（有效值）。它只是说明电流互感器的绝缘强度，与电流互感器的额定容量无关。

8）额定绝缘水平。

9）额定短时热电流方均根值和额定动稳定电流峰值，对于一次绕组为分段式的多电流比互感器，应分别标出与各种一次绕组联结方式相对应的额定短时电流值。

10）绝缘耐热等级，其中A级绝缘可不标出。

11）带有两个二次绕组的互感器，应标明每一绕组的用途及其相应的端子。

12）设备种类：户内或户外使用，如互感器允许使用在海拔高于1000m的地区，还应标出允许使用的海拔。

除此之外，还有互感器总质量及油浸式互感器的油质量、二次绕组排列示意图、制造年月、互感器名称、标准代号等信息。

1.1.3 电压互感器

电压互感器是电力系统中用于电压变换的设备，其基本原理与变压器类似。但变压器变换电压的目的是为了进行电能输送，而电压互感器变换电压的主要目的是给测量仪表和继电保护装置提供电压信号。电压互感器按工作原理的不同可分为电磁式电压互感器、电容式电压互感器和光电式电压互感器（电子式电压互感器），本节对电压互感器相关内容进行介绍。

1.1.3.1 电压互感器基本工作原理

（1）电磁式电压互感器。电磁式电压互感器的工作原理与变压器相同，一次绕组并联在高压电网上，二次绕组外部并接测量仪表和继电保护装置等负荷，仪表和继电器的阻抗很大，二次负荷电流小，且负荷一般都比较恒定。电压互感器的容量很小，接近于变压器空载运行时的情况，运行中电压互感器一次电压不受二次负荷的影响，二次电压在正常使用条件下与一次电压成正比。

如图1-25所示为单相双绕组电压互感器原理图。为了便于分析，图1-25中将一次绕组和二次绕组分别画在两侧铁芯上，实际上所有的电压互感器都是将一次绕组、二次绕组放置在同一铁芯柱上的。

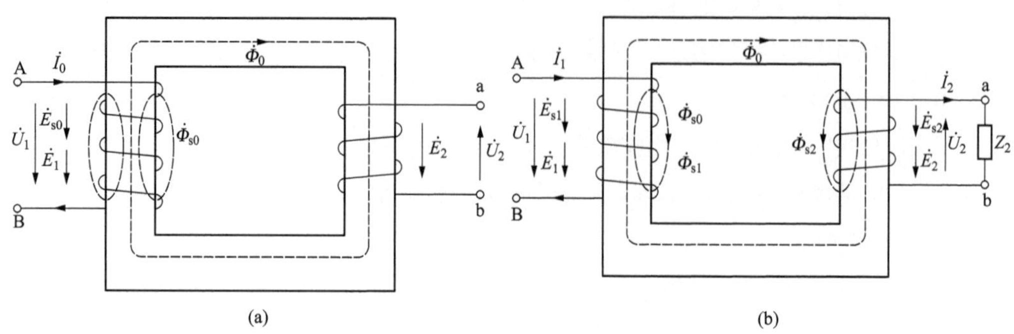

图 1-25 单相双绕组电压互感器原理图

（a）空载运行；（b）负荷运行

1）空载运行。在互感器空载运行时，如图 1-25（a）所示，它的一次绕组接在电压为$\dot{U}_1$的电网上，二次绕组处于开路状态。在电压$\dot{U}_1$的作用下，一次绕组将流过励磁电流 $\dot{I}_0$，此电流通过一次绕组将产生磁通势，其值为一次绕组的匝数 N_1 和 $\dot{I}_0$ 的乘积，即励磁磁通势$\dot{F}_0=\dot{I}_0N_1$，在$\dot{F}_0$的作用下，铁芯中产生主磁通，主磁通幅值$\dot{\Phi}_0$与磁路饱和情况有关。主磁通同时穿过一次绕组和二次绕组全部线匝，在一次绕组产生感应电动势 $\dot{E}_1$，同时在二次绕组产生感应电动势 $\dot{E}_2$，其值（有效值）分别为

$$\dot{E}_1 = 4.44fN_1\dot{\Phi}_0 \tag{1-34}$$

$$\dot{E}_2 = 4.44fN_2\dot{\Phi}_0 \tag{1-35}$$

将两式相除可得

$$\frac{E_1}{E_2} = \frac{N_1}{N_2} = K \tag{1-36}$$

式（1-34）~式（1-36）中：N_1、N_2 分别为一次绕组和二次绕组的匝数；f 为电源频率；$\dot{\Phi}_0$ 为主磁通幅值；K 为电压互感器一次绕组对二次绕组的电压之比。

空载磁通势还产生另一部分磁通$\dot{\Phi}_{s0}$，主要沿非磁路闭合，与一次绕组交链，称为一次绕组的漏磁通，在一次绕组内感应电动势 $\dot{E}_{s0}$，只起电压降作用，可用 $-j\dot{I}_0X_{10}$ 来代替。因为漏磁通所经过的磁路大部分是在铁芯外的非磁性介质中，没有饱和现象，因此其磁路磁阻可以认为不变，可以认为其磁通大小与其产生的电流成正比，对应的漏磁电动势 $\dot{E}_{s0}$ 也与电流成正比，其比值 $E_{s0}/I_0=X_0$ 称为一次绕组的空载漏电抗，它是个常数，由此得到空载时一次绕组电动势平衡方程式为

$$\dot{U}_1=-(\dot{E}_1+\dot{E}_{s0})+\dot{I}_0R_1=-\dot{E}_1+\dot{I}_0R_1+j\dot{I}_0X_{10}$$
$$=-\dot{E}_1+\dot{I}_0Z_1 \tag{1-37}$$

式中：$Z_1=R_1+jX_{10}$ 为一次绕组漏阻抗，显然也是常数。由于 $\dot{I}_0X_{10}$ 的值很小，$\dot{U}_1\approx E_1$，而二次绕组空载时电压 $U_2=E_2$，故可以近似地用一次绕组、二次绕组电压之比作为互感器的变比，即

$$K=\frac{E_1}{E_2}\approx\frac{U_1}{U_2} \tag{1-38}$$

如一次绕组的电压是电网的额定电压 U_{1n}，二次绕组的电压是规定标准值 U_{2n}，则有额定变比 K_n，即

$$K_n=\frac{U_{1n}}{U_{2n}} \tag{1-39}$$

2）带负荷运行。当二次侧接入负荷 Z_2 时，如图 1-25（b）所示。二次绕组有电流 $\dot{I}_2$ 流过，产生二次磁通势 $\dot{F}_2=\dot{I}_2N_2$，该磁通势力图使主磁通 $\dot{\Phi}_0$ 去磁，根据楞次定律，一次绕组中将相应地产生一个补偿去磁作用的电流，即一次负荷电流 $\dot{I}_{1f}$，并建立一个与 $\dot{F}_2$ 方向相反、大小相等的补偿磁通势 $\dot{I}_{1f}N_1=-\dot{I}_2N_2$，以维持铁芯中的主磁通 $\dot{\Phi}_0$ 不变。这样与空载运行不同，此时一次磁通势由两个分量构成：一个是产生主磁通的磁通势，另一个是补偿二次去磁作用的磁通势。此时电压互感器的磁通势平衡方程式为

$$\dot{F}_1=\dot{F}_0+(-\dot{F}_2) \tag{1-40}$$

$$\dot{I}_1N_1=\dot{I}_0N_1+(-\dot{I}_2N_2) \tag{1-41}$$

$$\dot{I}_1=\dot{I}_0+\left(-\dot{I}_2\frac{N_2}{N_1}\right) \tag{1-42}$$

$$\dot{I}_2=\dot{I}_0=\dot{I}_2' \tag{1-43}$$

这里引入折算值，在各物理量的符号上加一个“′”来表示，一般讨论电压互感器画相量图和等效电路图时，均将二次侧参数折算到一次侧，以便于把一次侧和二次侧的物理量联系起来。

折算到一次侧的二次电流为

$$I_2'=I_2\frac{N_2}{N_1}=\frac{I_2}{K} \tag{1-44}$$

折算到一次侧的二次电动势为

$$E_2'=E_2\frac{N_1}{N_2}=KE_2 \tag{1-45}$$

折算到一次侧的二次电压为

$$U_2' = U_2 \frac{N_1}{N_2} = KU_2 \tag{1-46}$$

折算到一次侧的二次阻抗为

$$Z_2' = Z_2 \left(\frac{N_1}{N_2}\right)^2 = K^2 Z_2 \tag{1-47}$$

折算到一次侧的二次电阻为

$$R_2' = R_2 \left(\frac{N_1}{N_2}\right)^2 = K^2 R_2 \tag{1-48}$$

折算到一次侧的二次电抗为

$$X_2' = X_2 \left(\frac{N_1}{N_2}\right)^2 = K^2 X_2 \tag{1-49}$$

其余以此类推。

在带负荷运行时，除了空载过程分析的主磁通与空载漏磁通外，还存在由负荷电流产生的分别匝链一次绕组、二次绕组本身的漏磁通，分别用$\dot{\Phi}_{s1}$、$\dot{\Phi}_{s2}$表示。与空载运行时相同，互感器在接入负荷状态下，主磁通$\dot{\Phi}_0$在一次绕组、二次绕组中分别产生感应电动势$\dot{E}_1$和$\dot{E}_2$，而一次绕组的漏磁通$\dot{\Phi}_{s0}$加上$\dot{\Phi}_{s1}$在一次绕组中产生的感应电动势$\dot{E}_{s1}$，二次绕组的漏磁通$\dot{\Phi}_{s2}$在二次绕组中产生感应电动势$\dot{E}_{s2}$，如上所述的漏电势与电流成正比，可用漏电抗压降来代替，即$\dot{E}_{s1}=-\mathrm{j}\dot{I}X_1$，$\dot{E}_{s2}=-\mathrm{j}\dot{I}X_2$。其中$X_1$是一次绕组的漏电抗，$X_2$是二次绕组的漏电抗，都是常数。故电压互感器在带负荷运行时，有电动势平衡方程式为

$$\begin{aligned}\dot{U}_1&=-\dot{E}_1-\dot{E}_{s1}+\dot{I}_1R_1=-\dot{E}_1+\dot{I}_1(R_1+\mathrm{j}X_1)\\&=-\dot{E}_1+\dot{I}_1Z_1=-\dot{E}_1+\dot{I}_0Z_1-\dot{I}_2'Z_1\end{aligned} \tag{1-50}$$

$$\dot{U}_2=\dot{E}_2+\dot{E}_{s2}-\dot{I}_2R_2=\dot{E}_2-\dot{I}_2(R_2+\mathrm{j}X_2)=\dot{E}_2-\dot{I}_2Z_2 \tag{1-51}$$

式中：$Z_1=(R_1+\mathrm{j}X_1)$为一次绕组阻抗；$Z_2=R_2+\mathrm{j}X_2$为二次绕组阻抗。

将二次侧各量均折算到一次侧，同时考虑到折算后$\dot{E}_1=\dot{E}_2'$，最后可得电压互感器在带负荷运行时的电动势平衡方程式为

$$\dot{U}_1=-\dot{U}_2'+\dot{I}_0Z_1-\dot{I}_2'(Z_1+Z_2) \tag{1-52}$$

分析指出，实际上带负荷运行的电压互感器是空载与带负荷两个过程的合并，二次绕组接入负荷后，空载过程依然存在，这是因为负荷电流在一次绕组、二次绕组中所产生的磁通势平衡并不影响空载过程。从理论上讲，X_{10}要比X_1大得多，因为在空载时$\dot{\Phi}_{s0}$的空间不受辐向漏磁边界的限制，而带负荷时$\dot{\Phi}_{s1}$的空间却受到二次绕组$\dot{\Phi}_{s2}$的

限制，但相对而言，不论是 X_{10} 或 X_1 都非常小，为了简化计算，一般都认为 $X_{10}=X_1$。

3）相量图。单相双绕组电压互感器的相量图如图 1-26 所示。

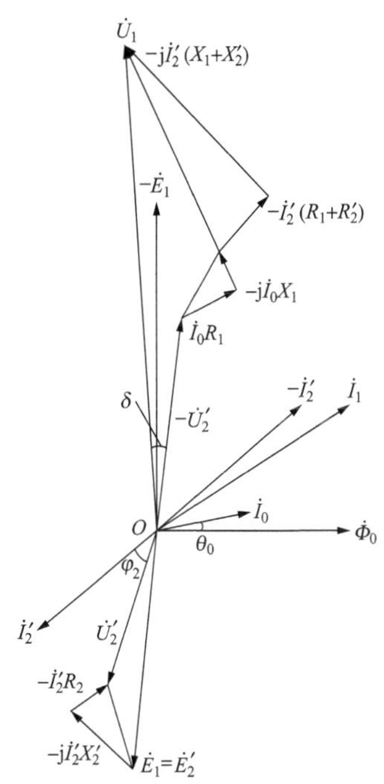

图 1-26　单相双绕组电压互感器相量图

主磁通 $\dot{\Phi}_0$ 在一次绕组、二次绕组中感应出电动势 $\dot{E}_1$ 和 $\dot{E}_2$。显然，$\dot{E}_1=\dot{E}_2'$ 滞后于主磁通 $\dot{\Phi}_0$ 一个 90° 角。

由于主磁通 $\dot{\Phi}_0$ 穿过铁芯时，受磁滞和涡流损耗的影响，使得 $\dot{\Phi}_0$ 滞后于 $\dot{I}_0$ 一个铁损角 θ_0，同时由于二次绕组阻抗压降 $\dot{I}_2'Z_2'$ 的存在，使得二次电压 $\dot{U}_2'$ 滞后于 $\dot{E}_2'$ 一个角度。

电压互感器的二次负荷通常是呈感性的，图 1-26 中二次电流 I_2' 滞后于电压 $\dot{U}_2'$ 一个角度 φ_2。确定了 $\dot{I}_0$ 和 $\dot{I}_2$ 的方向后，按式（1-43）即可得 $\dot{I}_1$ 的大小和方向。电压 $\dot{U}_1$ 的大小和方向可由式（1-52）求出。从相量图可以看出，电压 $\dot{U}_1$ 和 $\dot{U}_2'$ 不仅大小不等，而且相位也不同，这就是后面还要详细讨论的电压互感器的误差。

4）单相双绕组电压互感器的等效电路如图 1-27 所示。

把电压互感器的电磁关系表示为一个电路形式的等效电路关系，等效电路采用 T 型电路，图 1-27 中把所有二次侧的量均折算到一次侧。一次电压用 $\dot{U}_1$ 表示，二次电压用 $\dot{U}_2'$ 表示，二次负荷用 Z_{2n}' 表示，T 形支路表示励磁支路，用励磁电抗 $Z_0=R_0+jX_0$ 代替。一次绕组阻抗为 $Z_1=R_1+jX_1$，二次绕组阻抗为 $Z_2'=R_2'+jX_2'$，箭头方向表示电压

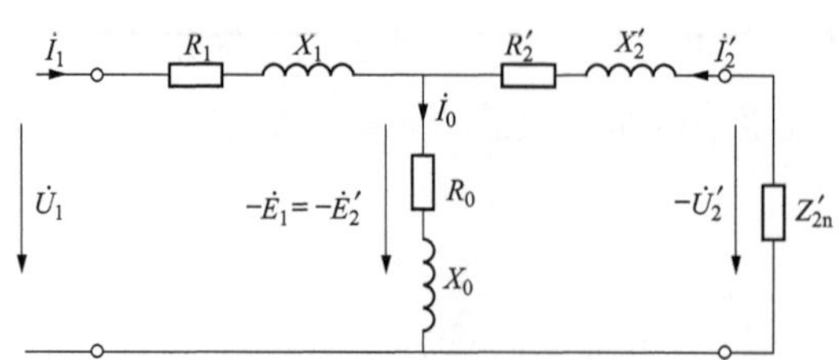

图 1-27 单相双绕组电压互感器等效电路图

（降）、电流的正方向，从图 1-27 可知，一次电源是产生一个（$-\dot{I}_2'$），故 $\dot{I}_1$ 与 $\dot{I}_2'$ 的正方向均指向 T 形点，这与原理图上由二次电源产生的 $\dot{I}_2$ 方向指向负荷有所不同。由等效电路可得出单相双绕组电压互感器等效电路的等效阻抗为

$$Z_d = Z_1 + \frac{1}{\frac{1}{Z_0} + \frac{1}{Z_2' + Z_{2n}'}} \quad (1\text{-}53)$$

（2）电容式电压互感器。电容式电压互感器具有电磁式电压互感器的全部功能，同时可以兼作载波通信的耦合电容器使用；其耐雷电冲击性能理论上比电磁式电压互感器优越，不存在电磁式电压互感器与断路器断口电容的串联铁磁谐振问题，且电压等级越高优势越大。因此，电容式电压互感器越来越多地为广大用户所接受。

电容式电压互感器主要由电容分压器、中压变压器、补偿电抗器、阻尼器等部分组成，后三部分总称为电磁单元，电容式电压互感器等效电路如图 1-28 所示。

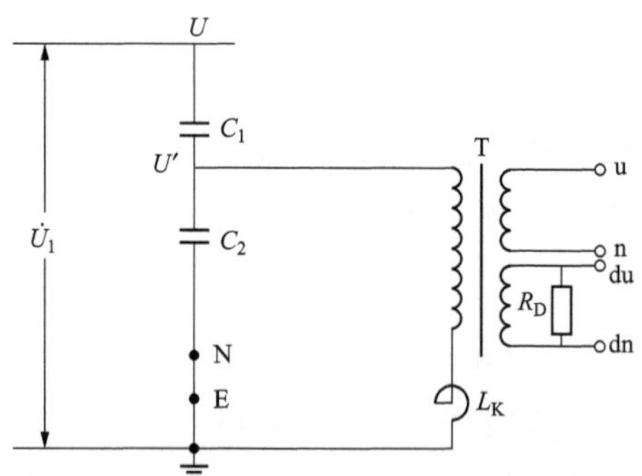

图 1-28 电容式电压互感器等效电路图

C_1、C_2—高压和中压电容；L_K—补偿电抗；
T—中压变压器，R_D—阻尼器阻值；
u、n、du、dn—二次绕组端子及剩余电压绕组端子

当施加电压于 C_1 和 C_2 组成的电容分压器时，若中压电容器未接电磁单元等并联阻抗，从 U' 向系统看去，则为一个有源二端网络，应用戴维南定理，可以用一个等效电压和一个等效阻抗来代替，即

等效电压为

$$U_{U'}=U_1\frac{C_1}{C_1+C_2}=\frac{U_1}{K} \tag{1-54}$$

分压比为

$$K=\frac{C_1+C_2}{C_1} \tag{1-55}$$

等效阻抗为

$$X_C=\frac{1}{\omega(C_1+C_2)} \tag{1-56}$$

由式（1-54）可见，等效电压就是串联电容 C_2 上的分压，它是利用容抗来分压。而等效阻抗就是电容 C_1 和 C_2 的并联容抗，即等效电容 C_1+C_2 的电抗。图 1-29 所示为其等效电路图。

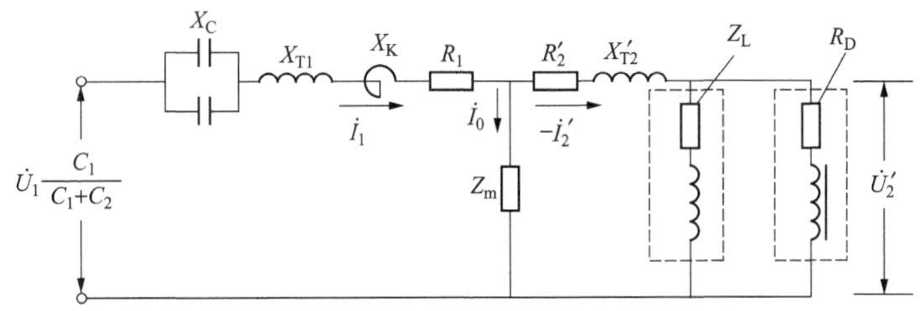

图 1-29 电容式电压互感器等效电路图

X_C—等效电容（C_1+C_2）的电抗；X_{T1}、X_{T2}'—中压变压器一、二次绕组的漏抗；R_1—中压变压器一次绕组和补偿电抗器绕组直流电阻及电容分压器损耗等效电阻之和（$R_1=R_C+R_K+R_{T1}$）；R_2'—中压变压器二次绕组的直流电阻（折算到一次侧）；Z_m—中压变压器的励磁阻抗；X_K—补偿电抗器的电抗

当分压电容器不带电磁单元时，此时得到开路中间电压即为等效电压，有

$$U_{U'}=U_1\frac{C_1}{C_1+C_2}=\frac{U_1}{K} \tag{1-57}$$

如分压电容器带有电磁单元而不设补偿电抗 L_K，当接入二次负荷时，由于等效电容 C_1+C_2 而形成较大的内阻抗 X_C，使输出电压发生很大变化，此时中间电压变为

$$U_{U'}=\frac{U_1}{K}-I_1X_C \tag{1-58}$$

式中：I_1 为中压回路电流，A。

这时电容式电压互感器的二次电压将不能正确地传递电网一次电压信息，因而无法使用。

为了抵偿的 X_C 的影响，必须在分压器回路中串联一只补偿电抗 X_K，并在额定频率下，满足 $X_C \approx X_K+X_{T1}+X'_{T2}$。这样等效电容的压降就被电抗器 X_K 及变压器漏抗压降所补偿，U'_2 将只受数值很小的电阻 R_1 和 R'_2 压降的影响，互感器的二次电压与一次电压之间将获得正确的相位关系。在一般设计时，通常使整个等效回路的感抗值略大于容抗值，称为过补偿，以减少电阻对相位差（角差）的影响。

1.1.3.2 误差与影响因素

（1）电磁式电压互感器误差与补偿。电压互感器应能准确地将一次电压变换为二次电压，以保证测量的准确性和保护装置动作的正确性。理想的电压互感器，当电压为正弦波时，应该使用根据实测的二次电压 U_2 乘以额定电压比 K_n 来确定电网电压 U_1 值没有误差，即 $\dot{U}'_2$ 和 $\dot{U}_1$ 大小相等、相位相同。但是，实际上电压互感器不仅 $\dot{U}'_2$ 和 $\dot{U}_1$ 的大小不同，而且相位也不一样，也就是说，互感器在电压变换中总是有一定误差的。

电压互感器的误差包括电压误差（又叫比值差）和相位差（又叫相角差）。

1）电压误差是电压互感器在测量电压时所出现的数值上的误差，它是由于实际电压比不等于额定电压比而导致的，电压误差的百分数定义为

$$f(\%)=\frac{K_N U_2 - U_1}{U_1}\times 100\% \tag{1-59}$$

式中：K_N 为额定电压比；U_1 为实际一次电压，V；U_2 为一次电压为 U_1 时实际测得的二次电压，V。

从电势平衡方程式可知，只有当一次绕组、二次绕组的阻抗压降为零时，二次电压乘以额定电压比才会等于实际施加的一次电压，也就是说，在未进行补偿时，电压误差通常是一个负值。

2）相位差是电压互感器一次电压与二次电压相量的相位差，理想电压互感器 $\dot{U}_1$ 与（$-\dot{U}'_2$）之间的夹角为零，当二次电压（$-\dot{U}'_2$）相量超前一次电压（$\dot{U}_1$）相量时，定义相位差为正值，反之则为负值，通常以分为单位表示。

为了简化分析，通常在相量图 1-26 的基础上，再做以下假定。

第一，认为主磁通$\dot{\Phi}_0$ 不受负荷的影响，即当 $\dot{U}_1$ 不变时，$\dot{\Phi}_0$ 为定值；第二，忽略二次电压 $\dot{U}_2$ 与二次电动势 $\dot{E}_2$ 之间的相位差，认为 $\dot{U}_2$ 滞后于$\dot{\Phi}_0$ 一个 90° 角。由此作出图 1-30 所示的误差相量图，因为 δ 角很小，所以可以认为$\overline{OA}=\overline{OB}$。

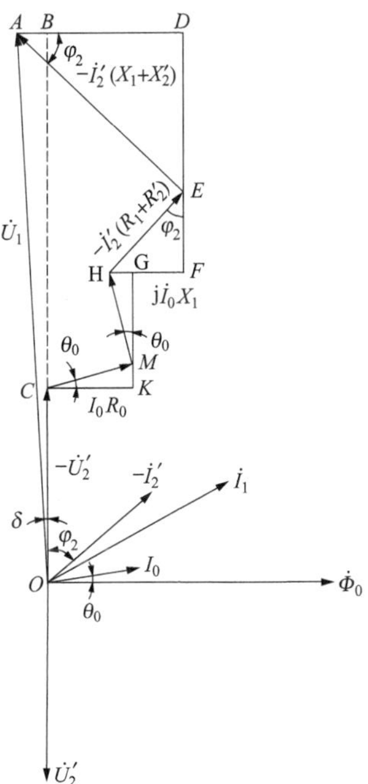

图 1-30　误差相量图

根据误差定义，从图 1-30 可以看出，电压误差为

$$\begin{aligned} f_{\mathrm{u}}(\%) &= -\frac{\overline{CB}}{\overline{OA}}\times 100\% \\ &= -\left[\frac{I_0R_1\sin\theta_0 + I_0X_1\cos\theta_0}{U_1} + \frac{I_2'(R_1+R_2')\cos\varphi_2 + I_2'(X_1+X_2')\sin\varphi_2}{U_1}\right]\times 100\% \\ &= f_{\mathrm{u0}}(\%) + f_{\mathrm{uf}}(\%) \end{aligned} \tag{1-60}$$

相位差为

$$\begin{aligned} \delta_{\mathrm{u}} &= \frac{\overline{AB}}{\overline{OA}} \\ &= \left[\frac{I_0R_1\cos\theta_0 - I_0X_1\sin\theta_0}{U_1} + \frac{I_2'(R_1+R_2')\sin\varphi_2 - I_2'(X_1+X_2')\cos\varphi_2}{U_1}\right]\times\frac{180^\circ\times 60}{\pi} \\ &= \delta_{\mathrm{u0}}(') + \delta_{\mathrm{uf}}(') \end{aligned} \tag{1-61}$$

式（1-60）和式（1-61）中：$f_{\mathrm{u0}}(\%)$ 和 $\delta_{\mathrm{u0}}(')$ 为空载误差（即公式的第一部分）；$f_{\mathrm{uf}}(\%)$ 和 $\delta_{\mathrm{uf}}(')$ 为负荷误差（即公式的第二部分）。

空载误差是励磁功率引起的，或者说是励磁电流 $\dot{I}_0$ 引起的，它与 U_1 有关，或者说与磁通密度有关。负荷误差则与二次负荷电流 I_2' 成正比。

当绕组的计算匝数不是整数时也会产生电压误差，如电压互感器有多个二次绕组时，按电压比计算，各二次绕组的匝数不可能同时都是整数匝，这便产生了实际绕线匝数与计算匝数不等的误差。通常以一个二次绕组匝数 N_2 为准确值，而当另一个二次绕组（如剩余电压绕组）匝数 N_3 不是整数时所产生的电压误差应为

$$f_{u3}(\%)=\frac{K_{23}N_3-N_{2n}}{N_{2n}}\times 100\% \tag{1-62}$$

式中：$K_{23}=\dfrac{U_{2n}}{U_{3n}}$ 为第一个二次绕组 N_2 与第二个二次绕组 N_3 之间的额定电压比。此时该绕组 N_3 的电压全部误差应为 $f_u=f_{u0}+f_{uf}+f_{u3}$。

3）从式（1-60）和式（1-61）可以看出，影响电压互感器误差的因素有两个方面。一是产品的内部参数，即励磁电流和绕组阻抗。要减小互感器的误差，应尽可能减小绕组阻抗和铁芯的励磁电流，合理设计绕组结构，适当加大导线截面，使绕组间磁耦合尽可能紧密一些，以降低各绕组的电阻和漏磁电抗，适当加大铁芯截面，采用优质的冷轧硅钢片，提高铁芯加工质量等，从而减小励磁电流。二是运行中的外部参数，即一次电压、二次负荷和功率因数。当一次电压变化时，由于铁芯材料的磁化特性是非线性的，励磁电流会相应变化，所以空载误差将随一次电压的变化而变化。至于二次负荷和负荷功率因数对负荷误差的影响，如果功率因数是定值，则负荷误差将随负荷成正比地增加或减少；而功率因数对误差的影响关系则比较复杂，当 $\cos\varphi_2$ 从 0 ~ 1 变化时，开始电压误差逐渐增加，随后又会逐渐减小；而相位差却是一直减小，变成负值后，向负方向继续增加。

（2）电容式电压互感器误差与影响因素。电容式电压互感器的误差，其构成包含分压器误差、电磁单元误差及电源频率变化和温度变化引起的附加误差等。

1）电容分压器误差。电容分压器误差包括电压误差（分压比误差）和相位差（角误差）。

当高压电容 C_1 和中压电容 C_2 的实际值与额定值 C_{1n} 和 C_{2n} 不相等时，就会产生电压差，其值为

$$f_C=\frac{C_{1n}}{C_{1n}+C_{2n}}-\frac{C_1}{C_1+C_2} \tag{1-63}$$

为了使分压器的分压比误差不超过其额定分压比的 ±5%，各单元的电压分布误差不超过其额定分压的 ±5%，国家标准规定，C_1 和 C_2 各种电容量制造容差

为 –5% ~ +10%，但当 C_1 和 C_2 组成分压器时，电容器叠柱中任何两个单元的实测电容量之比值与这两个单元的额定电容之比值差不应大于后一比值的 5%。同时，还在中压互感器一次绕组设有分接头，对电压比误差进行调整消除。因此，在现场安装时，应按制造厂调配时的实测电容量予以组合并对号入座，否则将无法保证电容式电压互感器的误差特性。

额定频率下可以利用电抗器的调节绕组对相位差进行调整，但当电容 C_1 的介质损耗因数 $\tan\delta_1$ 和电容 C_2 的介质损耗因数 $\tan\delta_2$ 不相等时，还会增加相位差，其值为

$$\delta_C = \frac{C_1}{C_1 + C_2}(\tan\delta_2 - \tan\delta_1) \times 3440' \tag{1-64}$$

2）电磁单元误差。电磁单元误差包括空载误差和负荷误差，其计算方法与电磁式电压互感器原理相同。

a. 空载误差。其相量图如图 1-31 所示。

电压误差为

$$\begin{aligned} f_0(\%) &= \frac{K_n U_2 - U_1}{U_1} \times 100\% = \frac{\Delta U_0}{U_1} \times 100\% \\ &= \frac{-(I_0 R_1 \sin\theta + I_0 X_0 \cos\theta)}{U_1} \times 100\% \end{aligned} \tag{1-65}$$

相位差为

$$\begin{aligned} \delta_0 &\approx \tan\delta_0 \\ &= \frac{I_0 R_1 \cos\theta - I_0 X_0 \sin\theta}{U_1} \times 3440' \end{aligned} \tag{1-66}$$

式（1-65）和式（1-66）中：K_n 为中间变压器额定电压比；U_1、U_2 为实际中间电压和二次电压；I_0 为空载电流；θ 为磁滞损耗角；X_0 为中压一次侧电抗之和，其值为 X_0=X_{T1}+X_K−X_C；R_1 为中压一次侧电阻之和，即 R_1=R_C+R_K+R_{T1}。

b. 负荷误差。其相量图如图 1-32 所示。

电压误差

$$\begin{aligned} f_L(\%) &= \frac{\Delta U_L}{U_1} \times 100\% \\ &= \frac{-(R S_n \cos\varphi + X_L S_n \sin\varphi)}{U_1^2} \times 100\% \end{aligned} \tag{1-67}$$

相位差

$$\begin{aligned}\delta_{\mathrm{L}} &\approx \tan\delta_{\mathrm{L}}\\ &= \frac{RS_{\mathrm{n}}\sin\varphi - X_{\mathrm{L}}S_{\mathrm{n}}\cos\varphi}{U_1^2}\times 3440'\end{aligned} \tag{1-68}$$

其中

$$\begin{aligned}X_{\mathrm{L}} &= X_{\mathrm{T1}}+X_{\mathrm{T2}}+X_{\mathrm{K}}-X_{\mathrm{C}}\\ &= X_1-X_{\mathrm{C}}\end{aligned} \tag{1-69}$$

$$R=R_1+R_2' \tag{1-70}$$

式（1-67）~式（1-70）中：S_{n} 为额定输出容量；φ 为负荷功率因数角。

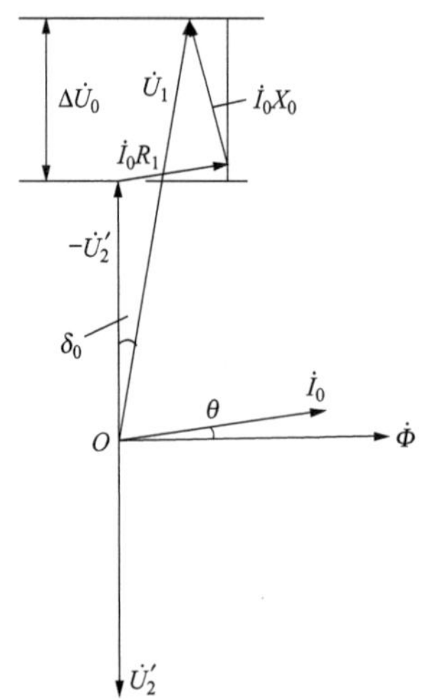

图 1-31　空载误差相量图

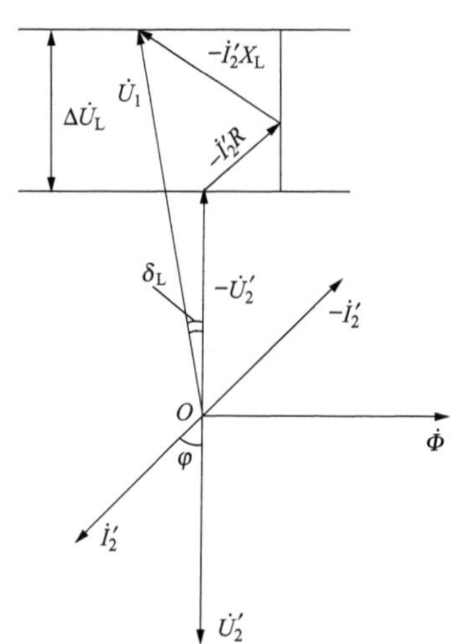

图 1-32 负荷误差相量图

3）误差 – 频率特性。以上所讨论的误差，都是在额定频率条件下的情况，实际上电网电源频率经常是偏离额定频率的，这样 $|X_1-X_{\mathrm{C}}|$ 的值将发生变化，$|X_1-X_{\mathrm{C}}|=X_0$ 称为剩余电抗，相对于额定容抗之比 $\frac{X_0}{X_{\mathrm{C}}}=2\Delta f$，即剩余电抗的变化为频率变化量的 2 倍，这一剩余电抗是无法消除的，从而会引起固有的附加误差，即所谓频率特性。

剩余阻抗所产生的电压降为

$$\Delta U_{\mathrm{X}}=(X_1-X_{\mathrm{C}})I=(\omega L_1-\frac{1}{\omega C})\frac{S}{U_1} \tag{1-71}$$

由于在额定频率下，应满足 X_1-X_{C}=0，故有 $L_1=\frac{1}{\omega_{\mathrm{n}}^2 C}$，则式（1-71）演变为

$$\Delta U_x(\%)=\left(\frac{\omega}{\omega_n}-\frac{\omega_n}{\omega}\right)\frac{S}{\omega_n C U_1^2}\times 100\% \tag{1-72}$$

随频率变化而引起的电压误差为

$$\begin{aligned}\Delta f_\omega(\%)&=\Delta U_x(\%)\sin\varphi\\&=\left(\frac{\omega}{\omega_n}-\frac{\omega_n}{\omega}\right)\frac{Q}{\omega_n(C_1+C_2)U_1^2}\times 100\%\end{aligned} \tag{1-73}$$

相位误差为

$$\begin{aligned}\Delta\delta_\omega(\%)&=\Delta U_x(\%)\cos\varphi\\&=\left(\frac{\omega}{\omega_n}-\frac{\omega_n}{\omega}\right)\frac{P}{\omega_n(C_1+C_2)U_1^2}\times 3440'\end{aligned} \tag{1-74}$$

式（1-73）和式（1-74）中：P 为有功功率，$P=S\cos\varphi$；Q 为无功功率，$Q=S\sin\varphi$；ω 为实际角频率；ω_n 为额定角频率；U_1 为额定中压电压；C 为等效电容，且 $C=C_1+C_2$。

4）误差－温度特性。温度变化将引起电容 C_1 和 C_2 的电容量发生变化，产生两种误差而影响准确度，首先是由于容抗改变而产生剩余电抗产生误差，其次是 C_1 和 C_2 由温差可产生分压比误差。

a. 剩余电抗产生误差。一般油纸介质，在温度 −60℃ ~ +60℃范围内，电容量变化呈线性特性，此时有

$$C=C_0(1+\alpha_C\Delta\tau) \tag{1-75}$$

式中：C_0 为准基温度时的电容值；α_C 为电容温度系数；$\Delta\tau$ 为温度变化值。

剩余电抗压降为

$$\Delta U_\tau(\%)=\frac{S\alpha_C\Delta\tau}{\omega_n(C_1+C_2)U_1^2}\times 100\% \tag{1-76}$$

因而引起的电压误差为

$$\Delta f_\tau(\%)=\frac{Q\alpha_C\Delta\tau}{\omega_n(C_1+C_2)U_1^2}\times 100\% \tag{1-77}$$

相位差为

$$\Delta\delta_\tau(\%)=\frac{P\alpha_C\Delta\tau}{\omega_n(C_1+C_2)U_1^2}\times 3440' \tag{1-78}$$

b. 分压比误差。若 C_1 和 C_2 在不同温度下运行，则电容分压器的分压比 $\frac{C_2+C_1}{C_1}$ 将偏离基准温度的值而产生误差。电容温度系数的绝对值应不大于 $5\times10^{-4}\text{K}^{-1}$，若 C_1

与 C_2 运行温度相差 10K，则分压比误差可达到 $5\times10^{-4}\times10=0.5\%$，是非常严重的。

为了使互感器的误差温度特性满足要求，电容分压器设计时，除了要选用电容温度系数 α_C 低的介质材料外，更重要的是 C_1 和 C_2 要具有同一结构，有相同的发热条件和散热条件，使温度差引起的分压比误差大大下降。

5）总误差。电容式电压互感器总误差应为综合以上各类误差的结果，并要求限制在准确度等级所规定的误差限值范围之内。

1.1.3.3 准确度等级与输出容量

电容式电压互感器标准准确度等级、响应误差限值及运行条件规定见表 1-5。

表 1-5 电容式电压互感器的准确度等级、相应误差及运行条件

准确度等级		0.2	0.5	1.0	3.0	3P	6P
运行条件	频率范围（%）	99～101				96～102	
	电压范围（%）	80～120				5～150 或 5～190	
	负荷范围（%）	25～100					
	负荷的功率因数	0.7（滞后）					
电压误差（%）		±0.2	±0.5	±1.0	±3.0	±3.0	±6.0
相位差	分（′）	±10	±20	±40	不规定	±120	±240

1.1.3.4 运行与安全要求

根据电容式电压互感器的结构特点，其运行安全应注意以下几点。

（1）电容式电压互感器的低压端子 N，是专供与载波耦合装置连接后接地或直接接地用的，当互感器不作载波通信之用时，N 端子必须直接接地，否则将发生放电故障。

（2）产品从电源断开退出运行后，必须用接地棒多次放电并将高低压端子短路后方可接触，以保证人身安全。

（3）电容式电压互感器应在允许的频率范围（49.5～50.5Hz）内运行，应在允许的温度范围（温度类别的下限温度至上限温度）内运行，还应在规定的负荷范围（25%～100% 相应准确度等级的额定输出）内运行，正常运行时剩余电压绕组不带负荷，否则二次电压输出的误差限值将不能得到保证。

（4）35kV 中性点不接地系统对电容式电压互感器的采用应慎重，因该系统易发生单相接地，频繁地接地会使阻尼电阻长期消谐而最终发热烧断，失去阻尼后的电磁

单元就会发生损坏。

1.1.3.5 型号、标志及铭牌参数

（1）电压互感器型号。目前，国产电压互感器型号编排方法如下。

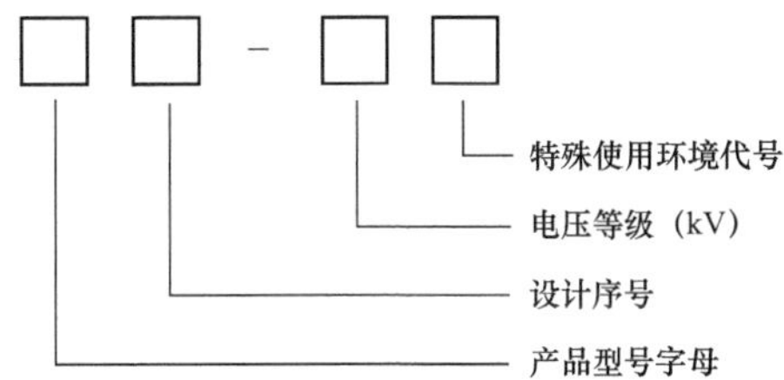

电压互感器型号中的字母，都用汉语拼音字母表示，字母对应符号的含义见表1-6。

电压互感器在特殊使用环境的代号，主要有下列几种：CY为船舶用，GY为高原地区用，W为污秽地区用，AT为干热带地区用，TH为湿热带地区用。

表1-6 电压互感器型号字母的含义

序号	类别	含义	代表字母
1	名称	电压互感器	J
2	相数	单相	D
		三相	S
3	绕组外的绝缘介质	变压器油	J
		空气（干式）	G
		浇铸成固体形	Z
		气体	Q
4	结构特征	带备用电压绕组	X
		三柱芯带补偿绕组	B
		五柱芯每相三绕组	W
		串级式带备用电压绕组	C

（2）铭牌参数。

1）绕组的额定电压。额定一次电压是指可以长期加在一次绕组上的电压，并以此基准确定其各项性能，根据其接入电路的情况，可以是线电压，也可以是相电压，其值应与我国电力系统规定的“额定电压”系列相一致。

额定二次电压。我国规定，接在三相系统中相线与相线之间的单相电压互感器二次电压为100V，对于接在三相系统相线与地间的单相电压互感器二次电压为

$100/\sqrt{3}$ V。

2）额定变比。额定变比为额定一次电压与额定二次电压之比，一般用不约分的分数形式表示为：$K=\frac{U_1}{U_2}$。

3）额定二次负载。电压互感器的额定二次负载为确定准确度等级所依据的二次负载导纳（或阻抗）值。额定输出容量为在二次回路接有规定功率因数的额定负载，并在额定电压下所输出的容量，通常用视在功率表示。

4）准确度等级。国产电压互感器的准确度等级有 0.01 级、0.02 级、0.05 级、0.1 级、0.2 级、0.5 级、1.0 级、3.0 级、5.0 级。

0.1 级以上电压互感器，主要用于实验室进行精密测量，或者作为标准用于检验低等级的互感器，也可以与标准仪表配合，用于检验仪表，所以也叫作标准电压互感器。用户电能计量装置通常采用 0.2 级和 0.5 级电压互感器。

制造厂在铭牌上标明准确度等级时，必须同时标明确定该准确度等级的二次输出容量，如 0.5 级、50VA。

5）极性标志。为了保证测量和校验工作的接线正确，电压互感器一次绕组及二次绕组的端子应标明极性标志。电压互感器一次绕组接线端子用大写字母 A、B、C、N 表示，二次绕组接线端子用小写字母 a、b、c、n 表示。

1.2 电能计量装置接线方式

电能计量装置通过二次回路导线连接起来，形成一个整体，用于电能计量，由于设备型号、功能、使用场景的不同，其接线方式也各不相同。电能计量装置的正确接线是保证电能准确计量的前提，因此了解电能计量装置的接线方式具有十分重要的意义。

1.2.1 电能表的接线方式

1.2.1.1 三相三线电能表的接线方式

三相三线电能表只适用于中性点对地绝缘系统，一次供电系统中没有接地线，如变电站 35kV、10kV 出线等，该系统能基本保证 $i_A+i_B+i_C=0$。

三相三线两元件电能表接线原理及相量图如图 1-33 所示。只需两组计量元件即可计量三相电能，三相负载的瞬时功率为

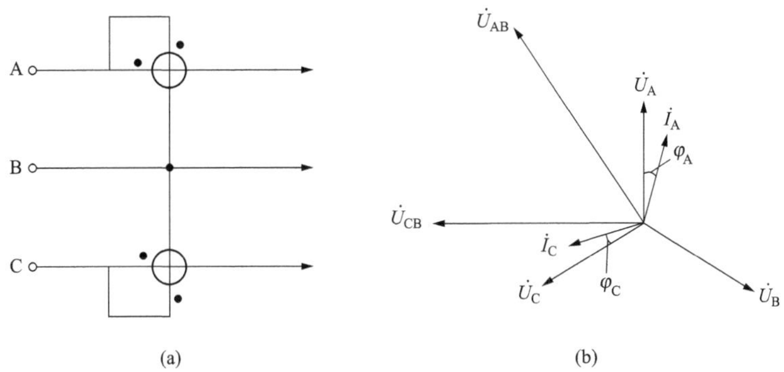

图 1-33 三相三线两元件电能表接线原理图及相量图

（a）接线原理图；（b）相量图

$$p=u_Ai_A+u_Bi_B+u_Ci_C \tag{1-79}$$

因为 $i_A+i_B+i_C=0$，则有

$$i_B=-i_A-i_C \tag{1-80}$$

所以

$$\begin{aligned}p&=u_Ai_A+u_B(-i_A-i_C)+u_Ci_C\\&=(u_A-u_B)i_A+(u_C-u_B)i_C\end{aligned} \tag{1-81}$$

由瞬时功率再求平均功率，得

$$\begin{aligned}P&=\frac{1}{T}\int_0^T p\mathrm{d}t=U_{AB}I_A\cos\varphi_1+U_{CB}I_C\cos\varphi_2\\&=U_{AB}I_A\cos(30°+\varphi_A)+U_{CB}I_C\cos(30°-\varphi_C)\end{aligned} \tag{1-82}$$

若三相电路对称，则有

$$\begin{aligned}&I_A=I_C=I_B=I_1\\&U_A=U_C=U_B=U_1\\&\varphi_A=\varphi_C=\varphi\end{aligned} \tag{1-83}$$

则有

$$\begin{aligned}P&=U_1I_1[\cos(30°+\varphi)+\cos(30°-\varphi)]\\&=U_1I_1[(\cos30°\cos\varphi-\sin30°\sin\varphi)+(\cos30°\cos\varphi+\sin30°\sin\varphi)]\\&=2U_1I_1\cos30°\cos\varphi\\&=\sqrt{3}\,U_1I_1\cos\varphi\end{aligned} \tag{1-84}$$

式（1-84）推导过程中用到等式 $i_A+i_B+i_C=0$，若被计量的一次供电系统有接地线（或经消弧线圈接地，接地电流过大），为三相四线制，且三相电流不对称，$i_A+i_B+i_C\neq 0$，即 $i_B\neq-(i_A+i_C)$，则式（1-84）就不能成立，计量就会出现误差，有

时甚至是很严重的误差。

上述三相电能表用于电力用户或电力变电站，同时需配电压互感器及电流互感器，其现场实际接线如图 1-34 所示。该接线方式为两个电流互感器用四线连接。

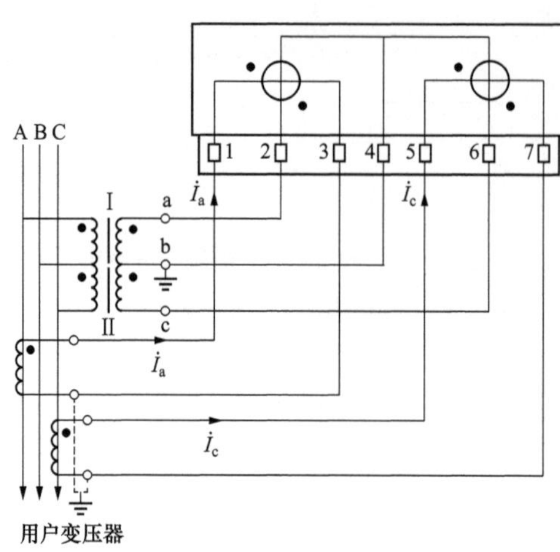

图 1-34　三相三线电能表计量装置现场接线

1.2.1.2　三相四线电能表的接线方式

三相四线电能表采用本相电压配对本相电流的方式，相当于三个单相表组合到一个表盒里，接线原理如图 1-35（a）所示。110kV 及以上大电流接地系统的有功电能计量方式为三相四线制，如图 1-36 所示。

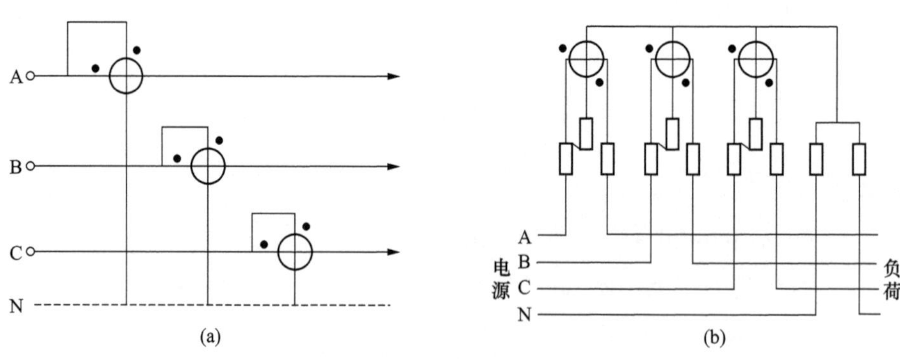

图 1-35　三相四线制电能表接线原理图（一）

（a）原理接线图；（b）现场直通式接线图

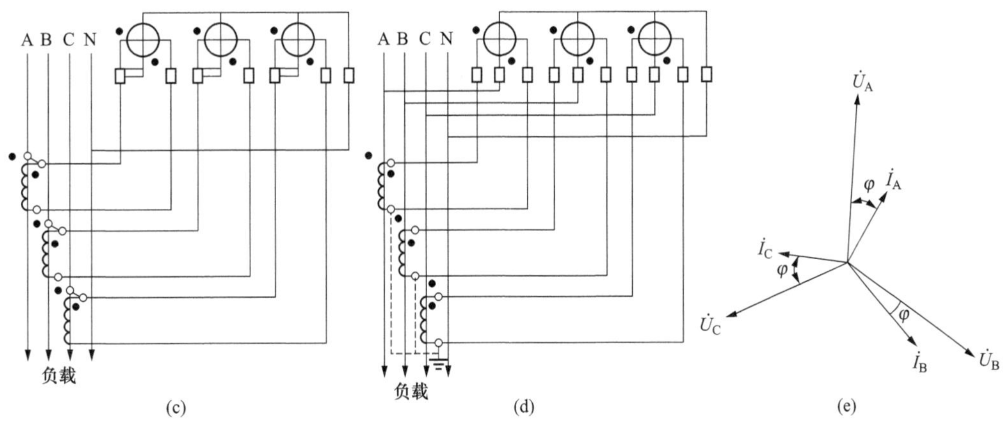

图 1-35　三相四线制电能表接线原理图（二）

（c）电流互感器共用电压线和电流线；（d）电流互感器分用电压线和电流线；（e）电压、电流相量图

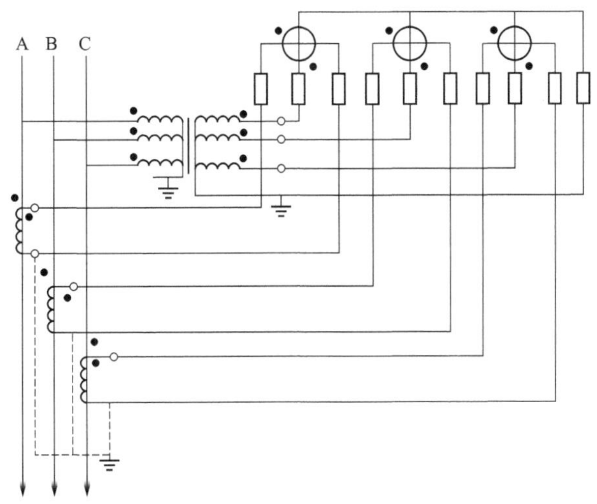

图 1-36　三相四线制电能表用于 110kV 及以上大电流接地系统

1.2.2　电流互感器的接线方式

电流互感器的接线方式一般有两相星形接线、三相星形接线，下面分别进行介绍。

1.2.2.1　两相星形接线

两相星形接线也叫不完全星形接线，V 形接线，通常将两个电流互感器装于 A、C 两相，A、C 相所接电流互感器的二次绕组一端接到电能表，另一端相互连接后接至 B 相或接至 A、C 相表计出线端连接处。

两个电流互感器的二次绕组电流分别为 $\dot{I}_a$ 和 $\dot{I}_c$，公共接线中流过的电流为 $\dot{I}_b=-(\dot{I}_a+\dot{I}_c)$，接线原理图如图 1-37 所示。这种接线方式通常用在三相三线电路中。

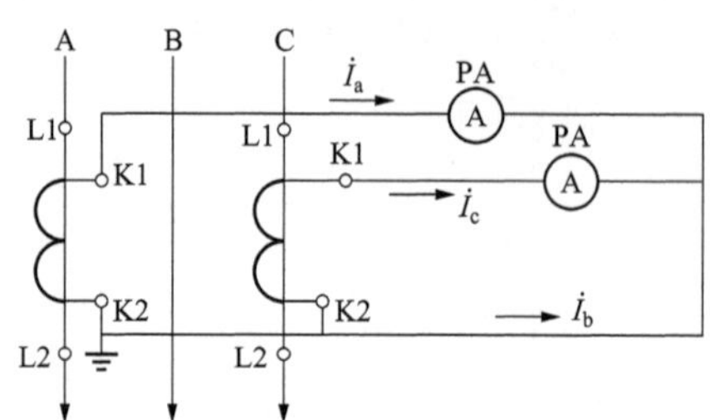

图 1-37　两相星形接线原理图

这种接线方式用两台电流互感器就可以测量三相电流，可以节约成本。但是，采用这种接线方式时，现场不能对单台互感器进行校验，必须采用三相方法对其进行检查，会给校验工作带来一定困难。若其中一相极性接反，公共线电流变成差电流，因此可能会导致计量错误。同时，在继电保护装置中，能反应各种相间短路，但在没有电流互感器的一相发生对地短路时，保护装置将不会动作，此种接线常用于 10 ~ 35kV 中性点不接地系统。

为了便于现场检查，同时减小错接线的概率，也可以采用两台电流互感器分相连接的方法，其接线原理如图 1-38 所示。

除此之外，还有一种两台电流互感器差接线的形式，同样适用于三相三线制电路，其接线原理如图 1-39 所示。

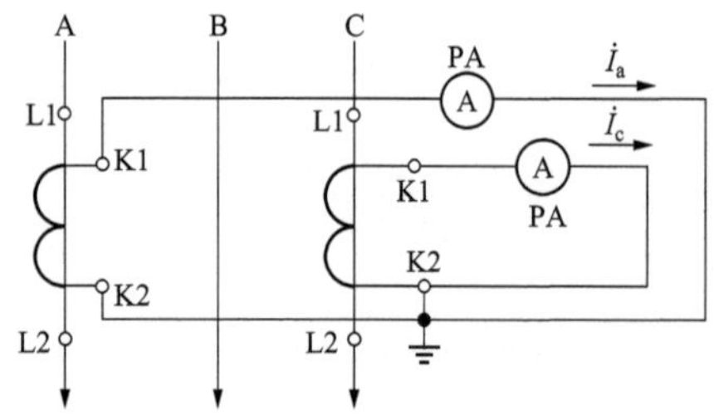

图 1-38　电流互感器分相接线原理

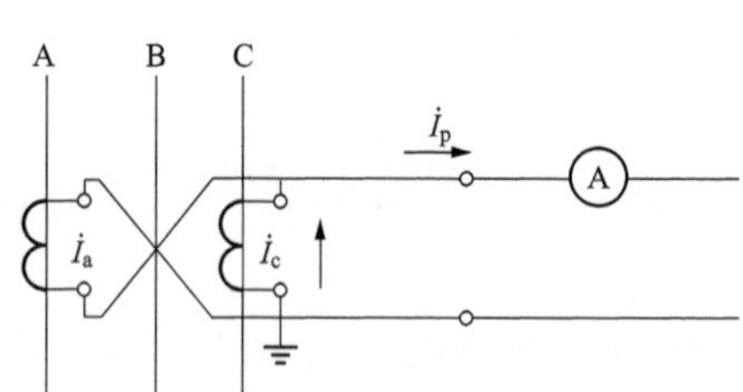

图 1-39　两台电流互感器差接线原理

正常时流过二次负荷的电流为 A、C 两相电流之差。当三相电流平衡时，这个电流在数值上等于单相电流的$\sqrt{3}$倍，相位则超前 C 相电流 30°，一般可用于 10kV 用户的保护回路，它能反应各种相间短路，当发生 A、C 两相短路时，流入继电器的电流是故障电流的 2 倍，当发生 A、B 相或 B、C 相两相短路时，流入继电器的电流等于故障电流。但在没有电流互感器的一相发生对地短路时，保护装置不会动作。

由于这一接线形式主要是出于保护考虑的需要，在电能计量中要特别注意可能由此带来的错接线，因此，作业人员要注意区分电流互感器的保护绕组和计量绕组。

1.2.2.2 三相星形接线

三相星形接线示意图如图 1-40 所示。三台电流互感器进行星形连接，这也是最常见的接线方式，能测量三相中任何一相电流。在继电保护装置汇总，不仅能反映相间短路，而且能反映单相接地短路，因此在大电流接地系统、小电流接地系统或三相四线制低压系统中都可以采用。

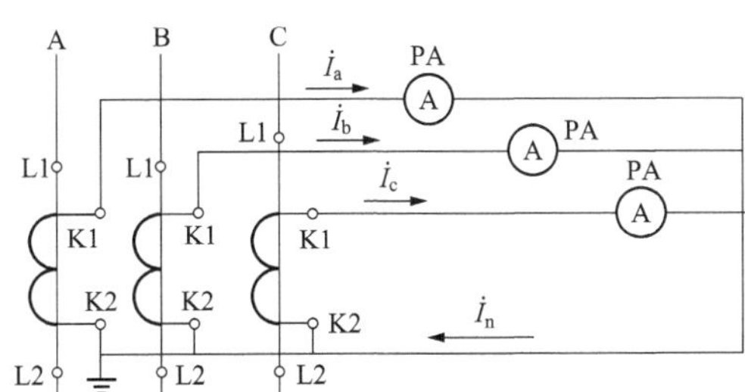

图 1-40 三相星形接线

图 1-40 中，A、B、C 各相电流互感器的二次绕组分别流过电流 $\dot{I}_a$、$\dot{I}_b$、$\dot{I}_c$。当三相电流不平衡时，公共接线中的电流 $\dot{I}_n=\dot{I}_a+\dot{I}_b+\dot{I}_c$，当三相电流平衡时，$\dot{I}_n=0$。这种接线方式不允许断开公共接线，否则零序电流没有通路，将会影响计量精度。

1.2.3 电流互感器的接线检查

1.2.3.1 电流互感器接地线检查

为查明电流互感器二次回路中哪根导线接地，以及有没有接地，可用一根短接导线一端接地，另一端依次与电能表的两个电流端钮相碰，使电能表转速（或闪速）变慢的电流端钮没有接地，因为这时人为造成了电流线圈短路；无变化的电流端钮是接地的，这时短路线两端均为低电位。正确的接地点应是 K2 端。

1.2.3.2 电流互感器开路、短路检查

三相三线电能表只有两个元件，如果人为断开其中一个电压元件的进线，使它失

去作用，观察另一元件的状态，就可以分析出另一元件的电流互感器二次接线是否有开路或短路现象。如果人为断开 A 相电压端子，电能计量停止，则说明 C 相计量元件未起作用，C 相电流互感器二次侧可能有开路或短路。同理，该方法也可以应用于检查其他相。

1.2.3.3 电流互感器极性检查

两元件计量装置电流回路用公共回线，共三根线，如图 1-40 所示。正确接线情况下，无论用钳形电流表合并哪两根电流线进行电流值测量，其指示值都应与测量一根线时的电流读数相等，因为在三相电流基本平衡时，有

$$\dot{I}_a+\dot{I}_b=-\dot{I}_c \tag{1-85}$$

$$\dot{I}_a+\dot{I}_c=-\dot{I}_b \tag{1-86}$$

$$\dot{I}_b+\dot{I}_c=-\dot{I}_a \tag{1-87}$$

若出现图 1-41（a）所示的错误，仅 A 相（或仅 C 相）电流互感器极性接反，这时再用钳形电流表合并 A、C 两相电流线进行电流值测量，其指示值会变成单相电流的$\sqrt{3}$倍，如图 1-41（b）的相量图所示，因为

$$\dot{I}_c+(-\dot{I}_a)=\sqrt{3}\,I_p\angle 150° \tag{1-88}$$

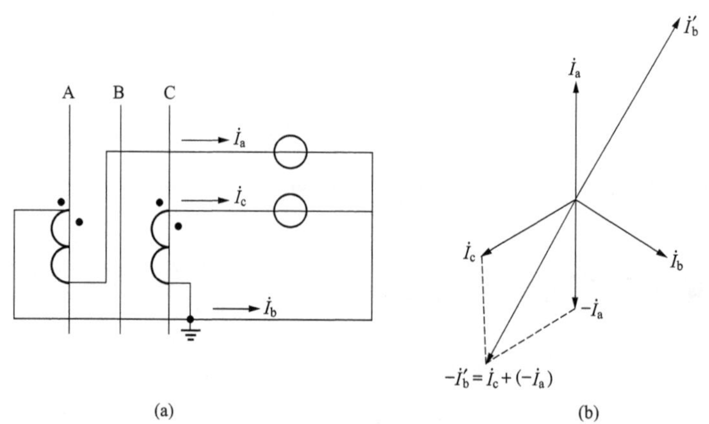

图 1-41　两元件电能表一相电流互感器极性接反

（a）错接线示意图；（b）相量图

不用公共回线的接法，两元件用四线连接，一样可以合并 A、C 两相的电流进线进行检测，方法相同。但若两相同时反相，则这种方法检查不出来错误，因为钳形表只能指示有效值。

同理，图 1-41（a）所示的三元件计量装置，平衡负载下，用钳形电流表进行电

流值测量，正确接线下合并每两根电流进线的测量指示值应等于单相的电流值；合并三根电流进线的测量指示值应接近于零，即 $\dot{I}_a+\dot{I}_b+\dot{I}_c=0$。若有一个电流互感器二次线圈（如 A 相）接反，用钳形电流表合并三根电流进线进行测量，其值会等于单相测量值的 2 倍，如图 1-42（b）相量图所示，有

$$-\dot{I}_a+\dot{I}_b+\dot{I}_c=-2\dot{I}_a \tag{1-89}$$

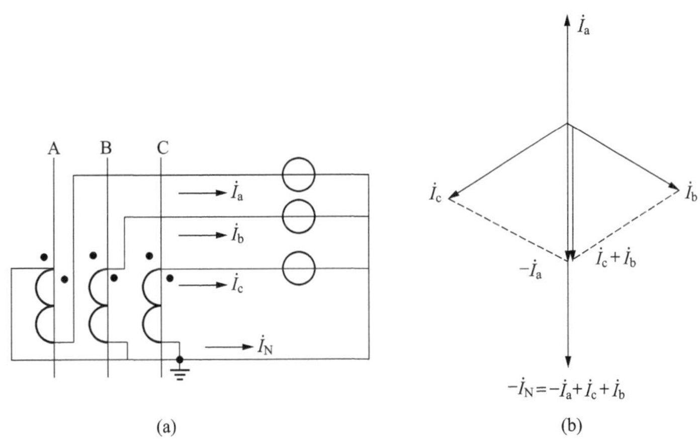

图 1-42 三元件电能表一相电流互感器极性接反

（a）错接线示意图；（b）相量图

若两相同时接反，如此合并三根电流进线测量，指示值也会是单相时的 2 倍。但三相同时接反时，这种方法检测不出错误。

以上判别电流互感器有无极性接反时，会用到钳形电流表，这是钳形电流表的一个很重要的用途，并且使用起来简单易行。

1.2.4 电压互感器的接线方式

1.2.4.1 电压互感器的 Vv 接线

Vv 接线广泛应用于中性点绝缘系统或经消弧线圈接地的 35kV 及以下的高压三相系统，特别是 10kV 三相系统。两台相互绝缘接于相与相之间的单相电压互感器连接如图 1-43 所示。接线图上面两个绕组属于一套单相电压互感器，共一个铁芯；下面两个绕组属于另一套单相电压互感器。两个单相电压互感器之间没有磁的联系。因为它的接线来源于三角形接线，只是“口”没闭合，因此称为 Vv 接线。这种接线能节省一台电压互感器，可以满足三相三线有功、无功电能计量的要求，接线时应注意极性端是首尾相连的。电能表的电压线圈接于二次侧的 a、b 间和 c、b 间。Vv 接法

不能用于测量相电压，不能接入监视系统绝缘状况的电能表。

1.2.4.2　电压互感器 Yyn 接线

Yyn 接线如图 1-44 所示。这种接法采用一台三芯五柱式电压互感器，多用于对地绝缘（或经消弧线圈接地）的高压三相系统，二次侧中性线引出并接地。三芯五柱式三相电压互感器的辅助二次绕组，即中间的开口三角形接线还可以检测高压侧单相接地故障，这种接线高压侧中性点不允许接地。当二次负载不平衡时，这种接线会引起较大的计量误差。

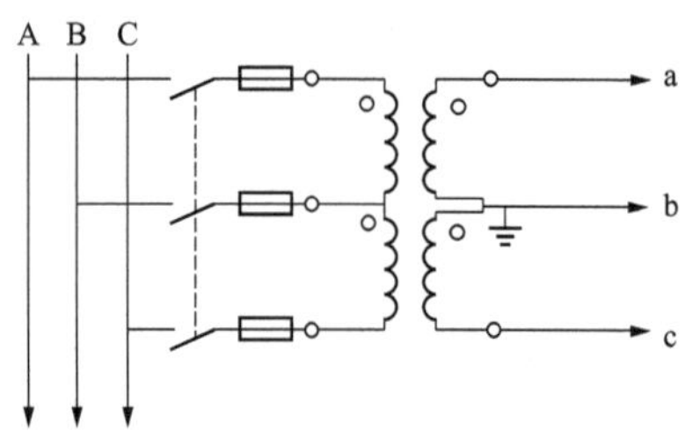

图 1-43　电压互感器的 Vv 接线

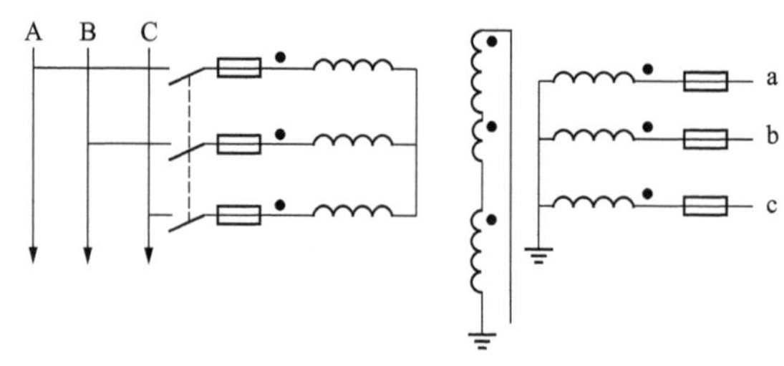

图 1-44　电压互感器 Yyn 接线

1.2.4.3　电压互感器的 YNyn 接线

YNyn 接线用于 110kV 及以上电压等级的中性点直接接地系统，常采用三台单相电压互感器构成三相电压互感器组，如图 1-45 所示。这种接线由于高压侧中性点接地，因此可以降低绝缘水平，使成本下降，这种接线互感器绕组是按相电压设计的，所以既可以获取线电压，又可以获取相电压。

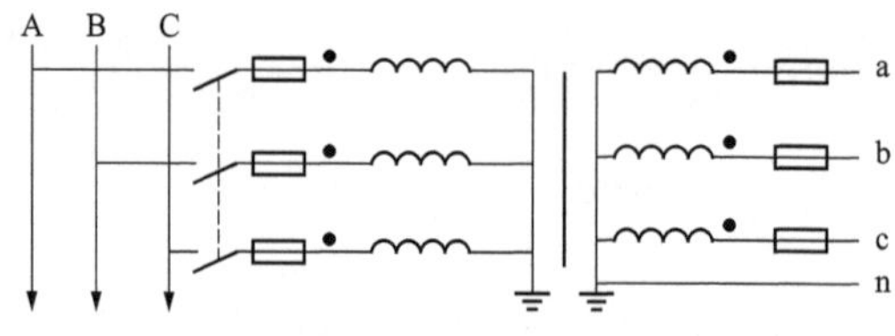

图 1-45　三台单相电压互感器构成 YNyn 接线

1.2.5　电压互感器的接线检查

1.2.5.1　断线检查

正常带电情况下，电压互感器的三个线电压都是 100V，用交流电压量程为 250V

的万用表依次测量 $U_{ab}/U_{bc}/U_{ca}$ 这三个二次电压的有效值，若三次测量结果相差许多，就说明有故障。根据测量结果的不同组合，可以判断是哪种错误。如图 1-46 和表 1-7 所示，后续几个图中的现场测试数据均是电压互感器二次绕组空载时的测试数据，二次侧未接电能表，这样测量数据清晰明了。

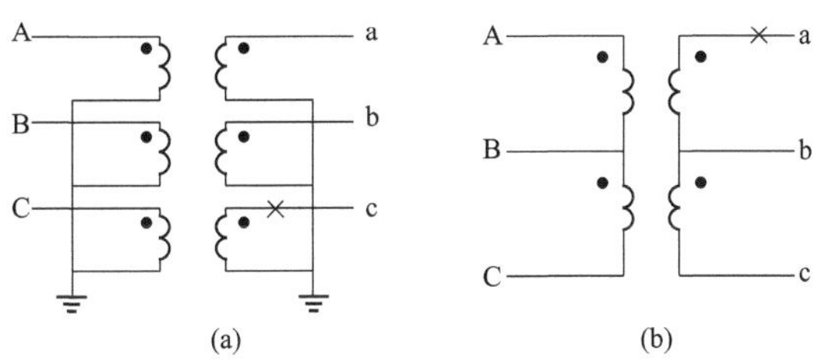

图 1-46 电压互感器二次断路

（a）Vv 接线二次断路；（b）YNyn 接线二次断路

表 1-7 电压互感器二次断线测量结果 （V）

断线类型	U_{ab}	U_{bc}	U_{ca}
A 相二次断线	0	100	0
B 相二次断线	0	0	100
C 相二次断线	100	0	0

（1）Vv 接线一次断线。Vv 接线一次断线如图 1-47 所示，测量结果详见表 1-8。因为这种接线由两个单相电压互感器组成，某个电压互感器一次断线后，它的二次绕组上就没有感应电动势，线圈两端就相当于短路，同电位。图 1-47（a）中一次 C 相断线，那么二次 c 点和 b 点同电位，U_{bc} 就为零；一次 A 相断线时，情况类似，U_{ab} 为零。但一次 B 相断线，情况较为特殊，B 相断开后，一次两个绕组就串联在一次了，B′点相当于 A 与 C 之间的一个中间点，二次的 b 点也就变为 a 与 c 之间的中间点了，既然 U_{ca}=100V，那么 U_{ab}、U_{bc} 就只有其中的一半，即 100/2=50V。

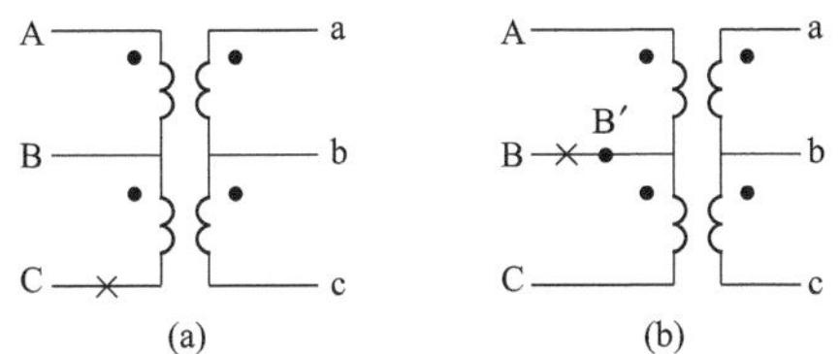

图 1-47 电压互感器 Vv 接线一次断线

（a）C 相断线；（b）B 相断线

表 1-8　电压互感器 Vv 接线一次断线测量结果　(V)

断线类型	U_{ab}	U_{bc}	U_{ca}
A 相一次断线	0	100	100
B 相一次断线	50	50	100
C 相一次断线	100	0	100

(2) YNyn 接线一次断线。如果一次 A 相断线，二次 a 点与地之间短路，没有电压，那么凡是与 a 有关的线电压 U_{ab}、U_{ca} 均只等于相电压，即 $100/\sqrt{3}$=57.7V；其他两相一次断线情况类似。示意图如图 1-48 所示，测量结果详见表 1-9。

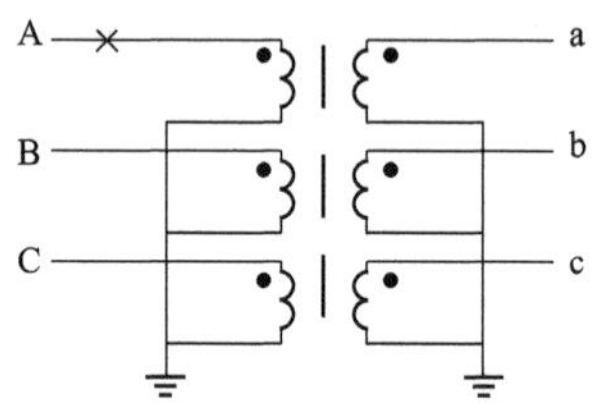

图 1-48　电压互感器 YNyn 接线一次断线

表 1-9　电压互感器 YNyn 接线一次断线测量结果　(V)

断线类型	U_{ab}	U_{bc}	U_{ca}
A 相一次断线	57.7	100	57.7
B 相一次断线	57.7	57.7	100
C 相一次断线	100	57.7	57.7

1.2.5.2　电压互感器带电检查极性

用以下方法可以检查电压互感器的极性错误（表中数据为电压互感器二次绕组空载时的测试结果）。

(1) Vv 接线一次或二次绕组极性接反。Vv 接线有任一个线圈单独极性接反，均会使 U_{ca} 上升为 $100\sqrt{3}$V，即 173V。a 相或 A 相极性接反，如图 1-49（a）和图 1-49（b）所示，两者测量结果一样，二次 a 相极性接反的相量图如图 1-49（c），测量结果详见表 1-10。

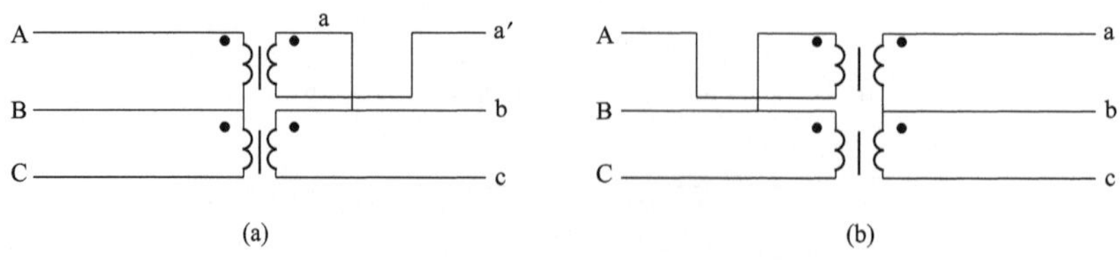

图 1-49　电压互感器 Vv 接线极性接反（一）

（a）二次 a 相极性接反；（b）一次 A 相极性接反

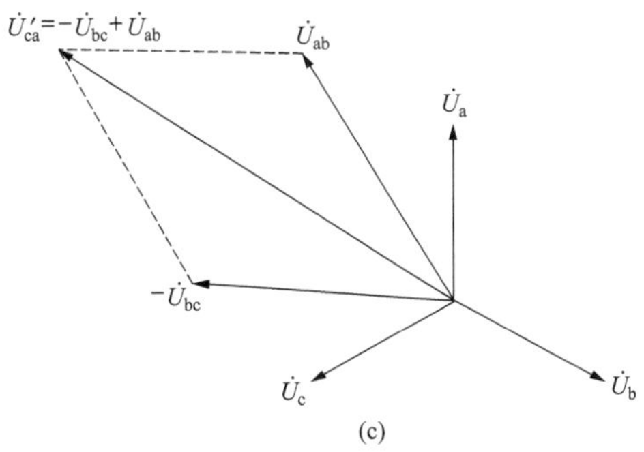

图 1-49 电压互感器 Vv 接线极性接反（二）

（c）二次 a 相极性接反的相量图

表 1-10 电压互感器 Vv 接线极性接反测量结果 （V）

错接线类型	U_{ab}	U_{bc}	U_{ca}
A（或 a）相接反	100	100	173
C（或 c）相接反	100	100	173

二次 a 相极性接反时，a′ 点已经不是 a 点，$\dot{U}_{aa'}=\dot{U}_{ab}$，而 $\dot{U}_{ca'}$ 等于从 c 点走到 a′ 点所经路径的全部电压之和，即

$$\dot{U}_{ca'}=-\dot{U}_{bc}+\dot{U}_{aa'}=-\dot{U}_{bc}+\dot{U}_{ab}=100\sqrt{3}\angle 60° \text{V} \tag{1-90}$$

其他两个线圈单独接反时，情况类似。

这种测量方法在二次侧（或一次侧）两个线圈同时接反时，检查不出来错误，因为电压表只能指示有效值。

（2）YNyn 接线一次绕组或二次绕组极性接反。

YNyn 接线有任一线圈单独接反，均会使与这个绕组有关的线电压下降为 $100/\sqrt{3}$=57.7V，等于线电压。图 1-50（a）和图 1-50（b）所示为 a 相或 A 相极性接反，两者产生的后果一样。二次侧 a 相极性接反的相量图如图 1-50（c）所示，测量结果详见表 1-11。

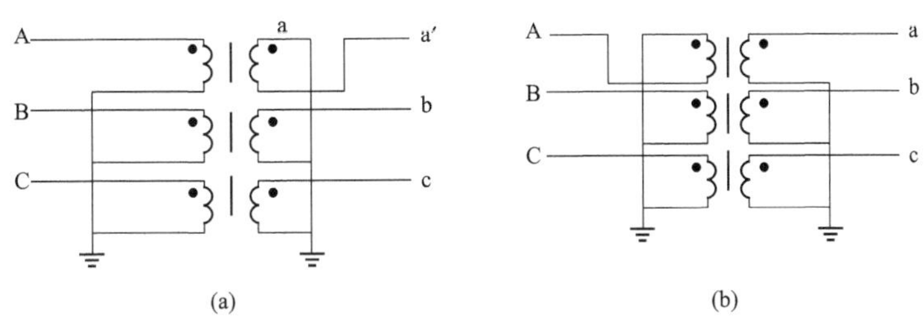

图 1-50 电压互感器 YNyn 接线极性接反（一）

（a）二次 a 相极性接反；（b）一次 A 相极性接反

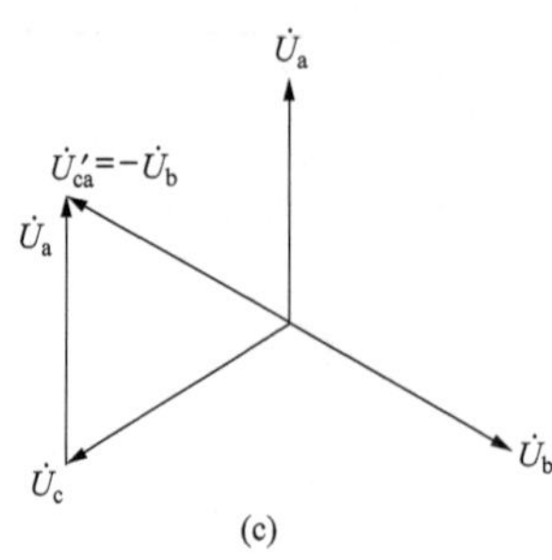

图 1-50 电压互感器 YNyn 接线极性接反（二）

（c）二次 a 相极性接反的相量图

表 1-11 电压互感器 YNyn 接线极性接反测量结果 （V）

错接线类型	U_{ab}	U_{bc}	U_{ca}
A（或 a）相接反	57.7	100	57.7
B（或 b）相接反	57.7	57.7	100
C（或 c）相接反	100	100	57.7

图 1-50（a）中二次侧 a 相极性接反后，a′ 点已经不是 a 点了，$\dot{U}_{aa'}=\dot{U}_a$，线电压为

$$\dot{U}_{ca'}=-\dot{U}_c+\dot{U}_{aa'}=\dot{U}_c+\dot{U}_a=-\dot{U}_b \tag{1-91}$$

若是有两个电压互感器二次线圈同时极性接反，也会出现类似的结果。这种测量方法在二次（或一次）三个线圈同时接反时，检查不出来错误。

1.2.6 相序与更正系数

1.2.6.1 相序

相序是指三相电源中每一相电压经过同一值（如正的最大值）的先后次序。当 A 相超前于 B 相、B 相超前于 C 相、C 相超前于 A 相 1/3 周期时为正相序，否则为逆相序。

电能表判断电压、电流相序时并没有周期要求，即只要 A 相超前于 B 相、B 相超前于 C 相、C 相超前于 A 相即可认定为正相序。

电能表判断电压逆相序事件时，首先判断三相电压是否大于电能表的临界电压，然后判断是否逆相序以及持续时间，电压逆相序与电流无关。判断电流逆相序事件时，首先判断三相电压是否大于电能表的临界电压，然后判断电流是否大于 5% 额定（基本）电流，然后判断电流是否逆相序以及持续时间，电流逆相序与电压和电流均有关。

1.2.6.2 更正系数

更正系数定义为计量装置正确接线下用户消耗的真实功率值 P_1 与错误接线下形成的功率值 P_2 之比，即

$$K = \frac{P_1}{P_2} \tag{1-92}$$

它是一个倍数关系。式（1-92）分子、分母同乘用户的用电时间 T 后，便得到更正系数的另一种表示形式，即

$$K = \frac{P_1}{P_2} = \frac{P_1 T}{P_2 T} = \frac{W_1}{W_2} \tag{1-93}$$

式中：W_1 为 T 时间内正确接线情况下用户所用的真实电量；W_2 为错误接线情况下电能表的累计电量。

一般情况下可以通过错误接线情况下接入电能表所有电流、电压间的相量图求得 P_2，从而推算出 K 值。在求得 K 值的基础上即可推算得到用电时间 T 内用户的真实电量，即有

$$W_1 = KW_2 = (\text{本月表底数}-\text{上月表底数}) \times \frac{P_1}{P_2} \tag{1-94}$$

式（1-94）体现了更正系数的意义，即通过更正系数 K，可以从电能表累计电量中推算出用户的真实电量。

由于正确计量条件下的 P_1 是固定不变的，因此在三相负载平衡的情况下，有以下几种情况。

三相三线两元件有功计量

$$P = \sqrt{3} U_1 I_1 \cos\varphi \tag{1-95}$$

三相四线三元件有功计量

$$P = 3 U_1 I_1 \cos\varphi \tag{1-96}$$

对于电能表累计电量和用户真实用电量，可用更正系数来衡量它们的关系，即有：①电能计量装置少记电量时，$K > 1$；②电能计量装置正确计量时，$K=1$；③电能计量装置多记电量时，$K < 1$。

错误接线下情况下电能表所计电量虽然有误，但是包含了用户真实用电的信息，在实际工作中可以充分利用这个信息，查清错误接线方式，通过相量图推算得到更正系数，从而得到用户的真实电量信息。

熟悉、掌握各种错误接线形式下更正系数的计算，进一步退补电量，是做好计量

装置差错调查处理的重要工作之一。

这里的错误接线，不光是指少记电量的错接线，而是泛指各种类型的错接线。正确开展退补电量计算的关键在于推算各种情况下的更正系数，一般方法是首先画出接入电能表的各个电流、电压相量图，开展分析，根据分析结果写出错误接线下的功率表达式，测算出用户的功率因数，最后计算得到具体的更正系数值。

可以按照以下步骤来理解三相电路中各相量的正确位置。

第一，先将相电压$\dot{U}_a$定在垂直向上的位置，设其初相为零，垂直向上就是初相为零的位置，$\dot{U}_b$滞后$\dot{U}_a$ 120°，顺时针转过来为滞后；$\dot{U}_c$超前$\dot{U}_a$ 120°，逆时针转过去为超前，三个相电压如图 1-51（a）所示。

第二，在图 1-51（a）的基础上画出与各相电压成一对的线电压，如图 1-51（b）所示，其中$\dot{U}_{ab}$和$\dot{U}_a$、$\dot{U}_{bc}$和$\dot{U}_b$、$\dot{U}_{ca}$和$\dot{U}_c$分别是一对，三个线电压按 ab—bc—ca 的顺序依次滞后，每一对相、线电压的前下标相同，一对相、线电压之间才有线电压超前相电压 30° 的关系。在图 1-51（b）共有三对 6 个相量。

第三，画出在图 1-51（b）的 6 个电压相量的相反相量，如图 1-51（c）所示。两相相反相量就是有效值相等，相位角相差 180° 的相量。

第四，画出三个感性负荷下的相电流$\dot{I}_a$、$\dot{I}_b$、$\dot{I}_c$，分别滞后于本相电压$\dot{U}_a$、$\dot{U}_b$、$\dot{U}_c$

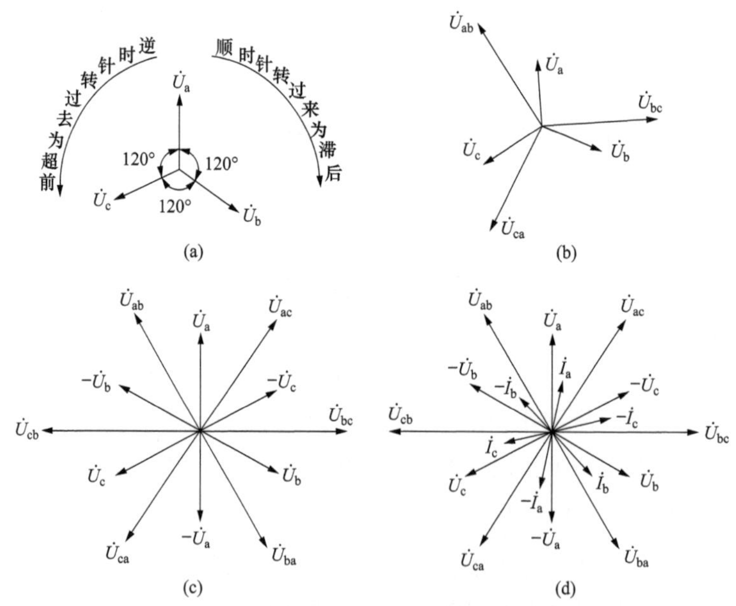

图 1-51 三相电路中各相量的正确位置

（a）三个相电压；（b）相电压和线电压；（c）相电压和线电压及它们的反向相量；（d）相电流及它们的反向相量

一个 φ 角；最后画出 $\dot{I}_a$、$\dot{I}_b$、$\dot{I}_c$ 的相反相量 $-\dot{I}_a$、$-\dot{I}_b$、$-\dot{I}_c$，分别滞后 $-\dot{U}_a$、$-\dot{U}_b$、$-\dot{U}_c$ 一个 φ 角，如图 1-51（d）所示。

图 1-51（d）中共有 18 个相量，分别如下。

相电压：$\dot{U}_a$、$\dot{U}_b$、$\dot{U}_c$。

相电压的相反相量：$-\dot{U}_a$、$-\dot{U}_b$、$-\dot{U}_c$。

线电压：$\dot{U}_{ab}$、$\dot{U}_{bc}$、$\dot{U}_{ca}$。

线电压的相反相量：$\dot{U}_{ba}$、$\dot{U}_{cb}$、$\dot{U}_{ac}$。

相电流：$\dot{I}_a$、$\dot{I}_b$、$\dot{I}_c$。

相电流的相反相量：$-\dot{I}_a$、$-\dot{I}_b$、$-\dot{I}_c$。

当负载为星形联结时，相电流就等于线电流。

以上 6 组相量均是对称相量，每组中的三个相量间互差 120°，正相序时，c 相超前 a 相，b 相滞后 a 相，注意逆时针走向为超前，顺时针走向为滞后。12 个电压相量将四个象限的 360° 分成了 12 个等分，每份 30°。这里每一个 30°，每一个电压相量，就是我们画相量图找相量间角度的坐标。

利用上述相量图，不仅能判断出接线的正确与否，而且通过对相量的分析，能够判断出属于哪一种错误接线，从而找到改正接线的途径。

1.3 电力系统接线

1.3.1 电气主接线

电气主接线又称为电气一次接线图，它是将电气设备以规定的图形和文字符号，按电能生产、传输、分配顺序及相关要求绘制而成的单相接线图。主接线代表发电厂或变电站高电压、大电流的电气部分主体结构，是电力系统网络结构的重要组成部分。通过主接线可以了解发电厂或变电站内一次设备的连接方式，准确、合理地配置电能计量点，保证电量准确计量，不出现重复计量或少计电量的情况。同时，也可以利用发电站、变电站的主接线图对电量进行分析，开展用电核查和差错电量分析。

1.3.1.1 线路—变压器组方式

线路变压器组方式（见图 1-52）各单元的电气设备串联连接，其间没有任何横向联系的接线，包括发电机—变压器单元接线、变压器—线路单元接线（电厂）、线路—变压器单元接线（用户）。

线路—变压器组方式的主要特点是：接线简单，维护简单，操作方便，使用的设备少，节省投资；检修时需要全部停电，适用于小型配电所；适用于容量较小的三级负荷用户。

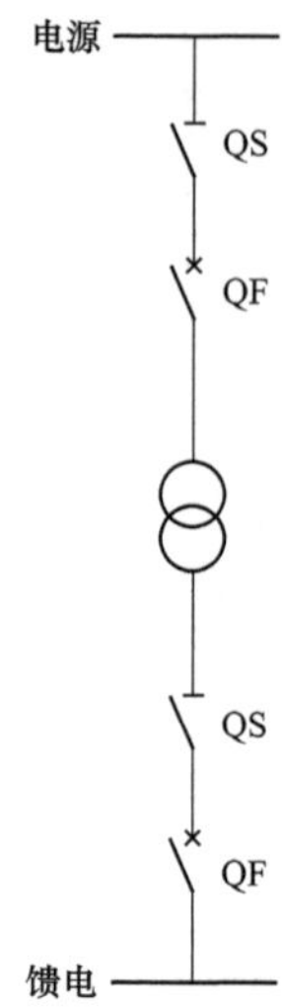

图 1-52　线路—变压器组接线方式

1.3.1.2　单母线方式

（1）单电源单母线方式。适用于三级负荷的配电所，如图 1-53 所示。

（2）双电源单母线方式。适用于二、三级负荷的配电所，又可分为单母线不分段方式和单母线分段方式，如图 1-54 和图 1-55 所示。其中单母线分段方式适用于供电的开闭所和双路供电二、三级负荷的配电所，其特点是接线简单，维护简单，操作方便，运行方式较为灵活。

（3）单母线加旁路母线方式。如图 1-56 所示，适用于对供电可靠性要求较高的多馈电回路。其特点是设备投资较高，馈电回路断路器故障时可不停负荷检修，供电可靠性较高，运行方式灵活。

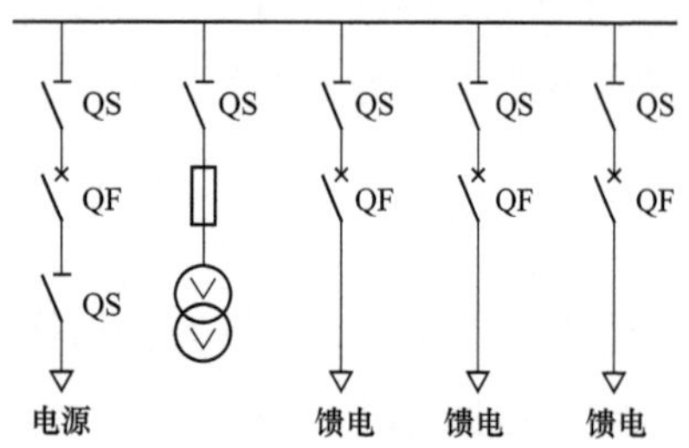

图 1-53　单电源母线方式

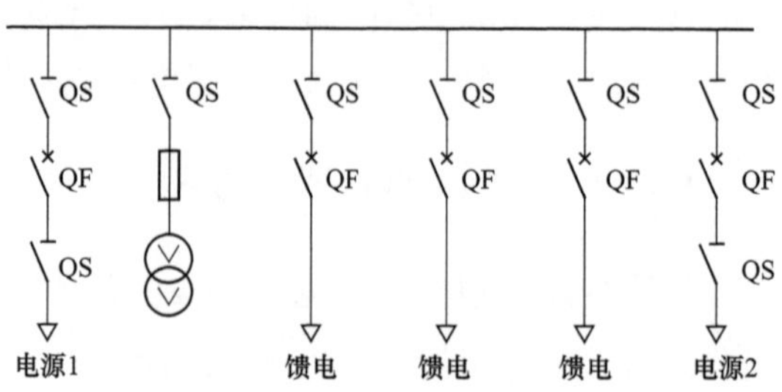

图 1-54　单母线不分段方式

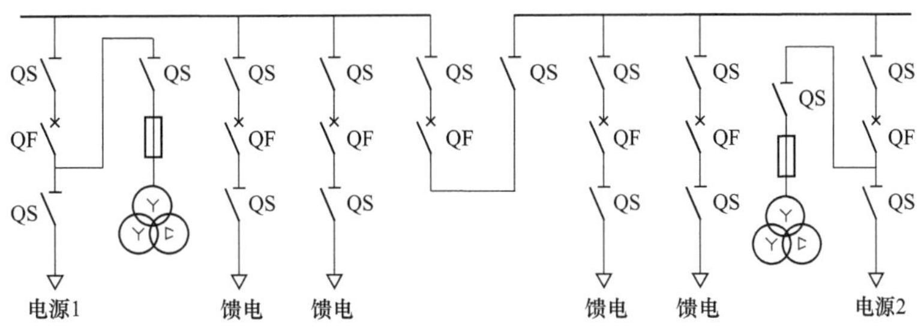

图 1-55 单母线分段方式

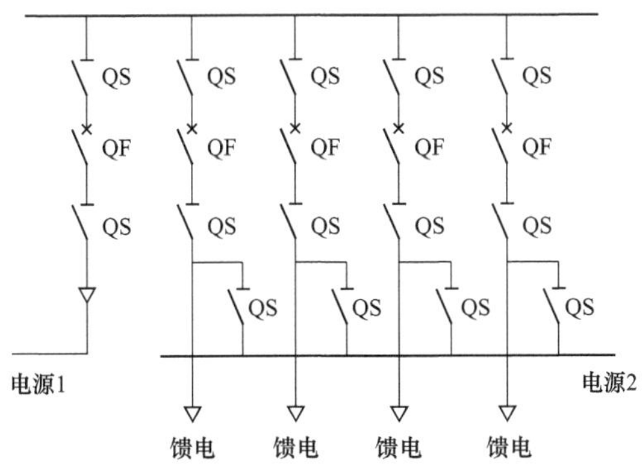

图 1-56 单母线加旁路母线方式

1.3.1.3 双母线方式

双母线方式适用于供电系统中的枢纽变电站和 110kV 及以上的一、二级负荷用户变电站。其特点是供电容量大，供电可靠性高，运行方式灵活，操作复杂，设备投资高。双母线也有多种运行方式，常见的有以下五种。

（1）双母线不分段方式如图 1-57 所示。

（2）双母线分段方式如图 1-58 所示。

（3）双母线加联络方式如图 1-59 所示。

（4）双母线分段加联络方式如图 1-60 所示。

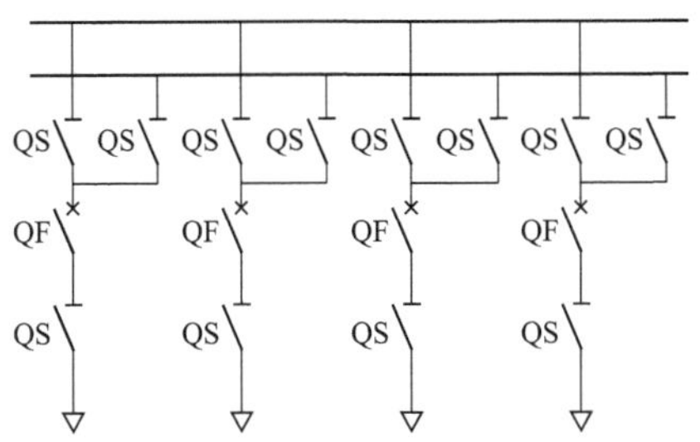

图 1-57 双母线不分段方式

（5）双母线加联络加旁路方式如图 1-61 所示。

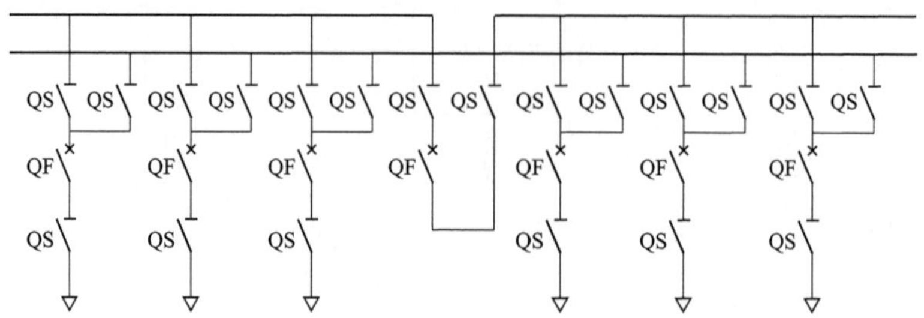

图 1-58 双母线分段方式

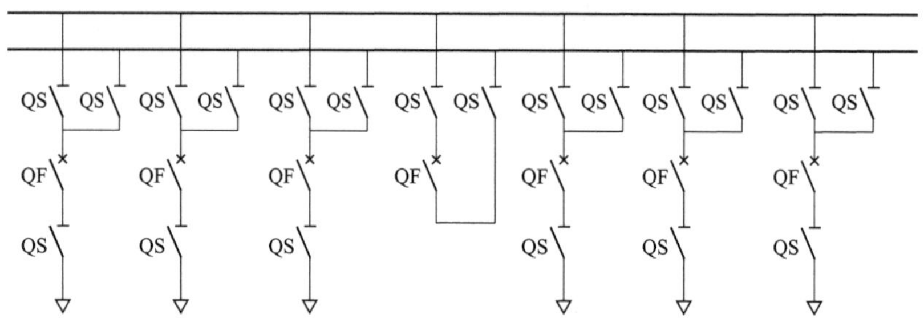

图 1-59 双母线加联络方式

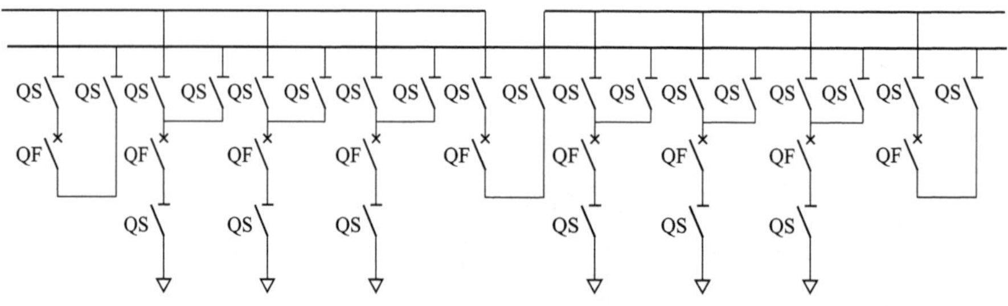

图 1-60 双母线分段加联络方式

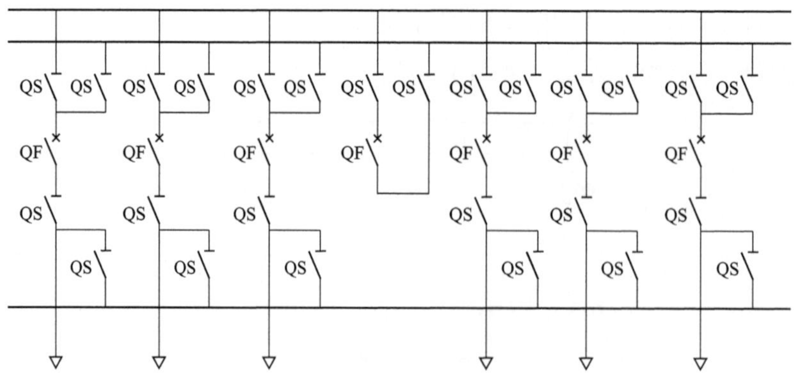

图 1-61 双母线加联络加旁路方式

1.3.1.4 桥形接线方式

桥形接线方式多于35kV及以上的变电站及一、二级负荷用户的变电站。桥形接线方式分内桥和外桥两种接线方式。

（1）内桥接线方式。内桥接线方式如图1-62所示。其引出线的切除和投入比较方便，运行灵活性好；当变压器检修或故障时，要停掉一路电源和桥开关，然后再根据需要投入线路开关，操作步骤较多。其继电保护装置也较为复杂。

因此，内桥接线一般适用于故障较多的长线路和变压器不需要经常切换的运行方式。

（2）外桥接线方式。外桥接线方式如图1-63所示。变压器检修时，采用外桥接线操作较为方便，继电保护装置较为简单。但是，当主变压器外侧发生短路故障时，会导致系统大面积的停电，影响主系统供电的可靠性。同时，在变压器倒电源操作时，需先停变压器，因此运行灵活性差。

因此，外桥接线一般适用于线路较短和变压器按经济运行方式需要经常切换的运行方式。

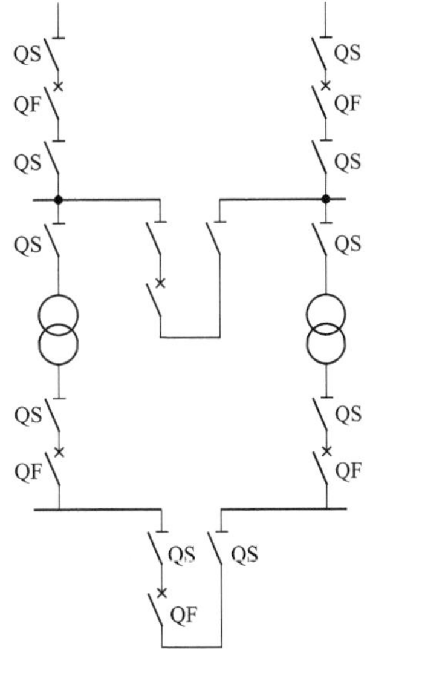

图1-62 内桥接线方式

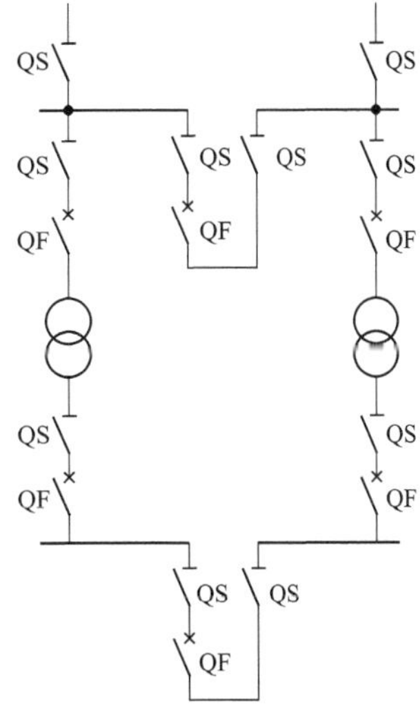

图1-63 外桥接线方式

1.3.2 电力系统设备编号

为加强电力系统调度运行管理，适应电网的发展，电力系统设备都按照一定规则进行编号，了解电气设备的编号原则有助于计量工作人员快速查清接线，了解现场情况，从而迅速对故障点进行定位。电力系统设备一般都实行双重编号，即由代码编号（以下简称编号）和设备名称两部分组成。例如线路，以该线路两端厂（站）名称的简称命名，该线路两端断路器，按 SD 240—87《电力系统部分设备统一编号准则》进行编号。

需要注意的是，根据不同电网企业管理的要求，编号规则略有不同，本节在电力设备编号应遵循的基本原则基础上以编者所在单位为例进行说明。

1.3.2.1 母线编号

母线分别用阿拉伯数字 1、2、3、4、…来表示。其排列顺序从发电机、变压器侧向出线线路侧，由固定端向扩建端（平面布置），自上而下（高层布置）排列，角形接线按顺时针方向排列。

例如：单母不分段，称 3 号母线（3 号母线）；单母分段或双母线，分别称 4 号母线和 5 号母线（4 号母线和 5 号母线），若双母线分段，则分别称为 4 甲母线、4 乙母线和 5 甲母线、5 乙母线（4 号甲、4 号乙和 5 号甲、5 号乙）；旁路母线，35kV、110kV、220kV 一般为 6 号母线（6 号母线），10kV 一般为 1 号母线（1 号母线）。

电网调度控制系统主接线一般左侧母线为 4 号母线，右侧母线为 5 号母线；靠近线路侧为 4 号母线，靠近变压器侧为 5 号母线。

1.3.2.2 断路器编号

500kV 断路器编号一般由 4 位数字组成，前两位为电压等级代号“50”，后两位为断路器编号。变压器断路器第三位为“0”，线路断路器第三位为“1”。

完全一个半断路器接线设备按矩阵排列编号，如第一串的三个断路器，分别为 5011（靠近 1 号母线）、5012（中间）、5013（靠近 2 号母线），第二串为 5021（靠近 1 号母线）、5022（中间）、5023（靠近 2 号母线），如图 1-64 所示。编号顺序从固定端向扩建端依序排列。

图 1-65 所示为采用不完全一个半断路器接线方式，不完整的部分当作一个完整串来处理，按照一个半断路器接线的编号方式进行编号。图 1-66 所示为一个半断路器接线方式，变压器高压侧断路器按主变断路器编号。

母联断路器及旁路断路器有母联断路器、旁路断路器、母联兼旁路断路器、旁路兼母联断路器四种，其中母联兼旁路断路器按母联断路器编号，旁路兼母联断路器按旁路断路器编号。

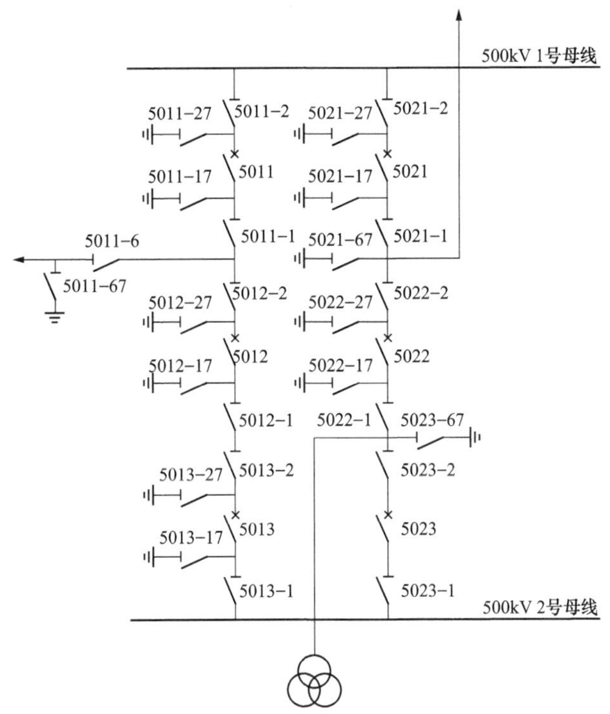

图 1-64　交流 500kV 完全一个半断路器接线设备编号示意图

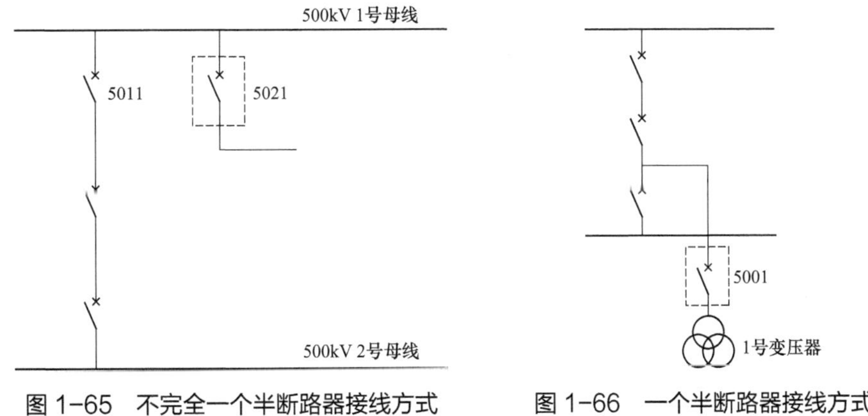

图 1-65　不完全一个半断路器接线方式　　图 1-66　一个半断路器接线方式

母联断路器的编号由被联结的两条母线的编号组成，小数在前，大数在后。如图 1-67 所示为母联兼旁路断路器的接线和编号示意图，图 1-68 所示为旁路兼母联断路器的接线和编号示意图。

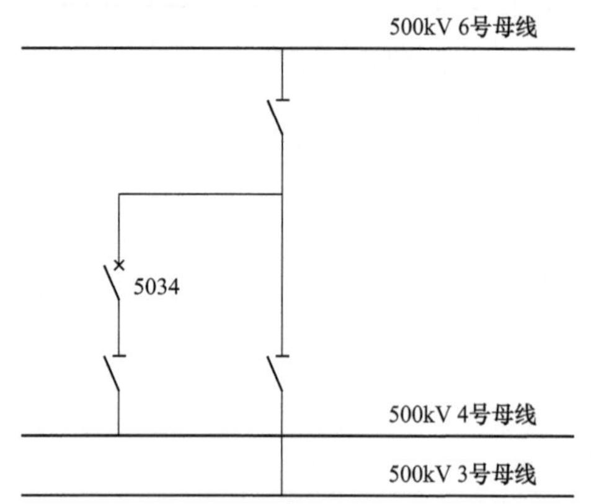

图 1-67 母联兼旁路断路器接线和编号示意图

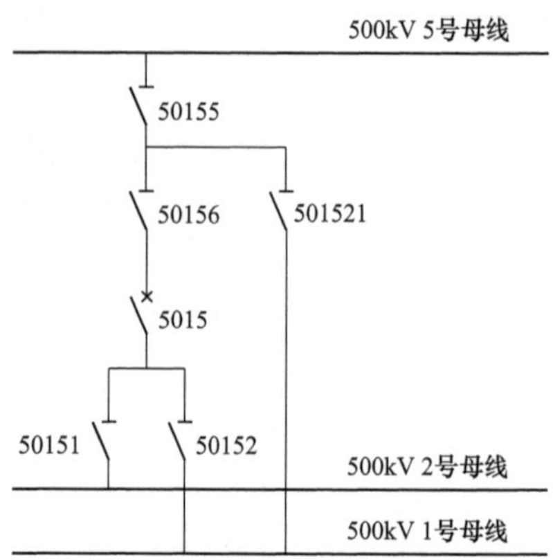

图 1-68 旁路兼母联断路器接线和编号示意图

出线断路器从 5011 起，按出线间隔顺序编号。例如：从固定端起第一个出线间隔的断路器为 5011，第二个出线间隔断路器为 5012，依次类推。

主变断路器按照变压器序号，其高压侧断路器相应编号为 5001 ~ 5010，中、低压侧断路器分别按照相应电压等级编号。

220kV 断路器编号由 4 位数字组成，前两位为电压等级代号“22”，后两位为断路器编号。其中，变压器断路器编号从 2201 起按顺序编号；线路断路器从 2211 起按顺序编号。

110kV 断路器编号由 3 位数字组成，第一位为电压等级代号“1”，后两位为断路器编号。其中，变压器断路器编号从 101 起按顺序编号，线路断路器从 111 起按顺序编号。

66kV 断路器编号由 3 位数字或 4 为数字和字母组成，第一位为电压等级代号“6”，后两位或三位为断路器编号。变压器断路器第二位为“0”，第三位按断路器顺序编号。线路断路器第二位为母线编号，第三位按断路器顺序编号，若同一线路有超过一台断路器时，第四位按字母顺序编号。如断路器编号为 601，则表示该断路器为 66kV 电压等级断路器，且断路器编号为 1；如断路器编号为 611，则表示该断路器为 66kV 1 号母线线路断路器。值得注意的是，6kV 断路器也由“6”开头，在实际工作中要注意区别。

35kV 断路器编号由 2 位或 3 位数字组成。第一位为电压等级代号“3”，变压器断路器第二位为“0”，第三位为断路器顺序编号。线路断路器从第二位开始顺序编号。

10kV 断路器编号由 3 位数字组成，第一位为电压等级代号“2”，后两位为断路器编号。变压器断路器第二位为“0”，第三位为断路器顺序编号。线路断路器后两位从“11”开始顺序编号。

0.4kV 断路器编号由 3 位数字组成，第一位为电压等级代号“4”，后两位为断路器编号。进线或变压器断路器第二位为“0”，第三位为断路器顺序编号。线路断路器后两位从“11”开始顺序编号。

1.3.2.3 隔离开关编号

（1）母线隔离开关由所属的断路器和母线编号五位数字组成。例如：母联 5012 号断路器的隔离开关，1 号母线侧为 5012-1，2 号母线侧为 5012-2，如图 1-69 所示。

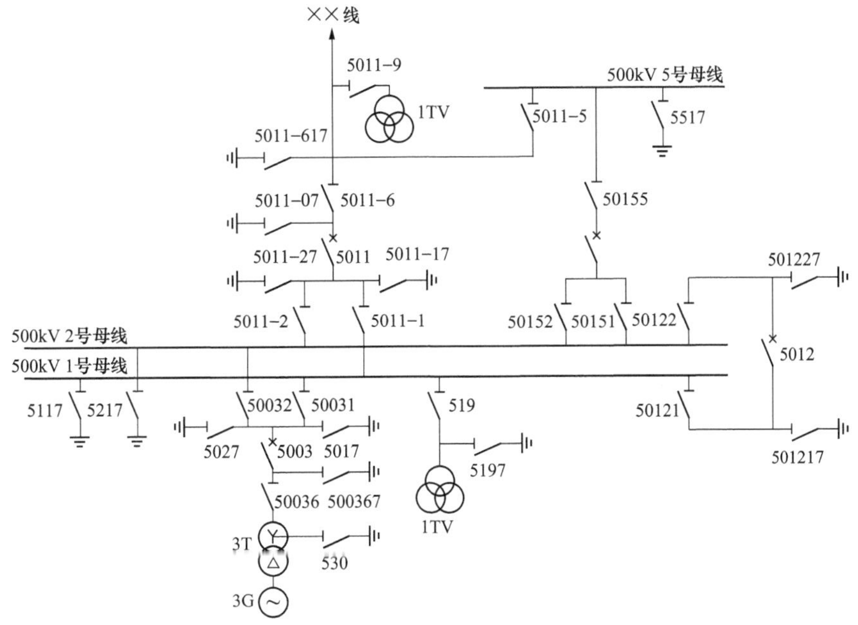

图 1-69 交流 500kV 双母线带旁路接线编号示意图

（2）500kV 旁路隔离开关由所属旁路联络断路器加相应母线编号六位数字组成。其中，专用旁路联络隔离开关编号末位两位数字分别为所连主母线编号和旁路母线编号，如图 1-70 所示。旁路兼母联断路器所属旁路联络隔离开关编号中，末两位分别为相关联两主母线编号，其中，最后一位为隔离开关所接主母线编号，如图 1-68 所示，其编号含义如图 1-71 所示。

220kV 及以下旁路隔离开关编号由线路编号加“6”组成。例如：2220-6 为 2220 线路旁路隔离开关；121-6 为 121 线路旁路隔离开关。

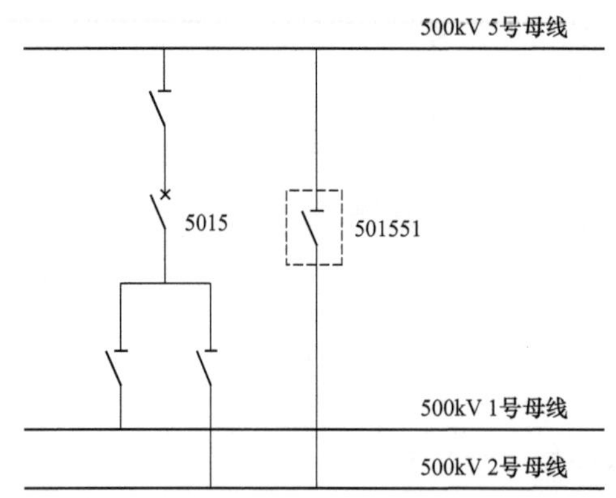

图 1-70　专用旁路联络隔离开关编号示意图

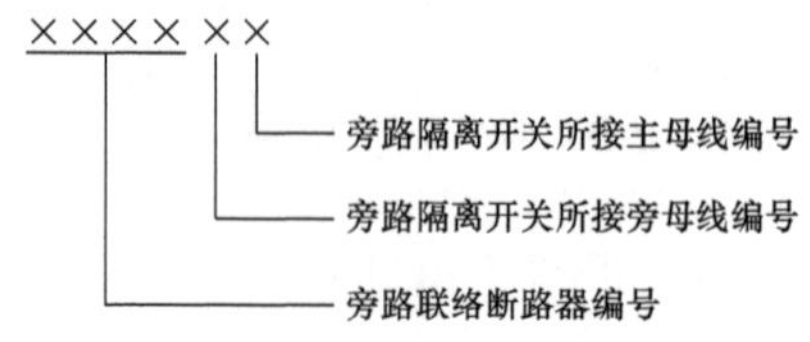

图 1-71　旁路联络隔离开关编号含义

（3）500kV 线路出线隔离开关由断路器编号和“6”五位数字组成。一个半断路器接线方式的线路出线隔离开关，按隶属母线侧隔离开关编号。角形接线方式的出现隔离开关按顺时针方向相应隶属于滞后的断路器编号。例如：出线断路器 5011，其线路侧隔离开关为 5011-6；1 号主变压器断路器为 5001，其主变压器侧隔离开关编号为 5001-6。

220kV 及以下线路侧和变压器侧隔离开关编号为“2”，前面加母线编号或该回路开关编号表示。例如：31-2 为 35kV 电压等级 31 断路器线路侧隔离开关，301-2 为 1 号变压器 35kV 侧隔离开关。

（4）3/2 接线断路器和隔离开关的编号用断路器号和所在母线号五位数字组成。

（5）电压互感器隔离开关编号由“电压等级编号 + 母线编号 +9”组成，其中 10kV 母线隔离开关无电压等级编号。例如：225 甲 -9 为 220kV 5 甲母线上的电压互感器隔离开关编号，14-9 为 110kV 4 号母线上的电压互感器隔离开关编号，4-9 为 10kV 4 号母线上的电压互感器隔离开关。

（6）避雷器隔离开关编号为“8”，原则上与电压互感器隔离开关相同。电压互感器与避雷器合用一组隔离开关时，编号与电压互感器隔离开关相同。

（7）接地隔离开关编号为“7”。断路器母线侧接地隔离开关为 47，断路器线路侧接地隔离开关为 27，隔离开关线路侧接地隔离开关为 17。例如：112-47 为 112 断路器的 4 号母线侧接地开关；112-27 为 112 断路器线路侧接地开关；112-17 为 112-2 隔离开关线路侧接地开关。

35kV、10kV 线路侧接地开关的编号由线路号后面加 7 表示。例如，223-7 为 223-2 隔离开关的线路侧接地开关。

母线侧接地开关的编号由母线号后面加 7，再加母线侧接地开关组号表示。例如：225-71 为 220kV 5 号母线第 1 组接地开关；114-72 为 110kV 4 号母线第 2 组接地开关。

220kV 侧变压器中性点接地开关的编号为 27，后面加变压器号。例如，27-3 为 3 号变压器中性点接地开关。

110kV 侧变压器中性点接地开关的编号为 7，后面加变压器号。例如，7-3 为 3 号变压器中性点接地开关。

（8）发电厂、变电站和配电所的内用变压器（简称站用变压器）隔离开关的编号为“0”，引进外电源变压器开关编号为 100、200。例如：40 为 4 号母线上所用变压器的隔离开关；111-0 为 111 断路器线路侧站用变压器的隔离开关。

（9）消弧线圈隔离开关编号为“0”。35kV 后面加变压器号，如 01 表示 35kV 1 号变压器消弧线圈隔离开关，02 表示 35kV 2 号变压器消弧线圈隔离开关。10kV 接于母线上的消弧线圈隔离开关编号为 011、021，当使用负荷开关时为 011。

1.3.2.4 其他设备编号

（1）发电机、变压器等设备，按顺序分别为 × 号机，× 号变，其主断路器按规定相应编号。

（2）与供电公司线路衔接处的第 1 断路隔离开关（位于供电公司与用户产权分界电杆上方），在 10kV 系统中编号为 101、102、103、…，与 110kV 系统中“101”的实际含义不同，这属于一种特殊编号。

（3）跌落式熔断器在 10kV 系统中编号为 21、22、23、…

（4）10kV 系统中的计量柜上装有隔离开关，编号可参考以下原则。

接通与断开本段母线用的隔离开关：4 号母线上的编号为 44，5 号母线上的编号为 55；3 号母线上的编号为 33。

计量柜中电压互感器隔离开关：直接连接在母线上的为 39、49、59；若母线上已接有电压互感器，占用了 39 或 49、59 时，则此时编号可改为 33-9、44-9、55-9。

（5）高压负荷断路器在系统中用于变压器的通断控制，其编号规则及方法与断路器相同。

1.3.3 二次回路接线

1.3.3.1 二次回路及其作用

发电厂、变电站和配电所的电气设备分为一次设备和二次设备。一次设备（也称主设备）是构成电力系统的主体；二次设备则是对一次没备进行控制、保护、监测、测量和调节的设备。将二次设备按照一定的规则连接起来以实现某种技术要求的电气回路，称为二次回路。

（1）控制回路。控制回路是由控制开关和控制对象（断路器、隔离开关）以及传递机构和执行（或操作）机构组成的，其作用是对一次开关设备进行跳闸、合闸操作。控制回路按自动化程度可分为手动控制和自动控制两种；按控制距离可分为就地控制和远方控制两种；按控制方式可分为分散控制和集中控制两种；分散控制均为“一对一”控制，集中控制有“一对一”和“一对多”的选线控制；按操作电源性质可分为直流操作电源和交流操作电源两种；按操作电源电压和电流大小可分为强电控制和弱电控制两种。

（2）调节回路。调节回路是指调节型自动装置，它是由测量机构、传送机构、调节器和执行部分组成的。其作用是根据一次设备运行参数的变化，实时在线调节一次设备的工作状态，以满足运行要求。

（3）继电保护和自动装置回路。继电保护和自动装置回路是由测量比较部分、逻辑判断部分和执行部分组成的。其作用是自动判别一次设备的运行状态，在系统发生故障或异常运行时，自动跳开断路器，切除故障或发出故障信号；在故障或异常运行状态消失后，快速投入断路器，恢复系统正常运行。

（4）测量回路。测量回路是由各种测量仪表及其相关回路组成的。其作用是指示或记录一次设备的运行参数，以便运行人员掌握一次设备运行情况。它是分析电能质量、计算经济指标、了解系统潮流和主设备运行工况的主要依据。

（5）信号回路。信号回路是由信号发送机构、传送机构和信号器具组成的。其作用是反映一次、二次设备的工作状态。信号回路按信号性质可分为事故信号、预告信号、指挥信号和位置信号四种；按信号的显示方式可分为灯光信号和音响信号两种；按信号的复归方式可分为手动复归和自动复归两种。

（6）操作电源系统。操作电源系统是由电源设备和供电网路组成的，它包括直流电源系统和交流电源系统。其作用是供给上述各回路工作电源。发电厂和变电站的操作电源多采用直流电系统，简称直流系统；小型变电站也可以采用交流电源系统或整流电源系统。

1.3.3.2 二次回路图

按照用途不同，通常将二次回路图分为原理接线图和安装接线图两大类。

（1）原理接线图。原理接线图以清晰、明显的形式表示出仪表、继电器、控制开关、辅助触点等二次设备和电装置之间的电气连接及其相互动作的顺序和工作原理。原理接线图分为归总原理接线图和展开原理接线图。

1）归总原理接线图。归总原理接线图简称原理图，以整体的形式表示各二次设备之间的电气联系，一般与一次回路的有关部分画在一起。在这种图中，设备的触点和线圈集中地表示出来，综合地表示出交流电压、电流回路与直流电流之间的联系。原理图能够使看图者对二次回路的构成及其动作过程有一个明确的整体概念，在变电站的继电保护、自动装置和电气测量回路设计中使用。

图 1-72 所示为某 10kV 线路的过电流保护原理图。

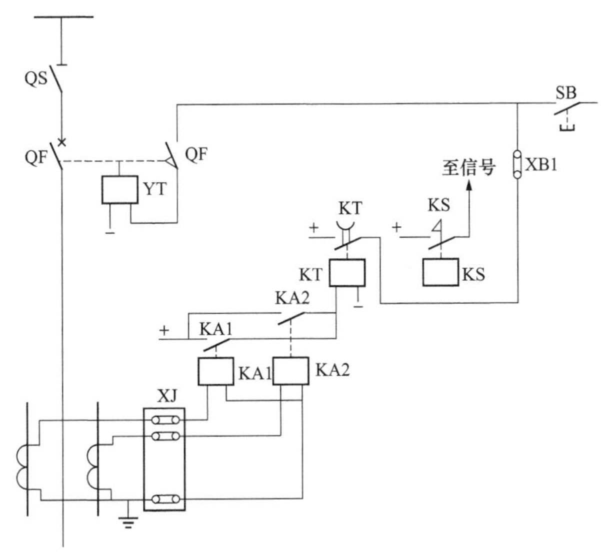

图 1-72　10kV 线路的过电流保护原理图

如图 1-72 所示电路的工作原理和动作顺序为：当电路过负荷或故障时，电路电流增大，使流过接于电流互感器二次侧的电流继电器的电流也相应增大，在电流超过保护装置的整定值时，电流继电器 KA1、KA2 动作，其动合触点接通时间继电器的 KT 线圈，经过预定的时间，KT 的触点闭合发出跳闸脉冲使断路器跳闸继电器 YT 线圈带电，断路器 QF 跳闸，同时跳闸脉冲电流流经信号继电器 KS 的线圈，其触点闭合，发出跳闸信号。

从原理图中可以看出，一次设备和二次设备都以完整的图形符号表示出来，使看图者对整套保护装置的工作原理有了一个整体概念。

但是原理图也存在一些缺点。例如：只能表示继电保护装置的主要元件，而无法表示细节之处；不能表明继电器之间连接线的实际位置，不便于维护和调试；没有表示出各元件内部的接线情况，如端子编号、回路编号等；标出的直流正负极比较分散，不易看图；对于较复杂的继电保护装置（如距离保护等），很难用原理接线图表示出来。因此，原理图的应用在实际工作中受到限制。

图 1-73 所示为高压开关柜内电能表原理接线图。其基本情况如下：

• 电能表电压取自柜顶二次电压小母线 YMU、YMV、YMW，经过 TV 空气断路器 SM61 至电能表端子排 XB 的 1、5、9 端子，再至电能表的 2、5、8 电压端钮。

• 电能表电流取自带抽头的 TA，TA 的二次为两个变比，取变比小者。2S1 分别引入端子排 X4 的 11、14、17 端子，2S2 分别引入 X4 的 12、15、18 端子短接，并通过 20 接地。B 相电流经过电流表 PA1 及微机 K500 构成回路返回。

• a、c 相电流经 XB 的 D2、D6 端子至电能表 1、7 电流进线端钮。电能表的电流 a、c 出线分别从端钮 3、9 经 XB 的 D3、D7 至微机 K500 的 1X9、1X11，再从 1X10、1X12 至 D4、D8 短接后与 X4 的 12、15、18、20 端子相连接，a、c 相二次电流构成回路。

2）展开原理接线图。展开原理接线图简称展开图，它以分散的形式表示二次设备之间的电气连接。在展开图中，设备的触点和线圈分散布置，按其动作顺序相互串联。从电源的“+”极到“-”极，或从电源的一相到另一相，算作一条“支路”，依次从上到下排列成若干行（当水平布置时）。同时，展开是按交流电压回路、交流电流回路和直流回路分别绘制的。图 1-74 所示为某 10kV 线路过电流保护展开图，即与图 1-73 对应的展开图。

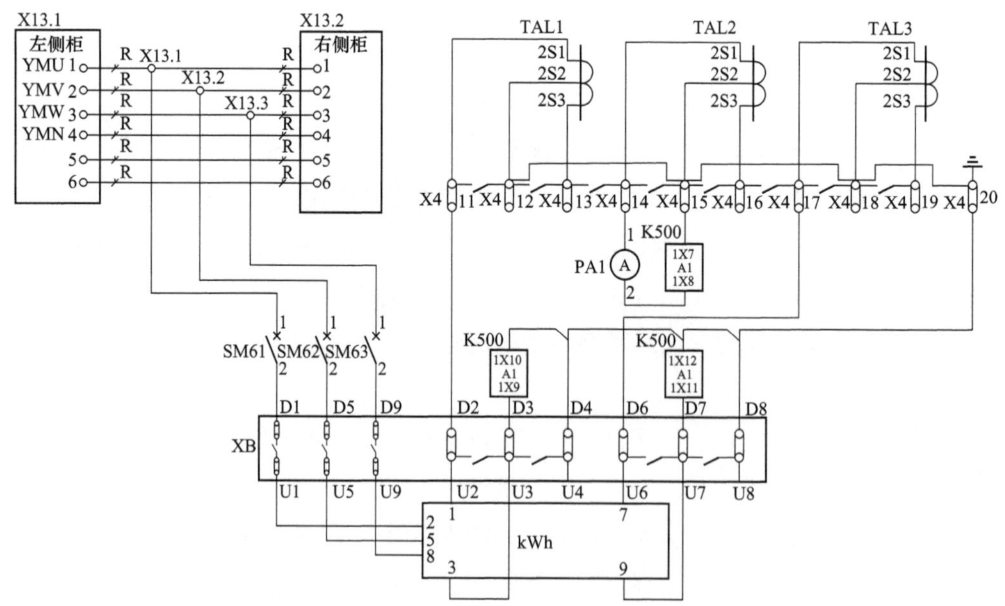

图 1-73　高压开关柜内电能表原理接线图

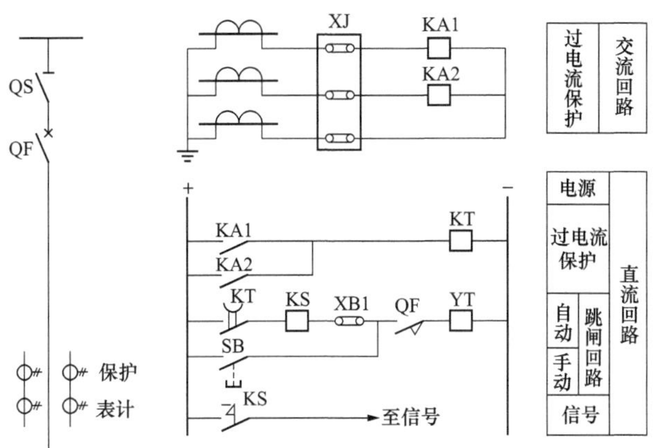

图 1-74　10kV 线路过电流保护展开图

展开图容易跟踪回路的动作顺序，且便于二次回路设计，因为它可以很方便地采用展开中的基本逻辑环节作为单元电路来构成满足一定技术要求的接线，因此容易发现接线中的错误回路。展开图在电气装置中使用得很普遍，一般用于表示回路的某一部分或整个装置的工作原理。

（2）安装接线图。安装接线图简称接线图。安装接线图是二次回路设计的最后阶段，用于来作为设备制造、现场安装的实用二次接线图，也是运行、调试、检修等工作的主要参考图纸。在接线图上设备和器具均按实际情况布置。设备、器具的端子和导线、电缆的走向均用符号、标号加以标示，两端连接不同端子的导线，为了便于查找其走向，采用专门的“对面原则”的标号方法。

安装接线图包括以下三种。

1）屏面布置图用于表示设备和器具在屏面的安装位置，屏和屏上的设备、器具及其布置均按比例绘制，如图 1-75 所示。

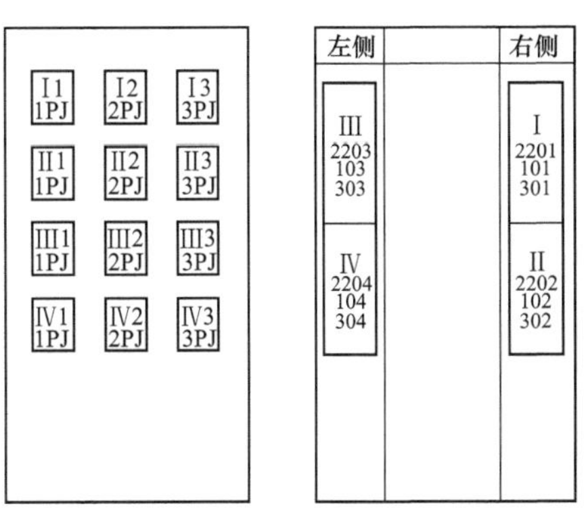

图 1-75　屏面布置图和端子排示意图

2）屏后接线图用于表示屏内的设备、器具之间及其与屏外设备之间的电气连接。

3）端子排图用于表示连接屏内外各设备和器具各科端子排的布置及电气连接。端子排图通常标示在屏后接线上。

1.3.3.3 二次电压切换和并列装置

二次电压切换装置是指双母线接线情况下，为保证二次设备运行状况与一次系统相一致，用于二次设备与不同母线电压互感器二次回路相连接的切换设备。

二次电压并列装置是指分段母线并列运行时，用于分段母线电压互感器间二次回路并列的设备。

（1）二次电压并列与切换装置的配置。

一次系统采用单母线分段接线方式，若一次系统存在两段母线并列运行条件，则二次电压回路应配置二次电压并列装置。二次电压并列装置的继电器采用双触点继电器，其导通电流不小于5A。

一次系统接线为双母线接线方式，采用母线电压互感器时，二次电压回路应配置二次电压切换装置；二次电压切换装置的继电器应采用双触点继电器，其导通电流不小于5A。

（2）二次电压并列装置的功能要求。二次电压并列装置至少应满足以下功能要求。

1）具有“禁止并列”和“允许并列”两个挡位。置于“禁止并列”挡位，分段母线电压互感器二次始终处于非并列运行状态；分段母线并列运行时，置于“允许并列”挡位，分段母线电压互感器二次处于并列运行状态。

2）有效防止向停电的电压互感器反充电。

3）具有并列装置工作状态指示信号。

（3）二次电压切换装置的功能要求。二次电压切换装置至少应满足以下功能要求。

1）依据一次系统的运行状态，将线路电能计量装置的电压回路自动切换到相应的母线电压互感器二次回路。

2）具有二次回路失压及继电器动作指示信号。

1.3.4 电能计量二次回路

1.3.4.1 二次回路计量方向

二次回路计量方向与各电力公司的管理规程有关，因此各个地区略有差异。根据北京电力公司文件《关于进一步加强关口管理的通知》（京电营〔2007〕7 号）变电站和电厂计量装置及其二次回路计量方向有以下规定。

（1）变电站及电厂的进出线计量装置及其二次回路的计量方向以与其整体电能计量装置直接连接的母线为参考点，以潮流流出母线的方向为电能表计量正向，流入母线的方向为电能表计量反向。

（2）变压器计量装置及其二次回路以变压器为参考点，高压侧计量装置以潮流流入变压器的方向为电能表计量正向，流出变压器的方向为电能表计量反向，中、低压侧以潮流流出变压器的方向为电能表计量正向，流入变压器的方向为电能表计量反向。

（3）对于设在上网发电企业的关口计量点，若其一次接线中无母线，则以发电机变压器组向电网系统送入电量的方向为电能表计量的正向。

1.3.4.2 二次回路编号规则

直流“+”极按奇数顺序标号，“-”极按偶数标号。回路经过电气元件（如电感、电阻、电容等）后，其标号性质随之改变。

常用的回路都有固定的标号，如断路器 QF 的跳闸回路用 33，合闸回路用 3 等。

交流回路的标号除用 3 位数外，前面还要加注文字符号。交流电流回路数字范围为 400 ~ 599，电压回路为 600 ~ 799。其中个位数表示不同回路，十位数表示互感器的组数。回路使用的标号组要与互感器文字后的“序号”相对应。交流回路数字标号详见表 1-12。

表 1-12 交流回路数字编号

<table>
<tr><th rowspan="2">回路名称</th><th colspan="5">回路编号组</th></tr>
<tr><th>A 相</th><th>B 相</th><th>C 相</th><th>中性线</th><th>零序</th></tr>
<tr><td>保护装置及测量仪表电流回路</td><td>A401 ~ A599</td><td>B401 ~ B599</td><td>C401 ~ C599</td><td>N401 ~ N599</td><td>L401 ~ L599</td></tr>
<tr><td>保护装置及测量仪表电压回路</td><td>A601 ~ A699</td><td>B601 ~ B699</td><td>C601 ~ C699</td><td>N601 ~ N699</td><td>L601 ~ L699</td></tr>
<tr><td rowspan="4">经隔离开关辅助触点或继电器切换的电压回路</td><td>A760 ~ A769（6 ~ 10kV）</td><td>B760 ~ B769（6 ~ 10kV）</td><td>C760 ~ C769（6 ~ 10kV）</td><td>A760 ~ A769（6 ~ 10kV）</td><td>—</td></tr>
<tr><td>A730 ~ A739（35kV）</td><td>B730 ~ B739（35kV）</td><td>C730 ~ C739（35kV）</td><td rowspan="3">N600</td><td rowspan="3">—</td></tr>
<tr><td>A710 ~ A719（110kV）</td><td>B710 ~ B719（110kV）</td><td>C710 ~ C719（110kV）</td></tr>
<tr><td>A720 ~ A729（220kV）</td><td>B720 ~ B729（220kV）</td><td>C720 ~ C729（220kV）</td></tr>
</table>

（续表）

回路名称	回路编号组				
	A 相	B 相	C 相	中性线	零序
电压表共用回路	A700	B700	C700	N700	—
控制、保护和信号回路	A1 ~ A399	B1 ~ B399	C1 ~ C399	N1 ~ N399	—

1.3.4.3 二次回路图纸

二次回路是指将二次设备按照一定规则连接起来以实现某种技术要求的电气回路，称为二次回路。

二次回路图的逻辑性很强，在绘制时遵循着一定的规律，看图时若能抓住其规律就很容易看懂。看图前首先应弄懂该图纸所绘制的继电保护装置的动作原理及其功能以及图纸上所标示符号代表的设备名称，然后再看图纸。看图的要领为：先交流、后直流；交流看电源，直流找线圈；抓住触点不放松，一个一个全查清；先上后下，先左后右，屏外设备一个也不漏。

“先交流、后直流”是指先看二次接线图的交流回路，把交流回路看完弄懂后，根据交流回路的电气量以及在系统中发生故障时这些电气量的变化特点，向直流逻辑回路推断，再看直流回路。

“交流看电源，直流找线圈”是指交流回路要从电源入手。交流回路有交流电流回路和电压回路两部分，先找出电源来自哪组电流互感器或哪组电压互感器，在两种互感器中传输的电流量或电压量起什么作用，与直流回路有何关系，这些电气量是由哪些继电器反映出来的，与什么回路有关，在心中形成一个基本轮廓。

“抓住触点不放松，一个一个全查清”是指找到继电器线圈后，再找出与之相对应的触点。根据触点的闭合或开断引起回路的变化情况，再进一步分析，直至查清整个逻辑回路的动作过程。

“先上后下，先左后右，屏外设备一个不漏”。这个要领主要针对端子排图和屏后安装图而言。端子排接线一般遵循两个原则，即穿越原则和对面原则。

穿越原则是指每一条连接导线的两端采用相同的标号，并与展开图上相应的回路标号一致，如配电装置间隔内的安装接线图就采用这种原则标号。穿越原则的主要缺点是从导线已知的一端不能判断另一端接至何处，因此，在安装、调试时很不方便。这种方法适用于设备较少、接线简单的场合。

对面原则是指每一条连接导线的任一端标以对侧所接设备的标号或代号，故同一导线两端的标号是不同的，并与展开图上的回路标号无关。这种方法很容易查找导线的方向，从已知的一端便可知另一端接至何处。对面原则的应用很广泛，控制屏和保护屏后接线图就采用这种标号原则。

1.3.4.4 端子排布置

根据二次回路接线的需要，将众多不同类型的端子组合在一起便构成了端子排。端子排有垂直布置和水平布置两种方式。其中，垂直布置的端子排一般位于屏后的左侧或右侧，水平布置的端子排位于屏后的下部。由于水平布置的端子排数目较少，且导线、电缆和端子之间的连接不便，因此只用于二次接线不复杂的场合，如开关柜的二次屏。控制屏和保护屏的端子排一般采用垂直布置方式。

端子排的布置主要遵循以下原则。

（1）屏内与屏外二次回路的连接、同一屏上各安装单位的连接以及过渡回路等均应经过端子排。

（2）屏内设备与接于小母线上的设备（如熔断器、电阻、小开关等）等连接一般应经过端子排。

（3）各安装单元的“+”电源一般经过端子排，保护装置的“−”电源应在屏内设备之间接成环形，环的两端再分别接至端子排。屏内其他设备连接一般不经过端子排。

（4）交流电流回路、信号回路及其他需要断开的回路，一般需用试验端子。

（5）屏内设备与屏顶较为重要的小母线（如控制、信号、电压等小母线），或者在运行中、调试中需要拆卸的接至小母线的设备，均需经过端子排连接。

（6）在一屏上的各安装单元均应有独立的端子排。各端子排的排列应与屏面设备的布置相匹配。一般按照下列回路的顺序排列：交流电流回路、交流电压回路、信号回路、控制回路、其他回路、转接回路。

（7）每一安装单元的端子排应在最后留 2～5 个端子排备用。正、负电源之间，以及经常带电的正电源与跳闸或合闸回路之间的端子排应不相邻或者以一个空端子隔开。

（8）一个端子的每一端一般只接一根导线，在特殊情况下 B1 型端子最多接两根。连接导线的横截面积，对于 B1 型和 D1-20 型的端子，不应大于 $6mm^2$，对于 D1-10 型的端子，不应大于 $2.5mm^2$。

1.4 电网管理信息系统

1.4.1 智能电网调度控制系统（D5000）

智能电网调度控制系统由国家电网有限公司总部统一组织、集中研发，中国电力科学研究院和国网电力科学研究院等科研单位负责具体研制，各级调度控制中心参加总体设计和功能设计。总体技术路线是：立足安全性高的软硬件，采用多核计算机集群技术提高系统运行的可靠性和处理能力，采用面向服务的体系结构（SOA）提升系统互联能力，将原来一个调度中心内部的 10 余套独立的应用系统，横向集成为由一个基础平台和四大类应用（实时监控与预警、调度计划、安全校核和调度管理）构成的电网调度控制系统，如图 1-76 所示。同时，纵向实现国、网、省三级调度业务的协调控制，支持实时数据、实时画面和应用功能的全网共享，如图 1-77 所示。

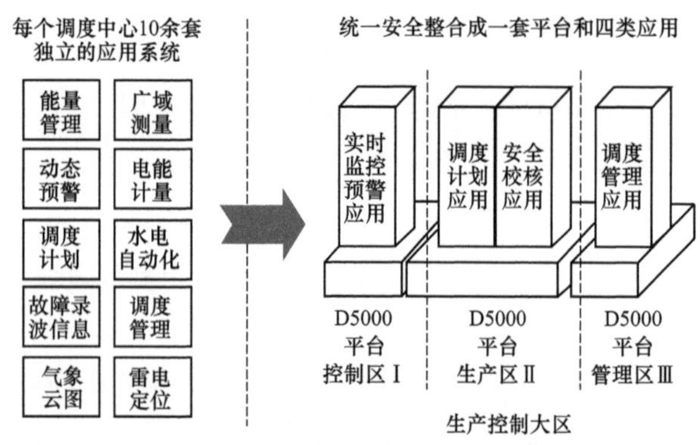

图 1-76　智能电网调度控制系统结构

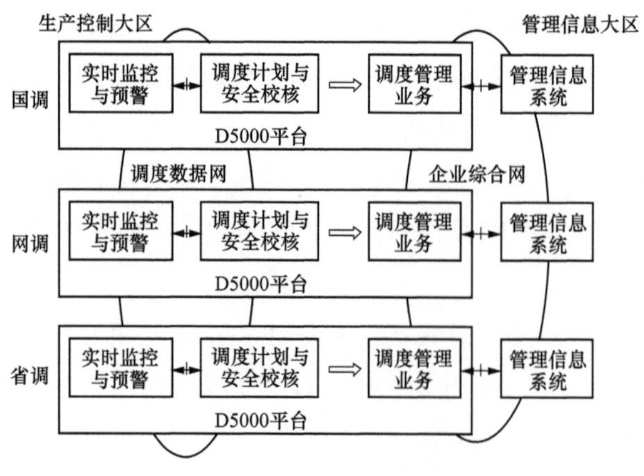

图 1-77　多级电网协调控制

国家电网有限公司在世界上首次研究并突破了满足特大电网调度需求的大电网统一建模、分布式实时数据库、实时图形远程浏览等关键技术，攻克了多级调度协同的大电网智能告警及协调控制、全网联合在线安全预警等重大技术难题，建设了智能电网调度控制系统。智能电网调度控制系统的成功开发和规模化应用，推动了电网调度控制技术的升级换代，实现了电网调度业务的“横向集成，纵向贯通”，实现了特大电网实时监测从稳态到动态、稳定分析从离线到在线、事故处置从分散到协同、经济调度从局部到全局的重大技术进步，提高了调度机构驾驭大电网的能力、大范围资源优化配置能力以及应对重大电网故障的处理能力，保障了电网的安全、稳定、经济、环保运行。

智能电网调度控制系统位于各级调度控制中心，其监测、控制、分析和优化使用的实时采样数据主要来源于变电站、发电厂等厂站自动化系统，其数据采集流程如图 1-78 所示。在厂站端，通过安装在线路、母线、断路器、变压器、发电机、电容器、电抗器等一次设备上的各类传感器，在二次侧采集得到电网电压、电流、有功功率、无功功率、断路器开合状态等实时运行信息，一方面供继电保护、安全自动装置等当地控制设备进行紧急控制，另一方面经厂站端处理后，通过调度数据网或专用数据通道发送至调度主站，供智能电网调度控制系统各类应用使用。

智能电网调度控制系统的数据根据不同业务功能有不同的应用需求，现对其进行简单介绍。

（1）测控类数据。测控类数据主要采集电网的稳态数据，用于电网的实时监视与分析。测控监视的稳态数据包括间隔三相电压有效值、三相电流有效值、线电压有效值、谐波有效值、有功功率、无功功率、功率因数、频率等交流量遥测以及变压器油温、气体压力等直流量遥测。测控类应用与保护类应用相比，对数据精度、数据准确性要求较高，需监视大于三次谐波的高次谐波分量，对数据实时性要求不高。因此，测控的采样频率不低于 3200Hz（即每周波 64 点），采样速度要求比保护类应用低。

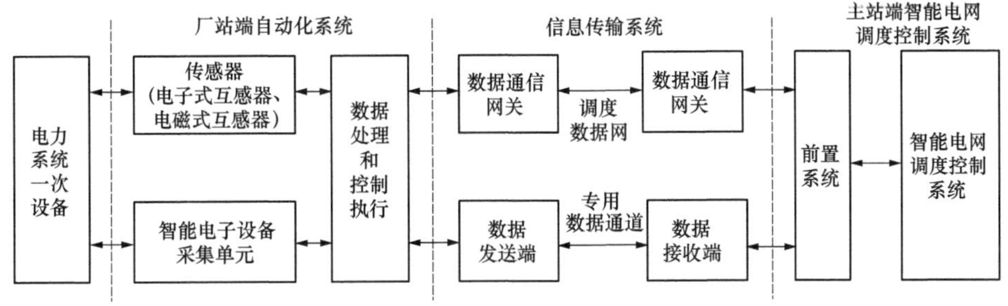

图 1-78 智能电网调度控制系统数据采集流程图

（2）保护类数据。保护类数据主要采集电网的暂态数据，包括电网故障下的交流量、直流量、开关量等。保护类应用数据的交流量主要包括间隔三相电压、三相电流以及根据不同保护原理计算出的功率方向、阻抗、差动电流、突变量、序分量、工频变化等；直流量主要包括变压器油温、压力等非电量信号；开关量主要包括断路器、隔离开关的位置等信号。在电网发生故障时，通过保护算法和逻辑进行综合判断，发出跳闸或重合闸指令、切除故障，保障电网安全。

（3）计量应用数据。计量应用数据主要采集稳态下电网各电压等级计量点的三相电压、三相电流，计算出准实时电量，包括各上、下网关口的有功电量、无功电量等，用于电量计费。为了保证计量精度，计量类数据与测控类数据相比，对测量精度要求更高，采样频率一般要求不低于 8000Hz（即每周波 160 个点），采用 24 位 A/D 进行模数转换，基于全波采样点的积分算法进行计算。数据刷新的实时性要求较低，计量终端一般以定时（定时周期为 15～60min）、整点、约定、日、瞬时等方式冻结电量数据，进行本地存储并上传。主站根据需要，可以定时调取数据或随时调取数据。

（4）安全自动控制类应用。安全自动控制装置主要采集电网稳态和暂态数据，对电网主干节点的电压、电流进行采样，计算出电压有效值、电流有效值、突变量、频率、有功功率、无功功率等。安全自动控制装置通过电气量及保护跳闸信号进行故障判断，识别出综合故障类型，根据运行方式、潮流等数据，查找稳控策略表，采取必要的切机、切负荷、直流功率紧急升降 / 调制等控制措施保障电网稳定。

除此之外，系统数据还包括同步相量类数据、故障录波数据、网络分析数据、行波测距数据、状态监测数据等。各数据类型及采样精度要求详见表 1-13。

表 1-13　各数据类型及采样精度要求

项目	基础数据	采样数据窗	采样频率	数据精度	实时性	自动控制属性
保护	电压、电流序分量、突变量、开关位置等	小于半波、半波或全波	不低于 1200Hz	电压、电流为 0.5%	毫秒级	闭环
测控	电压、电流有效值	全波	不低于 3200Hz	电压、电流为 0.2%，功率为 0.5%，频率为 0.3%	秒级	开环
同步相量测量	电压、电流幅值和相角等	全波	不低于 4000Hz	电流、电压幅值为 0.2%，电流相角为 0.5°，电压相角为 0.2°	十毫秒级	开环

（续表）

项目	基础数据	采样数据窗	采样频率	数据精度	实时性	自动控制属性
计量	有功电量、无功电量、频率等	全波	不低于8000Hz	电压、电流、功率为 0.2%	分钟级	开环
安全自动装置	有功功率、无功功率、频率、电压、电流数据等	全波	不低于1200Hz	电压、电流为 0.5%	百毫秒级	闭环
录波	电压、电流采样值、开关量等	全波	变频	电压、电流为 0.5%	毫秒级	开环
行波测距	电流采样值	全波	大于500kHz	—	微秒级	开环

1.4.2　电能量采集系统（TMR）

电能量采集系统是应用计算机及各种通信和控制技术，集电网电能量远程自动采集、电能量数据处理及电能量统计分析于一体的综合自动化数据平台，并通过支持系统实现与其他系统的互联，为电力企业的商业化运营提供科学决策依据的综合自动化平台。

电能量采集系统由主站系统、厂站采集终端构成。主站系统硬件由双前置采集工作站、WEB 服务器、数据库服务器、打印机、网络设备、通信设备以及 GPS 卫星时钟等组成；软件由数据采集模块、数据库管理模块、档案管理模块、线损统计分析模块、报表模块、WEB 浏览模块等应用软件组成。

系统对所涉及的计量点采用面向电网的方式进行定义，具备对电网结构以及电网相关设备的表述能力。系统将定义的内容与所采集的数据建立对应关系，并实现数据存储、计算、处理，提供数据访问服务。

主站系统与厂站采集终端间的通信采用 TCP/IP 网络、模拟四线专线、电话拨号方式，规约采用标准 IEC 870-5-102 传输协议，厂站采集终端与电能表间采用 RS-485 总线通信方式，规约采用 DL/T 645 规约。

系统可通过任务管理器管理采集任务，保证电能量原始数据不丢失。支持周期定时采集数据、随机采集数据、自动数据补测。

（1）周期定时采集数据：按采集任务设定的时间间隔自动采集电量信息，自动采集时间、内容、对象可设置。当定时自动数据采集失效时，主站可以根据设定的重抄次数自动进行重抄，再次失效时应能在下一周期自动从上次断开的时间补测。支持人工补采任意时间段的数据，保证数据的完整性。

（2）随机采集数据：根据实际需要随时可人工召测当前的实时数据。

（3）自动数据补测：主站与某个厂站电量终端通信中断，当通信恢复后，主站能够自动根据事件记录对采集中断期间的全部电能量数据进行自动补采，并支持断点续传功能，如有异常则给予提示，以确保电量数据的连续性。

除此之外，电能量采集系统还可提供对采集数据完整性、正确性的检查和分析手段，发现异常数据或数据不完整时自动进行补采。提供数据异常事件记录和告警功能；对于异常数据不予自动修复，保证原始数据的唯一性和真实性。

1.4.3 设备（资产）运维精益管理系统（PMS）

设备（资产）运维精益管理系统由国家电网有限公司启动建设，对推动运维检修全过程精益化管理和电网资产的全寿命周期管理及扩大公司数据共享、业务融合具有重要作用，提高了电网企业的生产管理信息化水平。

国家电网有限公司“SG186”工程生产管理系统（Power Production Management System 1.0，PMS1.0）是“SG186”工程八大业务应用之一，通过建立纵向贯通、横向集成、覆盖电网生产全过程的标准化生产管理系统，实现电网企业生产集约化、精细化、标准化管理，提高国家电网有限公司生产管理水平。

国家电网有限公司设备（资产）运维精益管理系统（Power Production Management System 2.0，PMS2.0）是“三集五大”体系建设中的“大检修”体系内容，支撑运维检修全过程精益化管理和电网资产的全寿命周期管理，覆盖公司运维检修业务，贯穿生产管理全过程，可以更大范围地实现数据共享和业务融合。系统总体功能可分为标准中心、电网资源中心、计划中心、运维检修公司、监督评价中心和决策支持中心等六大中心，结合横向的数据共享和业务协同，实现资产全寿命管理。

PMS 2.0 建设围绕“构建企业级电网资源中心，贯通基层核心业务，实现设备管理向电网管理和资产管理转变，实现内向型生产管理信息向具有完整稳定内核与开放服务能力的运检信息平台转型”的技术原则。依据总体设计原则，选择先进、成熟的技术路线、架构、开源产品，同时兼顾目前国家电网有限公司信息化系统现状，既要体现先进性，又能保证与已有技术路线的兼容。PMS 2.0 通过与电网规划、基建管理、调度管理、营销管理的数据共享和业务协同，实现了设备（资产）从规划、安装、运行、退役、再利用直至报废的资产全寿命管理。通过与 ERP 人资、财务和物资横向贯通，实现了设备（资产）运检成本归集和资源的优化配置。系统以资产全寿命周期管理为主线，以状态检修为核心，优化关键业务流程；依托电网GIS平台，实现图数一体化建模，构建企业级电网资源中心；与ERP系统深度融合，建立“账—卡—物”联动机制，支撑资产管理；与调度管理、营销业务应用以及95598等系统集成，贯通基层核心业务，实现跨专业协同与多专业融合。

系统功能框架分为基础管理层、业务执行与管控层、优化决策层。其中，基础管理层是设备（资产）运维精益管理系统的核心和基础，为业务执行与管控、辅助决策层以及应用保障层提供标准、电网资源、水电、生产服务用车等设备及电网图形信息；业务执行与管控层是设备（资产）运维精益管理系统的主要内容，贯穿电力生产业务全过程，为优化决策提供评估依据；优化决策层是设备（资产）运维精益管理系统的上层应用，对业务执行与管控层实行监督、评估与决策。

1.4.4 营销业务应用系统（SG186系统）

营销业务应用系统（SG186系统）是国家电网公司一体化企业级信息集成平台，以一个平台集成企业信息，以八大应用覆盖公司业务，以六个体系为公司提供多方保障。国家电网公司SG186系统营销业务模块的实现，使电网企业营销管理方面的管理水平、业务模式、业务流程实现了统一，形成了公司完整的营销管理、业务标准化体系，实现了“营销信息高度共享，营销业务高度规范，营销服务高效便捷，营销监控实时在线，营销决策分析全面”，促进了国家电网公司营销能力和服务水平的快速提升。

SG186系统营销模块将营销业务划分为“客户服务与客户关系”“电费管理”“电能计量及信息采集”和“市场与需求侧”等四个业务领域及“综合管理”，共19个业务类、137个业务项及753个业务子项。电力营销业务通过各领域具体业务的分工协作，为客户提供各类服务，完成各类业务处理，为供电企业的管理、经营和决策提供支持；同时，通过营销业务与其他业务的有序协作，提高整个电网企业资源的共享度。

SG186系统包括19个业务类：新装增容及变更用电、抄表管理、核算管理、电费收缴及账务管理、线损管理、资产管理、计量点管理、计量体系管理、电能信息采集、供用电合同管理、用电检查管理、95598业务处理、客户关系管理、客户联络、市场管理、能效管理、有序用电管理、稽查及工作质量、客户档案资料管理。

SG186系统自2009年8月30日起正式投运。通过与原营销系统进行对比，SG186系统具有一定的优越性，也存在一定的不足。从业务流程设置来看，该系统对业扩报装流程重新进行梳理，流程设置更为严谨、科学，解决了原系统在业务流转中存在的缺陷和不足。例如：客户用电申请的容量信息可在后续环节中更改；对可同时开展的工作可通过在系统中通过并发流程实现；周期轮换工作不必在业务受理岗位申请，直接可在计量模块中发起业务申请等，不仅提高了工作效率，而且更符合业务办理的实际需求。

由于SG186系统数据信息量大，对硬件及网络要求较高，因此在运行过程中，会出现程序运行速度慢的问题。系统部分功能仍然存在一些缺陷。例如：工作票设置格式不能满足工作需求；用电客户有多只电能表需要安装，但一张工作票只能打印一只表，安装一户需要打印多张工作票，不利于现场装表工作的开展；业务数据查询失败没有任何提示；权限分配不直观；系统查询功能不完善，没有原系统使用方便、灵活，用户欠费、缴费、账户余额情况必须进入三个不同的界面才能查询，严重影响了运行速度，也不利于操作；除坐收人员外，其他人员无法查询用户通过银行转账、预转实、银行代扣等非现金坐收方式的用户缴费情况；很多可以形成报表的查询功能没有设置；原系统较多的监督查询环节没有设置，不利于业务流程的监督控制等。由于该系统是统一开发，缺乏一定的灵活性，尤其是对于功能变更的需求，改动难度较大，因此只能适应或在纸质资料上备注，给营销工作带来了一定难度。

1.4.5 省级计量生产调度平台（MDS）

随着“自动化检定、智能化仓储、物流化配送”技术应用的不断深化，电能计量装置的检定仓储配送管理模式已由以往的人工搬运、人工检定模式转变为现在的自动化流水线式检定与智能化仓储物流相结合的全自动化管理模式。

为进一步促进省级计量中心建设，实现计量资产全寿命周期管理、生产运行全过程管控、质量监督全范围覆盖，同时要使计量管理进入到上述的全自动化管理模式，国家电网有限公司提出的计量生产调度平台应运而生。计量生产调度平台的建设与应用，为实现高效集约式省级计量中心“整体式授权、自动化检定、智能化仓储、物流化配送”的建设目标，为建成“体系完整、技术先进、管理科学、运转高效”的计量管理体系，提供了强有力的支撑。

计量生产调度平台按照功能领域划分主要包含两大部分，它们分别是电能计量业务应用管理与电能计量“四线一库”自动化系统运行控制和仿真监控。电能业务应用管理内容以省级计量中心生产调度平台标准设计功能规范为依托，针对不同业务的差异化分析后形成涵盖电能计量各业务流程的系统化管理模式，同时配合营销系统对业务数据、流程内容进行实时化对照统一。在电能计量自动化系统建设方面，计量生产调度平台实现了与自动化检定系统、智能化仓储系统、资产识别系统等智能设备等系统的无缝对接与集成，以计划为依据，综合采购量、成品库存量、原材料库存量、设备、产能、交货期等方面的因素，生成科学合理的生产计划，并对生产现场进行调度，能够按计划运作。在安全生产过程中，将生产结果传递给营销业务应用系统，保证全业务流程闭环管理，为营销优质服务提供技术支撑。

计量生产调度平台业务包括五个模块：调度监控、生产运行管理、生产质量分析、系统辅助、计量体系管理。

（1）调度监控：对计量中心生产过程中的计划、任务、库存等进行实时监控，并对人员、检定装置、仓库等进行及时处理和调度。

（2）生产运行管理：对计量资产的采购、验收、检定、仓储、配送、运行管理等计量生产过程进行管理，同时还包括辅助管理等相关业务。

（3）生产质量分析：结合计量生产过程，进行生产质量分析、高级应用分析，为省级计量中心生产提供报表统计和辅助分析，以及指标体系的统一管理。

（4）系统辅助：对省级计量中心其他业务，包括业务传递、满意度调查、公告管理、培训管理、低值易耗品管理工作进行管理。

（5）计量体系管理：对计量中心计量体系相关人员、标准、资质认证、设备和资料进行管理，实现计量体系的全范围一体化管理和应用。

计量生产调度平台的集成设计遵循国家电网有限公司总体规划和技术路线，通过一体化平台实现与业务系统的集成，集成系统对外主要包括营销业务应用、总部计量体系运行管控系统、企业门户等；对内主要包括视频系统、检定线系统、仓储系统、配送系统等。

省级计量中心通过计量生产调度平台统一了设备规范和业务流程，极大程度上消除了人为和地域因素引起的检定质量差异，有效提高了检定质量和配送工作的效率；统一了省级计量中心的管理标准、技术标准、工作标准，强化了“标准化建设、精益化管理”水平，增强了电能计量工作的管控力和影响力，也必将进一步提高电能计量的透明度、公信力，确保准确公正计量，树立电力公司的良好社会形象；为计量装置智能化仓储的实现提供了有力的技术支持，并且实现了计量资产全寿命周期管理、生产运行全过程管控、质量监督的全范围覆盖，进一步健全了计量体系，保障了计量量值的准确性和可靠性。

计量生产调度平台的应用令省级计量中心的电能计量管理模式有了革命性的转变，具有里程碑意义。同时，随着智能化、自动化应用的不断深化，计量生产调度平台有关技术也必将成为计量生产与管理的重要发展方向。

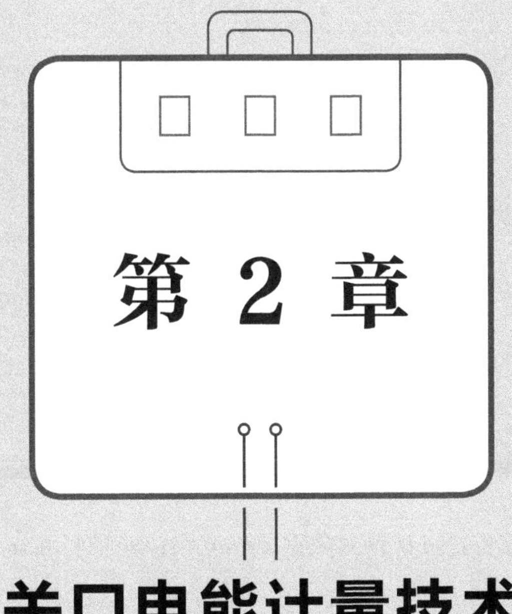

第 2 章

关口电能计量技术

电力系统是由发、输、变、配、用各个环节组成的一个有机整体，电能的生产、传输、消耗处于一个实时动态平衡状态，为了保证电力系统的供需平衡，电能计量是必不可少的。“关口”是指在关键和重要的电量交换点设置的电能计量点，用于开展电量贸易结算、经济技术指标分析等工作。本章重点对关口电能计量相关技术进行了介绍，包括电能计量装置的分类及技术要求、关口电能计量装置的现场运维工作以及计量误差和故障统计分析等内容。

2.1 电能计量装置的分类及技术要求

本节介绍电能计量设备配置的相关管理规定，包括电能计量装置的分类、配置原则和技术要求等相关内容。

2.1.1 电能计量装置分类

运行中的电能计量装置按计量对象重要程度和管理需要可分为五类，分类要求详见表 2-1。

表 2-1 电能计量装置分类

电能计量装置类型	说明
Ⅰ类电能计量装置	220kV 及以上贸易结算用电能计量装置
	500kV 及以上考核用电能计量装置
	计量单机容量 300MW 及以上发电机发电量的电能计量装置
Ⅱ类电能计量装置	110（66）~ 220kV 贸易结算用电能计量装置
	220 ~ 500kV 考核用电能计量装置
	计量单机容量 100 ~ 300MW 发电机发电量的电能计量装置
Ⅲ类电能计量装置	10 ~ 110（66）kV 贸易结算用电能计量装置
	10 ~ 220kV 考核用电能计量装置
	计量单机容量 100MW 以下发电机发电量、发电企业厂（站）用电量的电能计量装置
Ⅳ类电能计量装置	380V ~ 10kV 电能计量装置
Ⅴ类电能计量装置	220V 单相电能计量装置

按照表 2-1 中的分类方式可知，220kV 电压等级电能计量装置为Ⅰ类电能计量装置，因此Ⅱ类计量装置不包括 220kV 电压等级电能计量装置。与此同理，按电压范围对电能计量装置分类时，均不包含其上限电压等级。

2.1.2 准确度等级

按照电能计量装置的类别，各类电能计量装置应配置的电能表、互感器准确度等级不低于表2-2中规定的准确度等级，且电能计量装置中电压互感器二次回路电压降应不大于其额定二次电压的0.2%。对于发电机出口，可选用非S级的电流互感器。

表2-2 准确度等级要求

电能计量装置类别	电能表		互感器	
	有功	无功	电压互感器	电流互感器
Ⅰ类电能计量装置	0.2S	2	0.2	0.2S
Ⅱ类电能计量装置	0.5S	2	0.2	0.2S
Ⅲ类电能计量装置	0.5S	2	0.5	0.5S
Ⅳ类电能计量装置	1	2	0.5	0.5S
Ⅴ类电能计量装置	2	—	—	0.5S

2.1.3 电能计量装置配置原则

（1）贸易结算用的电能计量装置原则上应设置在供用电设施的产权分界处。发电企业上网线路、电网企业间的联络线路和专线供电线路的另一端应配置考核用电能计量装置。分布式电源的出口应配置电能计量装置，其安装位置应便于运行维护和监督管理。

（2）经互感器接入的贸易结算用电能计量装置应按计量点配置电能计量专用电压、电流互感器或专用二次绕组，并且不得接入与电能计量无关的设备。

（3）电能计量专用电压、电流互感器或专用二次绕组及其二次回路应有计量专用二次接线盒及试验接线盒。电能表与试验接线盒应按一对一的原则配置。

（4）Ⅰ类电能计量装置、计量单机容量100MW及以上发电机组上网贸易结算电量的电能计量装置和电网企业之间购销电量的110kV及以上电能计量装置，宜配置型号、准确度等级相同的计量有功电量的主、副两只电能表。

（5）35kV及以上贸易结算用电能计量装置的电压互感器二次回路，不应装设隔离开关辅助触点，但可装设快速自动空气开关。35kV及以下贸易结算用电能计量装置的电压互感器二次回路，计量点在电力用户侧的应不装设隔离开关辅助触点和快速自动空气开关等；计量点在电力企业变电站侧的可装设快速自动空气开关。

（6）安装在电力用户处的贸易结算用电能计量装置，10kV 及以下电压供电的用户，应配置电能计量柜或电能计量箱；35kV 电压供电的用户，宜配置符合 GB/T 16934 规定的电能计量柜或电能计量箱。未配置电能计量柜或电能计量箱的，其互感器二次回路的所有接线端子、试验端子应能实施封印。

（7）安装在电力系统和用户变电站的电能表屏，屏内应设置交流试验电源回路以及电能表专用的交流或直流电源回路。电力用户侧的电能表屏内应有安装电能信息采集终端的空间，以及二次控制、遥信和报警回路的端子。

（8）贸易结算用高压电能计量装置应具有电压失压计时功能。

（9）互感器二次回路的连接导线应采用铜质单芯绝缘线。对于电流二次回路，连接导线横截面积应按电流互感器的额定二次负荷计算确定，至少应不小于 $4mm^2$；对于电压二次回路，连接导线截面积应按允许的电压降计算确定，至少应不小于 $2.5mm^2$。

（10）互感器额定二次负荷的选择应保证接入其二次回路的实际负荷在额定二次负荷 25%～100% 范围内。二次回路接入静止式电能表时，电压互感器额定二次负荷不宜超过 10VA；额定二次电流为 5A 的电流互感器，额定二次负荷不宜超过 15VA；额定二次电流为 1A 的电流互感器，额定二次负荷不宜超过 5VA。电流互感器额定二次负荷的功率因数应在 0.8～1.0；电压互感器额定二次负荷的功率因数应与实际二次负荷的功率因数接近。

（11）电流互感器额定一次电流的确定，应保证其在正常运行中的实际负荷电流达到额定值的 60% 左右，且至少不小于 30%。否则，应选用高动热稳定电流互感器，以减小变比。

（12）为提高低负荷计量的准确性，应选用过载 4 倍及以上的电能表。

（13）经电流互感器接入的电能表，其额定电流宜不超过电流互感器额定二次电流的 30%，其最大电流宜为电流互感器额定二次电流的 120% 左右。

（14）执行功率因数调整电费的电力用户，应配置计量有功电量、感性和容性无功电量的电能表；按最大需量计收基本电费的电力用户，应配置具有最大需量计量功能的电能表；实行分时电价的电力用户，应配置具有多费率计量功能的电能表；具有正、反向送电的计量点，应配置计量正向和反向有功电量以及四象限无功电量的电能表。

（15）交流电能表外形尺寸应符合 GB/Z 21192—2007《电能表外形和安装尺寸》的相关规定。

（16）计量直流系统电能的计量点应装设置直流电能计量装置。

（17）带有数据通信接口的电能表通信协议应符合 DL/T 645《多功能电能表通信协议》及其备案文件的要求。

（18）Ⅰ、Ⅱ类电能计量装置宜根据互感器及其二次回路的组合误差优化选配电能表；其他经互感器接入的电能计量装置宜进行互感器和电能表的优化配置。

（19）电能计量装置应能接入电能信息采集与管理系统。

2.1.4 电能计量装置技术要求

2.1.4.1 计量二次回路要求

电能计量二次回路一般应满足以下要求。

（1）计量二次回路不得接入任何与电能计量无关的设备。

（2）贸易结算用电能计量装置二次回路所有的接线端子、试验端子应能实施封闭。

（3）计量二次回路应装设试验接线盒，试验接线盒分为接线式和插接式两种，可根据计量装置分类、重要程度、现场实际情况进行选用。

（4）电压互感器、电流互感器二次回路 A、B、C 各相导线应分别采用黄、绿、红色线，中性线应采用黑色线。接地线应采用黄与绿双色线。

（5）二次回路的连接导线应采用铜质绝缘导线。电压二次回路导线横截面积应不小于 2.5mm^2，电流二次回路导线横截面积应不小于 4mm^2。

（6）电压、电流回路导线均应加装与图纸相符的端子编号，采用双重编号。导线排列顺序应按照正相序（即黄、绿、红色线未自左向右或自上向下）排列。

（7）35kV 以上贸易结算用电能计量装置的电压互感器二次回路，不应装设隔离开关辅助触点，但可装设微型断路器；35kV 及以下贸易结算用电能计量装置的电压互感器二次回路，计量点在客户侧的不应装设隔离开关辅助触点和微型断路器等；计量点在变电站侧的可装设微型断路器。

（8）线缆接入端子处松紧适度，接线处禁止铜芯外露、压皮。

除此之外，电压互感器的二次回路只允许一处接地，接地线中不应串接有可能断开的设备；采用母线电压互感器，需二次电压并列或切换时，接地点应在控制室或保护小室等，其他情况接地点宜在互感器端子箱，电压互感器采用 YNyn 或 Yyn 接线时，中性线应接地；电压互感器为 Vv 接线时，B 相线应接地。接地点在控制室或保护小室时，接地的二次线在互感器就地端子箱内经放电间隙或氧化锌阀片接地。

当电压互感器二次回路装设有微型断路器时，应满足以下要求。

（1）瞬时脱扣器的动作电流应按大于电压互感器二次回路的最大负荷电流来整定。

（2）当电压互感器运行电压为 90% 额定电压时，二次电压回路末端经过渡电阻短路，加于继电器线圈上的电压低于 70% 额定电压时，应瞬时动作。

（3）瞬时脱扣器断开短路电流的时间应不大于 20ms。

（4）微型断路器触点的接触电阻应小于 0.1Ω。

2.1.4.2 电流互感器二次回路的特殊要求

（1）高压电流互感器的二次回路只允许有一处可靠接地，一般在端子箱经端子排接地；采用“和电流”时，电流互感器二次回路的接地点应在电能计量屏“和电流”的端子处，且一点接地。低压电流互感器的二次回路不允许接地。

（2）经电流互感器接入的 380V 电能计量装置，其电压二次线应单独接入，不得与电流二次线共用，电压引入线的另一端应接在电流互感器一次电源侧，禁止在母线连接螺丝处引出，电压引入线与电流互感器一次电源应同时切合。

2.1.4.3 电能计量装置的安装与接线工艺

电能计量装置在接线安装时按规范要求操作，可为后续的接线检查提供好的技术基础。而接线检查是用电检查中的重点工作，可以防范违章用电、查获窃电线索，从而降低线损，降低供电成本。

电能计量装置是各种电能计量器具及连接导线的组合体，它包括：计量箱、计量柜；各类电能表、电压及电流互感器；专用接线盒以及计量二次回路连接导线。各类电能计量装置在安装与接线中，严格按照规程要求作业，是电力系统在运行中实现正确、准确电能计量的可靠保证，也为后续的校验、测试及接线检查打下良好的技术基础。

变电站关口电能表必须安装在计量屏或高压开关柜中，在与电压互感器及电流互感器二次回路连接时，必须经过计量专用的端子排或专用的试验接线盒，以便进行实负荷校验和带电更换电能表的工作。电能表应垂直安装且牢固，表位之间应保持足够的距离。

在进行关口电能表的安装时，应考虑到用电负荷的性质及供电方式，若计量单机容量在 100MW 及以上发电机组上网贸易结算电量的电能计量装置和电网企业之间购销电量的电能计量装置，在条件允许的情况下应配置准确度等级相同的主、副表。为了提高低负载（即负荷电流小）计量的准确性，应选用允许过载4倍及以上的电能表。当需要在一组互感器的二次回路中安装多块电能表时，每块电能表仍按照其自身的接线方式连接；各电能表同相所有的电压线圈并联，所有的电流线圈串联；保证电流二次回路的总阻抗不超过电流互感器的二次额定阻抗值；电压回路从母线到每个电能表端钮盒之间的电压降，不应超过额定电压的0.2%。

二次回路是整个电力系统中电气设备的重要组成部分。用于对一次设备进行计量、测控、信号指示及保护等，二次回路的负载包括计量表计、各种监视测量设备、继电保护装置、操作电源、控制电缆及导线等。其中用于计量的二次回路要求可靠性高、准确度高，必须独立使用，不能与其他用途的二次设备共用。

二次设备及接线比较复杂，如果二次回路不能保证安装质量或未按规定进行检查与试验，则当一次设备投入运行后，发生过负荷时会由于测量仪表不准确而烧毁设备；当一次设备出现故障时，会由于二次回路的缺陷引起继电保护装置拒动或误动作而发生电力事故；在电能计量方面，如果二次回路有缺陷，则还会造成计量失准而给供用电双方带来经济损失。

计量装置二次回路的接线，必须根据批准的图纸施工。对于成套计量装置，导线与端钮连接处，应有字迹清楚、与图纸相符的端子表号。二次回路的导线绝缘不得有损伤，中途不得有接头，导线与端钮的连接部位必须压紧或拧紧，保证接触良好。

在对高压电能计量装置的二次回路进行布线安装时，要为以后检查接线创造有利的工作条件。将三相电压及电流接线按正相序A、B、C用黄、绿、红颜色区分，互感器二次回路的连接导线应采用铜质单芯绝缘线。电流二次回路，连接导线截面积应按电流互感器的二次额定负荷计算确定，至少应不小于4.0mm^2，对于电压二次回路，连接导线横截面积应按允许的电压降计算确定，但应不小于2.5mm^2。两元件电能表与电流互感器二次侧之间用四线连接，三元件电能表与电流互感器二次侧用六线连接，不再采用公共回线。相线颜色分开的目的是在接线时有效防止接线错误，查线时只要看装置各相导线的颜色，就能判断正误。

二次回路连接线要求走径合理，布线整齐美观。工艺要求做到横平竖直，尽量减少交叉，固定良好。另外，二次导线制作90° 直角弯时，应注意角度不要太尖，留有适当的弧度，以免损伤导线。

固定扎线的距离要一致，间距基本在150mm左右。二次线两端接电能表和接线盒端子处，应给导线留有一定裕度，可接成下垂的弧形，俗称“滴水弯”。接线时弧形要适中，不要过大，这样既能防止因线头损伤后重新接线时，造成线不够长而换线，又能防止导线长期受力而造成机械疲劳。

2.2 关口电能计量装置现场运维

2.2.1 电能计量装置投运前验收

按照规程要求，电能计量装置投运前应进行全面验收。严格按照规程规定做好验收工作，是对电能计量装置在投运后能够安全、正确、准确计量提供的基本保证，验收工作主要包括了技术资料验收、现场核查、验收试验、验收结果处理等，具体详见表 2-3 ~ 表 2-6。

表 2-3 技术资料验收主要工作内容

项目	序号	验收内容及要求
技术资料验收	1	电能计量装置计量方式原理图，一、二次接线图，施工设计图和施工变更资料、竣工图等
	2	电能表及电压、电流互感器的安装使用说明书、出厂检验报告，授权电能计量技术机构的检定证书
	3	电能信息采集终端的使用说明书、出厂检验报告、合格证，电能计量技术机构的检验报告
	4	电能计量柜（箱、屏）安装使用说明书、出厂检验报告
	5	二次回路导线或电缆型号、规格及长度资料
	6	电压互感器二次回路中的快速自动空气开关、接线端子的说明书和合格证等
	7	高压电气设备的接地及绝缘试验报告
	8	电能表和电能信息采集终端的参数设置记录
	9	电能计量装置设备清单
	10	电能表辅助电源原理图和安装图
	11	电流、电压互感器实际二次负载及电压互感器二次回路压降的检测报告
	12	互感器实际使用变比确认和复核报告
	13	施工过程中的变更等需要说明的其他资料

表 2-4 现场核查工作内容及要求

项目	序号	验收内容及要求
现场核查	1	电能计量器具的型号、规格、许可标志、出厂编号应与计量检定证书和技术资料的内容相符
	2	产品外观质量应无明显瑕疵和受损
	3	安装工艺及质量应符合有关技术规范的要求
	4	电能表、互感器及其二次回路接线实际情况与竣工图一致
	5	电能信息采集终端的型号、规格、出厂编号，电能表和采集终端的参数设置应与技术资料及其检定证书 / 检测报告的内容相符，接线实况和竣工图一致

表 2-5 验收试验工作内容及要求

项目	序号	验收内容及要求
验收试验	1	接线正确性检查
	2	二次回路中间触点，快速自动空气开关、试验接线盒接触情况检查
	3	电流、电压互感器实际二次负载及电压互感器二次回路压降的测量
	4	电流、电压互感器现场检验
	5	新建发电企业上网关口电能计量装置应在验收通过后方可进入 168h 试运行

表 2-6 验收结果处理工作内容及要求

项目	序号	验收内容及要求
验收结果处理	1	经验收的电能计量装置应由验收人员出具电能计量装置验收报告，注明“电能计量装置验收合格”或者“电能计量装置验收不合格”
	2	验收合格的电能计量装置应由验收人员及时实施封印；封印的位置为互感器二次回路的各接线端子（包括互感器二次接线端子盒、互感器端子箱、隔离开关辅助节点、快速自动空气开关或快速熔断器和试验接线盒等）、电能表接经端子盒、电能计量柜（箱、屏）门等；实施封印后应由被验收方对封印的完好签字认可
	3	验收不合格的电能计量装置应由验收人员出具整改建议意见书，待整改后再进行验收
	4	验收不合格的电能计量装置不得投入使用
	5	验收报告及验收资料应及时归档

2.2.2 关口电能表现场检验

2.2.2.1 检验条件

DL/T 1664—2016《电能计量装置现场检验规程》规定了新装及运行中电能计量装置的性能要求、检验要求、检验方法及检验结果的处理。根据规程要求，开展电能表现场检验工作时首先要确认工作场所的安全，不存在影响检验的无法清除的障碍物，且工作现场无可察觉到的振动和震动。现场电能表封印完整，端钮盒或联合试验接线盒应无影响接线的严重损坏。

查询电能表参数确认负荷无明显波动，电压对额定电压的偏差不应超过 ±10%，频率对额定值的偏差不应超过 ±5%，电压和电流的波形失真度不超过 5%，每一相负荷电流不低于被检电能表基本电流的 10%（对于 S 级电能表为 5%）。

电能表现场测试仪按设备要求的时间通电预热后开始工作，现场检验工作至少由两人担任，并应严格遵守电力安全工作规程要求。

对于电能表检验设备，要求电能表现场测试仪的准确度等级应满足如表 2-7 所示的准确度等级要求的规定，且检验 0.2S、0.5S 等级电能表时电流回路应采用直接接入的方式，且电能表现场测试仪应符合 GB/T 17215.701《标准电能表》、DL/T 826《交流电能表现场测试仪》的规定。

表 2-7 电能表现场测试仪的准确度等级要求

被检电能表的准确度等级	0.2S	0.5S	1	2
电能表现场测试仪准确度等级	0.05	0.1	0.1	0.2
电能表现场测试仪（含电流钳）准确度等级	—	—	0.3	0.3

光电采样器的调节机构、对光调节以及环境光照度对光电采样器的影响应符合 DL/T 732—2000《电能表测量用光电采样器》的规定。电能表现场测试仪和试验端子之间的连接导线应有良好的绝缘，应确保连接可靠，防止工作中松脱；应有明显的极性和相别标志，防止电压互感器二次短路、电流互感器二次开路，以确保人身和设备的安全。

2.2.2.2 检验项目

电能表现场检验项目详见表 2-8。

表 2-8 电能表现场检验项目一览表

序号	检验项目	
1	外观检查	+
2	接线检查	+
3	计量差错和不合理的计量方式检查	+
4	工作误差试验	+
5	计数器电能示值组合误差试验	+
6	时钟示值偏差试验	+
7	通信接口检查	*
8	功能检查	*

注 表中符号“+”表示必须检验，符号“*”表示按需检验；“计数器电能示值组合误差试验”适用于初始已设置费率时段的多费率电能表；“时钟示值偏差试验”适用于具有时钟功能的电能表。

2.2.2.3 检验方法

外观检查应注意观察电能表铭牌是否完整，字迹是否清楚，液晶显示是否缺少笔画、断码或存在不显示的情况，指示灯与运行状态是否符合，表壳是否有损坏；按键是否失灵，接线端子是否正常完整，以及封印是否完整等。

（1）接线检查。运行中的电能表和计量用互感器二次接线正确性的检查，一般采用相量图法，也可以采用相位表法、力矩法等。检查应在电能表接线端子处进行。

将作出的相量图与实际负载电流及功率因数相比较，基于负荷性质（容性或感性）分析确定电能表的接线回路是否正确。如有错误，则应根据分析的结果在测量表计上更正后重新作相量图。如仍不能确定其错误接线的实际状况，则应停电检查。

（2）计量差错和不合理的计量方式检查。在进行现场检验时，应检查是否存在倍率差错、电压互感器熔断器熔断或二次回路接触不良、电流互感器二次回路接触不良或开路、电压相序反、电流回路极性不正确等问题。

电能表的计量倍率 K_G 应按下式计算，即

$$K_G = \frac{K_L K_Y}{K_L' K_Y'} K_N \tag{2-1}$$

式中：K_L、K_Y 分别为与电能表连用的计量用电流互感器和电压互感器的变比；K_L'、K_Y' 分别为电能表铭牌上标示的电流互感器和电压互感器的变比；K_N 为电能表铭牌标示倍率，未标示者为 1。

（3）不合理的计量方式检查。在进行现场检验时，应检查是否存在下列不合理的

计量方式：电流互感器的变比过大，致使电流互感器经常在 20%（对于 S 级电流互感器为 5%）额定电流以下运行；电能表接在电流互感器非计量二次绕组上；电压与电流互感器分别接在电力变压器的不同侧；电能表电压回路未接到相应的母线电压互感器二次侧上。

（4）工作误差试验。电能表现场工作误差试验应采用标准电能表法，在实际负荷下三相四线直接接入式电能表、三相三线经互感器接入式电能表和三相四线经互感器接入式电能表的现场检验接线图如图 2-1 ~ 图 2-3 所示。电能表现场测试仪工作电源宜使用外部电源。现场负荷功率因数低于 0.5 时，不宜进行有功电能工作误差的测试。对于考核无功的计量点，当 sinφ 低于 0.5 时，不宜进行无功电能工作误差的测试。运行中的电能表在实际负荷下的工作误差应符合表 2-9 中的要求。

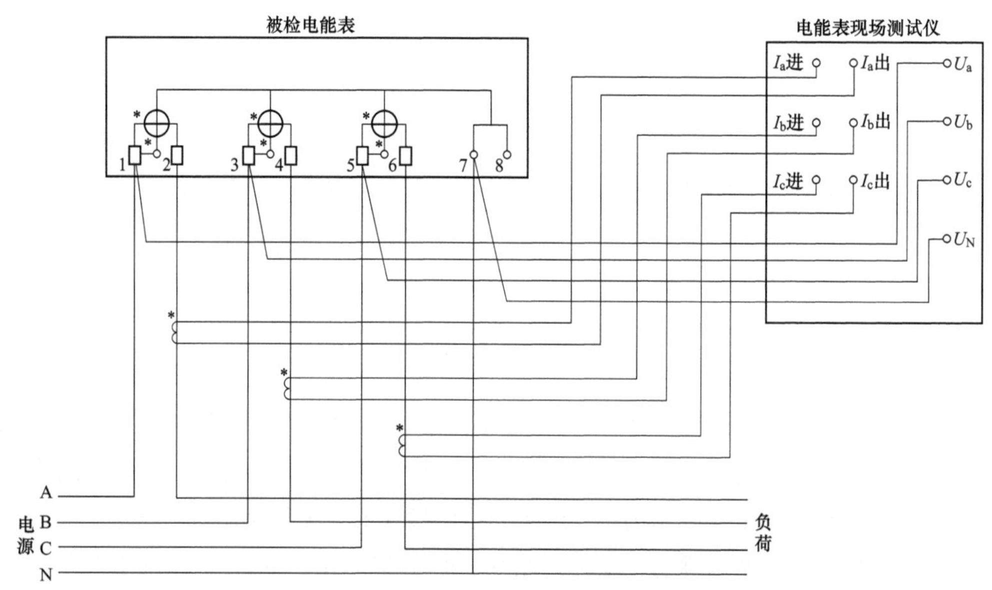

图 2-1　三相四线直接接入式电能表现场检验接线图

准确度为 0.2S 和 0.5S 级只适用于经互感器接入的电能表，表 2-9 中各字母的含义：φ 为星形负载支路相电压与相电流之间的相位差；L 为感性负载；C 为容性负载；I_b 为基本电流；I_{max} 为最大电流；I_n 为经电流互感器接入的电能表额定电流，其值与电流互感器二次额定电流相同。经电流互感器接入的电能表最大电流 I_{max} 与互感器二次额定扩展电流（$1.2I_n$，$1.5I_n$ 或 $2I_n$）相同。经互感器接入的宽负载电能表［$I_{max} \geqslant 4I_n$，如电流参数为 3 × 1.5（6）A］，其计量性能仍按 I_b 确定。

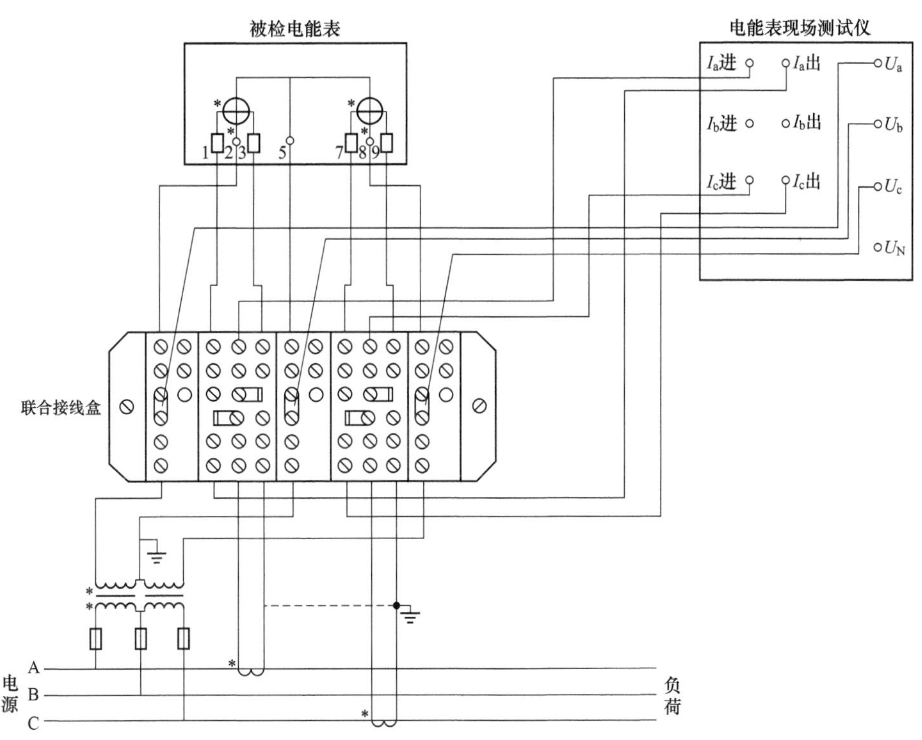

图 2-2 三相三线经互感器接入式电能表现场检验接线图

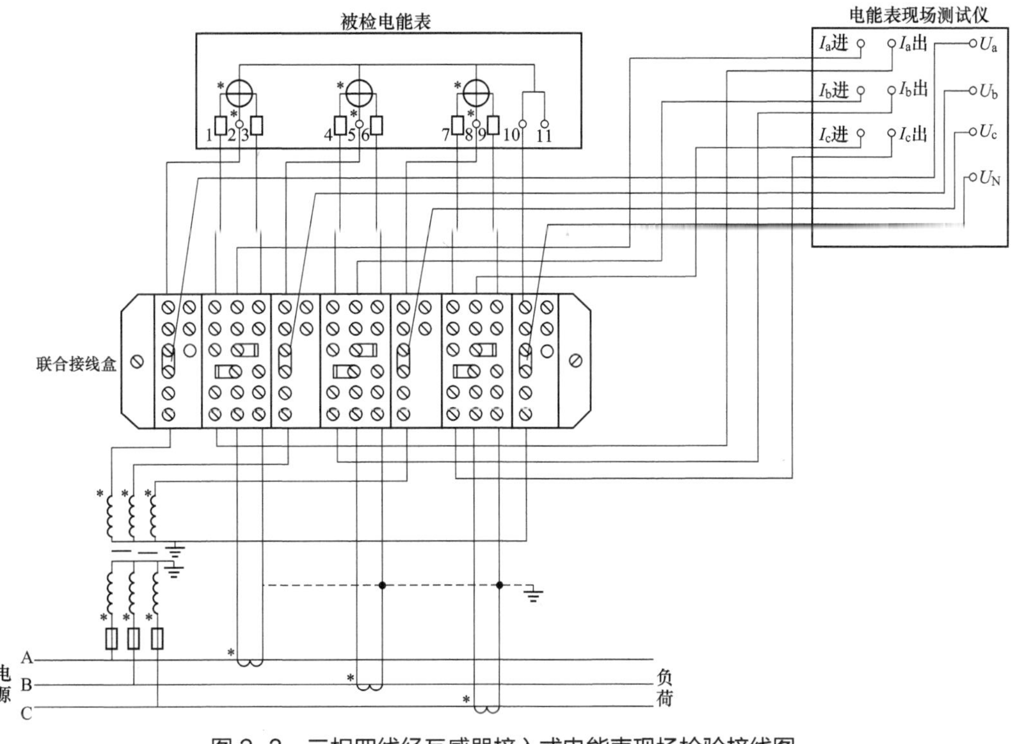

图 2-3 三相四线经互感器接入式电能表现场检验接线图

表 2-9　电能表的工作误差限

类别	负载电流 I		功率因数		电能表准确度等级					
					有功电能				无功电能	
					0.2S	0.5S	1	2	2	3
					工作误差限（%）					
有功电能表	$0.1I_b \leqslant I \leqslant I_{max}$	$0.05I_n \leqslant I \leqslant I_{max}$	$\cos\varphi$	1	±0.2	±0.5	±1.0	±2.0	—	—
	$0.1I_b \leqslant I \leqslant 0.2I_b$	$0.05I_n \leqslant I \leqslant 0.1I_n$		0.5L（C）	±0.5	±1.0	±1.5	±2.5	—	—
	$0.2I_b \leqslant I \leqslant I_{max}$	$0.1I_n \leqslant I \leqslant I_{max}$			±0.3	±0.6	±1.0	±2.0	—	—
无功电能表	$0.1I_b \leqslant I \leqslant I_{max}$	$0.05I_n \leqslant I \leqslant I_{max}$	$\sin\varphi$	1	—	—	—	—	±2.0	±3.0
	$0.1I_b \leqslant I \leqslant 0.2I_b$	$0.05I_n \leqslant I \leqslant 0.1I_n$		0.5L（C）	—	—	—	—	±2.5	±4.0
	$0.2I_b \leqslant I \leqslant I_{max}$	$0.1I_n \leqslant I \leqslant I_{max}$			—	—	—	—	±2.0	±3.0

在检测过程中要适当地选择被检电能表的脉冲数，使电能表现场测试仪的算定（或预置）脉冲数和实测脉冲数不少于表 2-10 中规定的值。

表 2-10　算定（或预置）脉冲数和显示被检电能表误差的小数位数

电能表现场测试仪准确度等级	0.05 级	0.1 级	0.2 级	0.3 级
算定（或预置）脉冲数	50000	20000	10000	6000
显示被检电能表误差的小数位数	3 位	2 位	2 位	2 位

电子式电能表现场测试仪算定（或预置）脉冲数的计算方法为

$$m_0 = \frac{C_0 N}{C_L} \tag{2-2}$$

式中：m_0 为电能表现场测试仪的算定（或预置）脉冲数；N 为被检电能表脉冲数；C_0 为电能表现场测试仪的（脉冲）仪表常数，imp/kWh；C_L 为被检电能表的（脉冲）仪表常数，imp/kWh。

在测量过程中，应至少记录两次误差测定数据，取其算数平均值作为实测误差值。若不能正确地采集被检电能表脉冲数，则舍去测得的数据。若测得的误差值等于被检电能表允许工作误差限值的 80%～120% 时，应再进行两次测量，取这两次与前两次测量数据的平均值作为最后测得的误差值。

计数器电能示值组合误差试验通过读取同一时刻的总电能计数器和各费率时段相应计数器的电能示值，计数器电能示值组合误差应满足

$$|W_D-(W_{D1}+W_{D2}+\cdots+W_{Dn})| \leqslant (n-1)\times 10^{-\beta} \tag{2-3}$$

式中：W_D 为当前电能计数器显示的总电能量，kWh；W_{D1}、W_{D2}、…、W_{Dn} 分别为当前电能计数器显示的各费率时段对应的电能量，kWh；n 为费率数；β 为电子显示总电能计数器的小数位数。

时钟示值偏差试验应采用标准时钟或采用电台报时与电能表时钟比较，时钟差值不应超过 10min。

通信接口应用测试仪器对电能表具备的红外、RS-485 等通信方式进行检查。功能检查应关注电能表的时段费率参数、冻结电量参数、事件记录、故障信息等内容。

（5）检验结果的处理。电能表测量数据应进行修约，工作误差测量数据的修约应按照相应电能表准确度等级来处理，电能表工作误差数据修约间隔详见表 2-11。

表 2-11　电能表工作误差数据修约间隔

被检电能表准确度等级	0.2S	0.5S	1	2	3
修约间隔（%）	0.02	0.05	0.1	0.2	0.2

计数器电能示值组合误差应保留到计数器的最小有效位，时钟示值偏差修约间距为 1s。

判断测量数据是否满足要求时，一律以修约后的结果为准。

2.2.3　电流互感器现场检验

2.2.3.1　电流互感器现场检验要求

根据 DL/T 1664　2016《电能计量装置现场检验规程》规定，电流互感器现场检验应满足以下要求。

（1）电流互感器性能要求。电流互感器的绝缘电阻应满足表 2-12 中的要求。

表 2-12　电流互感器绝缘电阻要求

项目	一次对二次绕组及地	二次绕组之间	二次绕组对地
要求	＞1500MΩ	＞500MΩ	＞500MΩ

在参比条件下，电流互感器的误差不得超出表 2-13 给定的限值范围，实际误差曲线不得超出误差限值所形成的折线范围。电流互感器的基本误差以退磁后的误差为准。

表 2-13 电流互感器基本误差限值

准确度级别	误差项	电流百分数（%）				
		1	5	20	100	120
0.1	比差值（±，%）	—	0.4	0.2	0.1	0.1
	相位差（±，′）	—	15	8	5	5
0.2	比差值（±，%）	—	0.75	0.35	0.2	0.2
	相位差（±，′）	—	30	15	10	10
0.2S	比差值（±，%）	0.75	0.35	0.2	0.2	0.2
	相位差（±，′）	30	15	10	10	10
0.5	比差值（±，%）	—	1.5	0.75	0.5	0.5
	相位差（±，′）	—	90	45	30	30
0.5S	比差值（±，%）	1.5	0.75	0.5	0.5	0.5
	相位差（±，′）	90	45	30	30	30

电流互感器在连续的两次周期检验中，各测量点误差的变化，不得大于其基本误差限值的 2/3。

（2）电流互感器检验要求。在进行现场检验时，一般应满足的现场检验参比条件详见表 2-14。用于检验的设备，如升流器、调压器等在工作中产生的电磁干扰引入的测量误差不大于被检电流互感器误差限值的 1/10。现场周围环境电磁场干扰所引起被检电流互感器误差的变化，不应大于被检电流互感器误差限值的 1/20。被检电流互感器从系统中隔离，除被检二次绕组外，其他二次绕组应可靠短接。

表 2-14 现场检验参比条件

名称	范围	说明
环境温度	−25 ~ 55℃	当被检电流互感器技术条件规定的环境温度与 −25 ~ 55℃范围不一致时，以技术条件规定的环境温度作为参比环境温度
相对湿度	≤ 5%	—
电源频率	50Hz ± 0.5Hz	—
电源波形畸变系数	≤ 5%	—
二次负荷	额定负荷 ~ 下限负荷	除非用户有要求，二次额定电流 5A 的被检电流互感器下限负荷按 3.75VA 选取，二次额定电流 1A 的补检电流互感器下限负荷按 1VA 选取
外绝缘	清洁、干燥	—

电流互感器现场检验设备由升流设备、标准电流互感器、电流互感器校验仪、电流互感器负荷箱及监测用电流百分表等组成，应满足下列要求。

1）升流设备由调压器、升流器和无功补偿装置等组成。调压器应有足够的调节细度，其输出容量和电压应与升流器相适应。升流器应有足够的容量和不同的输出电压挡，以满足在相应的一次试验回路阻抗下，输出电流大小和输出波形的要求。无功补偿装置应有足够的容量和调节细度，以满足在相应的一次试验回路感抗下，足以满足达到完全无功补偿的要求。试验电源设备引起的输出波形畸变系数应不超过 5%。

2）升流器、调压器、大电流电缆线等所引起被检电流互感器误差的变化，不应大于被检电流互感器误差限值的 1/10。

3）标准电流互感器额定变比应与被检电流互感器相同，准确度至少比被检电流互感器高两个等级，在现场检验环境条件下的实际误差不大于被检电流互感器基本误差限值的 1/5。

4）标准电流互感器的二次实际负荷（含差值回路负荷），应在其额定负荷与下限负荷之间。如果需要使用标准电流互感器的误差检定值，则标准电流互感器的二次实际负荷（含差值回路负荷）与其检定证书规定负荷的偏差应不大于 10%。

5）电流互感器校验仪应符合 JJG 169—2010《互感器校验仪检定规程》的技术要求：其比值差和相位差示值分辨率应不低于 0.001% 和 0.01′。在现场检验环境条件下，电流互感器校验仪引起的测量误差，应不大于被检电流互感器基本误差限值的 1/10。其中差值回路的二次负荷对标准电流互感器和被检电流互感器误差的影响均不大于它们基本误差限值的 1/20。

6）电流互感器负荷箱在接线端子所在的面板上应有额定环境温度区间、额定频率、额定电流及额定功率因数的明确标志。电流互感器负荷箱还应标明外部接线电阻数值。本标准推荐的额定温度区间为：低温型 −25 ~ 15℃，常温型 −5 ~ 35℃，高温型 15 ~ 55℃。电流互感器负荷箱的额定环境温度区间应能覆盖检验时实际环境温度范围。在规定的环境温度区间中心点附近（允许偏离范围 ±2℃），电流互感器负荷箱在额定频率 50Hz（60Hz）、额定电流的 1% ~ 120% 时，标称负荷值（与规定的二次引线电阻一并计算）的有功分量和无功分量的相对误差不应超过表 2-15 的规定，当 cosφ=1 时，残余无功分量同样不得超过表 2-15 的规定。周围温度每变化 5℃时，负荷的误差变化不应超过 ±1%。

表 2-15　电流互感器负荷箱允许误差

电流百分数（%）	有功部分			无功部分		
	1	5	20 ~ 120	1	5	20 ~ 120
基本误差限值（%）	±6	±4	±3	±6	±4	±3

7）监测用电流百分表的准确度等级不低于 1.5 级。在规定的测量范围内，内阻抗应保持不变。

（3）电流互感器现场检验项目。电流互感器现场检验项目见表 2-16。

表 2-16 电流互感器现场检验项目一览表

序号	检验项目	检验类型	
		首次检验	后续检验
1	外观检查	+	+
2	绝缘电阻测量	+	+
3	绕组的极性检查	+	-
4	基本误差测量	+	+
5	二次实际负荷下计量绕组的误差测量	-	*
6	稳定性试验	-	+

2.2.3.2 电流互感器现场检验方法

（1）外观检查。有下列缺陷之一者，判定为外观不合格。

1）绝缘套管不清洁，油位或气体指示不正确。

2）铭牌及必要的标志不完整（包括产品型号、出厂序号、制造厂名称等基本信息及额定绝缘水平、额定电流比、准确度等级及额定二次负荷等技术参数）。

3）接线端钮缺少、损坏或无标记，穿心式电流互感器没有极性标记。

4）多变比电流互感器在铭牌或面板上未标有不同电流比的接线方式。

（2）绝缘电阻测量。绝缘电阻应使用 2.5kV 绝缘电阻表进行测量，也可以采用未超过有效期的交接试验或预防试验报告的数据。

（3）绕组的极性检查。绕组的极性宜使用互感器校验仪进行检查，可与基本误差测量同时进行。标准电流互感器的极性是已知的，根据被检电流互感器的接线标志，按比较法线路完成测量接线后，升起电流额定值的 5% 以下试测，用互感器校验仪的极性指示功能或误差测量功能确定互感器的极性。如无异常，则极性标识正确。

（4）基本误差测量。电流互感器基本误差测量应按照以下要求进行。

1）对于首检或检修后的电流互感器，应先后在充磁和退磁的状态下进行误差测量，两次测量结果均应满足电流互感器基本误差限值的要求。

2）对于后续周期检验的电流互感器，宜在退磁情况下进行误差测试，测试结果应满足电流互感器基本误差限值的要求。

3）基本误差测量宜使用标准电流互感器比较法。标准电流互感器比较法原理接线图如图 2-4 所示。被检电流互感器一次绕组的 P1 端和标准电流互感器的 L1 端连接，二次绕组的 S1 端和标准电流互感器的 K1 端连接。共用一次绕组的其他电流互感器二次绕组端子用导线短路并接地。

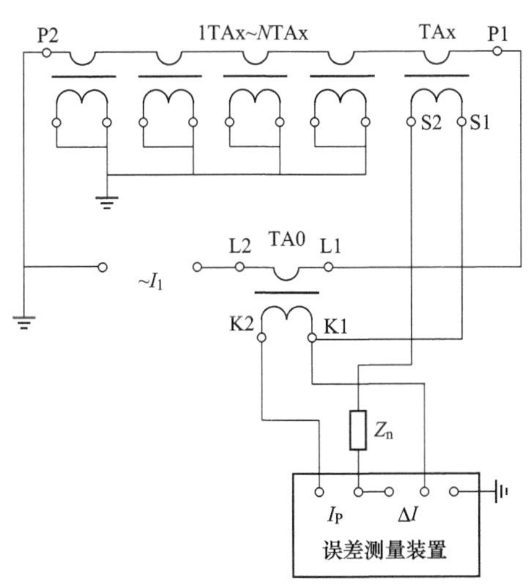

图 2-4　电流互感器比较法原理接线

To—标准电流互感器；Tx—被检电流互感器；Z_n—电流负荷箱；
1Tx ~ NTx—与被检电流互感器共用一次绕组的互感器

传统的电流互感器校验方法是比较法，即通过与标准电流互感器比较测量，得出被校互感器的误差值。随着额定一次电流的不断增大，由于标准电流互感器和电流源的体积庞大、十分笨重，现场测试产生大电流非常困难，因此使得大电流互感器的现场校验很难实现。为此，需求助于间接测量法。

间接测量法是基于测量被检互感器的参数（励磁导纳、二次绕组电阻和漏抗，以及互感器的匝比），用计算的方法得出互感器的误差值。

间接测量法的优点：①设备简单，无须携带笨重的标准互感器和升流器，无须负荷箱，就可以在现场校验大电流互感器；②从被检互感器二次侧通电压，所需电源容量很小，无须大容量试验电源。

缺点：①需测量二次绕组的漏抗 X_2，这往往是很困难的；②需准确地测量互感器的匝比 N_2/N_1 或二次绕组的匝数 N_2，其测量准确度是保证间接测量法准确度的关键；③需经计算，才能得出互感器的误差值；④对于具有非线性的误差补偿装置的电流互感器，间接测量法不适用。

电流互感器误差测量点见表 2-17。其中电流百分数为 1% 的测量点仅用于准确度等级为 S 级的电流互感器。

表 2-17 电流互感器误差测量点

电流百分数（%）	1	5	20	100	120
额定负荷	+	+	+	+	+
下限负荷	+	+	+	+	-

注 表中“+”表示包含该测量点；“-”表示不包含该测量点。

在进行首次检验时，宜在电流互感器安装后进行误差测量，且对全部电流比按表 2-17 中规定的测量点以直接比较法进行现场检验。当条件不具备时，可在安装前按此要求进行误差测量，但电流互感器安装后须在不低于 20% 额定电流下进行复核。

在进行周期检验时，除非用户有要求外，只对实际使用的变比进行误差测量。对于运行中的电流互感器，如因条件所限，无法按表中规定的测量点以直接比较法进行周期检验，则可以使用扩大负荷法外推电流互感器误差。

当一次返回导体的磁场对套管式电流互感器误差产生的影响不大于基本误差限值的 1/6 时，允许使用等安匝法（含并联等安匝法）测量电流互感器的误差。

一次电流导体由多匝导线组成的电流互感器以及母线型电流互感器可以采用等安匝法测量误差。测量时使用的一次电流根据标准电流互感器选用，一般为被检电流互感器额定一次电流的 1/10 ~ 1/2。母线型电流互感器的一次电流导线尽量均匀地绕在被检电流互感器铁芯上。标准电流互感器的电流比乘上一次导线匝数应等于被检电流互感器的电流比。等安匝法测量电流互感器误差的线路与常规比较法线路相同，数据处理方法也相同。

当一次返回导体的磁场对被检电流互感器误差的影响达到其基本误差限值的 1/8 ~ 1/6 时，应使用实际准确度不大于被检电流互感器基本误差限值 1/10 的标准电流互感器；影响小于 1/8 时可以使用实际准确度不大于被检电流互感器基本误差限值 1/5 的标准电流互感器。

临近载流导体会对电流互感器的误差产生影响，可以估算安装在互感器内部或外部的一次返回导体对互感器误差的影响。计算时取一次导体与互感器铁芯轴线距离为 a，铁芯外径为 R。

对于没有磁屏蔽的铁芯，先计算出 a/R 的值，然后查表 2-18，得到 Φ_a 和 Φ_0 的值。Φ_a 表示远导线侧的磁通，Φ_0 表示近导线侧的磁通，这是按模型铁芯计算出来的值。模型铁芯的截面为 20mm × 25mm。其中 25mm 为铁芯的高度。铁芯中磁通对应着一次电流 1000A 的情况。设实际铁芯截面为 $b \times h$，其中 h 为高度，单位为 mm。

一次电流为 $N\times1000$A。按比例关系算得铁芯远导线侧磁通 $\Phi_a'=hN\Phi_a/25$，近导线侧的磁通 $\Phi_0'=hN\Phi_0/25$。远导线侧磁密 $B_a'=N\Phi_a/25b$，近导线侧的磁密 $B_0'=N\Phi_0/25b$。以上计算对象是冷轧硅钢片铁芯，对于铁镍合金铁芯，还应乘上磁导率倍数，通常取 5 ~ 20 倍。电流互感器的正常工作磁密数值大致有 0.3T（有效值）。干扰磁通改变了绕组各处的磁密，使沿铁芯圆周的磁导率不相等，产生附加误差。在铁芯平均磁化曲线上找 B_c+B_a' 和 B_c-B_a' 两点。计算它们磁导率的相对偏差与没有干扰时的磁导率之比。如果这个比值不大于被检互感器基本误差限值的 1/3，则认为干扰量不大于被检互感器基本误差限值的 1/6。

表 2-18　与环形铁芯轴线平行的导体在模型铁芯内产生的磁场（有效值）

a/R	Φ_a/（$\times10^{-5}$Wb）	Φ_0/（$\times10^{-3}$Wb）	Φ_a/Φ_0（100%）
1.25	1175	4394	26.7
1.5	1022	3220	31.8
2	811	2197	37
2.5	672	1695	39.7
3	575	1386	41.5
3.5	505	1176	42.8
4	446	1021	43.6
4.5	401	904	44.4
5	364	811	44.9
5.5	334	735	45.4
6	308	673	45.8
7	267	567	46.4
8	236	502	46.9
9	210	446	47.2
10	190	401	47.5

如果铁芯有磁性材料的屏蔽，则可以按前述方法计算屏蔽套的磁通，把磁通除以屏蔽套的横截面积，就得到屏蔽套里的磁密。算得的最大磁密值加上工作磁密应小于屏蔽材料的饱和磁密并有一定裕度。如果铁芯有平衡绕组，则取近导线侧和远导线侧的磁密平均值代替最大磁密值。屏蔽系数为

$$H_1/H_0=b\mu_r/2a \tag{2-4}$$

式中：H_1 为外部磁场；H_0 为屏蔽腔内磁场；b 为屏蔽层的壁厚；a 为屏蔽层的最大边长；μ_r 为屏蔽材料的相对磁导率。

取屏蔽效率为 2，铁芯中的磁场可以按等效电流计算。等效电流为原一次电流除

以屏蔽系数。

如果铁芯有铜屏蔽套，则按下式计算屏蔽系数，即

$$H_1/H_0=e^{109b} \quad (2\text{-}5)$$

式中：H_1 为外部磁场；H_0 为屏蔽腔内磁场；b 为屏蔽层的壁厚，m。

指数中的系数 109 为工频下铜板的振幅衰减系数。如果是铝质屏蔽套，则系数为 78。由于实际屏蔽材料多为合金，因此计算时应取小于给出值的数值。

如果互感器有磁性材料作内套，铜材或铝材作外套时，总屏蔽系数是它们各自屏蔽系数的乘积。

由多匝导线组成的电流互感器，铁芯一般没有磁屏蔽。一次返回导体轴线和互感器铁芯轴线的距离与铁芯半径之比，典型值为 3。计算表明在一次导线电流不大于 3000 安匝时，对互感器误差的影响不大于基本误差的 1/6。用于测量发电机出口电流的母线型电流互感器，一次电流达到 10kA 量级，当三相母线距离不能满足磁场影响的要求时，必须对铁芯采取磁屏蔽措施。通常把铁芯置于由高磁导材料制成的屏蔽盒内，为了避免磁屏蔽层在强磁场下饱和，磁屏蔽层外面再套一层高电导材料的屏蔽套。正确设计安装的磁屏蔽系统，可以保证一次返回导体对互感器误差的影响不大于基本误差限值的 1/6。

（5）二次实际负荷下的误差测量。电流互感器二次实际负荷下的误差测量宜根据二次实际负荷值选择负荷箱替代的方法进行。电流互感器二次实际负荷下的现场误差测量与基本误差测量原理接线相同，两者可以合并进行。

（6）稳定性试验。电流互感器的稳定性试验取上次检验结果与当前检验结果，分别计算两次检验结果中比值差的差值和相位差的差值。

（7）检验结果的处理。电流互感器现场检验时读取的比值差保留到 0.001%，相位差保留到 0.01′，且按规定的格式和要求做好原始记录，并妥善保管。

误差测量数据可按表 2-19 中的相应等级修约。

表 2-19 电流互感器误差数据修约间隔

准确度等级		0.1	0.2	0.2S	0.5	0.5S
修约间隔	比差值（±，%）	0.01	0.02	0.02	0.05	0.05
	相位差（±，′）	0.5	1	1	2	2

检验结束，由检验单位出具检验结论，根据需要出具检验报告。

按照 JJG 1021—2007《电力互感器检定规程》要求，电磁式电流、电压互感器的检定周期不得超过 10 年，电容式电压互感器的检定周期不得超过 4 年。

2.2.4 电压互感器现场检验

电压互感器的现场测试要办理变电第一种工作票。工作票许可后，工作负责人应与工作许可人一同前往工作地点，核查工作票上的各项安全措施内容及执行情况。经核查确实无误后，工作负责人在工作票上签名，然后向全体工作人员交代工作票内容及安全注意事项。工作前后要做好的安全技术措施见表 2-20。

表 2-20 电压互感器现场测试安全技术措施

编号	安全技术措施
1	被试电压互感器顶部到高压架空线的高压引线必须拆除，拆除时必须用专用接地线把架空线和被试互感器接地。拆除后的高压引线用绝缘绳紧固，该引线与被试互感器的安全距离为：500kV 电压等级不小于 2m；330kV 电压等级不小于 1.5m；220kV 电压等级不小于 1m；110kV 电压等级不小于 0.5m
2	工作人员接近一次高压线时，必须戴绝缘手套，且电压互感器高压侧必须可靠接地，以防高压静电
3	电压互感器在测试前和测试后都必须用专用放电棒放电
4	电压等级在 110kV 及以上时，禁止用硬导线作一次线（电压过高，距离较长，硬导线难以操控且不如多股软导线连接可靠）
5	工作负责人应指定有工作经验的人员担任安全监护人，安全监护人负责检查全部工作过程的安全性，发现不安全因素，应立即通知暂停工作并向工作负责人报告
6	工作完成后应恢复拆除的所有接线，工作负责人会同被测电压互感器所属单位的值班人员或指定的责任人共同检查无误后，方可结束工作票

2.2.4.1 电压互感器现场检验要求

（1）电压互感器性能要求。电压互感器绝缘电阻应满足表 2-21 中的要求，需要注意的是一次对二次绕组及地的绝缘要求不包含电容式电压互感器。

表 2-21 电压互感器绝缘电阻要求

项目	一次对二次绕组及地	二次绕组之间	二次绕组对地
要求	＞ 1000MΩ	＞ 500MΩ	＞ 500MΩ

在参比条件下，电压互感器的误差不得超过表 2-22 中给定的限值范围，实际误差曲线不得超出误差限值连线所形成的折线范围。

表 2-22　电压互感器基本误差限值

准确度等级	误差项	电压百分数（%）
		80 ~ 120
0.1	比值差（±，%）	0.1
	相位差（±，′）	5
0.2	比值差（±，%）	0.2
	相位差（±，′）	10
0.5	比值差（±，%）	0.5
	相位差（±，′）	20

电压互感器在连续的两次周期检验中，各测量点误差的变化，不得大于其基本误差限值的 2/3。

（2）电压互感器检验要求。电压互感器现场检验时，一般应满足表 2-23 中的现场环境及工作条件要求。

表 2-23　电压互感器现场检验工作条件

环境温度	相对湿度	电源频率	电源波形畸变系数	二次负荷	外绝缘
−25 ~ 55℃	≤ 95%	50Hz ± 0.5Hz	≤ 5%	额定负荷 ~ 下限负荷	清洁、干燥

当被检电压互感器技术条件规定的环境温度与 −25 ~ 55℃范围不一致时，以技术条件规定的环境温度作为参比环境温度。除非用户有要求外，被检电压互感器的下限负荷均按 2.5VA 选取，有多个二次绕组时，下限负荷分配给被检二次绕组，其他二次绕组空载。

除此之外，用于检验的设备，如升压器、调压器等在工作中产生的电磁干扰引入的测量误差不大于被检电压互感器误差限值的 1/10。现场周围环境电磁场干扰所引起被检电压互感器误差的变化，应不大于被检电压互感器误差限值的 1/20。被检电压互感器应从系统中隔离并保持足够的绝缘距离。

电压互感器现场检验设备包括升压设备、高压试验变压器、标准电压互感器、互感器校验仪、电压互感器负荷箱及监测用电压百分表等。

升压设备由调压器和升压器（高压试验变压器或串联谐振升压装置）等组成。调压器应有足够的调节细度，其输出容量和电压应与升压器相适应。用于检验工作的升压器、调压器等所引起被检电压互感器误差的变化，应不大于被检电压互感器误差限值的 1/10。使用高压试验变压器检验电磁式电压互感器时，应符合 JB/T 9641—1999 的要求。调压器应与试验变压器的额定电压和实际输出容量相匹配，调压装置应有输出电流指示和过流保护功能。检验三相电压互感器，应使用三相试验变压器和三相调压电源。

检验电容式电压互感器和气体绝缘开关设备组合电器（GIS）中的电压互感器宜使用相应电压等级的串联谐振升压装置。串联谐振升压装置应采用调感式，用电网频率激励。升压装置中电抗器输出电压应不低于被检电压互感器额定电压的 1.2 倍，额定电流应满足被检电压互感器电压为额定电压 1.2 倍时的试验电流要求。

标准电压互感器宜选用电磁式电压互感器。标准电压互感器额定变比应与被检电压互感器相同，准确度等级至少比被检电压互感器高两个等级，在现场检验环境条件下的实际误差不大于被检电压互感器基本误差限值的 1/5。标准电压互感器的二次实际负荷（含差压回路负荷），应在其额定负荷与下限负荷之间。

现场检验宜使用高端测差方式的互感器校验仪。电压互感器校验仪应符合 JJG 169—2010 的技术要求：其比值差和相位差示值分辨率应不低于 0.001% 和 0.01′，谐波抑制能力不小于 26dB，差压回路的负荷不大于 0.1VA。在现场检验环境条件下，互感器校验仪引起的测量误差，应不大于被检电电压互感器基本误差限值的 1/10。

用于电压互感器现场检验的电压互感器负荷箱，在接线端子所在面板上应有额定环境温度区间、额定频率、额定电压及额定功率因数的明确标志。低温型环境温度一般为 −25 ~ 15℃，高温型环境温度一般为 −5 ~ 35℃，高温型环境温度一般为 15 ~ 55℃。现场检验使用的电压互感器负荷箱，其额定环境温度区间应能覆盖检验时的实际环境温度范围。在规定的环境温度区间中心点附近（允许偏离范围 ±2℃），电压互感器负荷箱在额定频率 50Hz、额定电压的 80% ~ 120% 时，标称负荷值有功分量和无功分量的相对误差不应超过 ±3%。周围温度每变化 5℃时，负荷的误差变化不超过 ±1%。当 $\cos\varphi=1$ 时，残余无功分量同样不得超过 ±3℃。电压互感器负荷箱所置负荷不等于二次额定负荷时，测量结果可以进行误差换算求得，被检电压互感器在二次实际负荷下的误差也可以参照进行。负荷误差换算方法参见 JJG 1021—2007《电力互感器检定规程》中的附录 D。监测用电压百分表的准确度等级不低于 1.5 级。在规定的测量范围内，内阻抗应保持不变。

（3）电压互感器现场检验项目。电压互感器现场检验项目详见表 2-24。

表 2-24 电压互感器现场检验项目一览表

序号	检验项目	检验类型	
		首次检验	后续检验
1	外观检查	+	+
2	绝缘试验	+	+
3	绕组极性检查	+	–
4	基本误差测量	+	+
5	二次实际负荷下计量绕组误差测量	–	*
6	稳定性试验	–	+

注 表中"+"表示必须检验；"*"表示按需检验；"–"表示不需检验。

2.2.4.2 电压互感器现场检验方法

（1）外观检查。有下列缺陷之一者，判定为外观不合格。

1）绝缘套管不清洁，油位或气体指示不正确。

2）铭牌及必要的标志不完整（包括产品型号、出厂序号、制造厂名称等基本信息及额定绝缘水平、额定电压比、准确度等级及额定二次负荷等技术参数）。

3）接线端钮缺少、损坏或无标记，接地端子上无接地标志，电容式电压互感器端子箱中阻尼电阻、避雷器等元件缺失或损坏。

（2）绝缘试验。电压互感器绝缘电阻应使用 2.5kV 绝缘电阻表进行测量，也可以采用未超过有效期的交接试验或预防试验报告的数据。

（3）绕组的极性检查。宜使用互感器校验仪检查绕组的极性。极性检查一般与误差测量同时进行，标准电压互感器的极性是已知的，根据被检电压互感器的接线标志，按比较法线路完成测量接线后，升起电压至额定值的 5% 以下试测，用互感器校验仪的极性指示功能或误差测量功能确定互感器的极性。如无异常，则极性标识正确。

（4）基本误差测量。如图 2-5 ~ 图 2-7 所示是用测差法原理进行互感器误差校验的接线图。其中图 2-5 用于电磁式电压互感器的校验，图 2-6 用于电容式电压互感器的校验；图 2-7 用于三相四柱式电压互感器的校验。

1）一次回路连接。一次导线应紧固在被试电压互感器的一次接线端子上。为了使一次导线与被试电压互感器有适当的安全距离，引下线与被试互感器至少成 45° 角。必要时，可以使用绝缘绳牵引一次导线绕过障碍，最后把一次引下线固定在高压电源的高压端子上。

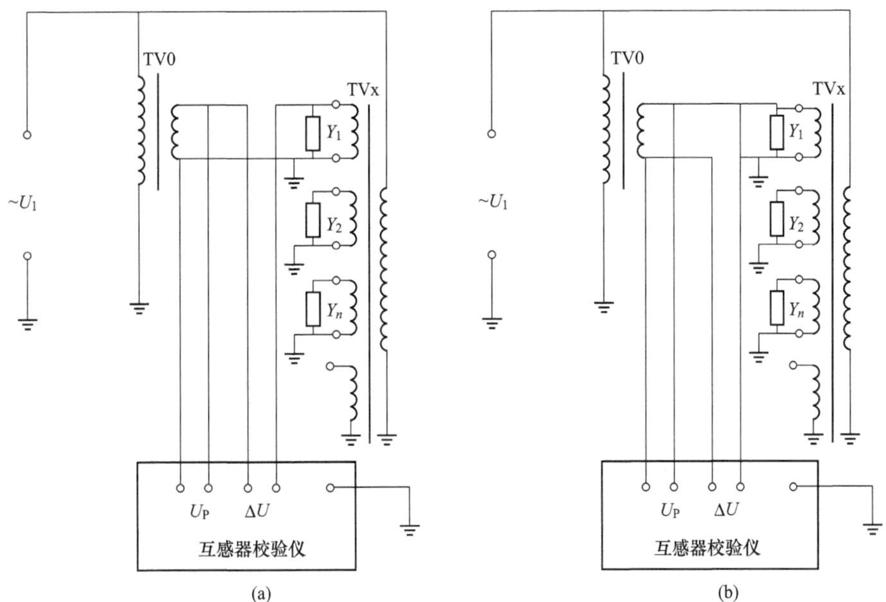

图 2-5 比较法检测电磁式电压互感器原理接线图

（a）高端测差；（b）低端测差

TV0—标准电压互感器；TVx—被检电磁式电压互感器；Y_1、Y_2、…、Y_n—电压互感器负荷箱

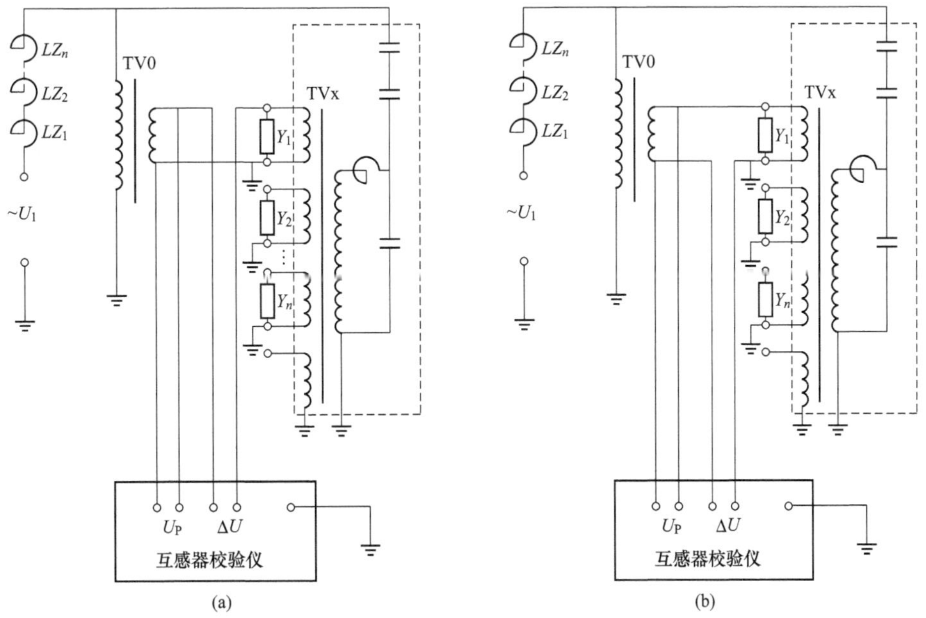

图 2-6 比较法检测电容式电压互感器原理接线图

（a）高端测差；（b）低端测差

$LZ_1 \sim LZ_n$—谐振电抗器；TV0—标准电压互感器；TVx—被检电容式电压互感器；

Y_1、Y_2、…、Y_n—电压互感器负荷箱

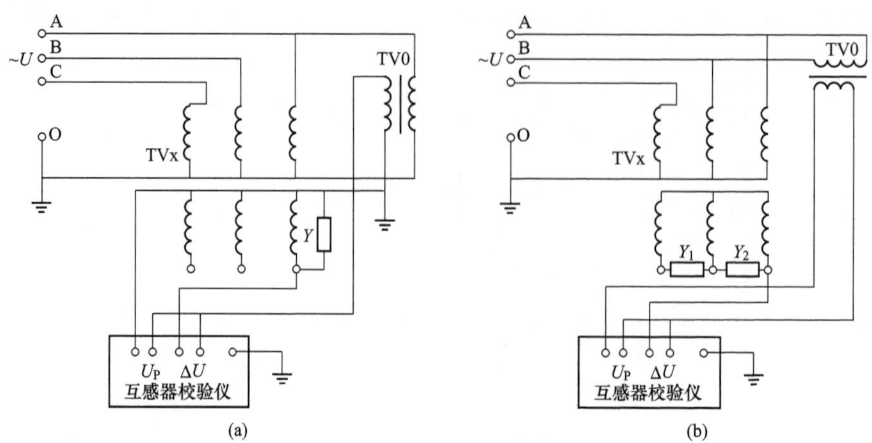

图 2-7　三相五柱式电压互感器原理接线图

（a）电压互感器接地；（b）电压互感器不接地

TV0—标准电压互感器；TVx—被检三相电压互感器；Y、Y_1、Y_2—电压互感器负荷箱

被检三相电压互感器的一次导线，按相序分别连接到三相升压器的高压端子上，标准电压互感器的一次导线也连接到升压器的高压端子上并适当张紧，完成上述连接后，取下升压器高压端子上的接地线。

2）二次回路连接。二次回路连接按图进行。接线前，先打开电压互感器底座上的接线盒，拆下计量绕组及其他（测量、保护等）绕组的二次引线，并做相应的标记和绝缘措施后，再将计量二次绕组与互感器校验仪连接，接线时注意测试导线截面不小于 2.5mm^2。用于载波通信的电容式电压互感器，还应短接载波接入端子。通常可以合上载波短路隔离开关。没有隔离开关时可用导线短接载波保护球隙。具体步骤如下。

- 第一步，将被试电压互感器计量绕组的极性端（高端）1a（a、b、c）与互感校验仪的 Ux 端子连接，非极性端（低端）10（x、n）与互感器校验仪的 x 端子连接，电压负荷箱 Y1 接在互感器校验仪的 Ux 和 x 两端间。
- 第二步，如果被试电压互感器有测量绕组（通常用 2a、2n 或 2x 标记），则将电压负荷箱 Y2 接在该测量绕组两端，其他绕组开路。
- 第三步，将标准电压互感器的 a、x 端子连接至互感器校验仪的 a、x 端子，并将 x 端子用导线接地。

连接二次回路时应注意：非计量绕组的二次接地线不需拆除，应确认连接在被试电压互感器二次侧的继电保护回路等已全部退出。

3）工作电源接线。互感器校验仪的供电电源与升压器使用的电源通常接在不同相别，以免电源电压变化干扰校验仪正常校验。电源引线接到测试工作地点时，应通过开关给测试设备供电。

4）通电测量。

• 通电前检查。接线完成后，工作负责人应检查高压回路的绝缘距离是否符合要求，接线是否正确。使用谐振原理的声压电源时，要核查选用的电抗值和电流容量是否合适。

• 预通电。平稳地升起一次电压至额定值 5% ~ 10% 的某一值，测取误差，如未发现异常，则可以升到最大电压百分点，再降到接近于零，准备正式测试。若有异常，则应排除异常后再进行测试。

• 正式测试时一般需要在额定负荷和下限负荷下测试额定电压 80% 和 100% 两个点的误差。对于 750kV 和 1000kV 电压互感器，还需在额定负荷下测试额定电压 105% 的误差；对于 330kV 和 500kV 电压互感器，需在额定负荷下测试额定电压 110% 的误差；对于 220kV 及以下电压互感器，需在额定负荷下测试额定电压 115% 的误差。

5）电压互感器二次实际负荷下计量绕组的误差测量。电压互感器二次实际负荷下的误差测量宜采用根据二次实际负荷值选择负荷箱替代的方法进行。电压互感器二次实际负荷下的现场误差测量与基本误差测量原理接线相同，两者可以合并进行。

6）实验结果的处理。电压互感器现场检验时读取的比值差保留到 0.001%，相位差保留到 0.01′，且按规定的格式和要求做好原始记录，并妥善保管。

误差测量数据按表 2-25 中相应等级修约。

表 2-25　电压互感器误差数据修约间隔

准确度等级		0.1	0.2	0.5
修约间隔	比值差（±，%）	0.01	0.02	0.05
	相位差（±，′）	0.5	1	2

检验结束，由检验单位出具检验结论，根据需要出具检验报告。

按照 JJG 1021—2007《电力互感器检定规程》要求，电磁式电流、电压互感器的检定周期不得超过 10 年，电容式电压互感器的检定周期不得超过 4 年。

2.2.5　二次回路压降及二次负荷测量

电压互感器二次回路的负载电流通过二次连接导线时会产生电压降，这样加在负载上的电压就不等于电压互感器二次绕组的端电压，使负载端电压相对于二次绕组端电压在数值和向量上发生变化，从而产生了电压、功率和电能的测量误差。

电压互感器的二次回路压降是指电能表端电压相量与电压互感器二次出口端电压相量之差，在三相三线电路中以 $\Delta\dot{U}_{ab}$、$\Delta\dot{U}_{cb}$ 表示，在三相四线电路中以 $\Delta\dot{U}_{a}$、$\Delta\dot{U}_{b}$、$\Delta\dot{U}_{c}$ 表示。

电压互感器二次负荷是指电压互感器在实际运行中，二次回路所接测量仪器仪表、连接导线的阻抗和接触电阻，以及连接导线间及其与地间电容组成的总导纳。

电流互感器的二次负荷是指电流互感器在实际运行中，二次回路所接测量仪器仪表、连接导线的阻抗和接触电阻的总阻抗。

2.2.5.1 二次回路压降测试

（1）测试条件。进行电压互感器二次回路压降和电压互感器、电流互感器二次负荷测试时，应满足现场环境温度在 −10 ~ +50℃范围内，相对湿度不大于 85%，测量时电网频率在 49.5 ~ 50.5Hz。且进行电流互感器二次负荷测试时，二次电流值应在测试仪器的有效测试范围内。

二次回路压降测试仪的主要变量测试范围一般应满足表 2-26 中的条件，且比差值的测量误差不超过式（2-6）给出的限制范围，相位差的测量误差不超过式（2-7）给出的限值范围。比值差的分辨率应不低于 0.0001%，相位差的分辨率应不低于 0.1′。

表 2-26 压降仪的主要变量测量范围

测量项目	范围
压降值（V）	0 ~ 5
压降误差（%）	0 ~ ±10
比值差（%）	0 ~ ±10
相位差（′）	0 ~ ±100
压降引起的电能计量误差（%）	0 ~ ±10

$$\Delta X=\pm(a\%X+D_x+0.000291a\%Y) \tag{2-6}$$

$$\Delta Y=\pm(a\%Y+D_y+3438a\%X) \tag{2-7}$$

式（2-6）和式（2-7）中：ΔX 为压降测试仪比值差的测量误差限值，%；ΔY 为压降测试仪相位差的测量误差限值，（′）；X 为压降测试仪比值差测量示值的绝对值，%；Y 为压降测试仪相位差测量示值的绝对值，（′）；D_x 为压降测试仪比值差的最小测量值，%；D_y 为压降测试仪相位差的最小测量值，（′）；a 为压降测试仪准确度等级指数，分为 1 级和 2 级。

对二次回路进行压降测试时，要先对二次回路进行检查，查看二次回路断路器、熔断器、中间触点、试验接线盒、接线端子等接触是否牢靠，是否存在锈蚀等，同时要注意二次回路断路器是否跳闸，熔断器是否熔断等情况。

（2）测试内容和方法。二次回路压降测试一般采用互感器校验仪测试或无线压降测试，测试内容应包括：压降引起的比值差、压降引起的相位差、压降值以及压降引起的电能计量误差等。其中，压降引起的电能计量误差为间接计算数据。

1）互感器校验仪测试。采用互感器校验仪进行测试时，测试导线应采用专用的屏蔽导线，屏蔽层应可靠接地。

测试前需采用绝缘电阻表检查测试导线（含线车）的每芯间，以及芯与屏蔽层之间的绝缘电阻，确认测试导线绝缘良好，防止相间或对地短路。检查结束后要注意对测试导线进行放电。

为消除测试接线引起的测量误差，开展测试前应对其进行自校，且自校误差应保存并用于测试结果修正，自校时测试接线应与实际测试接线一致，如发生改变则需重新进行自校。自校接线如图 2-8 所示，自校时两端电压应取自同一位置。

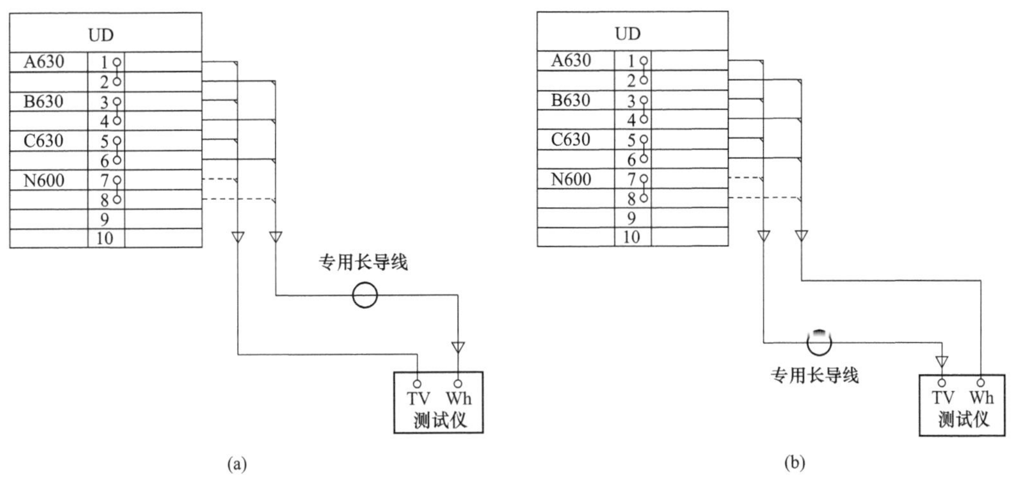

图 2-8 测试仪自校接线图

（a）电压互感器侧；（b）电能表侧

二次回路压降测试接线图如图 2-9 所示。测试时从电能表屏施放测试导线至电压互感器端子箱，测试仪最好放置于电压互感器端子箱侧，即采用图 2-9 所示的方案。测试时先放测试仪端，再接电压互感器端子箱二次端子和电能表端。若二次回路有熔断器或断路器，则应在近电压互感器侧取电压。

开始测试时，首先使用压降测试仪进行核相，然后切换到压降测试功能进行压降

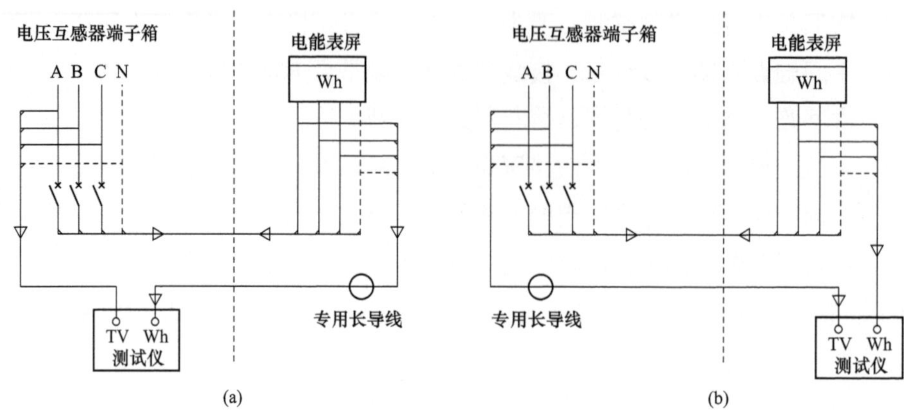

图 2-9　二次回路压降测试接线图

（a）电压互感器侧；（b）电能表侧

测试并记录测试数据。测试完毕后，拆除电压互感器端子箱处和电能表表尾处的接线，最后拆除测试仪端接线。

2）无线压降测试法。采用无线压降测试，在保护室测量时应避免无线信号对保护室设备的影响，测试接线选择接线方式与实际接线一致，如图 2-10 所示为无线压降测试接线图。

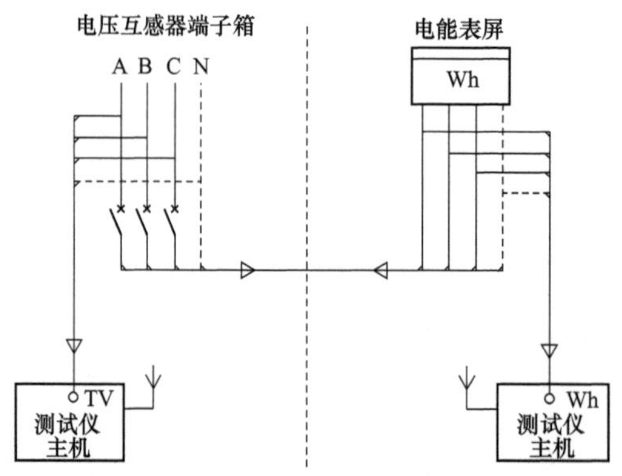

图 2-10　无线压降测试接线图

测试前应检查压降测试仪各相对地绝缘状态及导线接触情况，连接互感器二次端子、电能表电压端子和二次压降测试仪之间的导线应采用专用的屏蔽导线，屏蔽层应可靠接地。

接线时，根据压降测试仪的使用说明确定主机和从机的位置，一般情况下主机放置于电压互感器端子箱侧，从机放置于电能表侧。按如图 2-10 所示方式接线，并进行测量。测试完毕后，先拆除电压互感器端子箱处和电能表表尾处的接线，再拆除测试仪端子接线。

3）数据处理。电压互感器二次回路压降误差表达式为

$$\Delta U = \frac{U}{100}\sqrt{f^2 + (0.0291\delta)^2} \times 100\% \tag{2-8}$$

式中：f 为比值差，（%）；δ 为相位差，（′）。

电压互感器二次回路压降误差是否超出标准给定的误差限制应以修约后的数据为准。按照 DL/T 448—2016《电能计量装置技术管理规程》要求，电能计量装置中电压互感器二次回路电压降应不大于其额定二次电压的 0.2%。DL/T 448—2000《电能计量装置技术管理规程》要求Ⅰ、Ⅱ类用于贸易结算的电能计量装置电压互感器二次回路电压降的相对限值为 0.2%，其他电能计量装置电压互感器二次回路电压降的相对限值为 0.5%，实际测试时应以最新版本要求为准。

在三相三线电路中，电压互感器二次回路压降引起的电能计量误差为

$$\varepsilon_r = \frac{f_{ab} + f_{cb}}{2} + \frac{\delta_{cb} - \delta_{ab}}{119.087} + \left(\frac{\delta_{cb} - \delta_{ab}}{3.464} - \frac{\delta_{ab} + \delta_{cb}}{68.755}\right)\tan\varphi \tag{2-9}$$

式中：ε_r 为二次压降引起的电能计量误差，（%）；φ 为高压三相线路负荷阻抗角，（°）。

三相四线电路中，二次回路电压降引起的电能计量误差为

$$\varepsilon_r = \frac{1}{3}\left[\left(f_a + f_b + f_c\right) - 0.0291\left(\delta_a + \delta_b + \delta_c\right)\tan\varphi\right] \tag{2-10}$$

式中：ε_r 为二次压降引起的电能计量误差，（%）；φ 为高压三相线路负荷阻抗角，（°）。

2.2.5.2 二次负荷测试

开展互感器二次负荷测试时，应满足基本的测试环境要求，即现场环境温度在 -10 ~ +50℃范围内，相对湿度不大于 85%，测量时电网频率在 49.5 ~ 50.5Hz。且进行电流互感器二次负荷测试时，二次电流值应在测试仪器的有效测试范围内。

对于二次负荷测试仪，一般要求能够测量二次回路阻抗和导纳，并自动计算二次负荷折算值，导纳的测量范围应涵盖 0.1 ~ 50.0mS，阻抗的测量范围应涵盖 0.1 ~ 50.0Ω，且能够同时进行三相测量和单相测量。所谓二次负荷折算值是指将实际测得的二次负荷折算为额定二次电压或额定二次电流的负荷值。

二次负荷电阻、电导的测量范围不应超过式（2-11）的限值范围，电抗、电纳的测量误差不应超过式（2-12）的限值范围，即

$$\Delta X=\pm(X\cdot a\%+Y\cdot a\%\pm D_x) \tag{2-11}$$

$$\Delta Y=\pm(Y\cdot a\%+X\cdot a\%\pm D_y) \tag{2-12}$$

式中：ΔX 为测试仪同相分量的测量误差限值；ΔY 为测试仪正交分量的测量误差限值；X 为测试仪同相分量示值的绝对值；Y 为测试仪正交分量示值的绝对值；D_x 为测试仪同相分量的最小测量值；D_y 为测试仪正交分量的最小测量值；a 为测试仪准确度等级指数，分为 1 级和 2 级。

（1）电压互感器二次负荷测试。电压互感器二次负荷测试一般在电压互感器端子箱处进行。电压取样点位于二次回路断路器、熔断器前方近电压互感器侧；电流取样点位于电压取样点后，钳形电流表极性侧应与被测电压互感器出口端子相对应。测试过程中，可以分相测试，也可以三相测试，电流、电压回路应同相。如图 2-11 所示为三相四线接线方式下电压互感器单相二次负荷测试的接线图，三相三线接线方式应取线电压和线电流。

（2）电流互感器二次负荷测试。电流互感器二次负荷测试应在电流互感器端子箱处开展，电流取样点位于二次回路端子排近电流互感器侧，钳形电流表极性侧应与被测电流互感器出口端子相对应，电压取样点位于电流取样点之后，选择与测试电流互感器二次回路对应的端子测量二次电压。测试时可以分相测试，也可以三相测试，电流、电压回路应同相。如图 2-12 所示为三相四线接线方式下测量电流互感器单相二次负荷的接线图，三相三线接线方式无 B 相电流。

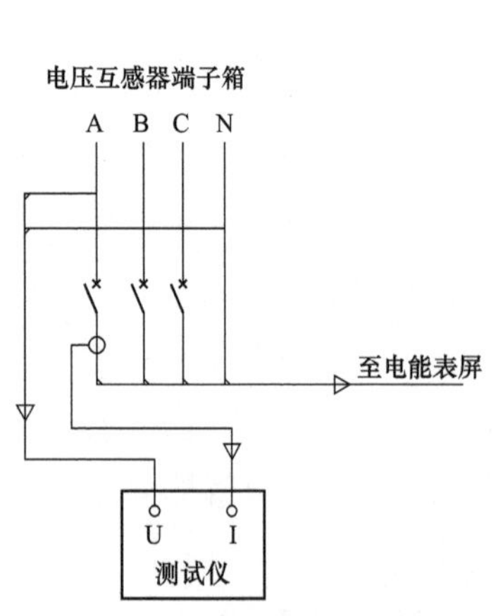

图 2-11　电压互感器单相二次负荷测试接线图

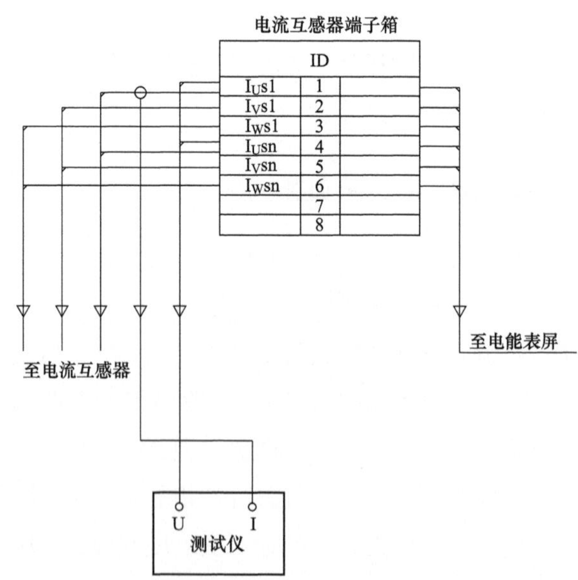

图 2-12　电流互感器单相二次负荷测试接线图

（3）数据处理。将测量结果按照下式进行折算，二次负荷的测试结果应保证其在额定负荷的25%~100%范围内，即有

$$S_{ct}=I_n^2Z \tag{2-13}$$

$$S_{pt}=U_n^2Y \tag{2-14}$$

式中：I_n为电流互感器额定二次电流，A；U_n为电压互感器额定二次电压，V；Z为电流互感器二次阻抗测量值，Ω；Y为电压互感器二次导纳测量值，mS。

需要注意的是，二次回路接入静止式电能表时，电压互感器额定二次负荷不宜超过10VA。额定二次电流为5A的电流互感器，额定二次负荷不宜超过15VA，额定二次电流为1A的电流互感器，额定二次负荷不宜超过5VA。电流互感器额定二次负荷的功率因数应为0.8~1.0；电压互感器额定二次负荷的功率因数应与实际二次负荷的功率因数接近。

2.3 电能计量装置的误差

电能计量装置的误差包括三部分内容：电能表误差γ_0、电流互感器与电压互感器的合成误差γ_h、电压互感器二次回路压降引起的误差γ_d。因此，只有综合误差才能反映计量装置的准确程度。电能计量装置的综合误差可表示为

$$\gamma=\gamma_0+\gamma_h+\gamma_d \tag{2-15}$$

2.3.1 电能表误差

对于电子式电能表，很难推导出表达其基本误差和附加误差特性的数学公式，只能凭有限的定性认识和试验数据简述它误差曲线的构成特征。

2.3.1.1 影响电能表基本误差的主要因素

在参比条件下，电子式电能表的基本误差特性具体是指其随负载电流和负载功率因数变化的关系。误差特性受以下因素影响。

（1）电压电流变换影响：用金属膜电阻分压，而用锰铜电阻电压降来变化电压和电流时，变换的线性度较好，但其布线的分布电容和互感影响，对0.2级以上的电能表还是应当考虑的问题；当用微型电压（电流）互感器变换电压（电流）时，互感器比差和角差及其非线性对电能表在轻载电流和最大电流时的误差影响较大，因此所用的互感器级别不宜超过电能表等级指数的1/10，同时要特别注意选用误差线性度较

好的电流互感器。

（2）乘法器和功率 / 频率变换器影响：电子式电能表所使用的时分割乘法器、数字乘法器和霍尔乘法器，都有不同程度的原理性误差。应力求把乘法器引起的误差降到电能表等级指数的（1/20 ~ 1/10）范围；功率 / 频率变换器所得的高频功率脉冲信号，要考虑脉冲的均匀性和脉冲量化误差影响应达到忽略不计的程度。

（3）响应时间和测量重复性影响：负载功率总是在变化的，特别是冲击负载功率的变化速度很快，要求电能表应有足够快速的响应能力，把短暂（$t \leqslant 0.1s$）的功率变化也能测定出来，否则就可能多计或少计电能。电能表的响应时间较长、脉冲的量化误差较大和脉冲均匀性不够好，都会使电能表的测量重复性较差。因此，表征测量重复性大小的实验标准差 s（%），若超过电能表等级指数的 1/10，则对电能表的检定结果可能会引起置疑。

2.3.1.2　基本误差特性

电子式电能表没有机电式电能表那样的电流、电压制动力矩影响，在参比电压和 $0.1I_n$（$0.2I_b$）至 I_{max} 的情况下，$\cos\varphi=1$ 和 $\cos\varphi=0.5$ 时的两条基本误差特性基本重合而且都较为平直，调定的误差一般都不超过基本误差限的 60%。

在轻载电流范围，由于受互感器误差、脉冲量化误差和分布参数相对影响较大，测量重复性也要差一些，因此应规定较大的基本误差限，但调定的误差也不宜超过规定值的 70%。例如，对 2 级有功电能表，在（0.05 ~ 0.1）I_b 和 $\cos\varphi=1$ 时的误差限为 ±2.5%，调定的误差 $\gamma \leqslant 1.8\%$。值得注意的是，当电流为 $0.1I_n$ 至 I_{max} 而 $\cos\varphi=0.5L$ 和 $\cos\varphi=0.8C$ 时，实测数据表明，0.2 级和 0.5 级电能表的基本误差限，应与 $\cos\varphi=1$ 时的基本误差限相同。

2.3.1.3　附加误差特性

在电子式电能表的额定工作条件内，某一影响量偏离参比条件时，电能表误差与基本误差的差值随影响量变化的关系曲线称为附加误差特性曲线。下面通过实测数据来简述电子式电能表主要附加误差特性曲线的构成特征。

（1）电压变化影响。电子式电能表中常用电阻分压器或微型电压互感器变换负载电压，变换的线性度较好，同时乘法器输出的功率随输入电压呈线性变化，因此看出，当输入电压偏离参比电压 ±20% 时，电压附加误差一般不会超过电能表等级指数的 20%。

（2）频率变化影响。采集电压和电流的互感器，其误差虽然与电网频率有关，但在 45 ~ 55Hz 范围时，频率变化引起的误差很小。电能表的电能计量芯片会受频率变化影响，频率升高时使电能表误差向负值变化，频率降低时误差则向正值变化，但在 49 ~ 51Hz 范围内，一般可以忽略频率附加误差。

（3）温度变化影响。环境温度对电子式电能表的元器件都有影响，应合理地设计电路和选用良好的元器件，以减小温度附加误差。为此，在电路设计上应力求主要元器件的温度影响相互抵消；选用失调电压和失调电流较小而零点漂移小的运算放大器；电能计量芯片内 2.5V 基准电压的温度系数 α=（0.003 ~ 0.006）%/K，6.95V 的基准稳压管（如 LM399 型）的温度系数 $\alpha \approx$ 0.0001%/K，金属膜电阻器的温度系数 $\alpha \approx$ 0.005%/K。这些元器件的温度系数虽然很小，但在安装式电能表的工作温度（−25 ~ +45℃）范围内，引起的温度附加误差是不容忽略的，必要时还应采取温度补偿措施。电能表的温度系数不应超过电能表等级指数的 1/20（$\cos\varphi$=1 时）和 1/15 ~ 1/10（$\cos\varphi$=0.5 时）。

在通常情况下，温度附加误差特性会随温度高低的影响而产生变化，降低温度时温度附加误差为正，反之温度升高时温度附加误差为负。

（4）自热影响。当环境温度不变时，对安装式电能表的电压线路加参比电压约 20min，随即通最大电流并在 $\cos\varphi$=1 或 0.5L 条件下，连续测定电能表误差，直到在 20min 内误差的变化量不超过电能表等级指数 1/10 时为止，就认为电能表误差趋于稳定。这时的误差与刚通电流时的误差之差值称为电能表的自热误差。

应指出，为确定检定电能表时所需的通电预热时间，1 级单相有功电能表的自热误差特性曲线，是在同时加电压和通最大电流的情况下测得的。可以看出，在 60min 内都通 60A 电流，误差的变化约为 1 级表基本误差限的 30%。因此，对 I_{max} 为 20 ~ 60A 的电能表至少应通电预热 10 ~ 20min，对 $I_{max} \leqslant$ 10A 的电能表至少应通电预热 5 ~ 10min 后，才能开始测定基本误差。这时测得的误差与完全达到热稳定时的误差之差值，约为电能表等级指数的 1/5，可以忽略。

自热误差与温度附加误差是有本质区别的。环境温度不变，电能表通电后各元器件消耗功率排出热量，各元器件受到加热的先后顺序和加热的程度不同，是引起自热误差的根本原因。当各元器件达到热平衡后，电能表误差才能稳定。电子式电能表消耗的功率比机电式电能表要小一些，而且主要元器件的温度系数较小，所以通电预热时间较短。

（5）波形畸变影响。整流装置、电冶金和电气机车等非线性负载，其负载电流不是正弦波，会在输电线路上引起非正弦的阻抗电压降，负载端的电压为非正弦是不会受到电网电压波形影响的。因此，加在电能表的电压和电流都是畸变的波形，其中含有奇次谐波和偶次谐波，同频率的电压与电流才能形成功率。非线性负载除了消耗基波功率外还能消耗谐波功率。有些谐波功率的潮流方向与基波功率相反，频带较宽的电子式电能表测得的电能等于基波电能与反向谐波电能之差，因此少计电能。机电式电能表的频带较窄，对高次谐波功率有衰减作用，测得的电能通常少于负载的消耗，但多于电子式电能表测得的电能。

对线性负载来说，基波功率和谐波功率都流向负载。随着谐波功率的增加，电子式电能表的频率附加误差趋向负值，测得的电能有所减少，但多于频带较窄的机电式电能表所测得的电能。

值得注意的是，当负载电压和电流的波形畸变因数小于 5% 时，电子式电能表对谐波电能的测量误差与机电式电能表相比并无显著差别，而且可以认为两者测得的电能都接近负载消耗的电能。

电压、电流谐波对电能表误差的影响是很复杂的，很难得出普遍适用的结论。不同的谐波源具有不同频带的谐波，谐波幅值和各次谐波对基波的相位差及负载功率因数，对电能表误差都有不同程度的影响，所以当电流线路中存在直流和偶次、奇次谐波时，对 1 级表而言电子式电能表标准规定的允许误差为 3.0%，对 2 级表电子式电能表的允许误差为 6.0%。对于具体的谐波源负载，要由试验来确定对电能表误差的影响程度。总地说来，$\cos\varphi=1$ 时，谐波频率越高，电子式和机电式电能表的频率附加误差一般会变得更负，因此测得的电能也就更少。

2.3.2 互感器的合成误差

电路中的高电压和大电流通过电压和电流互感器变换成低电压和小电流，但互感器不可能将一次电气参数毫无误差地变换成二次侧电气参数，因此互感器二次侧电压或电流通过变比折算到一次侧不一定与一次侧电压或电流的幅值完全相等，因此存在比值差，即比差。同样，二次侧电压或电流的相位在反相 180° 后，与一次侧的电压或电流相位不一定完成重合，因此存在相角差，即角差。由于互感器比差和角差的存在，致使电能计量存在误差，称之为互感器的合成误差 γ_h，用公式表示为

$$\gamma_h=\frac{K_I K_U P_2-P_1}{P_1}\times 100\% \tag{2-16}$$

式中：K_I 为电流互感器的额定变比；K_U 为电压互感器的额定变比；P_1 为互感器一次侧的功率；P_2 为互感器二次侧的功率。

互感器合成误差不仅与互感器本身的比差、角差有关，还与互感器的连接方式、

一次负载的功率因数有关。本文首先以互感器接单相有功电能表时的合成误差为例对其进行说明。

2.3.2.1 互感器接单相有功电能表时的合成误差

单相有功电能计量时的原理接线图和相量图（感性负载）如图 2-13 所示。

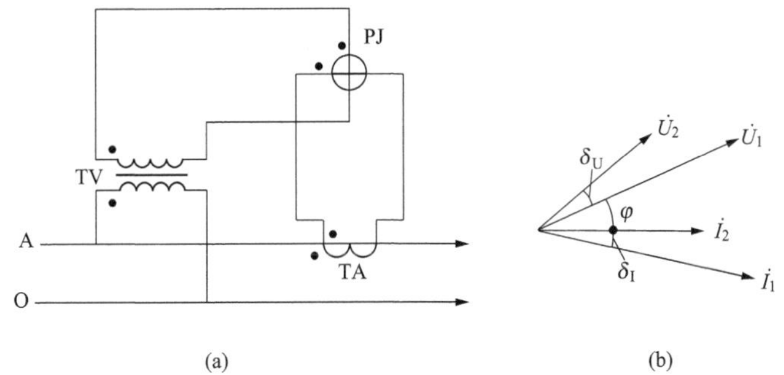

图 2-13 单相有功电能表与互感器原理接线图和相量图

（a）原理接线图；（b）相量图

互感器一次侧的功率为

$$P_1=U_1I_1\cos\varphi \tag{2-17}$$

此时，二次侧功率为

$$P_2=U_2I_2\cos(\varphi-\delta_I+\delta_U) \tag{2-18}$$

式（2-17）和式（2-18）中：I_1 为电流互感器一次侧电流；I_2 为电流互感器二次侧电流；U_1 为电压互感器一次侧电压；U_2 为电压互感器二次侧电压；δ_I 为电流互感器的角差；δ_U 为电压互感器的角差。

互感器的合成误差为

$$\begin{aligned}\gamma_h &= \frac{K_I K_U P_2 - P_1}{P_1}\times 100\% \\ &= \frac{K_U K_I U_2 I_2 \cos(\varphi-\delta_I+\delta_U) - U_1 I_1 \cos\varphi}{U_1 I_1 \cos\varphi}\times 100\%\end{aligned} \tag{2-19}$$

因为电压互感器的比差为

$$f_U = \frac{K_U U_2 - U_1}{U_1}\times 100\% \tag{2-20}$$

即

$$K_U = \frac{U_1}{U_2}\left(1+\frac{f_U}{100}\right) \tag{2-21}$$

同理，电流互感器的比差为

$$f_{\mathrm{I}}=\frac{K_{\mathrm{I}}I_2-I_1}{I_1}\times100\% \tag{2-22}$$

即

$$K_{\mathrm{I}}=\frac{I_1}{I_2}\left(1+\frac{f_{\mathrm{I}}}{100}\right) \tag{2-23}$$

所以，互感器的合成误差可整理为

$$\gamma_{\mathrm{h}}=\left[\frac{(1+f_{\mathrm{U}}/100)(1+f_{\mathrm{I}}/100)\cos(\varphi-\delta_{\mathrm{I}}+\delta_{\mathrm{U}})}{\cos\varphi}-1\right]\times100\% \tag{2-24}$$

因为 δ_{I}、δ_{U} 较小，所以有 $\cos(\delta_{\mathrm{I}}-\delta_{\mathrm{U}})\approx1$、$\sin(\delta_{\mathrm{I}}-\delta_{\mathrm{U}})\approx\delta_{\mathrm{I}}-\delta_{\mathrm{U}}$，略去二次微小项$\frac{f_{\mathrm{I}}f_{\mathrm{U}}}{10000}$，式（2-24）可进一步化简为

$$\gamma_{\mathrm{h}}=[f_{\mathrm{U}}+f_{\mathrm{I}}+(\delta_{\mathrm{I}}-\delta_{\mathrm{U}})\tan\varphi]\times100\% \tag{2-25}$$

式中：δ_{I} 和 δ_{U} 是用弧度（rad）表示的，而测得的角差是用分（′）表示的，弧度和分之间的关系为

$$360^\circ=360\times60'=2\pi\mathrm{rad} \tag{2-26}$$

所以，$1'=2\pi/21600=0.000291\mathrm{rad}$，因此当互感器的角差用分（′）表示时，式（2-25）可写成

$$\gamma_{\mathrm{h}}=[f_{\mathrm{U}}+f_{\mathrm{I}}+0.0291(\delta_{\mathrm{I}}-\delta_{\mathrm{U}})\tan\varphi]\times100\% \tag{2-27}$$

令 $f=f_{\mathrm{U}}+f_{\mathrm{I}}$，$\delta=\delta_{\mathrm{I}}-\delta_{\mathrm{U}}$，则误差公式可写成

$$\gamma_{\mathrm{h}}=(f+0.0291\delta\tan\varphi)\times100\% \tag{2-28}$$

式（2-27）适用于感性负载的情况，对于容性负载。也可以根据上述方法推导出互感器的合成误差公式为

$$\gamma_{\mathrm{h}}=[f_{\mathrm{U}}+f_{\mathrm{I}}+0.0291(\delta_{\mathrm{U}}-\delta_{\mathrm{I}})\tan\varphi]\times100\% \tag{2-29}$$

比较式（2-27）和式（2-29）可以发现，感性负载和容性负载公式的不同之处在于两者角差符号不同，而互感器的角差自身具有正、负号，因此与式（2-27）和式（2-29）中的符号无关。

2.3.2.2　互感器接三相三线有功电能表时的合成误差

在三相三线电路中计量有功电能时，三相二元件有功电能表使用最为广泛。下面着重讨论互感器接三相二元件有功电能表时两种不同接线方式的合成误差。

（1）互感器 V 形接线。三相二元件有功电能表接入高压电路时，每组元件将接

有电压互感器和电流互感器各一台，其接线原理图和相量关系如图 2-14 所示。

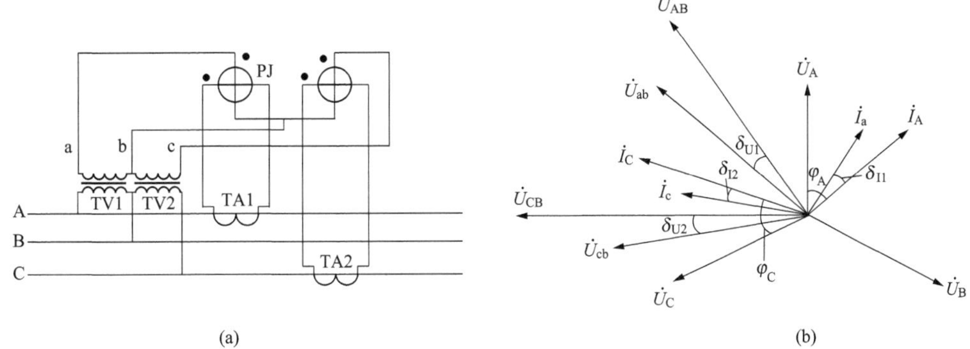

图 2-14　三相二元件有功电能表与电压、电流互感器联合接线图和相量图

（a）联合接线图；（b）相量图

由图 2-14 可得，一次侧功率为

$$P_1=U_{AB}I_A\cos(\varphi_A+30°)+U_{CB}I_C\cos(\varphi_C-30°) \tag{2-30}$$

二次侧功率为

$$P_2=U_{ab}I_a\cos(\varphi_A+30°-\delta_{I1}+\delta_{U1})+U_{cb}I_c\cos(\varphi_C-30°-\delta_{I2}+\delta_{U2}) \tag{2-31}$$

通常三相电源是接近于对称的，为使问题简化，这里讨论三相对称情况。

令 $U_{AB}=U_{CB}=U_1$，$I_A=I_C=I_1$，$U_{ab}=U_{cb}=U_2$，$I_a=I_c=I_2$，$\varphi_A=\varphi_C=\varphi$，则有

$$P_1=\sqrt{3}\,U_1I_1\cos\varphi \tag{2-32}$$

$$P_2=U_2I_2\cos(\varphi+30°-\delta_{I1}+\delta_{U1})+U_2I_2\cos(\varphi-30°-\delta_{I2}+\delta_{U2}) \tag{2-33}$$

将 P_2 折算到一次侧，有

$$P_2'=K_{U1}K_{I1}U_2I_2\cos(\varphi+30°-\delta_{I1}+\delta_{U1})+K_{U2}K_{I2}U_2I_2\cos(\varphi-30°-\delta_{I2}+\delta_{U2}) \tag{2-34}$$

于是

$$\begin{aligned}\gamma_h&=\frac{P_2'-P_1}{P_1}\times100\%\\&=\left[\frac{K_{U1}K_{I1}U_2I_2\cos(\varphi+30°-\delta_{I1}+\delta_{U1})+K_{U2}K_{I2}U_2I_2\cos(\varphi-30°-\delta_{I2}+\delta_{U2})}{\sqrt{3}U_1I_1\cos\varphi}-1\right]\times100\%\end{aligned} \tag{2-35}$$

将式（2-35）化简后可得

$$\begin{aligned}\gamma_h=&\left\{\left[(f_{U1}+f_{I1})\left(\frac{1}{2}-\frac{1}{2\sqrt{3}}\tan\varphi\right)+0.0291(\delta_{I1}-\delta_{U1})\left(\frac{1}{2}\tan\varphi+\frac{1}{2\sqrt{3}}\right)\right.\right.\\&\left.\left.+(f_{U2}+f_{I2})\left(\frac{1}{2}+\frac{1}{2\sqrt{3}}\tan\varphi\right)+0.0291(\delta_{I2}-\delta_{U2})\left(\frac{1}{2}\tan\varphi-\frac{1}{2\sqrt{3}}\right)\right]\right\}\times100\%\end{aligned} \tag{2-36}$$

对式（2-36）进行整理即可得

$$\gamma_h=\{0.5(f_{I1}+f_{I2}+f_{U1}+f_{U2})+0.0084[(\delta_{I1}-\delta_{U1})-(\delta_{I2}-\delta_{U2})]+0.289[(f_{I2}+f_{U2})-(f_{I1}+f_{U1})]\tan\varphi +0.0145[(\delta_{I1}-\delta_{U1})+(\delta_{I2}-\delta_{U2})]\tan\varphi\}\times 100\% \tag{2-37}$$

令 $f_1=f_{U1}+f_{I1}$、$f_2=f_{U2}+f_{I2}$、$\delta_1=\delta_{I1}-\delta_{U1}$、$\delta_2=\delta_{I2}-\delta_{U2}$，则式（2-36）可改写为

$$\gamma_h=\left[f_1\left(\frac{1}{2}-\frac{1}{2\sqrt{3}}\tan\varphi\right)+0.0291\delta_1\left(\frac{1}{2}\tan\varphi+\frac{1}{2\sqrt{3}}\right)+f_2\left(\frac{1}{2}+\frac{1}{2\sqrt{3}}\tan\varphi\right) +0.0291\delta_2\left(\frac{1}{2}\tan\varphi-\frac{1}{2\sqrt{3}}\right)\right]\times100\%=(\gamma'_{h1}+\gamma''_{h1}+\gamma'_{h2}+\gamma''_{h2})\times100\% \tag{2-38}$$

式（2-30）~式（2-38）中：K_{U1}、K_{U2} 为第一元件、第二元件电压互感器额定变比；K_{I1}、K_{I2} 为第一元件、第二元件电流互感器额定变比；f_{U1}、f_{U2} 为第一元件、第二元件电压互感器比差；f_{I1}、f_{I2} 为第一元件、第二元件电流互感器比差；δ_{U1}、δ_{U2} 为第一元件、第二元件电压互感器角差；δ_{I1}、δ_{I2} 为第一元件、第二元件电流互感器角差；γ'_{h1} 为第一元件比差；γ''_{h1} 为第一元件角差；γ'_{h2} 为第二元件比差；γ''_{h2} 为第二元件角差。

式（2-38）是在三相电源对称负载为感性的情况下，三相二元件有功电能表由于互感器误差引起的合成误差计算公式。

同理，可导出容性负载时的合成误差计算公式为

$$\gamma_h=\left[f_1\left(\frac{1}{2}+\frac{1}{2\sqrt{3}}\tan\varphi\right)-0.0291\delta_1\left(\frac{1}{2}\tan\varphi-\frac{1}{2\sqrt{3}}\right)+f_2\left(\frac{1}{2}-\frac{1}{2\sqrt{3}}\tan\varphi\right) -0.0291\delta_2\left(\frac{1}{2}\tan\varphi+\frac{1}{2\sqrt{3}}\right)\right]\times100\% \tag{2-39}$$

从式（2-38）中可看出，前两项是接于电能表第一元件互感器的合成误差，后两项是接于电能表第二元件互感器的合成误差。下面就几种特殊情况对合成误差加以讨论。

1）当 $\cos\varphi=1$ 时，式（2-38）可化简为

$$\gamma_h=\left[\frac{1}{2}(f_1+f_2)+0.0084(\delta_1-\delta_2)\right]\times100\% \tag{2-40}$$

2）当 $\cos\varphi=0.5$（感性）时，式（2-38）可化简为

$$\gamma_h=[f_2+0.0168(2\delta_1+\delta_2)]\times100\% \tag{2-41}$$

3）当 $\cos\varphi=0.5$（容性）时，式（2-38）可化简为

$$\gamma_h=[f_1-0.0168(\delta_1+2\delta_2)]\times100\% \tag{2-42}$$

4）当 $f_{U1}=f_{U2}=f_U$、$f_{I1}=f_{I2}=f_I$、$\delta_{U1}=\delta_{U2}=\delta_U$、$\delta_{I1}=\delta_{I2}=\delta_I$ 时，对感性负载有

$$\gamma_h=[f_U+f_I+0.0291(\delta_I-\delta_U)\tan\varphi]\times100\% \tag{2-43}$$

对容性负载有

$$\gamma_h=[f_U+f_I-0.0291(\delta_I-\delta_U)\tan\varphi]\times100\% \quad (2-44)$$

最后一种特殊情况与单相电路计量时互感器的合成误差计算公式相同，当所用的电压互感器和电流互感器准确等级不相同时，可用此公式估算其最大误差。

（2）电压互感器 YNyn 接线。如果三相电压互感器的接线组分别是 YNyn 连接，且电压互感器相电压的比差和角差分别为 f_A、f_B、f_C、δ_A、δ_B、δ_C。那么，要求合成误差时需根据式（2-45）~式（2-48）将相电压的比差和角差换算成线电压的比差 f_{U1}、f_{U2} 和 δ_{U1}、δ_{U2} 后，才可以利用前面讨论的互感器为 V 形接线时合成误差计算公式，即

$$f_{U1}=\left[\frac{1}{2}(f_A+f_B)+0.0084(\delta_A-\delta_B)\right]\times100\% \quad (2-45)$$

$$\delta_{U1}=\left[\frac{1}{2}(\delta_A+\delta_B)+9.924(f_A-f_B)\right]\times100\% \quad (2-46)$$

$$f_{U2}=\left[\frac{1}{2}(f_C+f_B)+0.0084(\delta_C-\delta_B)\right]\times100\% \quad (2-47)$$

$$\delta_{U2}=\left[\frac{1}{2}(\delta_C+\delta_B)+9.924(f_C-f_B)\right]\times100\% \quad (2-48)$$

2.3.2.3 互感器接三相四线有功电能表时的合成误差

三相四线电路一般用三元件三相四线电能表计量有功电能，相当于用三只单相电能表同时计量，所以，互感器的合成误差可由以下过程导出。

设感性负载时，三组元件的合成误差分别为

$$\gamma_{h1}=(f_{U1}+f_{I1}-0.0291\delta_1\tan\varphi_1)\times100\% \quad (2-49)$$

$$\gamma_{h2}=(f_{U2}+f_{I2}+0.0291\delta_2\tan\varphi_2)\times100\% \quad (2-50)$$

$$\gamma_{h3}=(f_{U3}+f_{I3}+0.0291\delta_3\tan\varphi_3)\times100\% \quad (2-51)$$

在三相电路完全对称的情况下

$$\gamma_h=\left[\frac{1}{3}(\gamma_{h1}+\gamma_{h2}+\gamma_{h3})\right]\times100\%=\left\{\frac{1}{3}[f_1+f_2+f_3+0.0291(\delta_1+\delta_2+\delta_3)\tan\varphi]\right\}\times100\% \quad (2-52)$$

式中：$f_1=f_{U1}+f_{I1}$；$f_2=f_{U2}+f_{I2}$；$f_3=f_{U3}+f_{I3}$；$\delta_1=\delta_{I1}-\delta_{U1}$；$\delta_2=\delta_{I2}-\delta_{U2}$；$\delta_3=\delta_{I3}-\delta_{U3}$。

式（2-52）即为三相四线电路计量电能时互感器的合成误差。

2.3.3 二次回路压降误差

2.3.3.1 单相电压互感器二次回路压降误差

电压互感器二次导线电压降对比差和角差的影响程度与其二次负载大小、性质及接线方式有关。单相电压互感器接线图和相量图如图 2-15 所示，设每一根二次导线的电阻为 r，则二次导线引起的电压降为

$$\Delta\dot{U}=\dot{U}_2-\dot{U}_2'=2\dot{I}r=\Delta\dot{U}'+\Delta\dot{U}'' \tag{2-53}$$

$$\Delta U'=\Delta U\cos\varphi_b \tag{2-54}$$

$$\Delta U''=\Delta U\cos\varphi_b \tag{2-55}$$

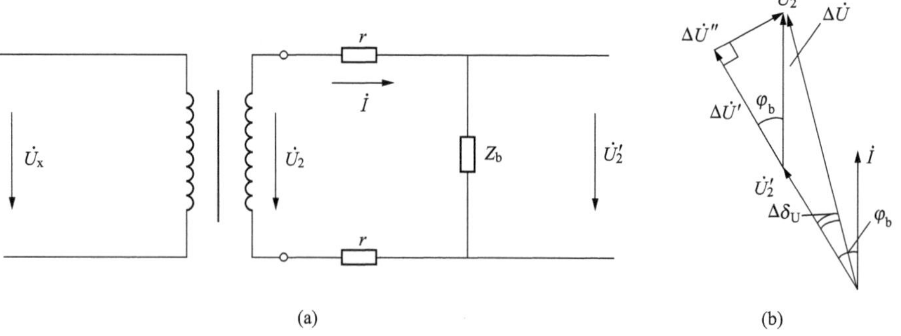

图 2-15 单相电压互感器接线图和相量图

（a）接线图；（b）相量图

又因为 $r \ll Z_b$，故可认为 $\Delta\dot{U} \approx \Delta U'$，于是有

$$\dot{U}_2=\dot{U}_2'+\Delta\dot{U}' \tag{2-56}$$

所以，二次导线电压降引起的比差和角差分别为附加复数误差 $\Delta\dot{\gamma}=-\dfrac{\Delta\dot{U}}{U_2}$ 的水平分量和垂直分量，即

$$\Delta f_U=-\frac{\Delta U'}{U_2}\times100\%=-\frac{\Delta U\cos\varphi_b}{U_2}\times100\%=-\frac{2Ir\cos\varphi_b}{U_2}\times100\% \tag{2-57}$$

$$\Delta\delta_U=\frac{\Delta U''}{U_2}=\frac{\Delta U\sin\varphi_b}{U_2}=\frac{2Ir\sin\varphi_b}{U_2} \tag{2-58}$$

若将 $\Delta\delta_U$ 以分（′）为单位来表示，则有

$$\Delta\delta_U=\frac{2Ir\sin\varphi_b}{U_2}\times3438' \tag{2-59}$$

2.3.3.2 三相 V 形负载引起的二次回路压降误差

若两台单相电压互感器按 V 形接线，负载也按 V 形接线（见图 2-16），则由二次回路导线压降引起的附加比差和角差计算如下。

以二次负载端的电压作为参考相量，由图 2-16 可知

$$\dot{U}_{ab}=\dot{I}_1 r+\dot{U}_{a'b'}-\dot{I}_2 r=2\dot{I}_1 r+\dot{I}_3 r+\dot{U}_{a'b'} \tag{2-60}$$

$$\Delta\dot{U}_{ab}=\dot{U}_{ab}-\dot{U}_{a'b'}=2\dot{I}_1 r+\dot{I}_3 r \tag{2-61}$$

这相当于图 2-16（b）△ABC 中$\overrightarrow{AC}=\overrightarrow{AB}+\overrightarrow{BC}$。

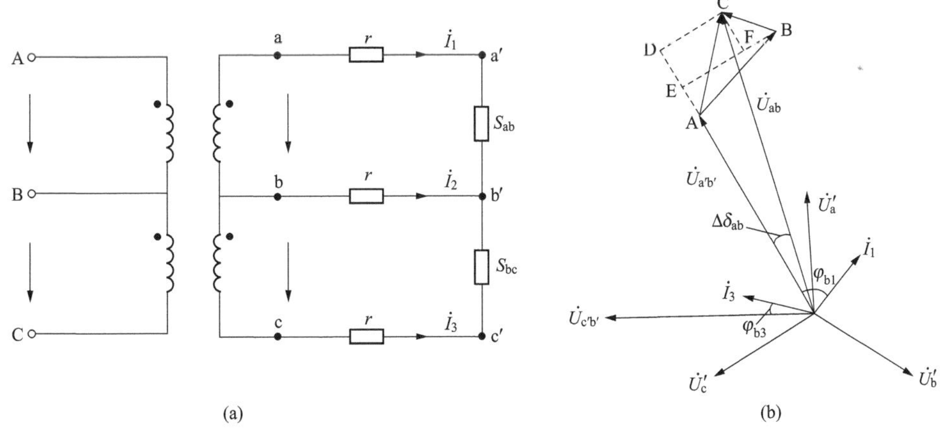

图 2-16 Vv 接线的电压互感器与 V 形负载接线图和相量图

（a）接线图；（b）相量图

相量 $\Delta\dot{U}_{ab}$ 在 $\dot{U}_{a'b'}$ 上的水平投影 $\Delta\dot{U}'_{a'b'}$ 为

$$\Delta\dot{U}'_{a'b'}=\overrightarrow{AE}+\overrightarrow{ED}=2I_1 r\cos\varphi_{b1}+I_3 r\sin(60°-\varphi_{b3}) \tag{2-62}$$

相量 $\Delta\dot{U}_{ab}$ 在 $\dot{U}_{a'b'}$ 上的垂直投影 $\Delta\dot{U}''_{a'b'}$ 为

$$\Delta\dot{U}''_{a'b'}=\overrightarrow{EB}+\overrightarrow{BF}=2I_1 r\sin\varphi_{b1}-I_3 r\cos(60°-\varphi_{b3}) \tag{2-63}$$

由二次回路导线电阻压降引起的附加比差和角差分别为

$$\Delta f_{ab}=-\frac{\Delta\dot{U}'_{a'b'}}{\dot{U}_{ab}}=-\frac{2I_1 r\cos\varphi_{b1}+I_3 r\cos(60°-\varphi_{b3})}{\dot{U}_{ab}}\times 100\% \tag{2-64}$$

$$\Delta\delta_{ab}\approx\tan\Delta\delta_{ab}=\frac{\Delta\dot{U}''_{a'b'}}{\dot{U}_{ab}}=\frac{2I_1 r\sin\varphi_{b1}-I_3 r\sin(60°-\varphi_{b3})}{\dot{U}_{ab}}\times 3438(') \tag{2-65}$$

同理可求出

$$\Delta f_{cb}=-\frac{2I_3 r\cos\varphi_{b3}+I_1 r\cos(60°+\varphi_{b1})}{\dot{U}_{cb}}\times 100\% \tag{2-66}$$

$$\Delta\delta_{cb}=\frac{2I_3 r\sin\varphi_{b3}-I_1 r\sin(60^\circ+\varphi_{b1})}{\dot{U}_{cb}}\times 3438(')\qquad(2\text{-}67)$$

从上述的分析可知，电压互感器二次连接导线压降引起的附加比差总是负值，而附加角差则不一定为负值。

2.3.3.3　三相三角形负载引起的二次回路压降误差

若三台单相电压互感器（或一台三相电压互感器）按 Yy 接线，负载为△形连接时（见图 2-17），按上述分析方法，可以求得三相互感器每组电压绕组（或单台互感器）的附加误差为

$$f_a=--\frac{I_{ab}r\cos(\varphi_{b1}-30^\circ)+I_{ac}r\cos(\varphi_{b3}+30^\circ)}{\dot{U}_a}\times 100\%\qquad(2\text{-}68)$$

$$\delta_a=\frac{I_{ab}r\sin(\varphi_{b1}-30^\circ)+I_{ac}r\sin(\varphi_{b3}+30^\circ)}{\dot{U}_a}\times 3438(')\qquad(2\text{-}69)$$

$$f_b=--\frac{I_{bc}r\cos(\varphi_{b2}-30^\circ)+I_{ab}r\cos(\varphi_{b1}+30^\circ)}{\dot{U}_b}\times 100\%\qquad(2\text{-}70)$$

$$\delta_b=\frac{I_{bc}r\sin(\varphi_{b2}-30^\circ)+I_{ab}r\sin(\varphi_{b1}+30^\circ)}{\dot{U}_b}\times 3438(')\qquad(2\text{-}71)$$

$$f_c=-\frac{I_{ac}r\cos(\varphi_{b3}-30^\circ)+I_{bc}r\cos(\varphi_{b2}+30^\circ)}{\dot{U}_c}\times 100\%\qquad(2\text{-}72)$$

$$\delta_c=\frac{I_{ac}r\sin(\varphi_{b3}-30^\circ)+I_{bc}r\sin(\varphi_{b2}+30^\circ)}{\dot{U}_c}\times 3438(')\qquad(2\text{-}73)$$

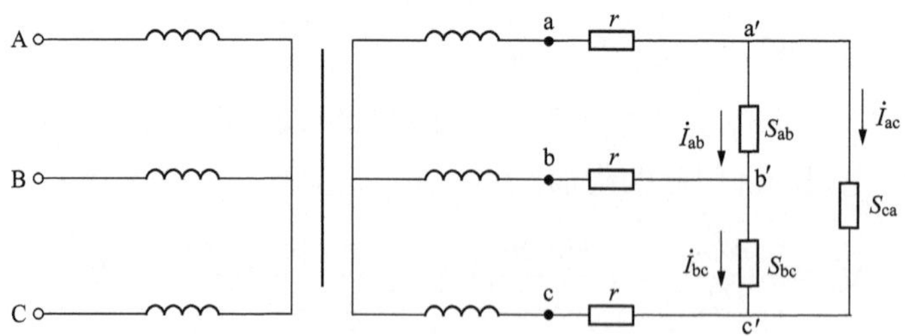

图 2-17　Yy 接线的电压互感器和三角形负载接线图

需要注意的是，在实际使用过程中电压二次回路误差有时比电压互感器本身的测量误差还要大，因此需要引起足够重视。

2.3.4 电能计量装置综合误差的计算

（1）合成误差。计量用电流互感器、电压互感器的比值差和相位差以及计量用电压互感器二次回路压降的正交分量、同相分量在测量功率时的误差合成。

（2）综合误差。电能表误差和计量用互感器误差以及计量用电压互感器二次回路压降合成误差的代数和。

（3）三相二元件（三相三线）有功电能计量装置综合误差的计算。在中性点非有效接地系统中，通常使用不接地电流电压互感器和二元件电能表计量三相三线有功电能，如图 2-18 所示。

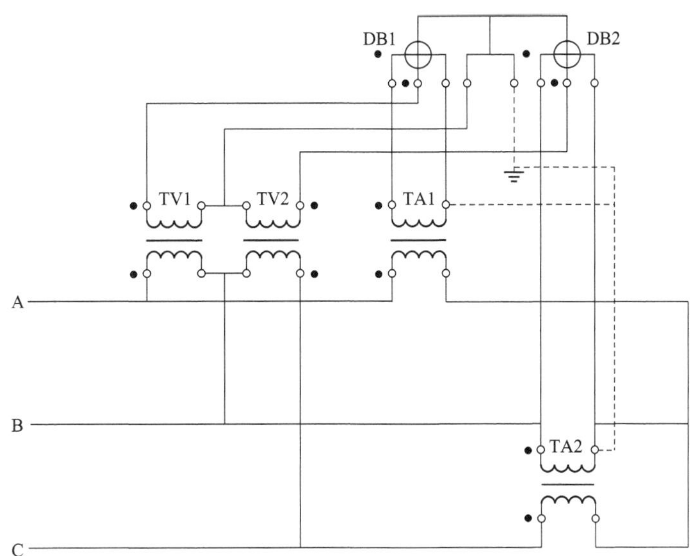

图 2-18　三相三线有功电能计量接线图

TV1—第一元件电压互感器；TA1—第一元件电流互感器；DB1—电能计量第一单元；TV2—第二元件电压互感器；TA2—第二元件电流互感器；DB2—电能计量第二单元

电能计量装置的综合误差 γ 是电流、电压互感器的合成误差 γ_h，电压互感器二次回路压降误差 γ_d，电能表的误差 γ_e 的代数和。分别用式（2-74）~ 式（2-76）表示，即有

$$\gamma=\gamma_h+\gamma_d+\gamma_e \tag{2-74}$$

$$\gamma_h=\{0.5(f_{I1}+f_{I2}+f_{U1}+f_{U2})+0.0084[(\delta_{I1}-\delta_{U1})-(\delta_{I2}-\delta_{U2})]$$
$$+0.289[(f_{I2}+f_{U2})-(f_{I1}+f_{U1})]\tan\varphi+0.0145[(\delta_{I1}-\delta_{U1})+(\delta_{I2}-\delta_{U2})]\tan\varphi\}\times 100\% \tag{2-75}$$

$$\gamma_d=[0.5(f_1+f_2)+0.0084(\delta_2-\delta_1)+0.289(f_2-f_1)\tan\varphi-0.0145(\delta_2+\delta_1)\tan\varphi]\times 100\% \tag{2-76}$$

式（2-74）~式（2-76）中：f_{I1} 和 δ_{I1} 为第一元件电流互感器的误差；f_{U1} 和 δ_{U1} 为第一元件电压互感器的误差；f_{I2} 和 δ_{I2} 为第二元件电流互感器的误差；f_{U2} 和 δ_{U2} 为第二元件电压互感器的误差；φ 为功率因数角；f_1 和 δ_1 为第一元件电压互感器二次引线压降误差；f_2 和 δ_2 为第二元件电压互感器二次引线压降误差。

在中性点非有效接地系统中，有时使用三台接地电压互感器作 Yy 连接。这时需要把电压互感器的相电压误差换算为线电压误差。计算公式为

$$f_{ab}=\left[\frac{f_a+f_b}{2}+0.0084(\delta_a-\delta_b)\right]\times100\% \tag{2-77}$$

$$f_{cb}=\left[\frac{f_c+f_b}{2}+0.0084(\delta_b-\delta_c)\right]\times100\% \tag{2-78}$$

$$\delta_{ab}=\frac{\delta_a+\delta_b}{2}+9.924(f_b-f_a)(') \tag{2-79}$$

$$\delta_{cb}=\frac{\delta_c+\delta_b}{2}+9.924(f_c-f_b)(') \tag{2-80}$$

式（2-77）~式（2-80）中：f_{ab}、f_{cb} 为 A-B 相间和 C-B 相间电压比值差；δ_{ab}、δ_{cb} 为 A-B 相间和 C-B 相间电压相位差；f_a、f_b、f_c 为 A 相、B 相和 C 相电压互感器的比值差；δ_a、δ_b、δ_c 为 A 相、B 相和 C 相电压互感器的相位差。

（4）三相三元件（三相四线）有功电能计量装置综合误差的计算。这种接线用于中性点有效接地的电力系统，使用三台电流互感器、三台接地电压互感器和一台三元件电能表计量三相四线有功电能。接线如图 2-19 所示。

这种电能计量装置的综合误差 γ 也是电流、电压互感器的合成误差 γ_h、电压互感器二次回路压降误差 γ_d、电能表的误差 γ_e 的代数和。分别用式（2-81）~式（2-83）表示为

$$\gamma=\gamma_h+\gamma_d+\gamma_e \tag{2-81}$$

$$\gamma_h=\left\{\frac{1}{3}(f_{I1}+f_{I2}+f_{I3}+f_{U1}+f_{U2}+f_{U3})+0.0097[(\delta_{I1}-\delta_{U1})+(\delta_{I2}-\delta_{U2})+(\delta_{I3}-\delta_{U3})]\right\}\times100\% \tag{2-82}$$

$$\gamma_d=\left[\frac{1}{3}(f_1+f_2+f_3)-0.0097(\delta_1+\delta_2+\delta_3)\tan\varphi\right]\times100\% \tag{2-83}$$

式中：f_{I1} 和 δ_{I1} 为第一元件电流互感器的误差；f_{U1} 和 δ_{U1} 为第一元件电压互感器的误差；f_{I2} 和 δ_{I2} 为第二元件电流互感器的误差；f_{U2} 和 δ_{U2} 为第二元件电压互感器的误差；f_{I3} 和 δ_{I3} 为第三元件电流互感器的误差；f_{U3} 和 δ_{U3} 为第三元件电压互感器的误差；φ

为功率因数角；f_1 和 δ_1 为第一元件电压互感器二次引线压降误差；f_2 和 δ_2 为第二元件电压互感器二次引线压降误差；f_3 和 δ_3 为第三元件电压互感器二次引线压降误差。

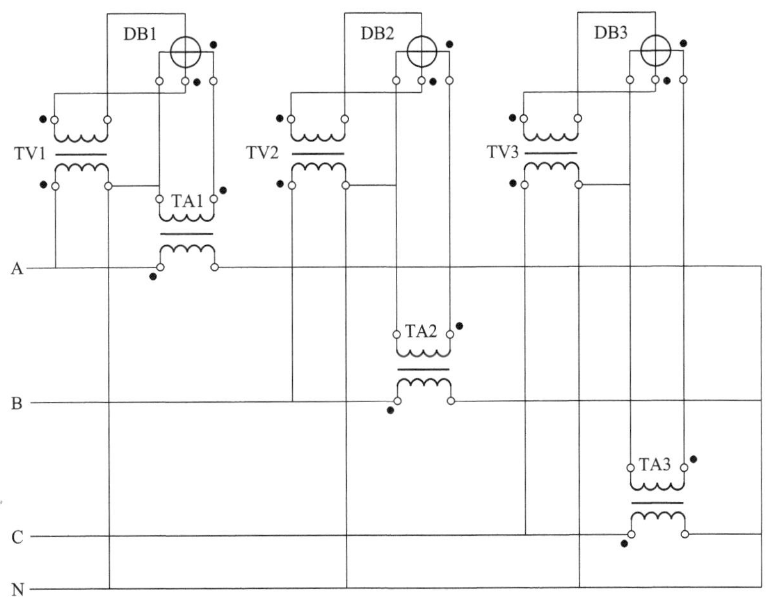

图 2-19　三相四线有功电能计量接线

TV1—第一元件电压互感器；TA1—第一元件电流互感器；DB1—电能计量第一单元；
TV2—第二元件电压互感器；TA2—第二元件电流互感器；DB2—电能计量第二单元；
TV3—第三元件电压互感器；TA3—第三元件电流互感器；DB3—电能计量第三单元

2.3.5　减少电能计量装置综合误差的方法

要减小电能计量装置的综合误差，应该全面考虑电能表、互感器和二次回路的合理匹配，使运行中电能计量装置的综合误差在计量设备准确度等级一定的情况下减小到最小值。下面就常用的减小综合误差方法作一介绍。

（1）电流互感器和电压互感器合理地组合使用。当采用电流互感器和电压互感器进行电能测量或检定电能表时，可根据电流、电压互感器的误差将它们合理地组合使用。组合使用的原则为：将比差绝对值相等而符号相反、角差绝对值相等而符号相同的电压互感器和电流互感器组成一组配套使用。这样，可以使电压互感器和电流互感器的误差互相补偿，以减小电能计量装置的综合误差。上述原则是根据互感器合成误差的计算公式，即式（2-27）和式（2-29）确定的。

组合配对使用原则对测量单相电路电能、三相电路有功电能和无功电能都是适用的。在实际工作中，只要合理地选择电流、电压互感器，并将它们按上述原则进行合理组合配套，便可以达到减小综合误差的目的。

（2）对互感器误差进行调整。对运行中的电流、电压互感器，可以视现场具体情况进行误差补偿，也可以调整某一相或两相的互感器比差和角差，以减少合成误差。

（3）减少电压互感器二次回路压降误差。在电能计量装置专用的计量回路中，应尽量缩短二次回路导线的长度，加大导线截面，降低导线电阻。如用上述措施还不能完全解决压降超差问题，则需考虑加装电压补偿器，提高计量准确性。

2.4 关口电能计量故障分析

电能计量装置运行过程中，受多种因素的影响，会不可避免地发生各种故障，电能计量故障的调查处理是计量运维人员的一项重要工作。故障调查必须以事实为依据，坚持“实事求是、尊重科学、公正合理”的原则，对运维人员而言，想要做到故障原因查得清、整改措施做到位，不仅要熟悉各类计量设备的结构、原理以及现场情况，还要掌握相关规程和技术要求。此外，由于工作现场的不可控因素以及故障的复杂性，故障原因分析也需因地制宜，随机应变。变电站电能计量系统结构复杂，装置数量繁多，故障种类多样，为了便于开展工作，提高计量运维水平，将电能计量故障按照主要计量设备及二次回路分为电能表故障、互感器故障、二次回路故障和采集终端故障四类。

考虑故障原因及造成损失的大小，按照《国家电网公司电能计量故障、差错调查处理规定》，将电能计量故障、差错分为设备故障和人为差错两大类，并按其性质、差错电量、经济损失及造成的影响大小，将设备故障分为重大设备故障、一般设备故障、障碍；人为差错分为重大人为差错、一般人为差错、轻微人为差错等。

2.4.1 电能计量装置故障

考虑故障原因及造成损失的大小，一般也可以将电能计量故障、差错分为设备故障和人为差错两大类，并按其性质、差错电量、经济损失及造成的影响大小，将设备故障分为重大设备故障、一般设备故障、障碍；人为差错分为重大人为差错、一般人为差错、轻微人为差错等。按照主要计量设备及二次回路分为电能表故障、互感器故障、二次回路故障和采集终端故障四类。

2.4.1.1 电能表故障

在电能表的安装、使用过程中，电能表设备质量、外部环境、安装工艺质量等都可能使其产生故障，导致计量异常，给关口电能计量经济技术指标的统计分析带来困扰，甚至影响到电网企业和客户之间贸易结算的公平，因此加强对电能表运行情况分析及故障判断，对提高电能表的运行质量具有十分重要的意义。

结合电能表的运行状况和基本原理，本节列举分析了电能表运行过程中常见的几种故障和异常类型。

（1）显示故障。电能表显示故障主要表现为无显示、花屏、显示缺笔或液晶屏异常，但计量功能正常。导致液晶显示故障原因主要是液晶质量问题，一般有 LCD 电源开路或损坏，以及液晶驱动芯片损坏、接触不良、数据线故障等。

（2）电池故障。目前电能表中配备有时钟电池和抄表电池。当设备掉电时，抄表电池为设备保存数据以及执行必要的操作提供电源，而时钟电池的作用是在终端供电电源中断后，保证时钟的正常运行。电池故障会导致电能表时钟失效、掉电时引起数据丢失等问题，电池故障一般为电池欠压、电池漏液等。除了电池自身质量问题外，各种环境因素以及外力作用也可能造成电池故障。

（3）电子元件故障。电子元件是构成电能表的重要组成部分，包括计量芯片、微处理器、存储芯片、通信芯片、驱动芯片、稳压芯片、时钟芯片等。电子元件工作电压范围较窄，承受的过电压能力也较小，当计量二次回路存在过电压或过电流时，会将芯片击穿，导致元件故障。除此之外，在外界环境作用下，如高温、振动、潮湿等，也都可能引起电子元件故障。电子元件故障可能导致电能表工作异常、计量功能异常、通信异常、时钟异常、存储功能异常、数据丢失等多方面问题，需了以关注。

（4）通信故障。厂站内一般不采用无线通信模式，因此通信故障主要为 RS-485 通信故障。通信故障一般为硬件电路故障或软件参数设置故障。例如，在静电干扰以及误接电能表高压端子的情况下，有可能导致 RS-485 电路损坏。除此之外，通信地址设置错误，波特率、校验方式不一致，通信协议和通信端口不匹配等软件设置原因也会导致通信异常。

2.4.1.2 互感器故障

变电站内的互感器属于高压一次设备，其故障原因和影响因素十分复杂，一旦发生故障对电网一次系统也会产生影响。

电磁式电压互感器本体故障导致的计量异常可能为互感器内部绝缘损坏、层间和匝间故障；电压幅值不稳可能是接地故障或基频谐振；电容式电压互感器二次电压波动，可能是二次连接松动，或分压器低压端子未接地。对于电流互感器，当一次端子内外接头松动，一次过负荷或二次开路都会导致电流互感器过热，产生异响等现象，此时应立即停运，进行故障排查。

2.4.1.3 采集终端故障

采集终端故障主要是指主站采集装置故障。主站采集系统在运行过程中，可能会由于计算机终端、通信载波模块、RS-485 通信模块故障等原因导致采集系统通信中断，不能正常上传计量数据。同时由于采集终端设备型号、参数、安装方式等存在一定差异，在安装和运行维护中常会出现终端参数设置错误、通信协议不匹配等问题，从而影响采集成功率。

2.4.1.4 计量二次回路故障

计量二次回路是指从互感器计量二次端子起至电能表表尾之间的二次电压、电流回路。计量二次回路基本情况如图 2-20 所示。图 2-20 中只画出了 A 相电压、电流回路，B 相和 C 相二次回路情况类似。

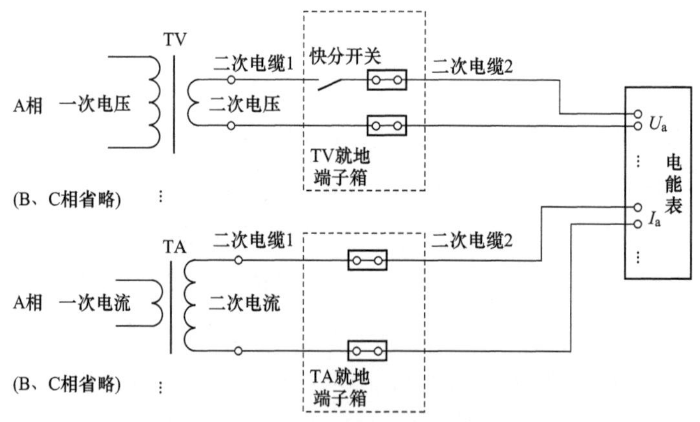

图 2-20 计量二次回路示意图

对于存在双母线，且计量电压取自母线电压互感器的情况，计量电压回路还需要进行电压切换，典型电压切换原理如图 2-21 所示。图 2-21 中 1KQS、2KQS 分别为计量单元出线靠近母线侧隔离开关的辅助触点。

计量二次回路分别与电压、电流互感器计量二次端子有连接，因此可将二次回路故障分为电压回路故障和电流回路故障。

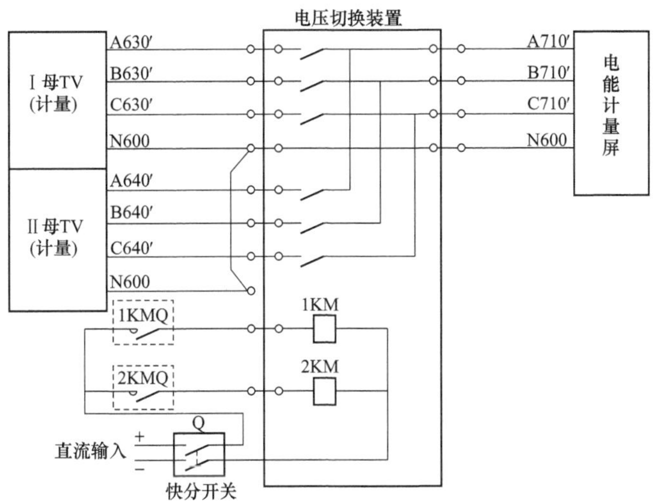

图 2-21　典型电压切换装置原理图

电压二次回路自电压互感器二次端子箱、二次熔断器（或空气断路器）、二次电缆、电能表屏经电压切换继电器分别接入不同的电能表，中间环节较多，除了会发生各种接触不良故障之外，各类元器件的损坏也可能导致电压二次回路的故障。

电流二次回路自电流互感器二次端子箱起由二次电缆接入电能表，二次回路在经过端子排的位置可能会接触不良。除此之外，各种新技术的试点和应用，有些变电站电流二次回路会串联测控和在线监测装置，此类设备的故障也可能导致电流二次回路的异常。

2.4.2 电能计量装置故障处理流程

梳理电能计量装置故障处理流程，有助于运维人员在安全条件下开展故障排查工作，并进行现场故障处理。

2.4.2.1 工作流程

根据故障处理工作的全过程，以最佳的试验步骤和顺序，对作业过程进行优化而形成的故障处理流程图如图 2-22 所示。

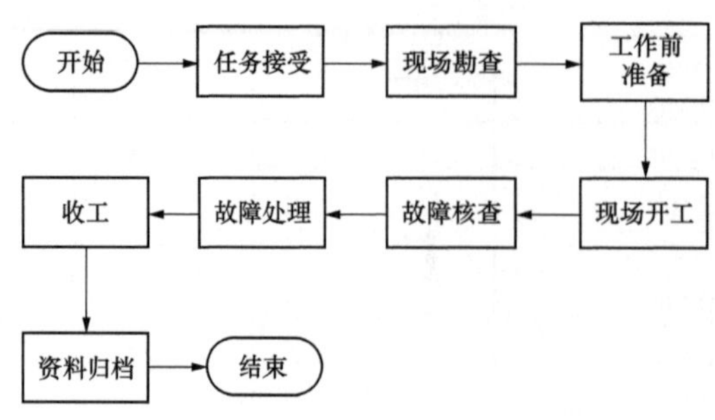

图 2-22　电能计量装置故障处理流程图

2.4.2.2　任务接受

任务接受包含了任务接收和任务初判。运维人员接收计量故障任务主要有下列途经：①调度控制中心采集主站通知运维人员关口电量异常，需作业人员进行分析排查；②属地公司或其他运维管理单位上报关口电能计量异常，请求协助分析；③作业人员利用电力信息采集系统、电能量采集系统等多种在线监控系统发现计量异常；④现场作业班组开展计量验收、首检、周期检验、巡视等现场工作发现异常。

工作负责人根据故障处理工单，通过计量信息管理系统，核对客户资料并查询计量装置档案，换表、抄表、现场检验记录等。同时通过用电信息采集系统等相关信息系统查询电能表日期、时间、电量、需量数据、电压、电流、相位角、事件记录等，分析计量点电量平衡及线损数据，初步判断现场异常情况。

2.4.2.3　现场勘查

工作负责人认为有必要的情况下可以开展现场勘查，勘查前需提前联系客户，约定现场勘查时间。

作业人员现场勘查过程中，需详细查看作业现场条件、环境及危险点，观察并记录现场设备运行情况，向运维人员了解清楚事件发生的基本情况，包括时间、地点以及故障现象等，同时应注意拍照取证。

2.4.2.4　工作前准备

工作前工作负责人需根据工作内容提前与客户进行预约，打印工作任务单，同时核对计量设备技术参数与相关资料，并根据工作任务填写工作票，办理工作票签发手续。

工作班成员凭故障处理工作单领取相应材料及封印等，并核对所领取的材料是否完备，同时检查试验设备是否符合工作要求，并选用合格的安全工器具。

现场开始工作时应告知客户或有关人员，说明工作内容并办理工作票许可手续，然后会同工作许可人检查现场的安全措施是否到位，并根据工作票所列安全要求，落实安全措施。

2.4.2.5 故障处理

开展故障核查处理时，首先应检查计量柜（箱、屏）外观是否正常，封印是否完好，有异常现象的拍照取证后转异常处理流程。然后，根据故障处理工作单核对客户信息、电能表铭牌参数、封印等内容，确认故障计量装置位置。

（1）电能表故障处理。先检查电能表外观是否有故障，如外观损坏、烧表、显示故障，封印是否完好等，有异常现象拍照取证后开展故障处理。然后拆除试验接线盒封印并做好记录，用钳形万用表测量电能表电压、电流后，用现场校验仪核查电能表接线，并进行误差校验，确认电能表误差是否在合格范围内。在确定故障类型、拍照取证后，进行故障处理。根据电能表故障类型，对电能表进行对时、换抄表电池等，需要更换电能表的，按照作业指导书拆装电能表，进行异常处理。

（2）计量二次回路故障处理。在进行计量二次回路故障处理时，先使用验电笔（器）对二次回路的柜（箱、屏）金属裸露部分进行验电，并检查柜（箱、屏）的接地是否可靠。然后核查二次线是否有破损、烧毁痕迹。检查电压二次回路触点，如辅助触点、切换继电器是否正常，带空气断路器（熔丝）的，应核查空气断路器（熔丝）是否正常。核查电流二次回路是否开路或短路。在确定故障类型、拍照取证后，抄录电能表当前各项读数，根据二次回路接线故障情况，采取相应的安全措施后，进行处理。

（3）电压互感器核查。根据用电信息采集系统等初判为电压互感器故障时，需与客户协商停电时间，待停电后，再核查电压互感器。

停电后，核查电压互感器外壳有无破损、烧毁、铭牌不符等情况，使用万用表核查高压熔断器是否损坏。

根据工作任务填写工作任务，履行相应的签发、许可手续，按照《电压互感器现场检验标准化作业指导书》开展电压互感器检测。

确定故障类型，拍照取证后直接进入故障处理流程。

若是电压互感器（高压熔断器）故障，应通知相关方限期进行更换，并要求更换时通知工作人员到现场。更换电压互感器（高压熔断器）前，应告知相关方故障原因，并抄录电能表当前各项读数，请相关方签名确认。

（4）电流互感器核查。根据用电信息采集系统、二次回路巡检仪等初判为电流互感器故障时，与客户协商停电时间，待停电后，再核查电流互感器。

停电前记录一、二次电流值，测算电流互感器实际电流变比与电流互感器铭牌、营销业务应用系统中记录的变比是否相符。

停电后，核查电流互感器外壳有无破损、铭牌不符、二次接线端头有无烧毁情况。

根据工作任务填写工作任务，履行相应的签发、许可手续，按照《电流互感器现场检验标准化作业指导书》开展电流互感器检测。

确定故障类型，拍照取证后，直接进入故障处理流程。

若是电流互感器故障，应通知相关方限期进行更换，并要求更换时通知工作人员到现场。

在更换电流互感器前，应告知相关方故障原因，并抄录电能表当前各项读数，记录电流互感器变比，请相关方签名确认。

（5）现场完工。现场通电检查前，应会同客户一起记录故障处理后的电能表各项读数并核对。带电后，用验电笔（器）测试电能表外壳、零线桩头、接地端子、计量柜（箱、屏）应无电压。

检查电能计量装置是否已恢复正常运行。用计量现场作业终端读取电压、电流、相位角、事件记录等。

故障处理后，应对电能表、互感器、试验接线盒、计量柜（箱、屏）加封，互感器加封应在带电检查前，并在故障处理工作单上记录封印编号，或用计量现场作业终端抄读封印编号。

记录好电能计量装置故障现象，履行客户签名确认手续，作为退补电量的依据。

（6）办理工作票终结。按照公司有关要求编制电能计量装置故障、差错调查报告。

将故障处理信息及时录入营销业务应用系统。

工作结束后，客户档案信息、故障处理工作单等应由专人妥善存放，并及时归档。

2.4.3 电能计量装置故障统计分析

电能计量设备故障的及时发现和排除对于计量的正确运行有着重要意义。为快速、准确地实现电能计量设备的故障分类，本节对作者所在单位管辖的电能计量装置故障进行了统计分析，从多个维度出发，供运维人员参考。

2019—2021年，国网北京市电力公司累计完成关口电能计量装置故障处理88次，涉及计量点259个，变电站94座，追补正向有功电量67292.08万kWh，反向有功电量22481.11万kWh，2019—2021年故障信息统计详见表2-27。

表2-27 关口电能计量故障信息统计（2019—2021年）

年份	故障处理次数	计量点数	总计量点数	故障率1（%）	故障点变电站数	变电站总数	故障率2（%）
2019	30	88	6859	1.28	28	90	31
2020	28	93	7230	1.29	30	98	31
2021	30	78	7741	1.01	34	101	34

表2-27中，故障率1表示故障计量点数占总计量点数的百分比，故障率2表示涉及故障点的变电站数占变电站总数的百分比。由年均故障统计信息可知，计量点年均故障率约为1.19%，发生计量异常的变电站占变电站总数的32%。

对其进行故障设备分类统计，详见表2-28。

表2-28 故障设备分类统计

故障设备		2019年	2020年	2021年	平均值	百分比（%）
计量二次回路	接线盒、端子排等	12	16	10	13	15
	虚接、接触不良等	15	11	9	12	14
	错接线	35	38	31	35	40
	其他	1	1	1	1	1
电能表	电子式电能表	13	8	13	11	13
	数字化电能表	2	8	2	4	5
采集相关设备		8	10	11	10	11
其他		2	1	1	1	2
总计		88	93	78	86	100

由上述统计信息可知，计量二次回路错接线占到了关口电能计量故障总数的40%，其余故障占比较高的为计量二次回路接线盒、端子排等附属部件故障以及线路虚接、接触不良等引起的故障。电子式电能表故障占到了计量故障总数的13%，同样需要引起注意，作业人员在工作过程中要加强对电能表的质量监督和管理。

以2019—2021年故障处理总数为样本，依据故障严重程度进行统计，得到表2-29，具体分类标准参考第3章相关内容。

表 2-29 故障严重程度分类统计

故障类型		重大设备故障	一般设备故障			障碍	总计
			一类故障	二类故障	三类故障		
计量二次回路	接线盒、端子排等	0	0	0	1	0	1
	虚接、接触不良等	24	6	20	5	0	55
	错接线	8	3	2	8	0	21
	其他	0	0	0	1	0	1
电能表	电子式电能表	0	5	4	6	1	16
	数字化电能表	0	0	1	2	1	4
采集相关设备		0	0	0	0	0	0
其他		0	0	0	0	0	0
总计		32	14	27	23	2	98

由统计结果可知，涉及经济损失、电量损失和差错电量的关口电能故障计量点总数为 98 个，共占故障计量点总数的 38%，其中由设备损坏造成直接经济损失的故障数量为零，剩余均为电量损失和差错电量故障类型。

差错电量在 1500 万 kWh 以上的重大设备故障类型中，主要故障原因为计量二次回路虚接、接触不良和错接线两类。造成这一现象的原因在于计量二次回路虚接或接触不良时，会导致二次回路电压下降，但下降幅度不明显，不容易被发现。当运维人员发现计量异常时，故障已经持续了较长时间，累积的差错电量较多，因此故障类型较为严重。

差错电量在 1500 万 kWh 及以下的一般设备故障类型中，主要故障原因为计量二次回路故障和电子式电能表故障。这是因为，若计量二次回路有明显异常或者电能表运行异常时，异常现象能够及时反映在各类电参量中，一旦出现故障运维人员比较容易发现，故障能够得到及时处理，因此一般设备故障类型居多。

综上，关口电能计量故障以计量二次回路故障为主，不仅数量较多，且故障类型更为严重，因此在日常工作中需要持续关注，引起重视。

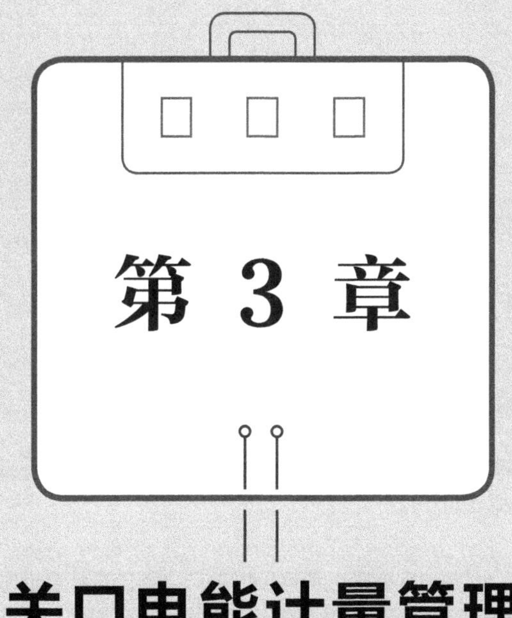

第 3 章

关口电能计量管理

电能计量管理工作是电力企业生产经营管理及电网安全运行的重要环节，其技术和管理水平直接影响贸易结算和电能考核的准确、公平，关系到发电、供电、用电三方的利益。因此，电力企业必须采用先进的管理方法和手段，加强电能计量的全过程管理，做到依法计量，从而保证电能计量装置运行可靠、计量准确。为此，本章着重介绍电能计量管理职能、计量设备的管理、计量装置的设计审查、计量装置的现场维护、关口电能表的管理等内容。

3.1 电能计量管理的职能

为坚持关口电能计量装置“分级管理、分工负责、协同合作”的原则，实现对关口电能计量装置新建、变更、故障处理和运行维护的全过程、全寿命周期管理，国家电网有限公司依据国家有关法律、法规和行业相关标准，结合公司系统计量管理实际，制定了《国家电网公司关口电能计量装置管理办法》。各部门关口电能计量装置管理职责详见表 3-1 ~ 表 3-3。

表 3-1　国家电网有限公司各部门关口电能计量装置管理职责

部门	职责
国网发展部	（一）负责公司总部（分部）所管辖关口计量点设置和变更管理； （二）负责下达关口改造综合计划； （三）参与关口电能计量装置的设计审查、竣工验收、故障差错调查处理
国网营销部	（一）负责公司系统关口电能计量装置统一归口管理，组织制定相关制度和技术标准，对各级供电企业关口电能计量装置管理工作开展情况进行考核评价； （二）负责关口电能计量装置的技术管理，提出新建及改造关口电能计量装置的技术要求、选型和配置意见； （三）参与公司所管辖关口电能计量装置的设计审查和竣工验收等技术管理； （四）负责公司所管辖计量器具投运后首次检测委托业务； （五）负责关口电能计量装置现场检测年度计划的审批、下达并监督执行； （六）负责编制关口电能计量装置中电能表的改造计划并组织实施； （七）负责审批公司所管辖关口电能计量装置周期检定（轮换）计划； （八）负责组织开展公司系统关口电能计量故障差错调查处理，参与关口的新建和变更、追退电量确定工作； （九）负责公司系统计量项目汇总、审批及资金下达
国网运检部	（一）参与关口的新建和变更、关口电能计量装置的设计审查、竣工验收和故障差错调查处理工作； （二）负责总部所属资产的关口电能计量装置、电能量远方终端等设备日常环境巡视管理； （三）负责编制关口电能计量装置中计量用电压互感器、电流互感器及其二次回路、电能计量屏（柜、箱）的改造计划并组织实施； （四）负责配合专业管理部门开展的现场验收、更换、改造和维护

（续表）

部门	职责
国网基建部	负责跨省输电关口电能计量装置的建设管理，负责组织设计审查、建设和竣工验收等工作
国网交流部	负责组织新建特高压及跨区交流输电关口电能计量装置的建设管理，负责组织设计审查、建设和竣工验收等工作
国网直流部	负责组织新建直流输电关口电能计量装置的建设管理，负责组织设计审查、建设和竣工验收等工作

表 3-2　省公司及省公司各部门关口电能计量装置管理职责

部门	工作职责
公司分部	（一）配合总部开展跨省输电关口电能计量装置管理工作； （二）参与分部所管辖关口电能计量装置的新建、变更和设计审查工作； （三）参与分部所管辖关口电能计量装置的投运前验收工作，将结果报国网营销部和国网计量中心备案； （四）组织研究并向总部相关部门提出跨省输电关口计量点设置建议； （五）负责组织编制分部所管辖关口电能计量装置周期检测计划，上报公司并配合检测业务开展； （六）负责编制分部所管辖关口电能计量装置的改造计划并组织实施； （七）负责分部所属资产的关口电能计量装置运行维护工作
国网计量中心	（一）配合总部各部门对各级供电企业关口电能计量装置管理情况进行技术监督； （二）负责公司总部管辖发电上网、跨国、跨区等关口电能计量装置台账和技术档案管理； （三）参与公司总部管辖发电上网、跨国、跨区等关口电能计量方案的设计审查及设备选型、配置等工作； （四）参与公司总部管辖发电上网、跨国、跨区等关口电能计量装置设计审查、安装前检定、投运前验收等工作； （五）负责编制公司总部管辖关口电能计量装置周期检验和周期检定（轮换）计划，抄送国网发展部； （六）负责公司总部管辖发电上网、跨国、跨区等关口电能计量装置首次检验、周期检验、临时检验（更换）、周期检定（轮换）等运行管理工作； （七）负责编制公司总部管辖关口电能计量装置的改造方案； （八）参与公司总部管辖发电上网、跨国、跨区等关口电能计量故障差错调查处理，参与公司系统关口电能计量装置重大设备故障和重大人为差错的调查处理工作
省公司发展部	（一）负责省公司所管辖发电上网、省级供电等关口计量点设置和变更管理； （二）负责下达本省公司关口改造综合计划； （三）参与省公司所管辖发电上网、省级供电等关口电能计量装置的设计审查、竣工验收、故障差错调查处理

（续表）

部门	工作职责
省公司营销部	（一）参与省公司所管辖发电上网、省级供电等关口电能计量方案的设计审查等技术管理； （二）负责省公司所管辖发电上网、省级供电等关口电能计量装置管理工作的业务指导及监督与考核； （三）负责省公司所管辖关口电能计量装置中电能表改造方案的制定并组织实施； （四）负责编制上报并贯彻执行省公司所管辖关口电能计量装置现场检测年度计划； （五）负责省公司所管辖关口电能计量装置周期检验、周期检定（轮换）等计划的审核、批准； （六）负责向国网营销部上报年度关口电能计量装置改造项目； （七）负责组织省公司所管辖发电上网、省级供电等关口电能计量装置故障差错的调查处理工作
省公司运检部	（一）参与关口的新建和变更、关口电能计量装置的设计审查、竣工验收和故障差错调查处理工作； （二）负责省公司管辖范围内关口电能计量装置的日常环境巡视管理； （三）负责省公司所管辖关口电能计量装置中计量用电压互感器、电流互感器及其二次回路、电能计量屏（柜、箱）的改造方案制定并组织实施； （四）参与省公司所管辖关口电能计量装置周期检定（轮换）计划的制定，并配合相关工作； （五）参与省公司所管辖关口电能计量装置周期检验，并配合相关工作
省公司建设部	负责省公司所管辖发电上网、省级供电等关口电能计量装置建设管理，负责组织投运前技术方案审查、投运前验收工作
省公司计量中心	（一）配合省公司各部门对所属各级供电企业关口电能计量装置管理情况进行技术监督； （二）负责省公司所管辖发电上网、省级供电等关口电能计量装置台账和技术档案管理； （三）参与省公司所管辖发电上网、省级供电等关口电能计量方案的设计审查及设备选型、配置等工作； （四）负责省公司所管辖发电上网、省级供电等关口电能计量装置安装前检定、投运前验收工作； （五）负责省公司所管辖关口电能计量装置周期检验、周期检定（轮换）等计划的制定； （六）负责省公司所管辖关口电能计量装置及改造方案的制定； （七）负责省公司所管辖发电上网、省级供电等关口电能计量装置的首次检验、周期检验、临时检验（更换）、周期检定（轮换）等运行管理； （八）参与省公司所管辖发电上网、省级供电等关口电能计量故障差错调查处理，电量不平衡原因分析与排查； （九）参与受托关口电能计量装置的管理

表 3-3 地市供电企业及各部门关口电能计量装置管理职责

部门	工作职责
地市供电企业发展部	（一）负责地市供电企业所管辖发电上网、地市供电、趸售供电等关口计量点设置和变更管理； （二）参与地市供电企业所管辖关口电能计量装置的设计审查、竣工验收、故障差错调查处理
地市供电企业营销部	（一）负责地市供电企业所管辖发电上网、地市供电、趸售供电等关口电能计量装置配置； （二）负责地市供电企业所管辖关口电能计量装置管理工作的业务指导及监督考核； （三）负责地市供电企业所管辖发电上网、地市供电、趸售供电等关口电能计量装置计量点技术档案管理； （四）负责地市供电企业所管辖发电上网、地市供电、趸售供电等关口电能计量装置设计方案审查； （五）负责地市供电企业所管辖发电上网、地市供电、趸售供电等关口电能计量装置中电能表改造方案的制定及实施； （六）参与地市供电企业所管辖发电上网、地市供电、趸售供电等关口电能计量装置的投运前验收工作； （七）负责地市供电企业所管辖关口电能计量装置的首次检验、临时检验（更换）、周期检定（轮换）、装置改造、故障差错分析与处理等运行管理
地市供电企业运维检修部	（一）负责地市供电企业所管辖发电上网、地市供电、趸售供电等关口电能计量装置的日常环境巡视管理； （二）负责组织地市供电企业所管辖关口电能计量装置中计量用电压、电流互感器及其二次回路、电能计量屏（柜、箱）改造方案的制定及实施； （三）参与地市供电企业所管辖关口电能计量装置周期检定（轮换）计划的制定，并配合相关工作； （四）参与地市供电企业所管辖关口电能计量装置周期检验，并配合相关工作
地市供电企业建设部	负责地市供电企业所管辖发电上网、地市供电、趸售供电等关口电能计量装置建设管理，负责组织投运前技术方案审查、投运前验收工作

3.2 关口电能计量装置运维管理

3.2.1 关口电能计量装置投运前管理

关口电能计量装置投运前管理包括关口电能计量装置设计方案审查、检定（测）与安装、投运前验收三部分内容，按照管理职责分别由国网发展部、省公司发展部、地市供电企业发展部（以下合称“公司各级发展部门”），国网营销部、省公司营销部、地市供电企业营销部（客户服务中心）（以下合称“公司各级营销部门”），国网运维检修部、省公司运维检修部、地市供电企业运维检修部（以下合称“公司各级运检部门”），国网交流建设部、国网直流建设部、省公司基建部、地市供电企业基建部（以下合称“公司各级基建部门”）配合完成。

3.2.1.1 设计方案审查

公司各级基建部门组织所管辖关口电能计量装置的设计方案审查；公司各级发展部门、各级营销部门、各级运检部门，依据国家法律法规、公司相关规定以及有关技术标准要求，对关口电能计量装置设计方案进行审查。

关口电能计量装置设计方案审查的主要内容包括：关口计量点的设置是否符合要求；计量方式是否符合要求；电能表类型、技术参数、准确度等级、配置套数等是否符合配置要求；互感器类型、技术参数、准确度等级等是否符合配置要求；计量二次回路是否满足要求；计量用互感器（或计量绕组）是否专用；计量柜（屏、箱）是否符合要求；电能计量装置安装条件是否符合要求。

上述设计方案审查内容有任何一项不满足要求时，审查结论即为不合格。对审查不合格的，审查人员应明确不合格内容，提出整改意见，提交基建部门，整改后进行复审。审查人员根据审查结果对审查意见进行会签。

3.2.1.2 检定（检测）与安装

按照关口电能计量装置设计方案审查结论，国网计量中心、省公司计量中心对所管辖关口电能计量装置进行检定（检测），出具关口电能表等检定证书，国网计量中心、省公司计量中心、地市供电企业营销部（客户服务中心）计量室（以下合称“公司各级计量技术机构”）配合和指导项目施工单位完成关口电能计量装置安装、调试。

公司各级计量技术机构计量人员应收集关口电能计量装置安装信息，记录计量印证使用信息，录入营销业务管理系统中，记录信息详见表 3-4。

（1）电能表安装：记录计量点编号，安装位置，设备编号，新装表底度数、倍率，工作人员，作业时间等信息。

（2）互感器安装：记录计量点编号，安装位置，设备编号，相别，计量绕组编号，工作人员，作业时间等信息。

（3）采集终端安装：记录计量点编号，安装位置，终端设备编号及地址，工作人员，作业时间等信息。

（4）计量二次回路技术参数：记录计量点编号，安装位置，线径，长度等信息。

（5）计量人员对计量印证使用记录：记录计量点编号，印证类型（封印、合格证）、印证编号、印证使用日期、操作人等信息。

表 3-4 关口电能计量装置信息记录

项目	信息内容
电能表安装	计量点编号，安装位置，设备编号，新装表底度数、倍率，工作人员，作业时间等
互感器安装	计量点编号，安装位置，设备编号，相别，计量绕组编号，工作人员，作业时间等
采集终端安装	计量点编号，安装位置，终端设备编号及地址，工作人员，作业时间等
计量二次回路技术参数	计量点编号，安装位置，线径，长度
计量印证使用记录	计量点编号，印证类型（封印、合格证）、印证编号、印证使用日期、操作人等

3.2.1.3 投运前验收

公司各级基建部门或营销部门组织关口电能计量装置投运前验收；公司各级计量技术机构接到验收通知后，具体实施验收工作。

关口电能计量装置投运前验收的内容、过程、要求依据 JJG 1021《电力互感器》和 DL/T 448《电能计量装置技术管理规程》有关规定进行，主要包括技术资料检查、现场核查、验收试验（含电流互感器、电压互感器现场检验等）、验收结果的处理等。

技术资料验收内容及要求如下：

（1）电能计量装置计量方式原理图，一、二次接线图，施工设计图和施工变更资料、竣工图等。

（2）电能表及电压互感器、电流互感器的安装使用说明书、出厂检验报告，授权电能计量技术机构的检定证书。

（3）电能信息采集终端的使用说明书、出厂检验报告、合格证，电能计量技术机构的检验报告。

（4）电能计量柜（箱、屏）安装使用说明书、出厂检验报告。

（5）二次回路导线或电缆型号、规程及长度资料。

（6）电压互感器二次回路中的快速自动空气开关、接线端子的说明书和合格证等。

（7）高压电器设备的接地及绝缘试验报告。

（8）电能表和电能信息采集终端的参数设置记录。

（9）电能计量装置设备清单。

（10）电能表辅助电源原理图和安装图。

（11）电流、电压互感器实际二次负载及电压互感器二次回路压降的检测报告。

（12）互感器实际使用变比确认和复核报告。

（13）施工过程中的变更等需要说明的其他资料。

经验收的电能计量装置应由验收人员填写验收报告，验收合格的注明“计量装置验收合格”；验收不合格的注明“计量装置验收不合格”，并提出整改意见，整改后再行验收。验收不合格的电能计量装置禁止投入使用。

验收结束后，公司各级计量技术机构计量人员将关口计量点档案信息、现场试验数据等录入营销业务管理系统并归档。

3.2.2 关口电能计量装置运行管理

运行管理包括关口电能计量装置首次检验、周期检验、临时检验、周期轮换、运行档案管理等，由公司各级营销部门和各级运检部门配合完成。

3.2.2.1 首次检验

公司各级计量技术机构应对新投运或改造后的关口电能计量装置在一个月内进行首次现场检验（以下简称“首检”），投运时间以产生首次抄见电量时间为准。

关口电能计量装置首检应严格按照 DL/T 448《电能计量装置技术管理规程》要求开展首次现场检验（以下简称“首检”）。首检内容包括电能表现场检验（含误差测试、接线检查、功能检查、倍率核对等）、电压互感器二次压降测试及电流（电压）互感器二次负荷测试。

各级计量技术机构应将检验结果报告各级营销部门。检验结果合格，由公司各级营销部门通知发电企业、公司各级发展部门、运维检修部门、基建部门，关口计量点正式运行；检验结果不合格的，根据关口管理权限分别由公司各级营销部门通知项目责任单位限期整改，整改后再次进行现场检验。

公司各级计量技术机构工作人员应及时将首检结果录入营销业务应用系统中，并通过接口同步到计量生产调度平台（MDS 系统），有关记录和报告等试验数据和资料应归档保存。

3.2.2.2 周期检验

计量装置投运后，由各级计量技术机构按照 DL/T 448《电能计量装置技术管理规程》规定，按照关口分类和计量装置性质开展周期检验。

发电上网、跨国输电、跨区输电、跨省输电、省级供电、趸售供电关口电能表原则上每 3 个月现场检验一次；地市供电、内部考核关口电能表原则上每年现场检验一次；Ⅲ类电能表至少每年现场检验一次；关口高压电磁式互感器每 10 年现场检验一次；电容式电压互感器每 4 年现场检验一次；对 35kV 及以上电压互感器二次回路电压降，至少每两年检验一次。

国网计量中心负责编制公司总部所管辖关口电能计量装置的周期检验计划；各分部、省公司计量中心和地市供电企业营销部（客户服务中心）分别编制所管辖关口电能计量装置的周期检验计划。

省公司计量中心、地市供电企业营销部（客户服务中心）上报关口电能计量装置周期检验计划至省公司营销部审核；各分部、省公司营销部、国网计量中心将关口电能计量装置周期检验计划上报至国网营销部。

国网营销部汇总、审核并以文件形式下达关口电能计量装置周期检验计划。

各级供电企业的营销部门、运检部门、调度部门应加强协调配合，做好关口电能计量装置周期检验计划分解落实工作，各级计量技术机构依据周期检验计划，结合实际工作情况，安排周期检验工作，将任务分配给现场工作人员。

各级计量技术机构应将检验结果报告各级营销部门。检验不合格的，由各级营销部门通知资产所属单位进行整改，不具备整改条件的，制订更换或改造计划，纳入公司计量技术改造项目，整改后再次进行检验，涉及电量追退的，按照《国家电网公司电能计量故障差错调查处理规定》进行处理。

公司各级计量技术机构计量人员应及时将周期检验数据录入营销业务应用系统，并通过接口同步至生产调度平台系统，有关记录和报告等试验数据和资料应归档保存。

公司各级计量技术机构应采用计量生产调度平台（MDS 系统）对电能计量装置历次现场检验数据进行分析比对，以考核其变化趋势，为评估电能表、互感器等运行质量提供技术依据。

3.2.2.3 临时检验

临时检验包括电能表现场检验、互感器现场检验及互感器二次压降（负荷）测试。公司各级计量技术机构受理临时检验申请，安排临时检验工作，记录检验（测试）数据，并对检验记录、测试报告等进行签字确认。

公司各级计量技术机构计量人员将临时检验数据录入营销业务应用系统或计量生产调度平台（MDS 系统），有关试验数据和资料应归档保存。各级计量技术机构应将检验结果报告各级营销部门。检验不合格的，各级营销部门协调有关部门限期整改，整改后再次进行检验；不具备整改条件的，制订更换或改造计划，纳入公司计量技术改造项目。检验结果合格的，公司各级计量技术机构向临时检验申请单位出具临时检验报告。

3.2.2.4 周期轮换

关口电能表、低压电流互感器运行到一定期限后，由各级计量技术机构按照 JJG 596《电子式电能表检定规程》和 DL/T 448《电能计量装置技术管理规程》规定，将电能表拆回实验室进行检定。其中，0.2S、0.5S 级关口有功电能表原则上每 6 年拆回实验室检定一次；1 级、2 级关口有功电能表和 2 级、3 级关口无功电能表原则上每 8 年拆回实验室检定一次。

各级计量技术机构应根据电能表、互感器运行时间，结合各级运维检修部门安排的停电计划，统筹做好周期检定（轮换）计划的编制，报公司各级营销部门审批。

公司各级计量技术机构根据审批后的周期检定（轮换）计划开展周期检定（轮换）工作，各级运维检修部门配合开展周期检定（轮换）工作。公司各级计量技术机构工作人员应及时将周期检定（轮换）的数据、信息等技术资料录入营销业务应用系统。

3.2.2.5 运行档案管理

公司各级计量技术机构按照 DL/T 448《电能计量装置技术管理规程》和《国家电网公司计量资产全寿命周期管理》的有关规定对关口电能计量装置的运行档案进行管理。

3.2.3 关口电能计量装置改造管理

公司各级营销部门根据所管辖关口电能计量装置的周期检验结果、运行抽检结果、计量故障差错等情况，提出改造建议。各级营销部门组织制定电能表改造计划；各级运检部门组织制定关口电能计量装置中计量用电压互感器、电流互感器及其二次回路、电能计量屏（柜、箱）改造计划。

各级营销部门、运检部门根据改造计划制定改造方案，公司各级计量技术机构参与改造方案的制定，形成项目可行性研究报告。

公司各级计量技术机构和关口电能计量装置运维管理单位负责项目改造综合计划的具体实施。改造完成后，公司各级营销部门和运检部门组织各级发展部门、计量技术机构对项目进行竣工验收，核实改造情况是否满足改造方案的要求。验收不合格的，提出整改意见，限期整改后重新验收；验收合格的，关口电能计量装置正式运行。

3.3 电能计量故障、差错调查处理

为加强国家电网公司系统电能计量工作质量监督管理，规范电能计量故障、差错调查处理程序，确保电能计量装置安全运行和电能计量准确可靠，依据国家有关法律、法规和行业相关标准，结合《国家电网公司安全事故调查规程》等管理制度，公司制定了《国家电网公司电能计量故障、差错调查处理规定》。

电能计量故障、差错的调查处理必须以事实为依据，坚持“实事求是、尊重科学、公正合理”的原则，对各级单位与用户贸易结算以及各级关口和企业内部经济技术指标考核的电能计量故障、差错开展调查与处理工作。

3.3.1 电能计量故障、差错分类

电能计量故障、差错分为设备故障和人为差错两大类。按其性质、差错电量、经济损失及产生的影响大小，设备故障分为重大设备故障、一般设备故障、障碍；人为差错分为重大人为差错、一般人为差错、轻微人为差错。故障分类详见表 3-5 和表 3-6。

表 3-5 电能计量设备故障分类

故障类型		说明
重大设备故障		由于电能计量设备质量原因造成下列情况之一者： （1）设备损坏直接经济损失每次 10 万元及以上； （2）电量损失每次 30 万 kWh 及以上； （3）差错电量每次 1500 万 kWh 及以上
一般设备故障	一类故障	（1）设备损坏直接经济损失每次 10 万元以下、3 万元及以上； （2）电量损失每次 30 万 kWh 以下、10 万 kWh 及以上； （3）差错电量每次 1500 万 kWh 以下、500 万 kWh 及以上

（续表）

故障类型		说明
一般设备故障	二类故障	（1）设备损坏直接经济损失每次 3 万元以下、0.5 万元及以上； （2）电量损失每次 10 万 kWh 以下、1 万 kWh 及以上； （3）差错电量每次 500 万 kWh 以下、100 万 kWh 及以上
	三类故障	（1）设备损坏直接经济损失每次 0.5 万元以下、0.2 万元及以上； （2）电量损失每次 1 万 kWh 以下、0.5 万 kWh 及以上； （3）差错电量每次 100 万 kWh 以下、10 万 kWh 及以上
障碍		由于设备质量原因造成设备损坏，直接经济损失每次 0.2 万元以下、电量损失每次 0.5 万 kWh 以下、差错电量每次 10 万 kWh 以下者

表 3-6 人为差错分类

差错类型		说明
重大人为差错		因人为责任原因造成下列情况之一者： （1）Ⅰ类电能计量装置电量损失每次 250 万 kWh 及以上； （2）Ⅱ类及以下电能计量装置电量损失每次 30 万 kWh 及以上； （3）设备损坏直接经济损失每次 10 万元及以上； （4）差错电量每次 1500 万 kWh 及以上； （5）差错电量每次 1500 万 kWh 以下、500 万 kWh 及以上，自发现之时起，未在 72 h 内恢复正常计量或在 20 个工作日内未在营销业务应用系统中完成电量更正
一般人为差错	一类差错	（1）Ⅰ类电能计量装置电量损失每次 250 万 kWh 以下、10 万 kWh 及以上； （2）Ⅱ类及以下电能计量装置电量损失每次 30 万 kWh 以下、10 万 kWh 及以上； （3）设备损坏直接经济损失每次 10 万元以下、3 万元及以上； （4）差错电量每次 1500 万 kWh 以下、500 万 kWh 及以上； （5）差错电量每次 500 万 kWh 以下、100 万 kWh 及以上，自发现之时起，未在 72 h 内恢复正常计量或在 20 个工作日内未在营销业务应用系统中完成电量更正
	二类差错	（1）电量损失每次 10 万 kWh 以下、1 万 kWh 及以上； （2）设备损坏直接经济损失每次 3 万元以下、0.5 万元及以上； （3）差错电量每次 500 万 kWh 以下、100 万 kWh 及以上； （4）差错电量每次 100 万 kWh 以下、10 万 kWh 及以上，自发现之时起，未在 72 h 内恢复正常计量或在 15 个工作日内未在营销业务应用系统中完成电量更正

（续表）

差错类型		说明
一般人为差错	三类差错	（1）电量损失每次 1 万 kWh 以下、0.5 万 kWh 及以上； （2）设备损坏直接经济损失每次 0.5 万元以下、0.2 万元及以上； （3）差错电量每次 100 万 kWh 以下、10 万 kWh 及以上； （4）差错电量每次 10 万 kWh 以下、1 万 kWh 及以上，自发现之时起，未在 72 h 内恢复正常计量或在 10 个工作日内未在营销业务应用系统中完成电量更正
	四类差错	（1）电量损失每次 0.5 万 kWh 以下； （2）设备损坏直接经济损失每次 0.2 万元以下； （3）差错电量每次 10 万 kWh 以下、1 万 kWh 及以上； （4）差错电量每次 1 万 kWh 以下，自发现之时起，未在 72 h 内恢复正常计量或在 5 个工作日内未在营销业务应用系统中完成电量更正
轻微人为差错		因工作人员失误造成差错电量每次 1 万 kWh 以下，但未造成电量或经济损失者

3.3.2 电能计量装置故障、差错调查处理

3.3.2.1 现场保护

故障、差错发生后，故障、差错单位应负责现场的保护工作，未经调查和记录的故障、差错现场，不得任意变动。需要紧急抢修恢复运行而变动故障、差错现场者，必须经上级有关部门同意，现场做好取证和记录。

现场的物件（如破损部件、碎片、残留物、封印等）应保持原样，不准冲洗擦拭，并贴上标签，注明地点、时间、管理者。

故障、差错发生后，有关人员应迅速赶赴现场，立即询问记录故障、差错经过，并对故障、差错现场和损坏的设备进行照相（录像），收集资料。

3.3.2.2 收集资料

故障、差错发生后，现场作业人员和在场的其他有关人员应分别如实提供现场情况和写出故障、差错的原始材料，并保证其真实性。

调查组有权向故障差错发生单位、有关部门及人员了解故障差错情况并索取资料，任何单位和个人不得拒绝；调查组应查阅有关运行、检修、试验、验收的记录文件，必要时还应查阅设计、制造、施工安装、调试的资料。故障、差错调查组还应检查有关规程和文件的执行情况等；调查组应及时整理出反映故障、差错情况的图表和

分析故障、差错所必需的各种资料及数据。

3.3.2.3 调查

差错调查内容包括：故障、差错发生前设备和系统的运行情况；工作内容、开始时间、许可情况，作业时的动作（或位置），有关人员的违章违纪情况等；故障、差错发生的时间、地点、经过及现场处理情况；设备资料（包括订货合同等）、设备损坏情况和损坏原因；规章制度执行中暴露的问题；设计、制造、施工安装、调试、运行、检修和工作计划安排等方面存在的问题；所有调查取证的材料、记录、笔录等资料需当事人签字确认。

3.3.3 电能计量装置故障、差错处理与分析

3.3.3.1 故障、差错报修处理

地市（县）营销部（客户服务中心）计量人员应依据《供电营业规则》等有关规定进行电能计量装置故障、差错处理，涉及计量抢修的应由运维检修部门处理。

故障、差错现场处置人员应准确分析判断现场故障情况。当客户有违约用电及窃电行为时，应立即报告用电检查人员处理；如属于重大设备故障、重大人为差错、一般设备故障、一般人为差错的情况，应保护好现场，立即向上级报告，由调查组进行处理；属于障碍、轻微人为差错的可直接进行处理。

故障电能计量装置处理和换装应严格执行《国家电网公司电力安全工作规程　配电部分》和《国家电网公司计量标准化作业指导书》等有关规定，规范、有序地开展现场作业，有效防范作业风险。

现场信息记录应详细、准确，电能表、计量箱封印等更换前后，应在工单上记录相关信息并拍照取证，并请客户确认和签字。

故障、差错处理完毕后，应认真检查、核对，确保无新的故障、差错发生。

故障、差错电能计量装置更换后，地市（县）营销部（客户服务中心）计量人员应于 2 个工作日内，在营销业务管理系统按规范的故障填报口径完成相关信息维护，涉及省公司计量中心检测业务范围内的计量故障信息应在 MDS 中及时维护。

3.3.3.2 故障、差错分析

调查组应在调查分析的基础上，明确故障、差错发生、扩大的直接原因和间接原因，必要时进行模拟试验和计算分析。

电能计量装置投产后发生的故障、差错，如与设计、制造、施工安装、调试、集中检修等单位有关时，应通知相关单位派人参与调查分析。

当故障分类属于电能计量器具质量故障时，营销业务应用系统将自动生成故障检测工单，地市供电企业营销部（客户服务中心）、县供电企业营销部（客户服务中心）应对故障电能计量器具进行故障诊断和分析；省公司计量中心负责地市供电企业营销部（客户服务中心）、县供电企业营销部（客户服务中心）无法查明原因的电能计量器具质量故障的故障诊断和分析，并进行运行中软件比对。

省公司计量中心、地市供电企业营销部（客户服务中心）、县供电企业营销部（客户服务中心）应根据电能计量器具质量故障的原因、性质、类别，判定相应到货批次电能计量器具的质量，并据此在局部范围或更大范围内采取预警及相应质量控制措施。

调查组应依据故障、差错调查所确定的事实，通过对直接原因和间接原因的分析，确定故障、差错中的直接责任者和领导责任者；根据其在故障、差错发生过程中的作用，确定主要责任者、次要责任者和扩大责任者，并确定各级领导对故障、差错应负的责任。

故障、差错调查处理完成后须进行资料归档，主要包括：故障、差错调查报告书及批复文件；现场调查笔录、图纸、记录、资料等；技术鉴定和试验报告；物证、人证材料；经济损失材料；经当事双方确认的电量更正资料；故障、差错责任者的自述材料；发生故障、差错时的工艺条件、操作情况和设计资料；处分决定和受处分人的检查材料；有关故障、差错的通报、简报及成立调查组的有关文件；故障、差错调查组的人员名单，人员信息包括内容包括姓名、职务、职称、单位等。

3.4 关口电能计量工作的安全管理

3.4.1 安全法律法规及管理制度

3.4.1.1 《中华人民共和国安全生产法》

《中华人民共和国安全生产法》是为了加强安全生产工作，防止和减少生产安全事故，保障人民群众生命和财产安全，促进经济社会持续健康发展而制定的法律，2002 年 6 月 29 日由第九届全国人民代表大会常务委员会第二十八次会议通过，2002 年 11 月 1 日实施。后根据 2021 年 6 月 10 日第十三届全国人民代表大会常务委员会第二十九次会议《关于修改〈中华人民共和国安全生产法〉的决定》进行第三次修正。

该法律共 7 章、119 条，包括总则、生产经营单位的安全生产保障、从业人员的安全生产权利义务、安全生产的监督管理、生产安全事故的应急救援与调查处理、法律责任、附则。

该法律的实施对于坚守红线意识、进一步加强安全生产工作、实现安全生产形势根本性好转的奋斗目标具有重要意义。安全生产方针“安全第一、预防为主、综合治理”进一步明确了安全生产的重要地位、主体任务和实现安全生产的根本途径，建立生产经营单位负责、职工参与、政府监管、行业自律、社会监督的工作机制，进一步明确了各方安全职责。按照安全生产“管行业必须管安全、管业务必须管安全、管生产经营必须管安全”的要求，规定国务院和县级以上地方人民政府应当建立健全安全生产工作协调机制，及时协调、解决安全生产监督管理中的重大问题；明确各级政府安全生产监督管理部门和其他负有安全生产监督管理职责的部门作为行政执法部门，依法开展安全生产行政执法工作，对生产经营单位执行法律、法规、国家标准或者行业标准的情况进行监督检查。该法律明确了生产经营单位安全生产管理机构、人员的设置、配备标准和工作职责，规定了安全生产管理机构以及管理人员的七项职责，包括拟定本单位安全生产规章制度、操作规程、应急救援预案、组织宣传贯彻安全生产法律、法规、组织安全生产教育和培训、制止和纠正违章指挥、强令冒险作业、违反操作规程的行为，督促落实本单位安全生产整改措施等；明确了生产经营单位作出涉及安全生产的经营决策，应当听取安全生产管理机构以及安全生产管理人员的意见；明确了劳务派遣单位和用工单位的职责和劳动者的权利义务；建立了事故隐患排查治理制度，推进了安全生产标准化建设。

包括关口电能计量现场检验工作人员在内的电力从业者，必须按照该法律要求开展各类作业，保障现场人身、设备、电网、信息安全。

3.4.1.2 《国家电网公司电力安全工作规程　变电部分》

Q/GDW 1799.1—2013《国家电网公司电力安全工作规程　变电部分》根据 2013 年 11 月 12 日国家电网企管〔2013〕1650 号《国家电网公司关于印发〈国家电网公司电力安全工作规程　变电部分〉、〈国家电网公司电力安全工作规程　线路部分〉2 项标准的通知》发布，2013 年 11 月 12 日起实施。该规程由国家电网公司华东分部、国网上海市电力公司、国网江苏省电力公司、国网浙江省电力公司、国网安徽省电力公司、国网福建省电力有限公司、国家电网公司运行分公司、中国电力科学研究院共同研究起草。

该规程共 18 个章节、13 个资料性附录、4 个规范性附录，分别对规程范围、规范性引用文件、术语和定义、总则、高压设备工作的基本要求、保证安全的组织措施、保证安全的技术措施、线路作业时变电站和发电厂的安全措施、带电作业、发电机同期调相机和高压电动机的检修、维护工作、在六氟化硫（SF_6）电气设备上的工作、在低压配电装置和低压导线上的工作、二次系统上的工作、电气试验、电力电缆工作、一般安全措施、起重与运输、高处作业进行了约束，对变电站（发电厂）倒闸操作票格式、变电站（发电厂）第一种工作票格式、电力电缆第一种工作票格式、变电站（发电厂）第二种工作票格式、电力电缆第二种工作票格式、变电站（发电厂）带电作业工作票格式、变电站（发电厂）事故紧急抢修单格式、二次工作安全措施票格式、带电作业高架绝缘斗臂车电气试验标准表、变电站一级动火工作票格式、变电站二次动火工作票格式、动火管理级别的划定、紧急救护法进行了推荐，对标示牌式样、安全工器具试验项目、周期和要求、登高工器具试验标准表、常用起重设备检查和试验的周期及要求进行了规范。

该规程规定了工作人员在作业现场应遵守的安全要求，适用于在运用中的发电、输电、变电（包括特高压、高压直流）、配电和用户电气设备上及相关场所的所有人员，其他单位和相关人员参照执行。

包括关口电能计量现场检验工作人员在内的电力从业者，必须按照规程要求在规程范围内开展各类作业。

3.4.1.3 《国家电网公司电力安全工作规程　配电部分（试行）》

《国家电网公司电力安全工作规程　配电部分（试行）》根据2014年2月21日国家电网安质〔2014〕265号《国家电网公司关于印发〈国家电网公司电力安全工作规程　配电部分（试行）〉的通知》发布，2014年2月21日起执行。

该规程共17个章节、12个资料性附录、4个规范性附录，分别对总则、配电作业基本条件、保证安全的组织措施、保证安全的技术措施、运行和维护、架空配电线路工作、配电设备工作、低压电气工作、带电作业、二次系统工作、高压试验与测量工作、电力电缆工作、分布式电源相关工作、机具及安全工器具使用、检查、保管和试验、动火工作、起重与运输、高处作业进行了约束，对现场勘察记录格式、配电第一种工作票格式、配电第二种工作票格式、配电带电作业工作票格式、低压工作票格式、配电故障紧急抢修单格式、配电工作任务单格式、配电倒闸操作票格式、配电一级动火工作票格式、配电二级动火工作票格式、动火管理级别的划定、紧急救护法进行了推荐，对安全工器具试验项目、周期和要求、标示牌式样、起重机具检查和试验周期、质量参考标准、登高工器具试验标准表进行了规范。

该规程适用于运用中的配电线路、设备和用户配电设备及相关场所。变电站、发电厂内的配电设施执行 Q/GDW 1799.1—2013《国家电网公司电力安全工作规程　变电部分》。

包括关口电能计量现场检验工作人员在内的电力从业者，必须按照规程要求在规程范围内开展各类作业。

3.4.1.4 《国家电网有限公司营销现场作业安全工作规程（试行）》

《国家电网有限公司营销现场作业安全工作规程（试行）》是针对营销现场作业场所分散、点多面广、新型业务多，现场作业监督和安全管控难度大，营销作业多位于客户侧，存在与客户安全责任划分等诸多问题而制定的。2020 年 1 月 21 日，由国家电网有限公司开展编写，2020 年 4 月 27 日形成征求意见稿，2020 年 7 月修改完善，2020 年 9 月正式发布。

该规程共 21 个章节、11 个资料性附录、3 个规范性附录，分别对规程范围、规范性引用文件、术语和定义、总则、营销现场作业的基本要求、安全组织措施、安全技术措施、变电站、线路以及发电厂内作业、高压配电设备、线路作业、低压电气工作、客户侧现场作业、电能计量相关工作、业扩报装相关工作、用电检查相关工作、分布式电源相关工作、充换电服务相关工作、综合能源相关工作、电能替代相关工作、电动工具及安全工器具使用、检查、保管和试验、高处作业、营销服务场所消防安全管理进行了约束，对现场勘察记录格式、变电第一种工作票格式、变电第二种工作票格式、配电第一种工作票格式、配电第二种工作票格式、低压工作票格式、配电工作任务单格式、现场作业工作卡格式、主要营销现场作业类型与风险等级对应关系、二次工作安全措施票格式、紧急救护法进行了推荐，对安全工器具试验项目、周期和要求、标示牌式样、登高工器具试验标准表进行了推荐。

该规程适用于在发、输、变（不包括特高压、超高压交流与直流）、配电和客户电气设备上及相关场所从事营销现场作业的工作人员（包括外包人员），其他单位和相关人员参照执行。

包括关口电能计量现场检验工作人员在内的电力从业者，必须按照规程要求在规程范围内开展各类作业。

3.4.2　营销现场作业反事故措施

3.4.2.1　一般作业反事故措施

（1）在电气设备上作业时，必须将未经验电的设备视为带电设备。

（2）在高、低压设备上工作时，必须至少两人进行，并完成保证安全的组织措施和技术措施。

（3）工作人员必须正确使用合格的安全绝缘工器具和个人劳动防护用品。

（4）高、低压设备应根据工作票所列安全要求落实安全措施。涉及停电作业的应实施停电、验电、挂接地线、悬挂标示牌后方可工作。工作负责人应会同工作票许可人确认停电范围、断开点、接地、标示牌正确无误。工作负责人在作业前应要求工作票许可人当面验电；必要时工作负责人还可以使用自带验电器（笔）重复验电。

（5）工作票许可人应指明作业现场周围的带电部位，工作负责人确认无倒送电的可能。

（6）应在作业现场装设临时遮拦，将作业点与邻近带电间隔或带电部位隔离。作业中应保持与带电设备的安全距离。

（7）严禁工作人员未履行工作许可手续擅自开启电气设备柜门或操作电气设备。

（8）严禁在未采取任何监护措施的和保护措施的情况下现场作业。

（9）严禁擅自扩大工作范围、增加或变更工作任务，严禁擅自变更安全措施。增加工作任务时，如不涉及停电范围及安全措施的变化，现有条件可以保证作业安全，经工作票签发人和工作许可人同意后，可以使用原工作票，但应在工作票上注明增加的工作项目，并告知作业人员。增加工作任务涉及变更或增设安全措施时，应先办理工作票终结手续，然后重新输新的工作票，履行签发、许可手续后，方可继续工作。

（10）拍照应加强监护，拍照全过程中应戴好手套，禁止站在梯子上拍照，严禁直接触碰裸露导体；作业前核对设备名称和编号，要保持与带电设备足够的安全距离，无法满足安全距离的情况下，严禁拍照。

（11）高处作业应在牢固的工作台或梯上，工作台或梯应有防坠落、防滑、防倾倒措施。

（12）工作负责人应对工作班成员进行安全教育，作业前对工作班成员进行危险点告知，明确指明带电设备位置，交代工作地点及周围的带电部位及安全措施和技术措施，并履行确认手续。

（13）核对工作票、与现场信息是否一致。

（14）在工作地点设置“在此工作!”的标示牌。

（15）相邻有带电间隔和带电部位，必须装设临时遮栏并设专人监护。

（16）工作中使用的工具，其外裸的导电部位应采取绝缘措施，防止操作时相间或相对地短路。

（17）工作班成员应正确佩戴和穿着安全帽、长袖工作服、手套、绝缘鞋等劳动保护用品，正确使用安全工器具。

（18）接取临时电源时戴护目镜、手套，穿绝缘鞋。

（19）接触金属箱（屏、柜）前应先验电，应安排专人监护。

（20）检查接入电源的线缆有无破损，连接是否可靠。

（21）检查电源盘漏电保护器工作是否正常。

（22）禁止将电源线直接钩挂在闸刀上或直接插入插座内使用。

（23）根据带电设备的电压等级，检测人员应注意保持与带电体的安全距离不小于电力安全工作规程中规定的距离。

（24）工作中应正确佩戴安全帽、护目镜，穿着长袖工作服、手套、绝缘鞋等劳动保护用品，正确使用安全工器具，防止人员电弧灼伤、触电伤害。

（25）办理工作终结手续前，工作负责人应监督工作班成员整理好仪器仪表、工器具，恢复作业前设备。

（26）办理工作终结手续后，工作负责人应监督所有工作班成员离开作业现场，防止工作班成员未经允许重新回到作业现场，造成安全事故。

3.4.2.2 电能计量作业反事故措施

（1）计量检验设备应经周期检定，试验用导线和钳形电流互感器绝缘包裹部分应完好，防止短路、接地造成人身伤害或触电。

（2）工作人员应正确使用合格的安全工器具和个人劳动防护用品，避免使用不合格工器具引起人身伤害。

（3）检查工作票所列安全措施时应正确完备，应符合现场实际条件，防止因安全措施不到位引起人身伤害和设备损坏。

（4）涉及客户侧作业要执行供电方和客户方双许可制度。

（5）高、低压设备应根据工作票所列安全要求，落实安全措施。在客户设备上作业时，作业人员在作业前应要求客户开启计量柜（箱、屏）当面验电，为避免客户验电器故障导致的误判断，必要时作业人员还可以使用自带验电笔重复验电。

（6）要掌握客户电气设备的运行状态、有无反送电的可能，在不能确定的情况下，视为设备带电，按照带电作业要求开展工作。

（7）应在作业现场装设临时遮拦，将作业点与邻近带电间隔或带电部位隔离。工作中应保持与带电设备的安全距离。

（8）在现场核对工作对象、工作范围、工作内容是否相符，并对客户、计量装置资料进行核对，包括被检验电能表资产编号、型号和规格等是否与作业工单所列信息一致，防止走错工作位置。

（9）应防止计量柜（箱、屏）门坠落伤害工作人员。将不牢固的上翻式计量柜（箱、屏）门拆卸，检验后恢复装回，防止柜（箱、屏）门坠落伤害工作人员。

（10）请客户将杂物挪开，避免砸伤或磕绊。防止计量柜（箱、屏）周围堆放杂物造成机械伤害。

（11）接取外接电源前应先验电，用万用表确认电源电压等级和电源类型无误后才接取电源。检查接入电源的线缆有无破损，连接是否可靠。检查电源盘漏电保护器工作是否正常。禁止将电源线直接钩挂在闸刀上或直接插入插座内使用。

（12）外观检查时如需要登高作业，则应使用合格的登高用安全工具，并应设置专人监护。梯子应有防滑措施，使用单梯工作时，梯子与地面的倾斜角度为60°左右，梯子不得绑接使用，人字梯应有限制开度的措施，人在梯子上时，禁止移动梯子。高度超过1.5m时，应使用安全带，或采取其他可靠的安全措施。

（13）检查校验仪电压、电流试验导线通断是否良好，绝缘强度是否良好，如有问题应及时更换。

（14）接入校验仪时，若电能表端钮盒或试验接线盒严重损坏，建议停止开展现场检验工作；直接接入时应保证电流导线牢固可靠，再打开电流连接片，防止电压二次回路短路或接地，防止电流二次回路开路。使用电流钳时，应从导线外侧钳入，并扶持牢固，且不能碰触电压测试导线，防止掉落。测试导线挂接要牢固，接线不能松动。

（15）应使用现场行为记录仪对工作全过程进行记录。

（16）使用携带型仪器在高压回路上进行工作，至少应由两人进行，防止因监护不到位造成人身伤害。

（17）除使用特殊仪器外，所有使用携带型仪器的测量工作，均应在电流互感器和电压互感器二次侧进行。防止因误碰高压设备、误入带电间隔造成人身伤害。

（18）非金属外壳的仪器，应与地绝缘，金属外壳的仪器和变压器外壳应接地，防止设备短路或感应电造成人身伤害。

（19）在带电的电流互感器二次回路上工作，应采取措施防止电流互感器二次侧开路造成人身伤害。短路电流互感器二次绕组，应使用短路片或短路线，禁止用导线缠绕。

（20）在带电的电压互感器二次回路上工作，应采取措施防止电压互感器二次侧短路或接地造成人身伤害。

（21）二次压降测试时，从控制室施放测试电缆至电压互感器二次侧端子箱时，应注意切不可用力拖拽，避免电缆绷紧升高靠近上方高压设备放电。高空放线时需用绳子牵引并防止导线大幅度摆动、误碰附近高压线路，造成人身伤害或触电。

（22）电能计量装置二次回路现场检验设备金属外壳应可靠接地，防止人身伤害或触电。

（23）电能计量装置二次回路现场检验仪器与设备的接线应牢固可靠，防止人身伤害或触电。

（24）电能计量装置二次回路现场检验接线前，必须用兆欧表检查一遍各测量导线每芯间、芯与屏蔽层之间的绝缘情况，防止人身伤害或触电。

（25）二次压降测试时，施放电缆应小心避免电缆外皮破损，确保放线位置不出现潮湿、被车辆碾压的情况，防止人身伤害或触电。

3.4.2.3 防止设备损坏反事故措施

（1）操作过程中应正确设定仪器仪表的量程，规范使用。

（2）防止接线时压接不牢固、接线错误导致设备损坏。

（3）设备材料在运输时应有防尘、防震、防潮措施，加强材料设备的运输管理。

3.4.2.4 防止电网事故反事故措施

（1）在“严禁使用通信设备”的场合严禁使用对讲机。防止因干扰导致保护装置误动或拒动，引起电网事故。

（2）二次压降测试时，从控制室施放测试电缆至电压互感器二次侧端子箱时，应注意切不可用力拖拽，避免电缆绷紧升高靠近上方高压设备放电。高空放线时需用绳子牵引并防止导线大幅度摆动、误碰附近高压线路，因短路或接地造成电网事故。

（3）互感器试验结束恢复现场时，应恢复被试互感器二次接线并复核正确，防止互感器接线恢复错误，引起保护误动作。

（4）校验互感器的作业人员，不准对运用中的非计量设备、信号系统、保护压板进行操作，禁止在变电站内操作、拉合与工作无关的检修断路器（开关）。

3.4.2.5 防止信息系统事故反事故措施

（1）采集系统等相关信息系统应妥善保管账号及密码，不得随意授予他人。

（2）采集系统主站等相关信息系统客户端禁止在管理信息内、外网之间交叉使用。

（3）采集系统主站等相关信息系统客户端计算机应安装防病毒、桌面管理等安全防护软件。

3.4.2.6 防汛、防火及防止交通事故反事故措施

（1）汛前应备足必要的防洪抢险物资，定期对其进行检查、检验和试验，确保物资的状态良好，并建立保管、更新、使用等专项制度。

（2）应定期进行消防检查，计量箱等周围不得堆放杂物。

（3）在带电的电压互感器二次回路上工作，应采取措施防止电压互感器二次侧短路或接地引发火灾。

（4）开展相应的基础消防知识的培训，建立火灾事故应急响应机制，制定灭火和应急疏散预案及现场处置方案，定期开展灭火和应急疏散桌面推演和现场演练。

（5）供电生产、施工企业在可能产生有毒有害气体或缺氧的场所应配备必要的正压式空气呼吸器、防毒面具等抢救器材，并应进行使用培训，掌握正确的使用方法，以防止救护人员在灭火中中毒或窒息。

（6）调度室、控制室、计算机室、通信室、档案室等重要部位严禁吸烟。

（7）定期组织驾驶员进行安全技术培训，提高驾驶员的安全行车意识和驾驶技术水平。对考试、考核不合格、经常违章肇事或身体条件不满足驾驶员要求的，应不准从事驾驶员工作。

（8）严禁酒后驾车、私自驾车、无证驾车、疲劳驾驶、超速行驶、超载行驶、不系安全带、行车中使用电子产品等各类危险驾驶。严禁领导干部迫使驾驶员违法违规驾车。

3.4.3 关口电能计量现场检验工作安全风险管控

3.4.3.1 通用管控要求——作业前准备

（1）应具备安全生产知识教育和岗位技能培训，掌握作业必备的电气知识和业务技能，并按工作性质熟悉相关电力安全工作规程内容，经考试合格后上岗。

（2）进入作业现场应正确佩戴安全帽，应穿全面长袖工作服、绝缘鞋，工作服袖口应扣好。低压电气带电作业应正确佩戴手套、护目镜。

（3）安全工器具应经检验合格，试验合格证未超期限。安全工器具使用前，应检查确认绝缘部分无裂纹、无老化、无绝缘层脱落、无严重伤痕等现象以及固定连接部分无松动、无锈蚀、无断裂等现象。使用的工具外裸的导电部位应采用绝缘包裹，防止作业时与其他带电部位触碰。低压试电笔使用前应先在低压有电部位试验，以验证其良好可用。

（4）按电力安全工作规程要求使用相应工作票。

3.4.3.2 通用管控要求——现场作业交底

（1）工作负责人应告知客户或工作许可人工作时间、工作地点、工作内容。由工作许可人会同工作负责人到现场再次检查所做的安全措施，对具体的设备指明实际的隔离措施，证明检修设备确无电压、指明带电设备的位置和注意事项后，双方在工作票上分别确认、签名。

（2）工作负责人向工作班成员交代工作内容、人员分工、带电部位和现场安全措施，进行危险点告知，并在工作票上履行确认手续。

3.4.3.3 通用管控要求——高处作业

（1）凡在坠落高度基准面 2m 及以上的高处进行的作业，都应视为高处作业。

（2）在 5 级及以上的大风以及暴雨、雷电、冰雹、大雾、沙尘暴等恶劣天气下，应停止露天高处作业。

（3）高处作业，除有关人员外，他人不得在工作地点的下面通行或逗留。

（4）高处作业应使用安全带。在没有脚手架或者在没有栏杆的脚手架上工作，高度超过 1.5m 时，应使用安全带，或采取其他可靠的安全措施。

（5）近电作业不得使用金属梯，在运行的变电站内作业应使用绝缘梯。梯子应坚固完整，有防滑措施，并定期送检。梯子的支柱应能承受攀登时作业人员及所携带的工具、材料的总重量。

（6）硬质梯子的横档应嵌在支柱上，梯阶的距离不应大于 40cm，并在距梯顶 1m 处设限高标志。

（7）使用梯子前，应先进行试登，确认可靠后方可使用。有人员在梯子上工作时，梯子应有人扶持和监护。

（8）使用单梯工作时，梯子与地面的倾斜角度约为 60°。

（9）梯子不宜绑接使用。人字梯应有限制开度的措施。

（10）人在梯子上时，禁止移动梯子。

（11）在户外变电站、配电站和高压室内搬动梯子、管子等长物时，应放倒，由两人搬运，并与带电部分保持足够的安全距离。

3.4.3.4 通用管控要求——暗处作业

（1）工作场所的照明，应该保证足够的亮度。在操作盘、重要表计、主要楼梯、通道、调控中心、机房、控制室等地点，还应设有事故照明。

（2）现场的临时照明线路应相对固定，并经检查、维修。照明灯具的悬挂高度应不低于 2.5m，并不得任意挪动；低于 2.5m 时应设保护罩。

（3）现场作业条件不能满足照明要求的场所，应配备照明设施，包括但不限于手电、头灯、灯架等。

3.4.3.5 专业管控要求——表计装换工作

危险点 1：表计装换工作无人监护，导致人身、设备事故。

管控措施：工作负责人应始终在工作现场，对工作班人员的安全认真监护，及时纠正不安全的行为。工作期间，工作负责人若因故暂时离开工作现场时，应指定能胜任的人员临时代替，离开前应将工作现场交代清楚，并告知工作班成员。工作负责人必须长时间离开工作现场时，应由原工作票签发人变更工作负责人，履行变更手续，并告知全体作业人员及工作许可人。

危险点 2：表计装换工作前，未查清客户内部存在光伏发电或其他自发电设备，反送电引发人身触电伤害。

管控措施：在客户设备上工作，许可工作前工作负责人应与客户一起检查确认客户设备的当前运行状态、安全措施符合作业的安全要求，并向其交代相关内容。作业前，应检查多电源和有自备电源的客户是否已采取机械或电气联锁等防止反送电的强制性技术措施。断开双电源、多电源、分布式电源以及带有自备电源的客户的连接点开关后，应验明可能来电的各侧均无电压。

危险点 3：需断开电源侧开关时，电源侧开关不在工作人员可视范围内，监护人无法监护电源侧开关状态，误合闸引发人身触电伤害。

管控措施：在一经合闸即可送电到工作地点的断路器（开关）和隔离开关（刀闸）的操作处或机构箱门锁把手上及熔断器操作处，应悬挂“禁止合闸，有人工作!”标示牌。低压开关（熔丝）拉开（取下）后，应在适当位置悬挂“禁止合闸，有人工作!”或“禁止合闸，线路有人工作!”标示牌。

危险点 4：装换预付费表计前，未对计量箱（柜）进行验电，箱（柜）体漏电引发人身触电伤害；未断开表前隔离开关、表后断路器或断开后未进行验电，引发人身触电伤害。

管控措施：营销现场停电作业，应使用相应电压等级的接触式验电器或测电笔。低压验电前应先在低压有电部位上试验，以验证验电器或测电笔良好。低压线路和设备停电后，检修或装表接电等工作前，应在与停电检修部位或表计电气上直接相连的可验电部位验电。

危险点5：装换后付费表计（未经互感器）前，未对计量箱（柜）进行验电，箱（柜）体漏电引发人身触电伤害；未断开负荷开关或断开后未进行验电，引发人身触电伤害；拆下的表尾线裸露部分未进行绝缘包裹，发生相间或接地短路，引发人身、设备事故。

管控措施：低压验电前应先在低压有电部位上试验，以验证验电器或测电笔良好。低压线路和设备停电后，检修或装表接电等工作前，应在与停电检修部位或表计电气上直接相连的可验电部位验电。电能表、采集终端装拆与调试时，宜断开各方面电源（含辅助电源）。若不停电进行，则应做好绝缘包裹等有效隔离措施，防止误碰运行设备、误分闸。对可能发生误碰危险的安装位置，应对拆下的通信线进行包裹，作业人员不得直接触碰通信线导体部分。

危险点6：装换后付费表计（经互感器）前，未对计量箱（柜）进行验电，箱（柜）体漏电引发人身触电伤害；接线盒连片操作错误，电压回路短路或电流回路开路引发人身、设备事故；拆下的表尾线未做好相序记号，导致电压、电流线接反，引发人身、设备事故。

管控措施：低压验电前应先在低压有电部位上试验，以验证验电器或测电笔良好。低压线路和设备停电后，检修或装表接电等工作前，应在与停电检修部位或表计电气上直接相连的可验电部位验电。经互感器接入电能表的装拆、现场校验工作，应有防止电流互感器二次侧开路、电压互感器二次侧短路和防止相间短路、相对地短路、电弧灼伤的措施。接电前，要进行检查核验，确保接线正确，接线时螺栓应紧固并充分接触。

3.4.3.6 专业管控要求——电能表现场检验（含客户申校）工作

危险点1：电能表检验无人监护，导致人身、设备事故。

管控措施：工作负责人应始终在工作现场，对工作班人员的安全认真监护，及时纠正不安全的行为。工作期间，工作负责人若因故暂时离开工作现场时，应指定能胜任的人员临时代替，离开前应将工作现场交代清楚，并告知工作班成员。当工作负责人必须长时间离开工作现场时，应由原工作票签发人变更工作负责人，履行变更手续，并告知全体作业人员及工作许可人。

危险点2：检验电能表前，未对计量屏（柜、箱）进行验电，屏（柜、箱）体漏电引发人身触电伤害。

管控措施：营销现场停电作业，应使用相应电压等级的接触式验电器或测电笔。

低压验电前应先在低压有电部位上试验，以验证验电器或测电笔良好。低压线路和设备停电后，检修或装表接电等工作前，应在与停电检修部位或表计电气上直接相连的可验电部位验电。

危险点3：检验电能表前，未对校验仪电压、电流试验导线进行通断及绝缘测试，引发人身触电伤害或设备短路（接地）事故。

管控措施：误差测试前，应检查校验仪电压、电流试验导线通断是否良好，绝缘强度是否良好，如有问题应及时更换。电压、电流试验导线应有明显的极性和相别标志，防止电压二次回路短路或接地，防止电流二次回路开路。

危险点4：在开关柜内进行电能表校验时，未对邻近带电设备进行绝缘遮挡，引发人身触电伤害或设备短路（接地）事故。

管控措施：工作前，应隔离无用的接线，防止误拆或产生寄生回路；应检查确认已做的安全措施符合要求、运行设备和检修设备之间的隔离措施正确完成。在全部或部分带电的运行屏（柜）上工作时，应将检修设备与运行设备以明显的标志隔开。

危险点5：校验仪使用串接法取电能表电流时，接线盒（端子排）连片操作错误，电压回路短路或电流回路开路引发人身、设备事故。

管控措施：校验仪使用串接法取电能表电流时，校验仪的电流试验导线应在接线盒处接入（接线盒不具备接入条件的，可在端子排接入），打开接线盒（端子排）电流连片时，应逐相打开并用校验仪进行监视，防止电流开路。测试结束后，恢复连片至检验前的状态，观察校验仪显示的电流值从实测值逐渐减小到零后，拆除校验仪电流试验导线。

危险点6：校验仪使用电压线夹取电能表电压时，夹接位置不合理或未采取防坠措施，造成电压回路短路（接地）。

管控措施：校验仪使用电压线夹取电能表电压时，先检查表尾（接线盒）电压端子螺丝是否紧固，电压线夹与试验导线间采取固定措施，做好试验导线固定支撑措施，防止坠落。

危险点7：进行校验仪接线时，抛甩试验导线，引发设备短路（接地）事故。

管控措施：施放试验导线时，严禁抛甩试验导线，防止因裸露金属部分搭接带电设备引发设备短路（接地）事故。

危险点8：使用回路电压作为校验仪电源时，校验仪未关闭即断开回路电压接线，引发人身、设备事故；关闭校验仪后，同时拆除所有接线，导致相间短路（接地）引发人身、设备事故。

管控措施：使用回路电压作为校验仪电源时，检验工作结束后，应首先关闭校验仪电源，防止因突然断电冲击设备，之后应逐相拆除试验导线，先拆回路侧、后拆设备侧，防止带电试验导线搭接引发电压回路短路（接地）事故。

3.4.3.7 专业管控要求——电压互感器二次回路导线压降测试工作

危险点1：电压互感器二次回路导线压降测试工作，电能表侧或电压互感器侧无人监护，导致人身、设备事故。

管控措施：工作负责人应始终在工作现场，对工作班人员的安全认真监护，及时纠正不安全的行为。工作期间，工作负责人若因故暂时离开工作现场时，应指定能胜任的人员临时代替，离开前应将工作现场交代清楚，并告知工作班成员。当工作负责人必须长时间离开工作现场时，应由原工作票签发人变更工作负责人，履行变更手续，并告知全体作业人员及工作许可人。电压互感器二次回路导线压降测试工作至少四人进行，电能表侧和电压互感器侧分别设专人监护。

危险点2：户外电压互感器位于变电站设备区时，走错间隔引发人身触电伤害。

管控措施：工作地点有可能误登、误碰的邻近带电设备，应根据设备运行环境悬挂“止步，高压危险！”等标示牌。在工作地点或检修的配电设备上悬挂“在此工作！”标示牌。高低压变电站、开闭所部分停电检修或新设备安装时，应在工作地点两旁及对面运行设备间隔的遮栏（围栏）上和禁止通行的过道遮栏（围栏）上悬挂“止步，高压危险！”标示牌。变电站户外高压设备部分停电进行营销现场作业，应在工作地点四周装设围栏，其出入口要围至邻近道路旁边，并设有“从此进入！”和“在此工作！”标示牌。工作地点四周围栏上悬挂适当数量的“止步，高压危险！”标示牌，标示牌应朝向围栏里面。变电站设备区开展户外电压互感器二次回路导线压降测试前，应认真核对工作地点与设备双重名称，防止走错间隔。

危险点3：电压互感器二次回路导线压降测试前，未对计量屏（柜、箱）、电压互感器端子箱（汇控柜、开关柜）进行验电，因计量屏（柜、箱）、端子箱（汇控柜、开关柜）体漏电引发人身触电伤害。

管控措施：营销现场停电作业，应使用相应电压等级的接触式验电器或测电笔。低压验电前应先在低压有电部位上试验，以验证验电器或测电笔良好。低压线路和设备停电后，检修或装表接电等工作前，应在与停电检修部位或表计电气上直接相连的可验电部位验电。

危险点4：电压互感器二次回路导线压降测试前，未对校验仪电压试验导线进行通断及绝缘测试，引发人身触电伤害或设备短路（接地）事故。

管控措施：电压互感器二次回路导线压降测试前，应检查校验仪电压试验导线通断是否良好，绝缘强度是否良好，如有问题应及时更换。电压试验导线应有明显的极性和相别标志，防止电压二次回路短路或接地。

危险点5：在端子箱（汇控柜、开关柜）内进行电压互感器二次回路导线压降测试时，未对邻近带电设备进行绝缘遮挡，引发人身触电伤害或设备短路（接地）事故。

管控措施：工作前，应隔离无用的接线，防止误拆或产生寄生回路；应检查确认已做的安全措施符合要求、运行设备和检修设备之间的隔离措施正确完成。在全部或部分带电的运行屏（柜）上工作时，应将检修设备与运行设备以明显的标志隔开。

危险点6：采用试验电缆方式连接电能表侧与电压互感器时，试验电缆打结、碾压试验电缆，导致电缆外皮破损引发人身触电伤害或设备短路（接地）事故。

管控措施：应注意不可用力拖拽试验电缆，避免电缆打结，同时应做好电缆在穿越门窗、过道、楼梯时被人员踩踏，以及被车辆碾压的防护措施。必要时设专人监护。

危险点7：进行校验仪接线时，抛甩试验导线，引发设备短路（接地）事故。

管控措施：施放试验导线时，严禁抛甩试验导线，防止因裸露金属部分搭接带电设备引发设备短路（接地）事故。

危险点8：进行校验仪接线时，接线顺序错误，导致人身触电伤害。

管控措施：进行校验仪接线时，应严格按照设备说明书及作业指导书要求进行。先接设备端，再接电压互感器侧和电能表侧，拆线时顺序相反。

3.4.3.8 专业管控要求——计量装置巡抄巡视工作

危险点1：邻近带电设备巡视时，工作人员与带电设备安全距离不足，引发人身、设备事故。

管控措施：计量装置巡抄巡视时应与高压设备保持安全距离，10kV及以下为0.7m、35kV为1m、110kV为1.5m、220kV为3m。现场作业过程中，要防止误入高压带电区域，无论设备是否带电，作业人员严禁擅自穿、跨越安全围栏或超越安全警戒线，不得单独移开或越过遮栏进行工作。

危险点2：遇有大风、暴雨等恶劣天气，现场环境变化复杂，出现人身伤害事故。

管控措施：雷雨天气，需要巡视室外高压设备时，应穿绝缘靴，并不准靠近避雷器和避雷针。地震、台风、洪水、泥石流等灾害发生时，禁止巡视灾害现场。

3.5 电能计量标准和制度

3.5.1 国家法律法规

3.5.1.1 《中华人民共和国电力法》

《中华人民共和国电力法》是为了保障和促进电力事业的发展，维护电力投资者、经营者和使用者的合法权益，保障电力安全运行而制定的法律，1995 年 12 月 28 日由第八届全国人民代表大会常务委员会第十七次会议通过。根据 2018 年 12 月 29 日第十三届全国人民代表大会常务委员会第七次会议《关于修改〈中华人民共和国电力法〉等四部法律的决定》进行第三次修正。

该法律共 10 章 75 条，分别为总则、电力建设、电力生产与电网管理、电力供应与使用、电价与电费、农村电力建设和农业用电、电力设施保护、监督检查、法律责任、附则。

该法律是指导电力工作的根本大法，是从事电力相关工作的各类人员必须要学习、熟知的重要文件。

3.5.1.2 《中华人民共和国计量法》

《中华人民共和国计量法》是为了加强计量监督管理，保障国家计量单位制统一和量值的准确可靠，有利于生产、贸易和科学技术的发展，适应社会主义现代化建设的需要，维护国家、人民的利益而制定的法律，1985 年 9 月 6 日由第六届全国人民代表大会常务委员会第十二次会议通过。根据 2018 年 10 月 26 日第十三届全国人民代表大会常务委员会第六次会议《关于修改〈中华人民共和国野生动物保护法〉等十五部法律的决定》进行第五次修正。

该法律共 6 章 34 条，分别为总则、计量基准器具、计量标准器具和计量检定、计量器具管理、计量监督、法律责任、附则。

该法律是指导电能计量工作的根本大法，是从事计量工作的各类人员必须要学习、熟知的重要文件。

3.5.1.3 《中华人民共和国计量法实施细则》

《中华人民共和国计量法实施细则》是根据《中华人民共和国计量法》的规定而制定的，是 1987 年 1 月 19 日经国务院批准，1987 年 2 月 1 日由国家计量局发布的有关实行法定计量单位制度，规定国家法定计量单位的名称、符号和非国家法定计量单位废除办法等细节的法律。最新修订版本于2018年3月19日公布并施行。

该法律细则共11章60条，分别为总则、计量基准器具和计量标准器具、计量检定、计量器具的制造和修理、计量器具的销售和使用、计量监督、产品质量检验机构的计量认证、计量调解和仲裁检定、费用、法律责任、附则。

该法律细则是指导电能计量工作的根本大法，是从事计量工作的各类人员必须要学习、熟知的重要文件。

3.5.1.4 《电力供应与使用条例》

《电力供应与使用条例》是电力供应企业和电力使用者必须遵守的国家性行政法规，以1996年4月17日国务院令第196号文件发布，1996年9月1日起实施。2016年1月13日国务院第119次常务会议通过《国务院关于修改部分行政法规的决定》，对条例部分条文进行了修改。

该条例共9章45条，分别为总则、营业区、供电设施、电力供应、电力使用、供电合同、监督与管理、法律责任、附则。

该条例是指导电力供应与使用管理，保障供电、用电双方的合法权益，维护供电、用电秩序，安全、经济、合理地供电和用电的重要文件。

3.5.1.5 《供电营业规则》

《供电营业规则》是原中华人民共和国电力工业部发布的国家性行政法规，以1996年10月8日电力工业部令第8号文件发布，1996年10月8日起实施。

该规则共10章107条，分别为总则、供电方式、新装、增容与变更用电、受电设施建设与维护管理、供电质量与安全供用电、用电计量与电费计收、并网电厂、供用电合同与违约责任、窃电的制止与处理、附则。

该规则是指导供电营业管理，建立正常的供电营业秩序，保障供用双方合法权益的重要文件。

3.5.1.6 《承装（修、试）电力设施许可证管理办法》

《承装（修、试）电力设施许可证管理办法》是从事承装、承修、承试电力设施的企业必须遵守的国家性行政法规。2020年8月23日由国家发展和改革委员会第10次委务会议审议通过，以国家发展和改革委员会令第36号文件发布，2020年10月11日起施行。

该办法共7章、43条，分别为总则、分类分级与申请条件、申请、受理、审查与决定、变更与延续、监督检查、法律责任、附则。

该办法是指导承装（修、试）电力设施许可证管理，规范承装（修、试）电力设施许可行为，维护承装、承修、承试电力设施市场秩序的重要文件。

3.5.2 电力行业标准

3.5.2.1 《电能计量装置技术管理规程》

DL/T 448—2016《电能计量装置技术管理规程》是电力行业电能计量装置技术管理的重要标准之一，规定了电能计量装置技术管理的内容、方法和基本要求，适用于电力系统发电、变电、输电、配电、用电各环节贸易结算和经济技术指标考核用电能计量装置的技术管理。该规程由国家电网有限公司、南方电网公司及其所属二级单位、上海市电力行业协会、中国华电集团公司、中国广东核电集团公司共同研究起草。国家能源局于 2016 年 12 月 5 日正式发布，2017 年 5 月 1 日正式实施。历次版本分别为 DL 448—1991《电能计量装置管理规程》、DL/T 448—2000《电能计量装置技术管理规程》。

该规程共 12 个章节、3 个资料性附录，分别对规程范围、规范性引用文件、术语和定义、总则、电能计量机构及职责、电能计量装置技术要求、投运前管理、运行管理、电能计量检定、电能计量印证、电能计量信息、统计分析与评价进行了约束，对电能计量标准及试验设备的配置、电能计量技术机构专业技术人员及文化结构、电能计量工作场所建筑面积参考标准进行了推荐。

对于关口电能计量现场工作而言，该规程是管理基础文件、技术基础文件，定义了关口计量点、计量装置分类、接线方式、配置原则等重要电能计量原则，并对各级电能计量技术机构提出管理要求，对电能计量装置生产、安装、使用、报废等各环节提出技术要求，是电能计量工作的重要支撑标准。

3.5.2.2 《电能计量装置现场检验规程》

DL/T 1664—2016《电能计量装置现场检验规程》是电力行业电能计量装置现场工作的重要标准之一，规定了新装及运行中电能计量装置的性能要求、检验要求、检验方法及检验结果的处理，适用于以质量监督管理、运行质量监控、客户申诉情况核查等为目的而开展的电能计量装置现场检验工作，不适用于高压电能表、直流及数字化电能计量装置的现场检验。该规程由国家电网有限公司及其所属二级单位、广东电网有限责任公司电力科学研究院、中国长江电力股份有限公司共同研究起草。国家能源局于2016年12月5日正式发布，2017年5月1日正式实施。历次版本为SD 109—1983《电能计量装置检验规程》。

该规程共7个章节、5个资料性附录、1个规范性附录，分别对规程范围、规范性引用文件、术语和定义、电能表现场检验、电压互感器现场检验、电流互感器现场检验、二次回路现场检验进行了约束，对电能计量装置综合误差的计算、内插法的计算方法、电能计量装置现场检验原始记录格式、充磁和退磁方法、扩大负荷法外推电流互感器误差进行了推荐，对现场检验接线图进行了规范。

该规程对关口电能计量现场工作所涉及的电能表现场检验、电压互感器现场检验、电流互感器现场检验、二次回路现场检验等四项重要工作逐项逐步进行了规范要求，明确了误差限值、检验条件、检验设备、检验方法、检验结果处理等现场检验各环节实施要素及技术要求，是关口电能计量现场工作的重要支撑标准。

3.5.2.3 《电子式交流电能表现场检验规程》

DL/T 1478—2015《电子式交流电能表现场检验规程》是电力行业电能表现场检验工作的支撑标准之一，规定了电子式交流电能表现场运行的计量性能要求、检验要求、检验方法及检验结果的处理，适用于以电能表质量监督管理与运行质量监控、客户申诉情况核查等为目的而开展的现场检验工作，不适用于机电式交流电能表、标准电能表、数字化电能表的现场检验。该规程由国家电网有限公司及其所属二级单位、广东电网有限责任公司电力科学研究院、上海市计量测试技术研究院共同研究起草。国家能源局于2015年7月1日正式发布，2015年12月1日正式实施。

该规程共7个章节、2个资料性附录、1个规范性附录，分别对规程范围、规范性引用文件、术语和定义、计量性能要求、检验要求、检验方法、检验结果的处理进行了约束，对内插法的计算方法、电能表现场检验原始记录格式进行了推荐，对现场检验接线图进行了规范。

电能表现场检验工作是关口电能计量现场工作的重要组成之一，在现场工作中，无论是从重要性、关注度及数量级来看，均占据主要部分。该规程详细要求了电能表现场检验的各项关键点，是从事该类工作的重要支撑标准。

3.5.2.4 《二次压降及二次负荷现场测试技术规范》

DL/T 1517—2016《二次压降及二次负荷现场测试技术规范》是电力行业电压互感器二次回路导线压降测试、电压互感器二次负荷测试、电流互感器二次负荷测试工作的支撑标准之一，规定了二次回路压降及二次负荷的术语和定义、测试项目、测试方法及测试结果表达，适用于运行中的互感器二次回路压降及二次负荷的首次测试、后续测试。该规范由国家电网有限公司及其所属二级单位、云南电网有限责任公司电力科学研究院、广东电网有限责任公司电力科学研究院、国家高电压计量站共同研究起草。国家能源局于2016年1月7日正式发布，2016年6月1日正式实施。

该规范共7个章节、1个资料性附录、2个规范性附录，分别对规范范围、规范性引用文件、术语和定义、测试条件、测试项目、测试方法、测试结果的处理进行了约束，对互感器二次压降及二次回路现场测试记录进行了推荐，对数据处理、检测报告内容进行了规范。

电压互感器二次回路导线压降测试是保证关口电能计量装置准确、可靠、稳定运行的重要测试工作，旨在对电压互感器本体至电能表的二次线缆接线、质量、端子接触电阻等予以量化评估。该规范详细要求了二次压降及二次负荷现场测试的各项关键点，是从事该类工作的重要支撑标准。

3.5.2.5 《数字化电能计量装置现场检测规范》

DL/T 1665—2016《数字化电能计量装置现场检测规范》是电力行业电能计量装置现场工作的重要标准之一，规定了数字化电能计量装置现场检测的计量性能要求、检测设备与条件、检测内容及方法、检测结果处理与判定、检测周期，适用于数字化电能计量装置的现场检测。本规范由国家电网有限公司及其所属二级单位、贵州电网有限责任公司电力科学研究院、广东电网有限责任公司电力科学研究院、江苏凌创电气自动化股份有限公司、深圳星龙科技有限公司、浙江涵普电力科技有限公司、太原市优特奥科电子科技有限公司、南京南瑞继保电气有限公司、深圳科陆电子科技股份有限公司共同研究起草。国家能源局于2016年12月5日正式发布，2017年5月1日正式实施。

本规范共8个章节、1个资料性附录，分别对规范范围、规范性引用文件、术语、定义和缩略语、计量性能要求、检测设备与条件、检测内容及方法、检测结果处理与判定、检测周期进行了约束，对现场检测原始记录进行了推荐。

本规范对电子式互感器、模拟量输入合并单元、数字化电能表、其他带计量功能的IED提出了性能要求，逐项逐步规范检查内容，明确了绝缘电阻测试、误差测试、时间特性测试等方面内容，是关口电能计量现场工作的重要支撑标准。

3.5.2.6 《电能计量装置安装接线规则》

DL/T 825—2002《电能计量装置安装接线规则》是电力行业电能计量装置安装工

作的标准之一，规定了电力系统中计费用和非计费用交流电能计量装置的接线方式及安装规定，适用于各种电压等级的交流电能计量装置。该规则由原国家电力公司发输电运营部研究起草。原国家经贸委于 2002 年 9 月 16 日正式发布，2002 年 12 月 1 日正式实施。

该规则共 5 个章节、4 个规范性附录，分别对规则范围、规范性引用文件、术语、技术要求、安装要求进行了约束，对电能计量装置常用的几种典型接线图、电压互感器实际二次负荷的计算、电压互感器二次回路导线截面的选择、试验接线盒的技术要求进行了规范。

该规则对低压计量、高压计量接线方式有明确定义，可以有效指导电能表、互感器、计量柜（箱、屏）、熔断器等计量设备的安装工作。由于发布年份较远，该规则对于智能化、数字化电能计量的指导意义不大，仅供参考。

3.5.2.7 《电流互感器和电压互感器选择及计算导则》

DL/T 866—2004《电流互感器和电压互感器选择及计算导则》是电力行业互感器配置与参数选择的重要标准之一，给出了电力工程用的电流互感器和电压互感器选择及计算方法，包括保护及测量用互感器的性能要求、互感器类型和参数选择，以及相关的计算方法等，主要规定了电流互感器和电压互感器二次方面的有关内容，适用于常规的交流电流互感器、电磁式电压互感器、电容式电压互感器、辅助电流互感器和辅助电压互感器，不适用于低电平输出的电子式互感器、测量和保护装置内部专用的变换器、直流电流互感器、交流操作专用互感器和试验室用互感器。该导则由国电华北电力设计院工程有限公司、中国电力建设工程咨询公司共同研究起草。国家发展和改革委员会于 2004 年 3 月 9 日正式发布，2004 年 6 月 1 日正式实施。

该导则共 8 个章节、5 个资料性附录，分别对导则范围、规范性引用文件、术语、定义和符号、电流互感器应用的一般问题、测量用电流互感器、保护用电流互感器、TP 类保护用电流互感器、电压互感器进行了约束，对 TP 类电流互感器的暂态特性、测量仪表和保护装置电流回路功耗、P 类或 PR 类电流互感器应用示例、TP 类电流互感器应用示例、电子式互感器简介进行了推荐。

该导则对电能计量装置中计量用电流互感器、计量用电压互感器（或专用二次绕组）的一次参数、二次参数的选择进行了要求，包括额定一次电流、额定连续热电流、额定一次电压、变比、额定容量等。由于发布年份较远，该导则部分内容已由其他标准代替，仅供参考。

3.5.2.8 《电测量及电能计量装置设计技术规程》

DL/T 5137—2001《电测量及电能计量装置设计技术规程》是电力行业电能计量装置设计标准之一，规定了发电厂、变电站电测量及电能计量装置设计的基本原则、内容和要求，适用于新建或扩建的汽轮发电机及燃气轮机单机容量为 50MW 及以上的火力发电厂，水轮发电机单机容量为 10MW 及以上的水力发电厂，发电 / 电动机组单机容量为 10MW 及以上的抽水蓄能发电厂以及交流额定电压为 35 ~ 500kV 的变电站和直流额定电压为 100 ~ 500kV 的直流换流站，不适用于电气试验室的试验仪表装置。该规程由原国家电力公司西南电力设计院研究起草。国家经贸委于 2001 年正式批准实施。历次版本为 SDJ 9—1987《电测量仪表装置设计技术规程》。

该规程共 12 个章节、1 个标准的附录、4 个提示的附录，分别对规程范围、引用标准、总则、符号、术语、常用测量仪表、电能计量、直流换流站的电气测量、计算机监测（控）系统的测量、电测量变送器、测量用电流、电压互感器、测量二次接线、仪表装置安装条件进行了约束，对本规程用词说明进行了规范，对二次测量仪表满刻度值的计算、电测量变送器校准值的计算、测量用电流、电压互感器的误差限值、电测量及电能计量的测量图表进行了推荐。

该规程对于关口电能计量装置管理具有一定指导意义，规定了有功、无功电能的计量原则。由于发布年份较远，该规程中约束的部分设备、仪器仪表已面临淘汰，因此它对新型电力系统的支撑度不足，仅供参考。

3.5.2.9 《电能量计量系统设计技术规程》

DL/T 5202—2004《电能量计量系统设计技术规程》是电力行业电能计量装置设计标准之一，规定了电能计量系统设计技术要求，指导系统规划设计，电能量计量系统主站端、相关发电厂和变电站的工程设计，适用于发电厂、省级及以上输电网商业化运营建设。该规程由国电华北电力设计院工程有限公司研究起草。国家发展和改革委员会于 2004 年 12 月 14 日正式发布，2005 年 6 月 1 日正式实施。

该规程共 11 个章节、1 个规范性附录，分别对规程范围、规范性引用文件、术语和定义、计量系统设计基本要求、关口计量点设置原则、电能计量装置的配置、计量系统设备功能及技术要求、二次回路、通信、电源与接地、计算机机房与环境进行约束，对标准的用词说明进行规范。

该规程对于关口电能计量装置管理工作、设计工作具有一定指导意义，规范了电能计量装置的配置原则及电能量远方终端等采集、监控设备的配置需求。由于发布年份较远，因此该规程部分内容已由其他标准代替，仅供参考。

3.5.3 国家电网有限公司标准制度

3.5.3.1 《电能计量装置通用设计规范》

Q/GDW 10347—2016《电能计量装置通用设计规范》是国家电网有限公司电能计量装置技术管理的重要标准之一，规定了交流220V ~ 1000kV电能计量装置的设计原则、技术要求、设计计算、设计文件和通用设计典型方案等，适用于新建、改建、扩建电力工程中各电压等级电能计量装置的设计，也可以作为电能计量装置设计审查、验收的依据。该规范由中国电力科学研究院、国网安徽电力公司、国网湖南电力公司、国网江苏电力公司、国网冀北电力公司、国网陕西电力公司、国网青海电力公司、国网北京电力公司、国网黑龙江省电力有限公司共同研究起草。国家电网有限公司于2017年6月16日正式发布，2017年6月16日正式实施。历次版本为Q/GDW 347—2009《电能计量装置通用设计》。

该规范共8个章节、7个规范性附录，分别对规范范围、规范性引用文件、术语和定义、设计原则、技术要求、设计计算、设计文件、通用设计典型方案进行了约束，对35kV ~ 1000kV电能计量装置典型方案（电能计量屏布置方式）、10kV ~ 35kV电能计量装置典型方案［电能计量柜（箱）布置方式］、380V电能计量装置（高供低计）典型方案、220V电能计量装置典型方案、分布式电源电能计量装置典型方案、电动汽车充电装置中电能计量装置典型方案、智能变电站数字计量系统典型方案进行了规范。

该规范是指导从低压用户侧计量至特高压主网侧计量的设计、技术基础文件，定义了不同类型、不同接线方式、不同电压等级等情况下电能计量装置的设计、配置原则，详细列举了24种主、配网考核用和贸易结算用电能计量装置的设计思路及典型设计，是关口电能计量装置现场工作的重要支撑标准。

3.5.3.2 《国家电网公司营销管理通则》

国网（营销/1）95—2014《国家电网公司营销管理通则》是国家电网有限公司营销管理工作的通用制度之一，规范了电力销售市场管理、智能用电管理、营业管理、客户服务管理、电能计量管理、营销项目管理，适用于国家电网有限公司总部（分部）及所属各级单位的营销管理工作。该通则自2014年3月1日起生效。

该通则共7个章节、3个附件，分别为总则、机构与职责、管理内容和流程、支撑保障、检查考核、管理制度体系、附则、机构职责图、业务流程清单、管理制度体系图。

该通则是电力营销专业管理工作的基础性文件，要求营销管理遵循客户导向型、业务集约化、管理专业化、服务一体化、市县协同化的“一型五化”原则，凸显差异化服务功能，实现业务跨区域整合，实现作业规范、执行一致，实现指挥通畅、运作高效，实现一口对外、响应迅速，实现核心环节和重点业务的协同运作。

3.5.3.3 《国家电网公司计量工作管理规定》

国网（营销/3）388—2014《国家电网公司计量工作管理规定》是国家电网有限公司计量管理工作的通用制度之一，为落实国家计量法制化管理要求，保障计量单位统一和量值准确可靠，满足电力生产、经营管理和技术发展需要而制定的，适用于国家电网有限公司总部（分部）及所属各级单位的计量管理工作。该规定自 2014 年 10 月 1 日起施行。

该规定共 9 个章节，分别为总则、职责分工、计量标准器具和计量检定、计量器具管理、计量人员管理、计量监督管理、计量保障、检查考核、附则。

该规定是电能计量专业管理工作的基础性文件，要求计量工作紧紧围绕国家电网有限公司发展要求，全面贯彻国家法律法规和监督管理要求，以公开、公平、公正为准则，以标准化、信息化、自动化为手段，不断夯实计量管理基础，持续提升计量整体技术能力和管理水平，建立“体系完整、技术先进、管理科学、运转高效”的计量体系。

3.5.3.4 《国家电网公司电能计量故障、差错调查处理规定》

国网（营销/4）385—2014《国家电网公司电能计量故障、差错调查处理规定》是国家电网有限公司计量管理工作的通用制度之一，为规范电能计量故障、差错调查处理程序，确保电能计量装置安全运行和电能计量准确可靠而制定的，适用于国家电网有限公司总部（分部）及所属各级单位与用户贸易结算的电能计量故障、差错的调查与处理。该规定自 2014 年 10 月 1 日起施行。

该规定共 8 个章节、4 个附录，分别为总则、职责分工、电能计量故障、差错分类、故障、差错受理与上报、组织与调查、故障、差错处理与分析、检查考核、附则、电能计量装置故障、差错调查处理流程、故障检测流程、电能计量重大设备故障、重大人为差错快报、电能计量故障、差错调查报告书。

该规定是电能计量专业管理工作的基础性文件，要求电能计量故障、差错的调查处理必须以事实为依据，坚持“实事求是、尊重科学、公正合理”的原则，做到故障

（差错）原因未查清不放过，责任人员未处理不放过、整改措施未落实不放过、有关人员未受到教育不放过，有力指导了计量体系故障、差错调查闭环管理。

3.5.3.5 《国家电网公司关口电能计量设备管理办法》

国网（营销/4）387—2022《国家电网公司关口电能计量装置管理办法》是国家电网有限公司关口电能计量装置管理的通用制度之一，为规范关口电能计量装置管理而制定的，适用于国家电网有限公司总部（分部）及所属各级单位的关口电能计量装置投运前管理及运行管理等工作。该办法自2022年10月1日起施行。

该规定共7个章节、7个附件，分别为总则、职责分工、投运前管理、运行管理、计量装置改造、检查考核、附则、评价项目与指标表、关口电能计量装置投运前管理流程、关口电能计量装置首次检验管理流程、关口电能计量装置周期检验管理流程、关口电能计量装置临时检验管理流程、关口电能计量装置周期检定（轮换）管理流程、关口电能计量装置改造管理流程。

该办法是关口电能计量装置管理工作的基础性文件，明确了发电上网、跨国输电、跨区输电、跨省输电、省级供电、地市供电、趸售供电、内部考核八类关口性质，要求关口电能计量装置管理应坚持"分级管理、分工负责、协同合作"的原则，实现对关口电能计量装置新建、变更、故障处理和运行维护的全过程、全寿命周期管理。

3.5.3.6 《国家电网公司计量资产全寿命周期管理办法》

国网（营销/4）390—2014《国家电网公司计量资产全寿命周期管理办法》是国家电网有限公司计量资产管理的通用制度之一，为贯彻落实"集团化运作、集约化发展、精益化管理、标准化建设"要求，规范计量资产集约化管理方式和业务流程，实现计量资产的全寿命周期管理目标而制定的，适用于国家电网有限公司总部（分部）及所属各级单位的计量资产全寿命周期管理工作。该办法自2014年10月1日起施行。

该办法共10个章节、3个附件，分别为总则、职责分工、计量资产管理、全寿命周期质量管理、实验室管理、配送管理、库房管理、计量档案管理、检查考核、附则、电能计量资产全寿命周期管理流程、电能计量资产省间调配管理流程、评价指标与项目。

该办法是计量资产管理工作的基础性文件，要求计量资产管理实施"省级集中"管理模式，开展包括计量资产状态分析、计量资产质量分析、计量资产寿命预测及评价和面向质量管理的供应商评价的全寿命周期质量管理，实行计量资产信息化管理。

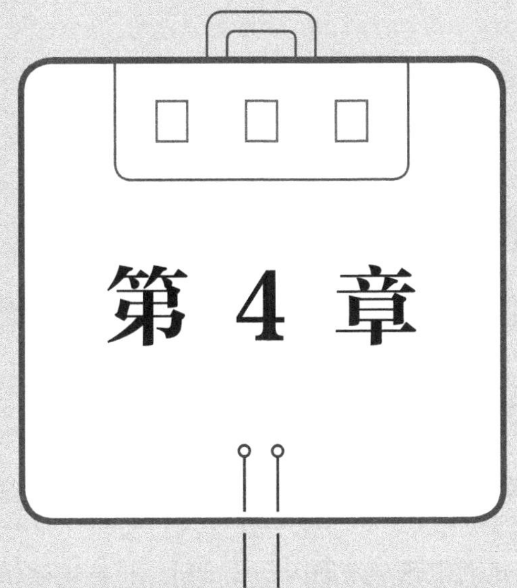

第 4 章

电能表故障典型案例分析处理

作为国家法定计量器具和电能计量的关键设备，电能表是电能计量与电网管理的基础，其精准计量和可靠运行是开展电能贸易结算的保障。除此之外，电能表作为新型电力系统感知层末端的重要传感设备，是实现电力系统可观、可测、可控的关键环节。作为一种精密测量设备，智能电能表在长期运行过程中不可避免地会出现各种问题，本章选取了电子式电能表和数字化电能表故障的典型案例进行了详细介绍，为帮助计量运维人员解决相关问题提供参考。

4.1 电子式电能表计量异常案例分析处理

4.1.1 示值不准

4.1.1.1 异常现象及初步判断

2021 年 1 月 13 日，计量运维人员发现某 220kV 变电站 220kV 母线电量不平衡率长时间超限（不平衡率约 +1.5%），疑似存在关口电能计量装置故障情况。电力公司第一时间组织专业人员对电量异常原因开展分析，根据电能量采集系统数据初步判断母线电量不平衡率超限原因为该变电站 2 号主变压器 2202 计量点电能表故障所致。

图 4-1 所示为该变电站 220kV 母线电量不平衡率变化情况，图 4-2 所示为该变电站 2202 计量点电能表电压变化情况。由电压数据可知，自 2020 年 12 月 26 日起至 2021 年 1 月 14 日该站 2202 计量点电能表电压明显低于正常值，这期间 220kV 母线不平衡率为负值。

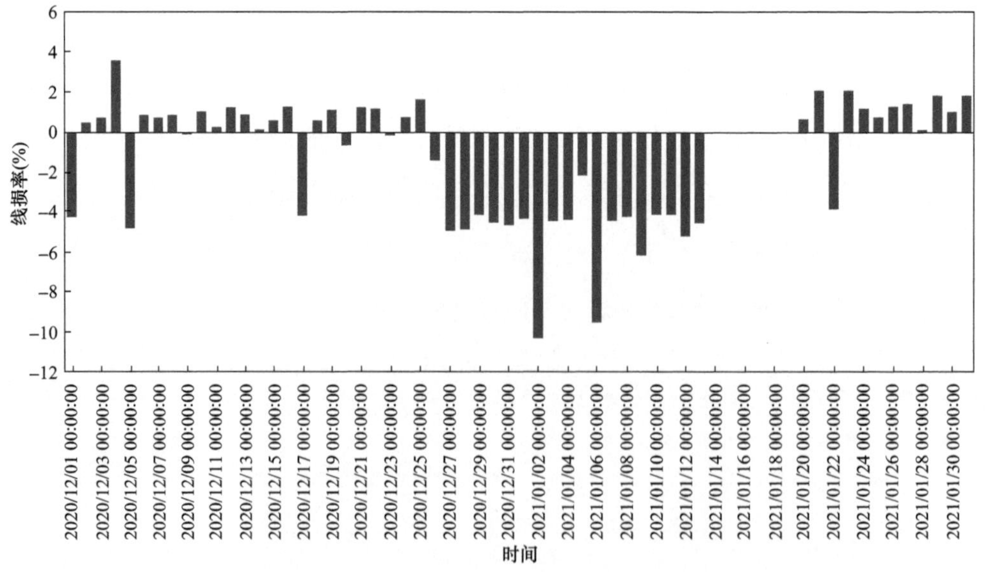

图 4−1 某变电站 220kV 母线电量平衡分析

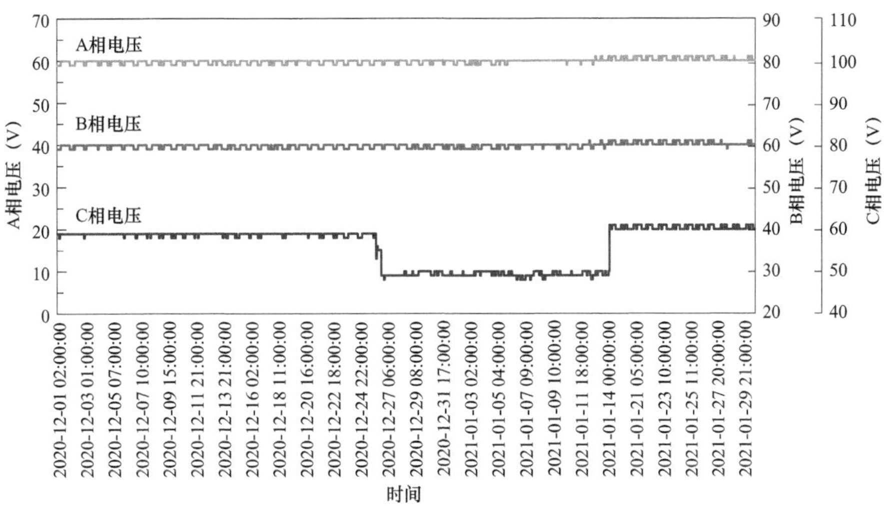

图 4-2　2 号主变压器 2202 计量点电能表电压记录

4.1.1.2　故障处理

2021 年 1 月 14 日作业人员赴站内进行故障处理，现场检查 2202 计量点电能表无报警，电能表外观和接线无异常。用万用表测电能表表尾三相电压，其中 A 相电压为 59.0V、B 相电压为 59.00V、C 相电压为 59.0V，但电能表显示 C 相电压为 50.3V，电能表无失压事件记录，如图 4-3 所示。

图 4-3　2202 计量点电能表外观及示值

用电能表校验仪分析电压、电流回路波形，测试结果显示电压、电流波形正常，谐波含量较低。因此，电能表示值电压异常与二次回路电压波形无关，据此判断2202计量点电能表电压异常原因为电能表内部故障，更换新表后2202计量点恢复正常计量，采集终端参数于1月19日调整完毕，恢复正常采集。原电能表送往实验室进行检测。

实验室对故障电能表检测结果表明该故障表电压、电流显示功能正常，计量误差符合要求，电能表基本功能正常。

分析推测电能表电压示值异常可能受现场运行环境影响。现场工作环境温度、湿度和实验室环境基本一致，因此，排除了环境温度、湿度的影响对电能表造成的异常。同时现场测试表明该计量点二次回路谐波含量较低，也可以排除电压波形畸变以及电压不平衡的影响。

对电能表开展电磁兼容性实验，包括电能表的静电放电抗扰度、射频电磁场抗扰度、快速瞬变脉冲群抗扰度、射频场感应的传导骚扰抗扰度、浪涌抗扰度、衰减振动波抗扰度、无线电干扰抑制电磁兼容等实验。开展无线电干扰抑制过程中，电能表示值发生异常，A、B、C三相电压端子通入57.7V电压，电能表显示C相电压为52.2V，C相电压偏低，实验结果和变电站内现场现象类似。据此推断该电能表存在抗干扰问题，在现场复杂电磁环境下工作异常。

4.1.1.3 追退电量计算

根据电能量采集系统记录数据和电能表现场运行工况，综合判定故障时间为2020年12月26日0时至2021年1月14日12时。追退电量计算主要参考该变电站220kV母线电量平衡及主变压器电量平衡进行。

（1）母线电量平衡。2020年12月26日至2021年1月14日期间电能量采集系统显示该变电站220kV母线累计供入电量为209237160.00kWh，累计供出电量为205598360.00kWh，其中供入电量等于供出电量与母线损耗之和，即有

$$W_{in}=W_{out}+\Delta W_L \quad (4\text{-}1)$$

$$W_{out}=W'_{out}+\Delta W \quad (4\text{-}2)$$

式（4-1）和式（4-2）中：W_{in}为记录供入电量，即实际供入电量；W_{out}为实际供出电量；W'_{out}为电能量采集系统记录的供出电量；ΔW为少计电量，即待追补电量。

根据母线电量平衡原则，按照母线电量损耗为供入电量的1%计算，追补电量为

$$\begin{aligned}\Delta W&=W_{\text{in}}-\Delta W_{\text{L}}-W'_{\text{out}}\\&=(1-1\%)\times W_{\text{in}}-W'_{\text{out}}\\&=0.99\times 209237160.00-205598360.00\\&=1546428.40(\text{kWh})\end{aligned} \tag{4-3}$$

追补电量占累积供入电量的百分比为

$$\begin{aligned}\varepsilon&=\frac{\Delta W}{W_{\text{in}}}\times 100\%\\&=\frac{1546428.40}{209237160.00}\times 100\%\\&=0.74\%\end{aligned} \tag{4-4}$$

根据电能表底数计算追退电量，各计量点表底数详见表 4-1。

表 4-1　某变电站各计量点表底数　（kWh）

计量点编号	电能计量方向	2021-1-14 12:00 表码值	2020-12-26 0:00 表码值	表码差值	计量点倍率
2201	正向有功	7783.99	7712.09	71.90	528000
	反向有功	0.00	0.00	0.00	528000
2202	正向有功	8597.08	8519.61	77.47	528000
	反向有功	0.00	0.00	0.00	528000
2203	正向有功	8037.83	7965.27	72.56	528000
	反向有功	0.00	0.00	0.00	528000
2211	正向有功	114.09	114.09	0.00	1100000
	反向有功	2923.63	2882.54	41.09	1100000
2212	正向有功	94.04	94.04	0.00	1100000
	反向有功	2934.41	2891.95	42.46	1100000
2215	正向有功	1131.71	1131.38	0.33	1100000
	反向有功	2038.16	2025.49	12.67	1100000
2216	正向有功	239.70	238.72	0.98	1100000
	反向有功	1663.03	1652.39	10.64	1100000
2217	正向有功	3793.57	3763.12	30.45	528000
	反向有功	0.00	0.00	0.00	528000
2218	正向有功	10120.18	9993.96	126.22	528000
	反向有功	2.65	2.65	0.00	528000
2219	正向有功	119.57	119.48	0.09	528000
	反向有功	10518.67	10437.69	80.98	528000
2220	正向有功	109.84	109.80	0.04	528000
	反向有功	8616.11	8533.66	82.45	528000

根据电网运行单位关于变电站及电厂计量装置及其二次回路计量方向的规定，变电站进出线计量装置及其二次回路的计量方向以与其整体电能计量装置直接连接的母

线为参考点，以潮流流出母线的方向为电能表计量正向，流入母线的方向为电能表计量反向。

变压器计量装置及其二次回路以变压器为参考点，高压侧计量装置以潮流流入变压器为电能表计量正向，流出变压器为电能表计量反向，中、低压侧以潮流流出变压器为电能表计量正向，流入变压器为电能表计量反向。

按照上述规定与该变电站220kV母线相关的各计量点中，2201、2202、2203计量点所计电量正向有功为供出母线，反向有功为供入母线；2211、2212、2215、2216、2217、2218、2219、2220计量点所计电量正向有功为供出母线，反向有功为供入母线。

则由各计量点表底数计算得到的220kV母线实际供入电量和供出电量详见表4-2。

表4-2　某变电站220kV母线供入电量和供出电量

序号	计量点编号	累积供入电量（kWh）	累积供出电量（kWh）
1	2201	0	37963200
2	2202	0	40904160
3	2203	0	38311680
4	2211	45199000	0
5	2212	46706000	0
6	2215	13937000	363000
7	2216	11704000	1078000
8	2217	0	16077600
9	2218	0	66644160
10	2219	42757440	47520
11	2220	43533600	21120
总计	—	203837040	201410440

考虑线损情况下追补电量为

$$\begin{aligned}\Delta W&=W_{in}-\Delta W_L-W'_{out}\\&=(1-1\%)\times W_{in}-W'_{out}\\&=0.99\times 203837040-201410440\\&=388229.6(\text{kWh})\end{aligned}\tag{4-5}$$

追补电量占累积供入电量的百分比为

$$\begin{aligned}\varepsilon&=\frac{\Delta W}{W_{in}}\times 100\%\\&=\frac{388229.6}{203837040}\times 100\%\\&=0.19\%\end{aligned}\tag{4-6}$$

由各计量点表底数得到的母线累积供入电量和母线累计供出电量和根据电能量采集系统线损分析计算得到的母线供入、供出电量存在差异，是因为线损分析得到的母线供入、供出电量只有日记录数据，所以母线供入和供出电量记录的起始时间为 2020 年 12 月 26 日 0 时，截止时间为 2021 年 1 月 15 日 0 时，1 月 14 日所走电量被全部计入。

各计量点表底数电量记录的起始时间为 2020 年 12 月 26 日 0 时，截止时间为 2021 年 1 月 14 日 12 时。所以两种情况下会存在一定的电量误差。

供入电量相对误差为

$$\begin{aligned}\varepsilon &= \frac{W_1 - W_0}{W_0}\times 100\% \\ &= \frac{209237160.00 - 203837040.00}{203837040.00}\times 100\% \\ &= 2.65\%\end{aligned} \tag{4-7}$$

供出电量相对误差为

$$\begin{aligned}\varepsilon &= \frac{W_1 - W_0}{W_0}\times 100\% \\ &= \frac{205598360.00 - 201410440.00}{201410440.00}\times 100\% \\ &= 2.08\%\end{aligned} \tag{4-8}$$

（2）变压器电量平衡。该变电站共三台变压器，其中 3 号变压器低压侧无引出线，变压器各计量点表码数据详见表 4-3。

表 4-3　变压器各计量点表码数据　（kWh）

计量点编号	2020-12-26 0:00 表码值	2021-1-14 12:00 表码值	计量点倍率	累计电量
101	10916.36	11032.66	264000	30703200
102	13349.4	13491.95	264000	37633200
103	13806.16	13950.47	264000	38097840
201	3582.37	3617.67	200000	7060000
202	2407.8	2433.62	200000	5164000
203	—	—	—	—
2201	7712.09	7783.99	528000	37963200
2202	8519.61	8597.08	528000	40904160
2203	7965.27	8037.83	528000	38311680

根据变压器并列运行的原则，1 号变压器的运行效率近似等效于 2 号变压器运行效率。因此 1 号变压器运行效率为

$$\begin{aligned}\eta_1 &= \frac{W_{101}+W_{201}}{W_{2201}} \\ &= \frac{30703200+7060000}{37963200}\times 100\% \\ &= 99.47\%\end{aligned} \tag{4-9}$$

式中：W_{101}、W_{201}、W_{2201} 分别为追退电量期间 101、201、2201 计量点的累计电量。根据变压器电量平衡原则，可知

$$W_{2202}=W_{102}+W_{202}+\Delta W_T \tag{4-10}$$

式中：W_{102}、W_{202}、W_{2202} 分别为追退电量期间 102、202、2202 计量点的累计电量；ΔW_T 为追退电量期间的变压器损耗，其表达式为

$$\Delta W_T=(1-\eta_1)W_{2002} \tag{4-11}$$

综上可知，2 号主变压器实际流入电量 W_{2202} 等于累计电量 W'_{2202} 加待追补电量 ΔW，即满足

$$W_{2202}=W'_{2202}+\Delta W \tag{4-12}$$

联立式（4-10）~ 式（4-12）可得，待追退电量为

$$\begin{aligned}\Delta W &= \frac{W_{102}+W_{202}}{\eta_1}-W'_{2202} \\ &= \frac{37633200.00+5164000.00}{99.47\%}-40904160.00 \\ &= 2121073.74(\text{kWh})\end{aligned} \tag{4-13}$$

综上，采用电量平衡准则计算追补电量时，在没有相关参考的条件下，若以母线电量平衡为准，按考核要求计入了母线损耗，但实际母线损耗小于 1%，因此，得到的计算结果偏小。所以，选择以变压器电量平衡的计算结果作为本次追补电量的最终计算结果，2202 计量点共计追补正向有功总电量 212.11 万 kWh。

4.1.2 参数跳变

4.1.2.1 异常现象及初步判断

2021 年 1 月 13 日，计量运维人员发现某 500kV 变电站 220kV 母线不平衡率超限（不平衡率为 −4.3% ~ −6.5%），疑似存在计量装置故障，如图 4-4 所示为电能量采集系统记录的母线不平衡率超限信息。

由电能量采集系统中的电量数据记录可知，在 1 月 8 日到 1 月 13 日期间，该变电站 2201 计量点电能表 C 相电压频繁跳变，且 1 月 13 日电压值自行恢复之后，1 月 21 日再次出现电压变化现象。图 4-5 所示为该变电站 2201 计量点电能表电压数据。

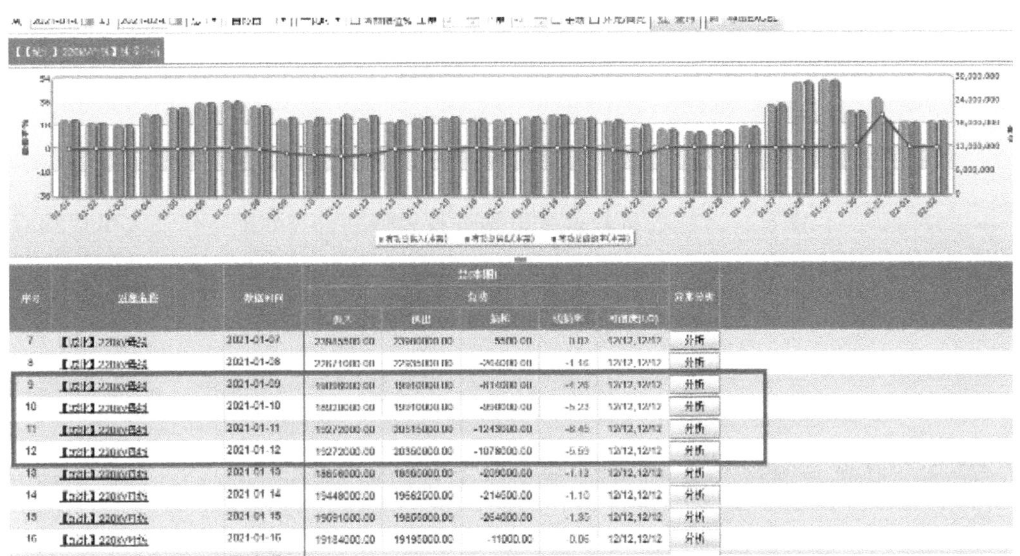

序号	[illegible]	数据时间	输入	输出	损耗	线损率	[illegible]	异常分析
7	【总计】220kV母线	2021-01-07	23845500.00	23840000.00	5500.00	0.02	12/12,12/12	分析
8	【总计】220kV母线	2021-01-08	22671000.00	22935000.00	-264000.00	-1.16	12/12,12/12	分析
9	【总计】220kV母线	2021-01-09	[illegible]	19910000.00	-814000.00	-4.26	12/12,12/12	分析
10	【总计】220kV母线	2021-01-10	[illegible]	19910000.00	[illegible]	-5.23	12/12,12/12	分析
11	【总计】220kV母线	2021-01-11	19272000.00	20515000.00	-1243000.00	-6.45	12/12,12/12	分析
12	【总计】220kV母线	2021-01-12	19272000.00	20350000.00	-1078000.00	-5.59	12/12,12/12	分析
13	【总计】220kV母线	2021-01-13	[illegible]	[illegible]	-209000.00	-1.12	12/12,12/12	分析
14	【总计】220kV母线	2021-01-14	19448000.00	19662500.00	-214500.00	-1.10	12/12,12/12	分析
15	【总计】220kV母线	2021-01-15	19091000.00	19355000.00	-264000.00	-1.38	12/12,12/12	分析
16	【总计】220kV母线	2021-01-16	19184000.00	19195000.00	-11000.00	0.06	12/12,12/12	分析

图 4-4　某 500kV 变电站 220kV 母线不平衡率异常

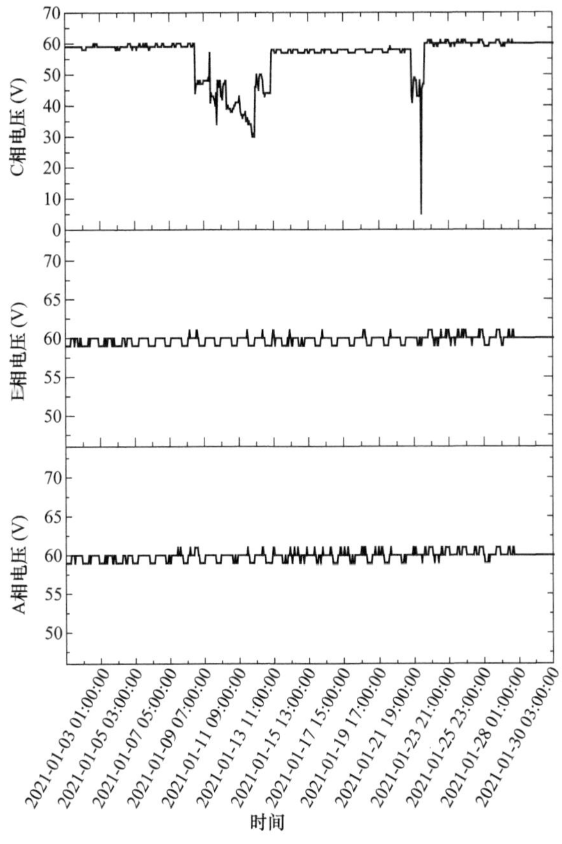

图 4-5　某 500kV 变电站 2201 计量点电压数据

据此，初步判断母线电量异常原因为该变电站 1 号主变压器 2201 计量点主电能表计量故障。

4.1.2.2 故障处理

2021 年 1 月 22 日，运维人员赴该变电站进行故障勘查与处理。作业人员现场检查发现 2201 计量点电能表外观无异常，报警灯常亮，电能表 C 相电压示值跳变，累计失压总次数 24 次。图 4-6 所示为异常电能表 C 相电压示值。

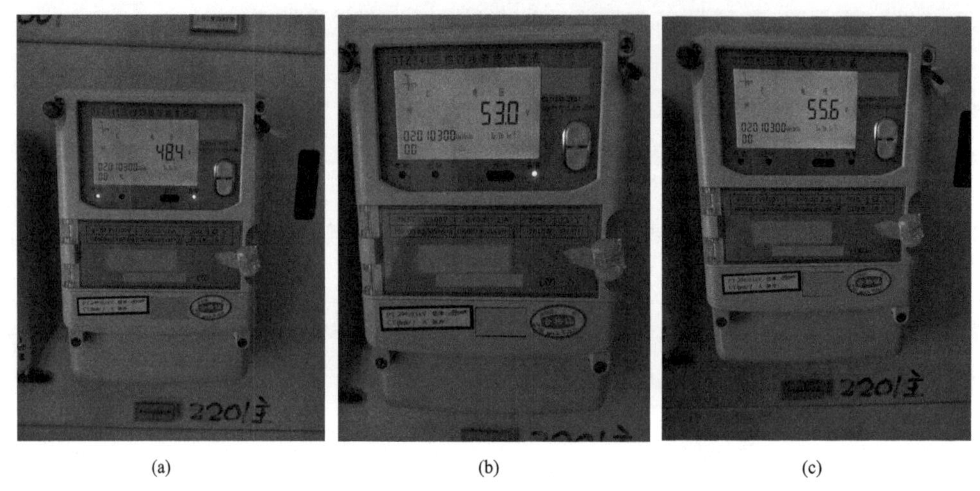

(a) (b) (c)

图 4-6 2201 计量点电能表 C 相电压示值

（a）C 相电压 48.4V；（b）C 相电压 53.0V；（c）C 相电压 55.6V

综合上述现象，作业人员判断 2201 计量点电能表电压示值跳变原因为电能表故障，更换新表后恢复正常，采集终端参数 1 月 22 日调整完毕，恢复正常采集，具体详见表 4-4。

表 4-4 某变电站 2201 计量点换表单

2201（主）计量点旧表信息							
生产厂家	×× 集团	出厂年份	2013	安装时间	2014.04.15	型号	DTZ341
标定电压	57.7/100V	标定电流	0.3（1.2）A	准确度等级	0.2S/2	脉冲常数	100000imp/kWh
类型	智能－无费控	方向	双	费率	四（Ⅱ）	出厂编号	×××××40691
正向有功	1231.15kWh	反向有功	0.00kvarh	TV 变比	220/0.1	TA 变比	4000/1

（续表）

正向无功	0.00kvarh	反向无功	0.00kvarh	倍率	8800000		
2201（主）计量点新表信息							
生产厂家	××集团	出厂年份	2019	安装时间	2021.01.22	型号	DTZ341
标定电压	57.7/100V	标定电流	0.3（1.2）A	准确度等级	0.2S/2	脉冲常数	100000imp/kWh
类型	智能－无费控	方向	双	费率	四（Ⅱ）	出厂编号	×××××30251
正向有功	0.00kWh	反向有功	0.00kvarh	TV 变比	220/0.1	TA 变比	4000/1
正向无功	0.00kvarh	反向无功	0.00kvarh	倍率	8800000		

根据电能量采集系统数据和现场工况，综合判定故障期间为 2021 年 1 月 8 日 18 时至 2021 年 1 月 22 日 11 时。

4.1.2.3　追退电量计算

该 500kV 变电站 2201 计量点为主、副表配置，副表运行正常且计量误差在允许范围内，按 DL/T 448《电能计量装置技术管理规程》要求，应以副表所计电量进行结算，表 4-5 中的数据为 2201 计量点主、副电能表示数。

表 4-5　2201 计量点主、副电能表示数　（kWh）

计量点编号	2201（主）		2201（副）	
电能计量方向	正向有功	反向有功	正向有功	反向有功
2021-1-8 18:00 表码值	1215.71	0.07	1223.75	0.11
2021-1-22 11:00 表码值	1231.15	0.07	1239.89	0.11
表码差值	15.44	0	16.14	0

2201 计量点电压互感器变比为 220/0.1，电流互感器变比为 4000/1，计量点倍率为 8800000。追退电量计算参考 2201 计量点副电能表表码值，因此可得

$$
\begin{aligned}
\Delta W &= W_{22012} - W_{22011} \\
&= 8800000 \times (16.14 - 15.44) \\
&= 6160000(\mathrm{kWh})
\end{aligned}
\tag{4-14}
$$

式中：ΔW 为待追退电量；W_{22011}、W_{22012} 分别为追退电量期间 2201 计量点主、副电能表所计电量。

综上所述，该变电站 2201 计量点共计追补正向有功总电量 616 万 kWh。

4.1.3 显示乱码

4.1.3.1 异常现象及初步判断

2021 年 1 月 28 日，某电厂向计量运维人员反映该电厂 1 号发电机组计量点电能表示值错误，现场测试电能表 A 相电压为 56.9V、B 相电压为 57.0V，C 相电压为 57.3V，电能表显示 A 相电压为 120.4V、B 相电压为 30.8V、C 相电压为 25.6V，如图 4-7 所示。电能表表尾电压正常，电压示数异常，据此初步判断异常原因为电能表内部故障。

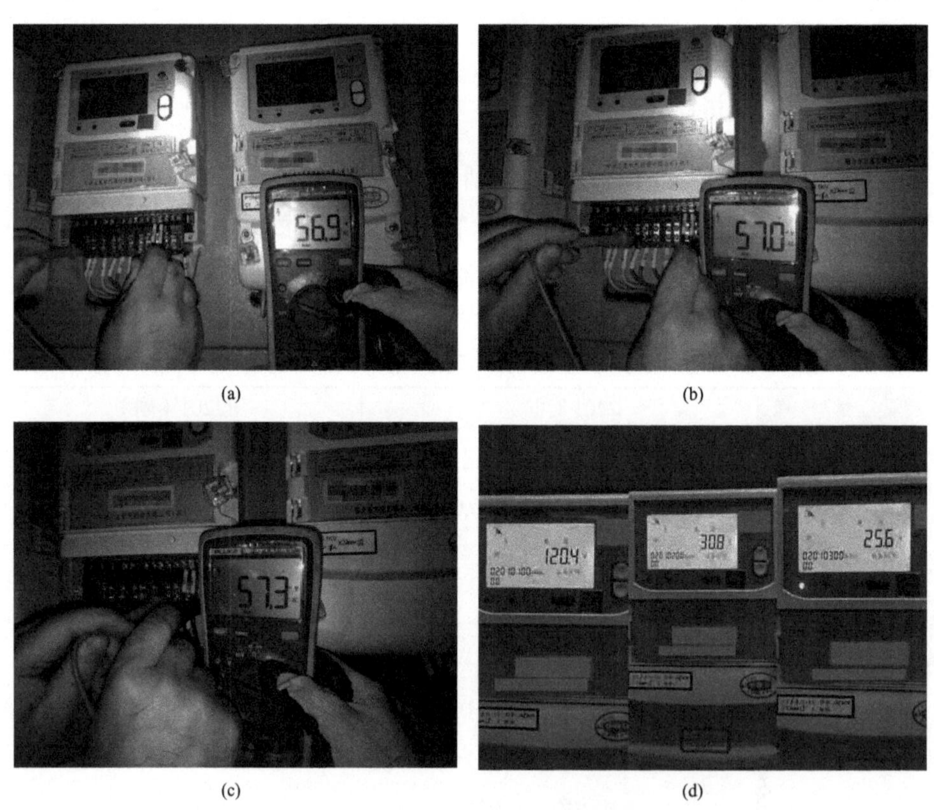

图 4-7　某电厂电能表电压异常

（a）A 相电压；（b）B 相电压；（c）C 相电压；（d）电能表电压示值

4.1.3.2 故障处理

2021 年 1 月 29 日，计量人员到达现场后重新测量该电厂 1 号发电机计量点电能表表尾电压，其中 A 相电压为 60.1V、B 相电压为 60.1.0V，C 相电压为 59.1V；电能表显示 A 相电压为 120.6V、B 相电压为 30.9V、C 相电压为 25.6V。

现场实测电能表表尾 A 相电流为 3.24A，B 相电流为 3.22A，C 相电流为 3.20A，电能表显示 A 相电流为 2.762A，B 相电流为 3.124A，C 相电流为 2.925A，功率因数为 0.991。电能表共有 6 次失压记录，失压中时间为 5762 分钟，上一次失压时间为 2021 年 1 月 26 日 9 时 46 分。

据此，判断电压、电流示值异常原因为电能表故障，现场更换电能表后，电能表显示 A 相电流逆相序。

作业人员对电流二次回路端子排到电能表表尾进行导通测试，测试结果正常，说明现场电流互感器二次侧 A 相反接，现场调整接线后报警消失，恢复正常，具体详见表 4-6。

表 4-6　某电厂 1 号发电机计量点换表单

旧表信息							
生产厂家	×× 有限公司	出厂年份	2012	安装时间	2020/12/14	型号	DTZ188
标定电压	57.7/100V	标定电流	1.5（6）A	准确度等级	0.5S/2	脉冲常数	20000imp/kWh
类型	智能－无费控	方向	双	费率	四（Ⅱ）	出厂编号	××××44119
正向有功	582.89kWh	反向有功	0.00kWh	TV 变比	6.3/0.1	TA 变比	2000/5
正向无功	106.47kvarh	反向无功	0.00kvarh	倍率	25200		
新表信息							
生产厂家	×× 有限公司	出厂年份	2012	安装时间	2021/1/29	型号	DTZ188
标定电压	57.7/100V	标定电流	1.5（6）A	准确度等级	0.5S/2	脉冲常数	20000
类型	智能－无费控	方向	双	费率	四（Ⅱ）	出厂编号	××××12564
正向有功	0.00kWh	反向有功	0.00kWh	TV 变比	6.3/0.1	TA 变比	2000/5
正向无功	0.00kvarh	反向无功	0.00kvarh	倍率	25200		

4.1.3.3 经验总结

该发电厂站1号发电机计量点电能表为2020年12月14日新装电能表，安装完成后电能表正常计量。据电厂运维人员表述，1号发电机于2021年1月26日发生过短路故障，互感器等计量装置曾停电检修。

计量专业人员将电能表拆回在实验室分析，利用电能表检测装置给故障表电压端子施加幅值为57.7V的三相电压，电流为零。

电能表显示A相电压122.3V，B相电压30.9V，C相电压74.0V，电能表电流示值A相-0.049A，B相0.039A，C相0.025A，且电压、电流示值在跳变，功率象限指示跳变，如图4-8所示。

利用软件抄读表内电压、电流数据，抄读数据与电能表示值一致，说明电能表显示内容与存储数据一致，显示功能正常。电能表能够正常运行，说明CPU芯片正常。计量功能紊乱，推断为计量芯片损坏。

抄读电能表负荷记录，如表4-7和图4-9所示。

表4-7 电能表负荷记录

时间	A相电压	B相电压	C相电压	A相电流	B相电流	C相电流
2021-1-26 9:10	56.9V	57.1V	57.2V	3.682A	3.675A	3.636A
2021-1-26 10:10	0.0V	0.0V	0.0V	0.044A	0.044A	0.032A

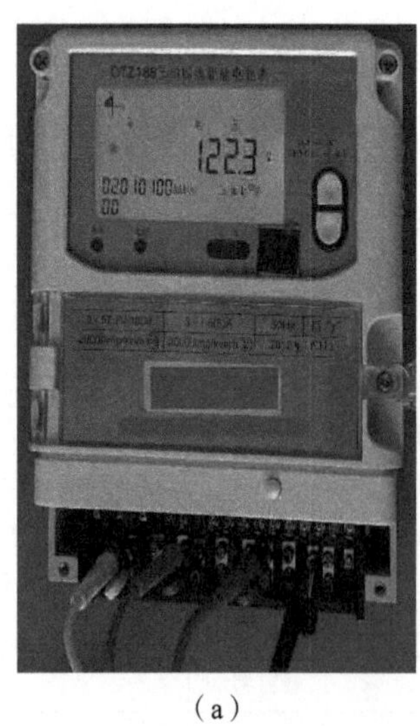

（a）

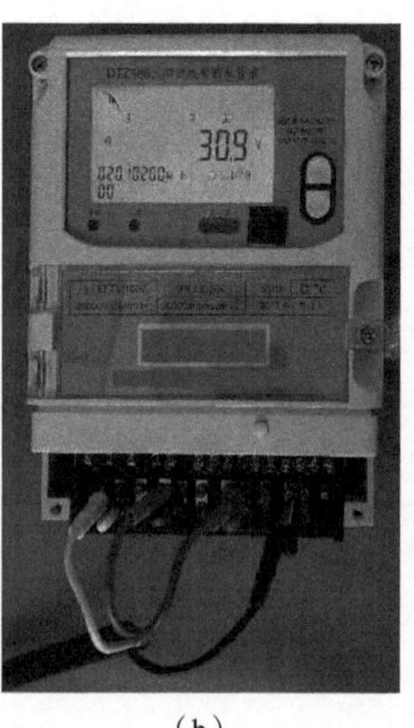

（b）

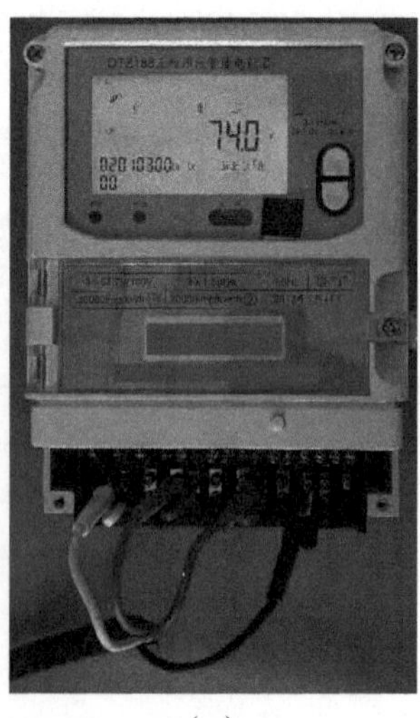

（c）

图4-8 实验室测试电压、电流结果（一）

（a）A相电压；（b）B相电压；（c）C相电压

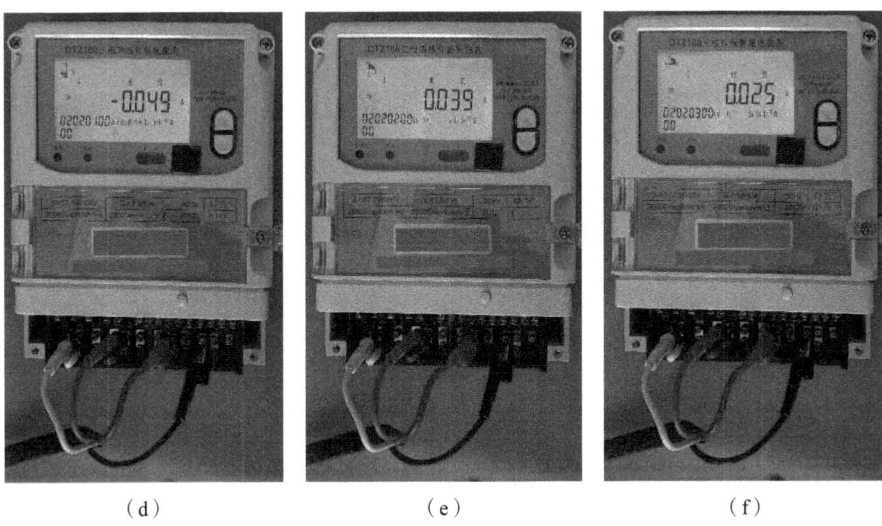

（d）　　　　（e）　　　　（f）

图 4-8　实验室测试电压、电流结果（二）

（d）A 相电流；（e）B 相电流；（f）C 相电流

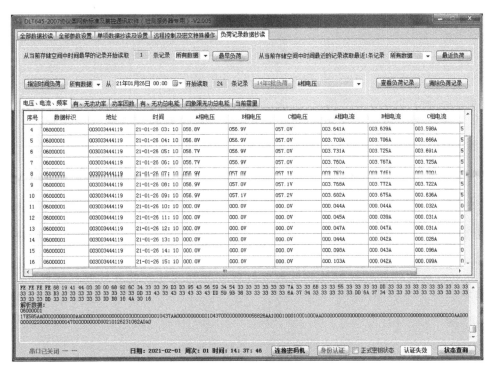

DLT645-2007协议国网新标准及费控通讯软件（检测服务器专用）-V2.005

全部数据抄读 | 全部参数设置 | 单项数据抄读及设置 | 远程控制及密文特殊操作 | 负荷记录数据抄读

从当前存储空间中时间最早的记录开始读取 1 条记录 所有数据 最早负荷　从当前存储空间中时间最近的记录读取最近1条记录 所有数据 最近负荷

指定时间负荷 所有数据 从 21年01月26日 00:00 开始读取 24 条记录 14年2批负荷 A相电压 查看负荷记录 清除负荷记录

电压、电流、频率 | 有、无功功率 | 功率因数 | 有、无功总电能 | 四象限无功总电能 | 当前需量

序号	数据标识	地址	时间	A相电压	B相电压	C相电压	A相电流	B相电流	C相电流	
4	06000001	003003444119	21-01-26 03: 10	056.8V	056.9V	057.0V	003.641A	003.639A	003.598A	5
5	06000001	003003444119	21-01-26 04: 10	056.8V	056.9V	057.0V	003.709A	003.706A	003.666A	5
6	06000001	003003444119	21-01-26 05: 10	056.7V	056.9V	057.0V	003.731A	003.725A	003.691A	5
7	06000001	003003444119	21-01-26 06: 10	056.7V	056.9V	057.0V	003.760A	003.767A	003.725A	5
8	06000001	003003444119	21-01-26 07: 10	056.9V	057.0V	057.1V	[illegible]	[illegible]	[illegible]	[illegible]
9	06000001	003003444119	21-01-26 08: 10	056.9V	057.0V	057.1V	003.768A	003.772A	003.722A	5
10	06000001	003003444119	21-01-26 09: 10	056.9V	057.1V	057.2V	003.682A	003.675A	003.636A	5
11	06000001	003003444119	21-01-26 10: 10	000.0V	000.0V	000.0V	000.044A	000.044A	000.032A	0
12	06000001	003003444119	21-01-26 11: 10	000.0V	000.0V	000.0V	000.045A	000.039A	000.031A	0
13	06000001	003003444119	21-01-26 12: 10	000.0V	000.0V	000.0V	000.047A	000.047A	000.031A	0
14	06000001	003003444119	21-01-26 13: 10	000.0V	000.0V	000.0V	000.044A	000.042A	000.026A	0
15	06000001	003003444119	21-01-26 14: 10	000.0V	000.0V	000.0V	000.098A	000.043A	000.096A	0
16	06000001	003003444119	21-01-26 15: 10	000.0V	000.0V	000.0V	000.103A	000.042A	000.099A	0

FE FE FE FE 68 19 41 44 03 30 00 68 92 6C 34 33 33 39 D3 D3 95 43 56 59 34 54 33 33 33 33 33 33 7A 33 33 6B 33 33 55 33 33 33 33 DD 33 33 33 33 33 33 33 33 33 33
33 33 33 33 B3 33 33 33 33 33 33 33 33 33 DD 33 43 33 43 33 43 33 43 DD 59 9B 36 33 33 33 33 33 6A 37 34 33 33 33 33 33 DD 6A 37 34 33 33 33 33 33 33 33 33 33 33
33 33 33 DD 33 33 33 33 33 33 DD B8 16 4A 30 16
解析数据:
06000001
17E585AA000000000000AA000000000000000000000000000010437AA00000000000010437000000000000056826AA1000100010001000AA0000000000000000000080000000000000000000000000000000AA000
00000220000380000470000000000002101262310 62A0A0

串口已关闭 --- ---　日期: 2021-02-01 周次: 01 时间: 14: 37: 46 连接密码机 身份认证 正式密钥状态 认证失效 状态查询

图 4-9　负荷记录抄读结果

由以上负荷记录抄读结果可知，电能表故障发生时间在2021年1月26日9时至10时之间。结合运维人员表述，推测电能表故障原因为该电厂1号发电机发生短路时的短路电流冲击过大，导致互感器二次电流过大，电能表计量芯片被烧坏。

4.1.4 电压、电流逆相序

4.1.4.1 异常现象及初步判断

2021年6月8日，计量运维人员开展电能表周期检查时发现某220kV变电站236计量点电能表显示“逆相序”报警，用电能表校验仪开展电能表工作误差测试，测试结果合格。然后断合电压二次回路空气断路器，过三五分钟电能表继续报“逆相序”告警信息。图4-10和图4-11所示为236计量点电能表显示逆相序指示及电能表校验仪测试结果。

该变电站246路、212路为消弧线圈支路，电能表也报“逆相序”告警信息，线路无负荷。

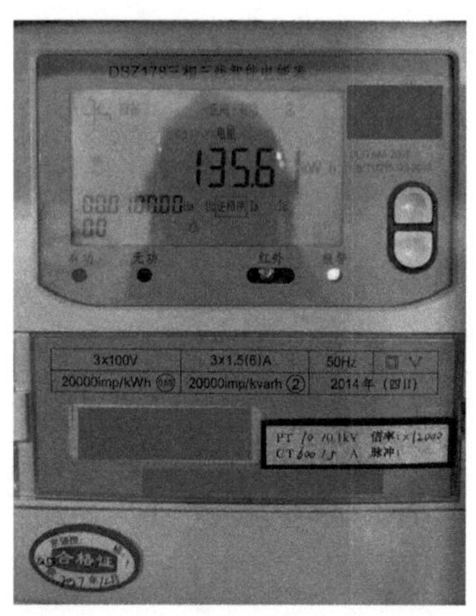

图4-10 236计量点电能表显示“逆相序”

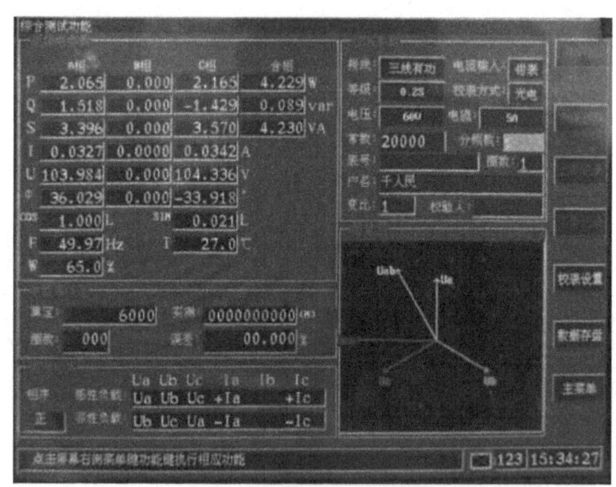

图4-11 电能表校验仪测试相序为正

电能表报逆相序原因有“电压逆相序”、“电流逆相序”或“电压、电流逆相序”三种情况，电能表对电压或电流逆相序的判断独立进行。校验仪测试结果显示为正相序，因此，有待考察现场实际情况，做进一步分析。表4-8中为报警电能表基本信息。

表 4-8 报警计量点基本信息

计量点编号	236	246	212
电压等级	10kV	10kV	10kV
计量装置分类	Ⅲ类计量装置	Ⅲ类计量装置	Ⅲ类计量装置
电压互感器变比	10/0.1	10/0.1	10/0.1
电流互感器变比	600/5	200/5	200/5
电能表编号	×××××2782	×××××2780	×××××2783
电能表型号	三相三线智能电能表	三相三线智能电能表	三相三线智能电能表
电能表出厂时间	2014 年	2014 年	2014 年
电能表安装时间	2016 年 7 月 25 日	2016 年 7 月 25 日	2016 年 7 月 25 日

4.1.4.2 故障处理

计量专业人员于 2021 年 7 月 7 日前往该变电站开展故障调查处理工作。作业人员现场检查 236、246、212 计量点电能表外观良好，封印完整，因电能表每相负荷电流低于被检电能表基本电流的 5%，故现场不满足基本电能表基本误差测试条件。

作业人员检查计量二次回路接线和施工设计图纸一致，接线正确无异常，排除二次回路接线错误原因导致计量异常。各计量点电能表表码和电能表校验仪测量数据详见表 4-9 和表 4-10。

表 4-9 某变电站电能表表码示值

计量点	10kV××236		1 号消弧线圈 212		2 号消弧线圈 246	
	A 相	C 相	A 相	C 相	A 相	C 相
电压（V）	103.7	103.9	103.9	103.9	103.9	104.0
电流（A）	0.039	0.040	–0.026	0.027	–0.021	–0.021
总有功功率（kW）	0.054		0.029		0.027	
有功功率（kW）	0.025	0.029	0.028	0.004	0.022	0.005
总功率因数	0.993		–0.700		–0.980	
功率因数	0.626	0.690	–0.870	0.125	–0.997	–0.255
正向有功总电量（kWh）	143.43		8.96		6.07	
反向有功总电量（kWh）	0.00		114.85		147.90	
组合无功Ⅰ总电量（kvarh）	59.24		16.55		10.06	
组合无功Ⅱ总电量（kvarh）	0.01		104.28		69.56	

表 4-10 电能表校验仪测量数据

计量点	10kV××236		1 号消弧线圈 212		2 号消弧线圈 246	
	A 相	C 相	A 相	C 相	A 相	C 相
电压（V）	103.723	103.762	103.926	103.998	103.945	103.996
电流（A）	0.039	0.040	–0.027	0.027	–0.021	–0.020
有功功率（W）	2.510	2.836	2.488	0.362	2.175	0.526
总有功功率（W）	5.347		2.850		2.701	
相角（°）	40.198	330.796	152.499	82.588	175.56	104.655
功率因数	0.628	0.679	–0.887	0.129	–0.997	–0.253
总功率因数	0.751		–0.477		–0.789	
环境温度（℃）	37.9		37.8		37.9	
相对湿度（%）	74.70		74.00		74.50	

为进一步判断导致电能表报警的原因，作业人员将 236、246、212 计量点电能表电流二次回路分别在端子排处短接，即电能表无二次电流流入，电能表“逆相序”报警消失。接入电流回路后，电能表显示逆相序报警，据此判断报警原因为电流二次回路异常。

该变电站 236 路为 10kV 出线，使用电能表校验仪检测过程中发现相量图正常，但电流波形畸变严重，图 4-12 和图 4-13 所示为 236 计量点的电流波形和相量图。

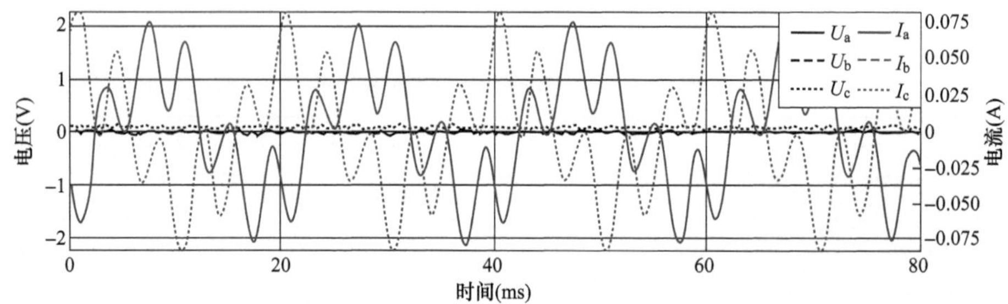

图 4-12 236 计量点电流波形

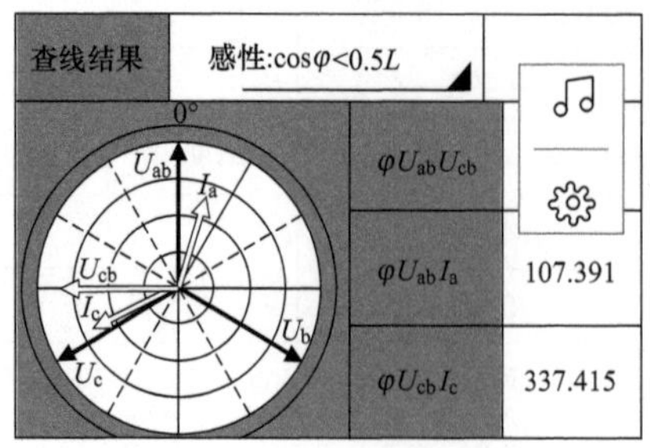

图 4-13 236 计量点相量图

使用电能表校验仪对 236 计量点电流波形进行谐波分析，谐波数据如图 4-14 和表 4-11 所示。

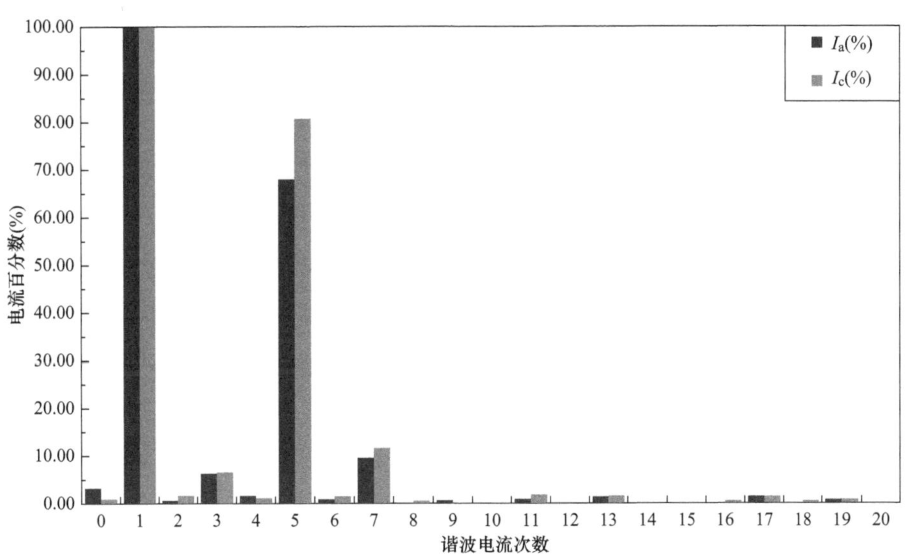

图 4-14　236 计量点谐波电流百分数

表 4-11　236 计量点谐波电流参数

谐波电流次数	A 相电流参数			C 相电流参数		
	I_a（%）	I_a（A）	φ_{Ia}(°)	I_c（%）	I_c（A）	φ_{Ic}(°)
0	3.14762	0.00100	0.00000	0.80283	0.00025	0.00000
1	100.00000	0.03177	–21.17734	100.00000	0.03114	108.34316
2	0.59805	0.00019	–73.47378	1.44509	0.00045	97.26349
3	6.20082	0.00197	59.59225	6.29416	0.00196	156.14060
4	1.38495	0.00044	–135.80254	1.09184	0.00034	170.82973
5	67.73686	0.02152	–22.95071	80.41105	0.02504	–146.28532
6	0.78691	0.00025	38.42997	1.31663	0.00041	–121.65646
7	9.60025	0.00305	81.21375	11.59281	0.00361	–150.38068
8	0.18886	0.00006	–50.89927	0.35324	0.00011	38.69036
9	0.50362	0.00016	147.34468	0.19268	0.00006	–24.18108
10	0.15738	0.00005	–7.07104	0.19268	0.00006	–177.62981
11	1.03872	0.00033	164.83029	1.60565	0.00050	48.60614
12	0.03148	0.00001	0.00000	0.12845	0.00004	–43.78838
13	1.22757	0.00039	–84.71324	1.47720	0.00046	32.73331
14	0.06295	0.00002	0.00000	0.16057	0.00005	43.40556
15	0.06295	0.00002	0.00000	0.22479	0.00007	58.07143

（续表）

谐波电流次数	A 相电流参数			C 相电流参数		
	I_a（%）	I_a（A）	φ_{Ia}(°)	I_c（%）	I_c（A）	φ_{Ic}(°)
16	0.06295	0.00002	0.00000	0.25690	0.00008	93.55293
17	1.25905	0.00040	–52.39619	1.31663	0.00041	–171.53706
18	0.06295	0.00002	0.00000	0.25690	0.00008	124.41472
19	0.28329	0.00009	–33.55183	0.44958	0.00014	95.05431
20	0.06295	0.00002	0.00000	0.09634	0.00003	0.00000

由谐波电流数据可知，236 计量点电流回路中的谐波主要为一次谐波、五次谐波、七次谐波和三次谐波。据此推测，谐波电流的存在可能导致电能表报警。

该变电站 246 路和 212 路均为消弧线圈支路，电能表校验仪判断 A 相、C 相电流相位基本相同。根据相量图可知，246 计量点 A 相电流超前 C 相电流 10.947°，212 计量点 A 相电流超前 C 相电流 12.009° 。据此推测为电流异常导致电能表报警，因此有待进一步确认。电流异常原因为电流互感器二次端子接线错误，线路处于运行状态，作业人员无法进行进一步检查和处理，需协调运维检修人员配合处理。图 4-15～图 4-18 所示为 246、212 计量点电压、电流波形和相量图。

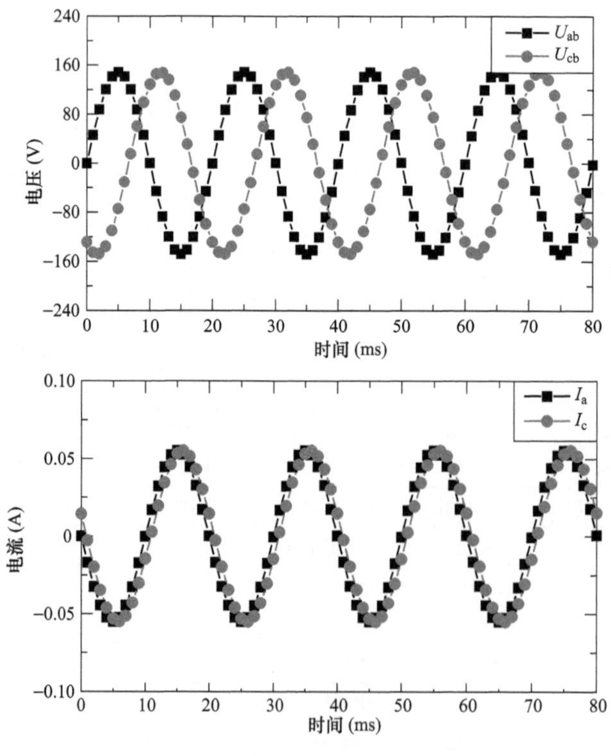

图 4-15　246 计量点电压、电流波形

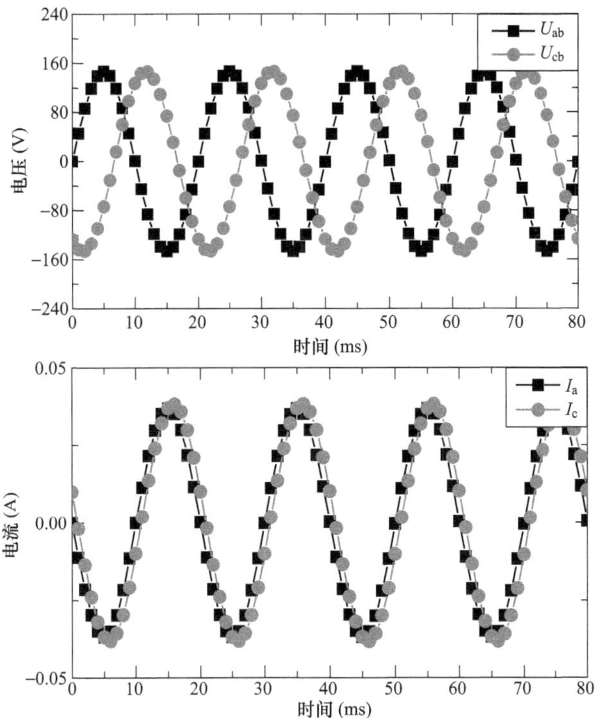

图 4-16　212 计量点电压、电流波形

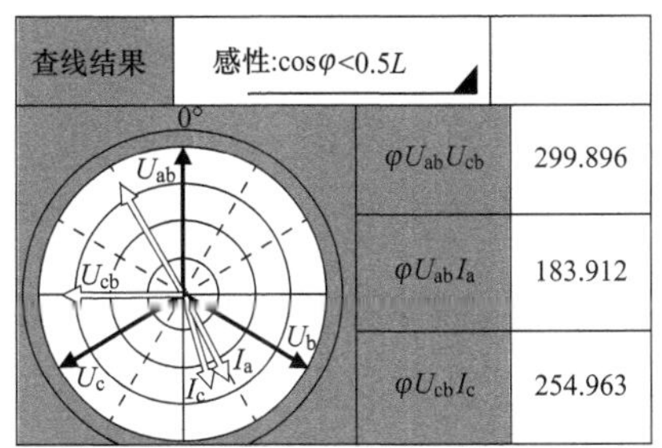

图 4-17　246 计量点相量图

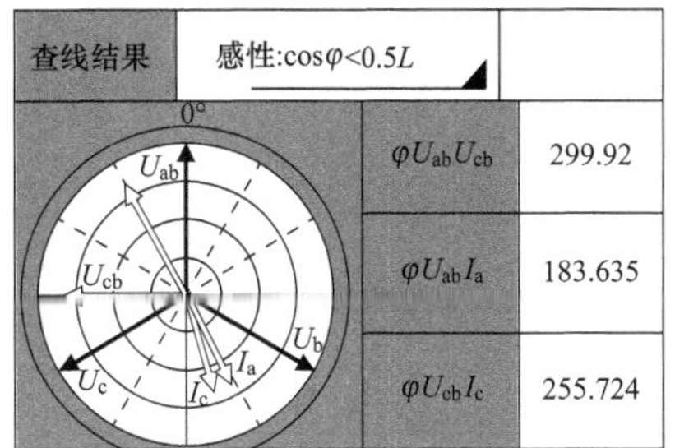

图 4-18　212 计量点相量图

根据电能表现场工况，运维人员认为该变电站 236 计量点电能表有异常，2021 年 8 月 11 日，作业人员更换 236 计量点电能表，电能表拆装工作单详见表 4-12。安装新电能表后，电能表无逆相序报警。

表 4-12　某变电站 236 电能表拆装工作单

电能表拆装工作单					
用户名称	××220kV 变电站 W	用户编号		工作票号	
工作事项	更换 236 计量点异常电能表	工作日期	2021/8/11	工作负责人	刘 ××

计量点	236	双重名称	10kV ××	计量点位置	10kV 开关室	换表时间	11:55-12:04
TV 变比	10/0.1			TA 变比	600/5	倍率	12000

原表	生产厂家		型号	额定电压	额定电流	准确度等级	脉冲常数	类型	方向	费率	出厂编号	
	A		DSZ178	3×100V	3×1.5(6)A	0.5S/2	20000	三相三线智能电能表	双	四(Ⅱ)	34016×××××	
	正向有功（kWh）					反向有功（kWh）					正向无功（kvarh）	反向无功（kvarh）
	总	尖	峰	平	谷	总	尖	峰	平	谷		
	143.43	3.3	46.61	47.94	45.57	0.00	0.00	0.00	0.00	0.00	59.24	0.01
新表	生产厂家		型号	额定电压	额定电流	准确度等级	脉冲常数	类型	方向	费率	出厂编号	
	B		DSZ331	3×100V	3×1.5(6)A	0.2S/2	20000	三相三线智能电能表	双	四(Ⅱ)	30086×××××	
	正向有功（kWh）					反向有功（kWh）					正向无功（kvarh）	反向无功（kvarh）
	总	尖	峰	平	谷	总	尖	峰	平	谷		
	0.00	0.00	0.00	0.00	0.00	0.00	0.00	0.00	0.00	0.00	0.00	0.00

4.1.4.3　经验总结

（1）电流逆相序分析。电能表对电流逆相序的判断是根据电流相角进行的，三相电流波形应如图 4-19 所示。若以电流过零点为电流相角判断依据，每相电流选择一个参考点，分别为 A_0、B_0、C_0。在图 4-19 电流波形中，C_0 点位于 A_0 点和 B_0 点之间时，即 C 相电流超前于 B 相电流，此时为逆相序情形，如图 4-20 所示。

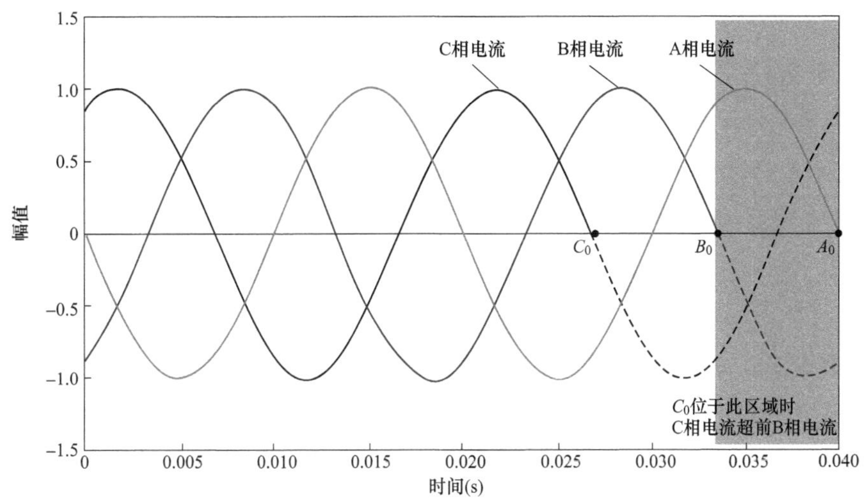

图 4-19 正常电流波形

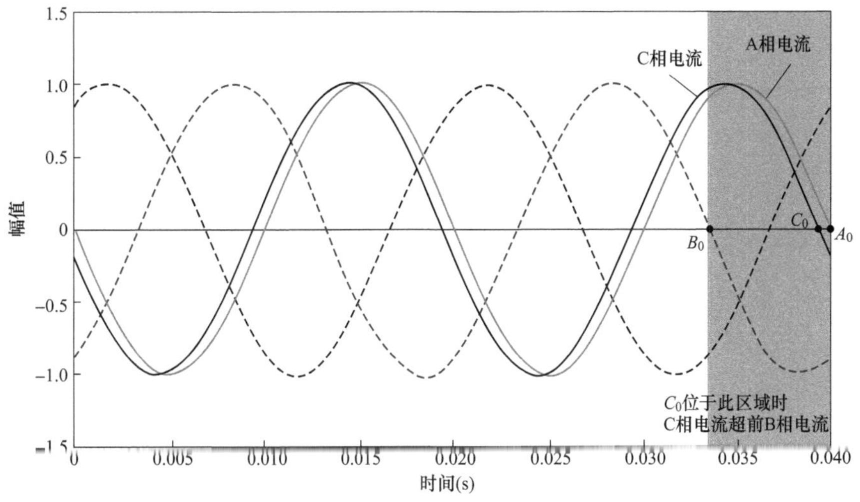

图 4-20 电流逆相序波形示意图

三相电压或电流同时存在时，A 相超前于 B 相、B 相超前于 C 相、C 相超前于 A 相即可认定为正相序。但是在三相三线电能表中，由于不存在 B 相电压或电流，因此其相序的判断可能略有差异。

为了研究不同三相三线电能表的相序判断算法，本文对不同厂家生产的电能表进行了实验验证。采用 CL3013 型三相电能表便携式校验装置输出幅值为 100V，相角分别为 30° 和 90° 的电压，相量图如图 4-21 所示。电流幅值为 1.0A，调整 A 相和 C 相电流相角，进行实验。

分别采用 A 公司生产的 DSZ188 型和 DSZ178 型三相三线智能电能表，以及 B

公司生产的 DSZ331 型三相三线智能电能表进行实验，其中 DSZ178 型电能表为该变电站 236 计量点拆回的异常电能表。

实验结果显示，当 A 相电流相量与 C 相电流相量顺时针方向的夹角小于 180°，即处于如图 4-22 所示的阴影区域时，DSZ178 型三相三线电能表会发出“逆相序”告警。而在 A 相电流相量和 C 相电流相量的任意位置，DSZ331 型和 DSZ188 型电能表均不产生“逆相序”告警。

（2）电压逆相序分析。受控源输出电流为零，改变电压相角。实验结果显示，当 $\dot{U}_{ab}$ 和 $\dot{U}_{bc}$ 电压相量顺时针方向的夹角小于 180° 时，即相量图（图 4-23）中阴影区域，DSZ178 型三相三线电能表会发出“逆相序”告警。电压波形图中以电压过零点为参考，$\dot{U}_{ab}$ 和 $\dot{U}_{cb}$ 过零点分别如图 4-24 所示，则 $\dot{U}_{cb0}$ 位于阴影区域时，DSZ178 型三相三线电能表发出“逆相序”告警。

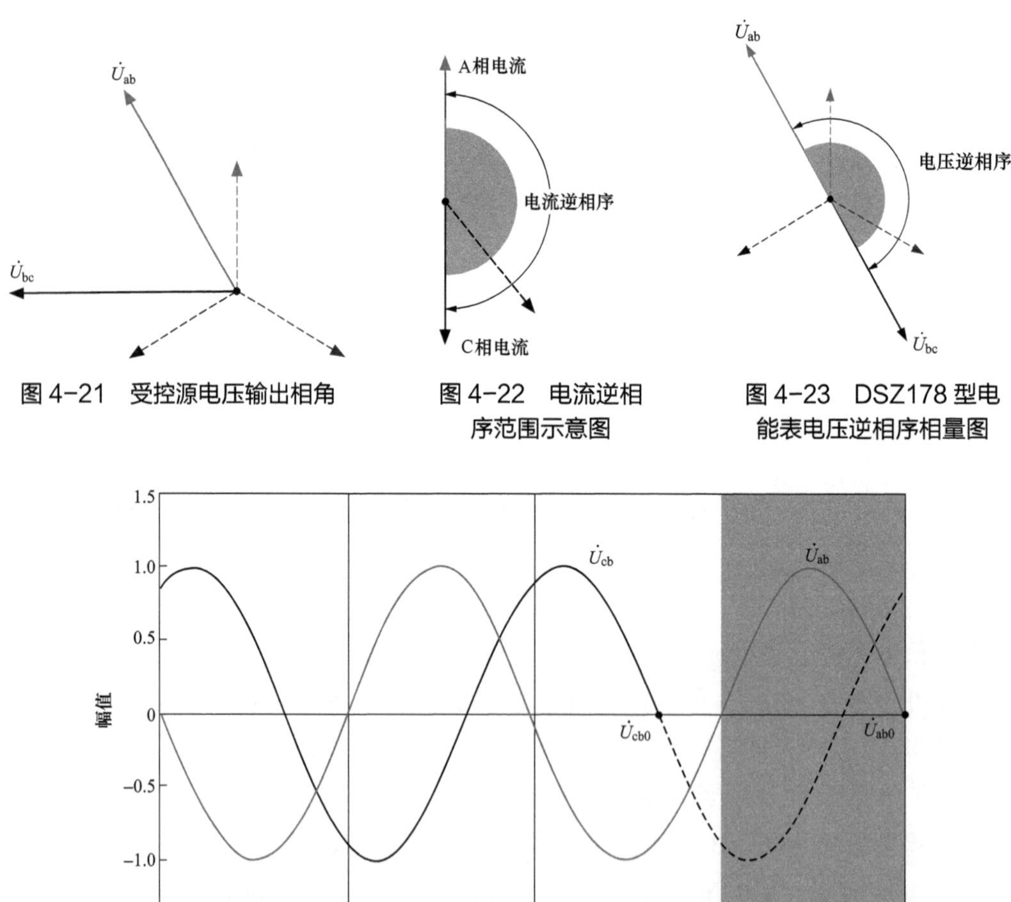

图 4-21　受控源电压输出相角

图 4-22　电流逆相序范围示意图

图 4-23　DSZ178 型电能表电压逆相序相量图

图 4-24　DSZ178 型电能表电压逆相序波形图

当$\dot{U}_{ab}$和$\dot{U}_{cb}$电压相量顺时针方向的夹角大于30° 小于90° 时，DSZ188型三相三线电能表会发出“逆相序”告警，如图4-25所示相量图中的阴影区域。电压波形图中以电压过零点为参考，$\dot{U}_{ab}$和$\dot{U}_{cb}$过零点分别如图4-26所示，则在一个周期内$\dot{U}_{cb0}$点位于阴影区域时，DSZ188型三相三线电能表显示“逆相序”告警。

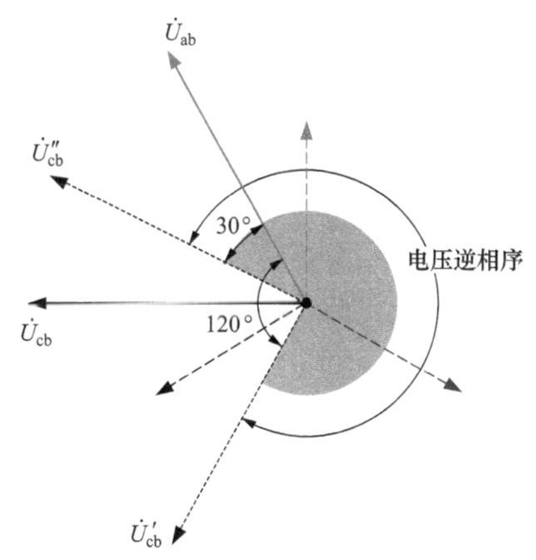

图4-25 DSZ188型电能表电压逆相序相量图

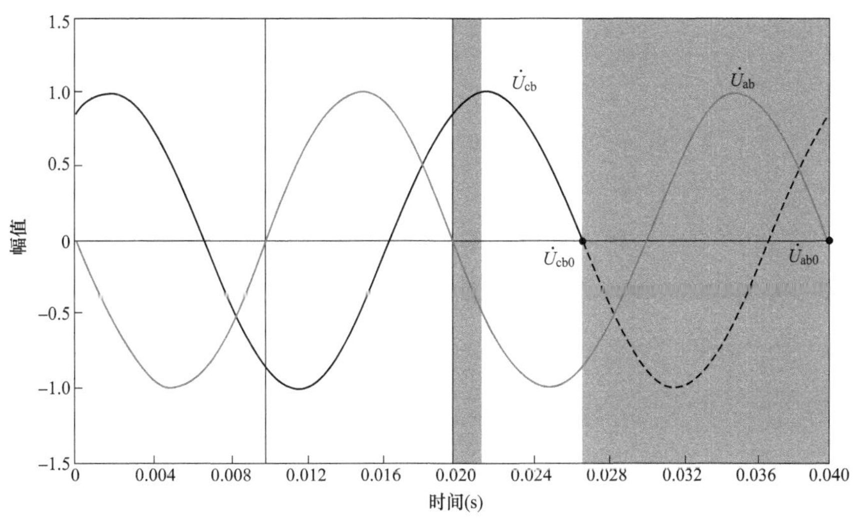

图4-26 DSZ188型电能表电压逆相序波形图

（3）现场工况分析。

根据现场测试波形可知，246计量点A相电流超前C相电流10.947°，212计量点A相电流超前C相电流12.009°，由于两者电流相量位置相差不多，因此仅以246计量点相量为例对其进行说明，其电压和电流相对位置如图4-27所示。该变电站

246、212 计量点电能表均为 A 公司生产的 DSZ178 型三相三线智能电能表，根据电流逆相序分析实验可知，当该型号电能表 A 相电流和 C 相电流顺时针方向角度小于 180° 时即报“逆相序”告警，如图 4-27 阴影区域所示。而实际 246 和 212 计量点 A 相电流和 C 相电流相角差约为 10°，故电能表发出“逆相序”告警。

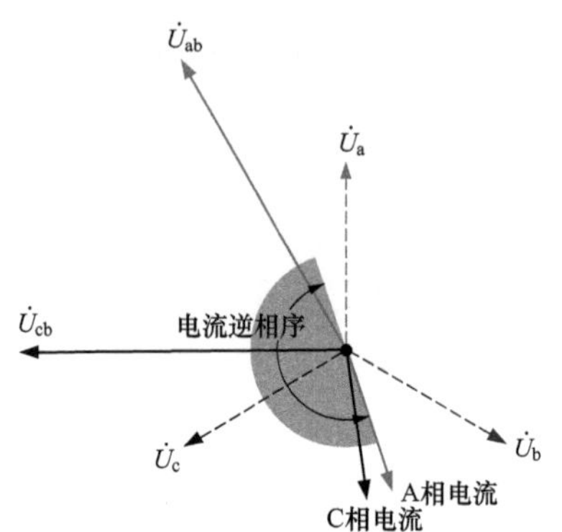

图 4-27　246 计量点相量图

根据现场测试谐波参数绘制的 236 计量点电流波形如图 4-28 所示。图 4-28 中实线为实际 A 相电流和 C 相电流波形，虚线为 A 相电流和 C 相电流基波。B 相为虚拟参考电流波形，实际并不存在。数据作归一化处理，仅考虑谐波占比较高的 1、3、5、7 次谐波。

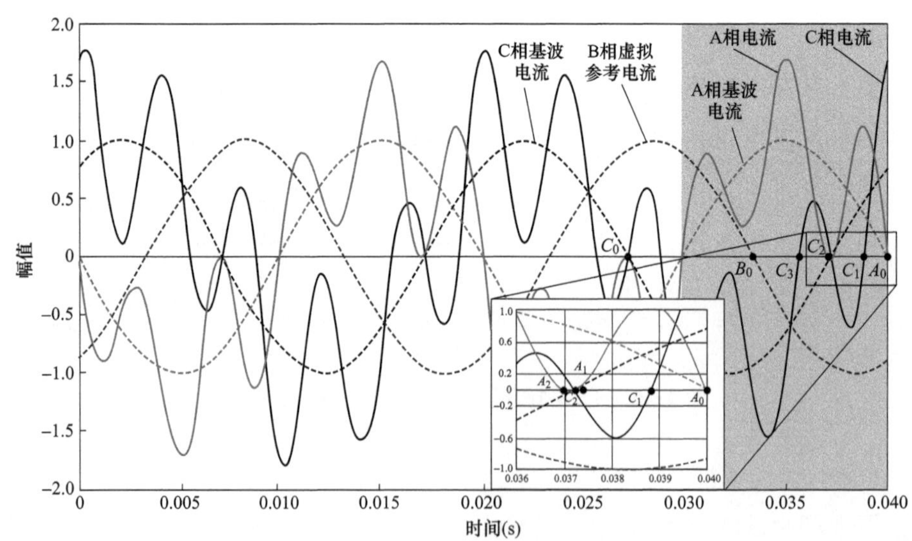

图 4-28　236 计量点电流波形分析

若以实际电流过零点为相角判断依据，由图4-28可知，在A_0和B_0区间内，C相电流过零点有三个，分别为图中的C_1、C_2、C_3；A相电流过零点有两个，分别为图中的A_1、A_2。若仅以过零点为相角判断依据，则该型号电能表会显示“逆相序”报警。但若不加以别的条件限制，则说明电能表内部程序存在缺陷。

值得注意的是，电能表的逆相序多是依靠内部程序来实现的，电能表的程序涉及电能表生产厂家的知识产权，不予公开。

（4）谐波电流实验。为验证现场谐波电流是否会对电能表造成影响，作业人员使用谐波源输出谐波电流，进行谐波电流的影响实验。采用谐波发生器对现场谐波情况进行模拟，设置谐波电流参数见表4-13，实测谐波电流波形及相量图如图4-29和图4-30所示。

表4-13　谐波源输出谐波电流参数

谐波电流次数	A相电流参数			C相电流参数		
	I_a（%）	I_a（A）	φ_{Ia}(°)	I_c（%）	I_c（A）	φ_{Ic}(°)
1	100.000	0.031	38.341	100.000	0.030	178.984
5	68.000	0.021	73.398	78.888	0.024	148.750
7	12.655	0.004	−4.096	12.144	0.004	35.034

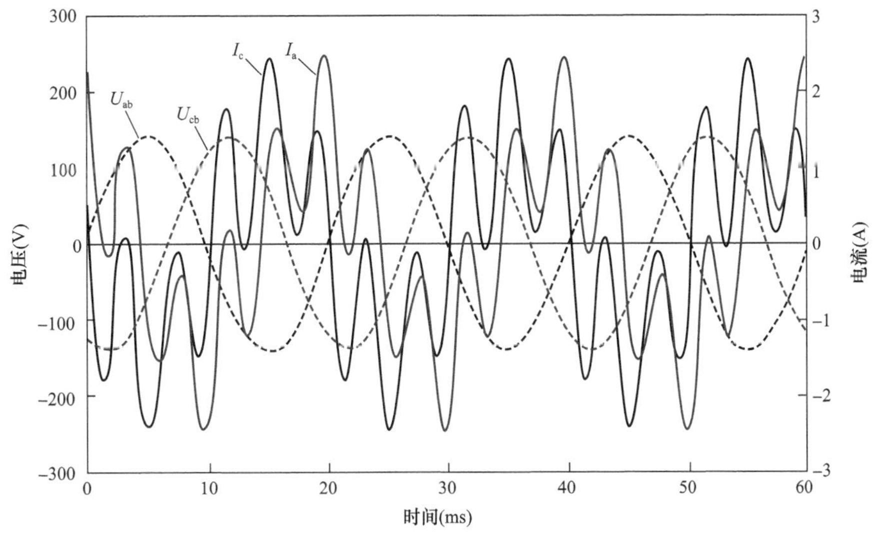

图4-29　谐波测试输出波形

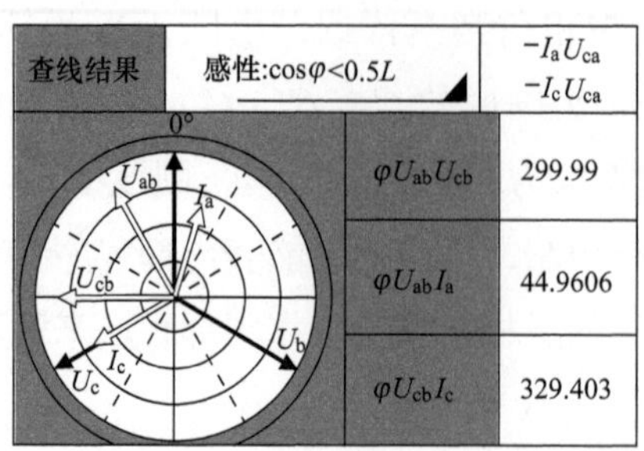

图 4-30　谐波测试输出相量图

测试用电能表型号和参数详见表 4-14。实验过程中，将谐波电流接入电能表，电能表示值正常，且未发出“逆相序”报警信息，说明该条件下谐波电流不影响电能表正常工作。

表 4-14　测试用电能表型号和参数

条码号		出厂编号		生产厂家			类型	型号
××××××		×××××		××××电气股份有限公司			智能－无费控	DSZ188
标定电压	标定电流	准确度等级	脉冲常数	方向	费率	出厂年份	检定入库时间	安装时间
100V	1.5(6)A	0.5S/2	20000imp	双	四(Ⅱ)	20××年	—	—

4.1.4.4　谐波对电能计量误差的影响

电子式电能表测量的是平均有功电能，最后得到的是基波能量与谐波能量之和。谐波对电能计量的影响与潮流方向有关。

（1）谐波潮流由系统注入用户时，谐波与基波潮流方向一致，电能表计量的是基波电能和部分或全部谐波电能，计量结果大于基波电能。

（2）谐波潮流方向与基波潮流方向相反时，用户除自消耗部分谐波外，还要向电网输送与基波潮流方向相反的谐波分量，电能表计量的电能是基波电能减去这部分谐波电能的部分或全部和，计量结果小于基波电能，是引起线路出现负损的原因之一。

4.1.5　电能表超差

4.1.5.1　异常现象及初步判断

2021 年 7 月 5 日，计量运维人员发现自动化系统的开关换算电量比对结果与售电量的比对结果不一致，某220kV变电站282支路和234支路关口电能表计电量偏多。

该220kV变电站282支路关口电能表计电量及其所对应的配电自动化关口电量和售电量，日均线损率为5.46%，损失电量和日线损率分别为：损失电量 = 关口表计日电量－售电量；日线损率 = 损失电量 ÷ 关口表计日电量 ×100%。

图4-31所示为282支路计量点电量，图4-32所示为282支路日线损率，282支路计量点电量平均值详见表4-15，数据记录时间为2021年5月1日至2021年5月31日。

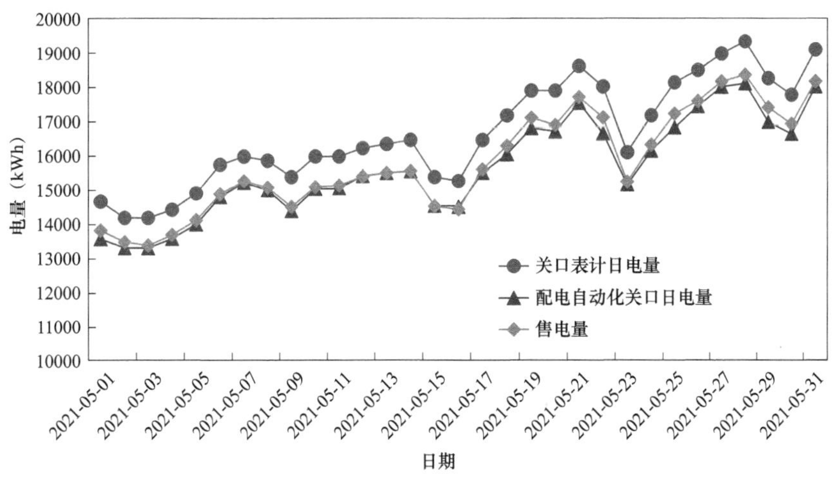

图4-31　282支路计量点电量

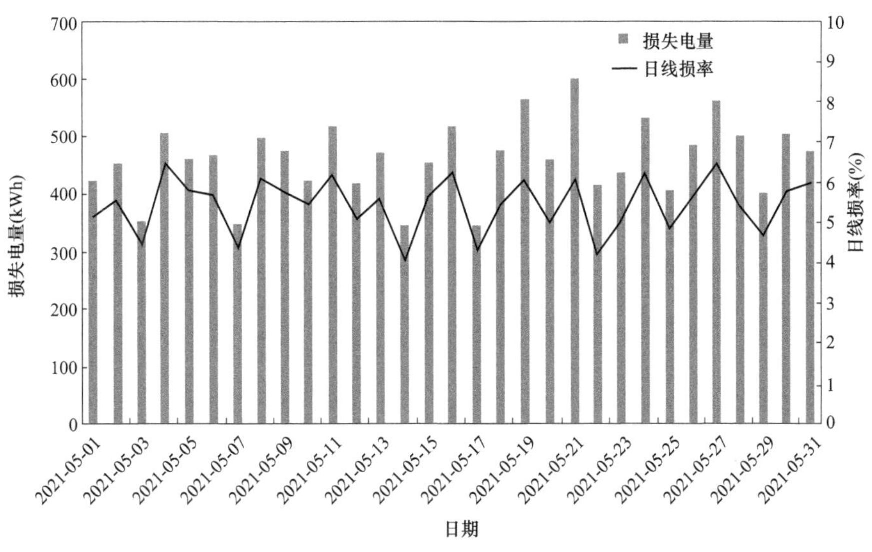

图4-32　282支路日线损率

表 4-15 282 支路计量点电量平均值 （kWh）

数据类型	关口表计日电量	配电自动化关口日电量	售电量	损失电量
日电量平均值	8473.55	7895.41	8011.30	462.25
日电量累积值	262680.00	244757.70	248350.15	14329.85
表底数平均值	0.71	0.66	0.68	0.04
表底数累积值	21.89	20.40	20.70	1.20

由表 4-15 中的数据可知，平均日损失电量为 462.25 kWh，电能表表底数差值为 0.04 kWh，相对误差约为 4%。

该变电站 234 路关口表计电量及其所对应的配电自动化关口电量和售电量，日均线损率为 7.47%。损失电量和日线损率分别为：损失电量 = 关口表计日电量 − 售电量；日线损率 = 损失电量 / 关口表计日电量 × 100%。

图 4-33 所示为 234 支路计量点电量，图 4-34 所示为 234 支路日线损率，234 支路计量点电量平均值详见表 4-16，数据记录时间为 2021 年 5 月 1 日至 2021 年 5 月 31 日。

表 4-16 234 支路计量点电量平均值 （kWh）

数据类型	关口表计日电量	配电自动化关口日电量	售电量	损失电量
日电量平均值	2554.84	2293.49	2365.06	189.78
日电量累积值	79200.00	71098.08	73316.80	5883.20
表底数平均值	0.21	0.19	0.20	0.02
表底数累积值	6.60	5.92	6.11	0.49

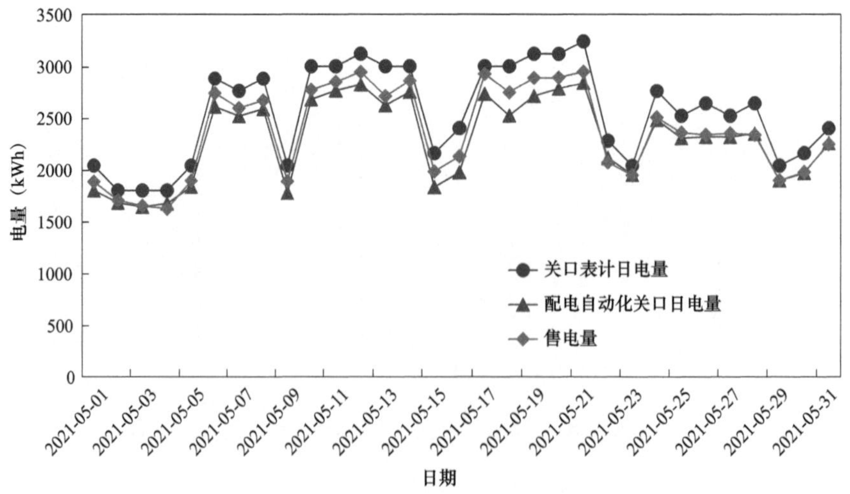

图 4-33 234 支路计量点电量

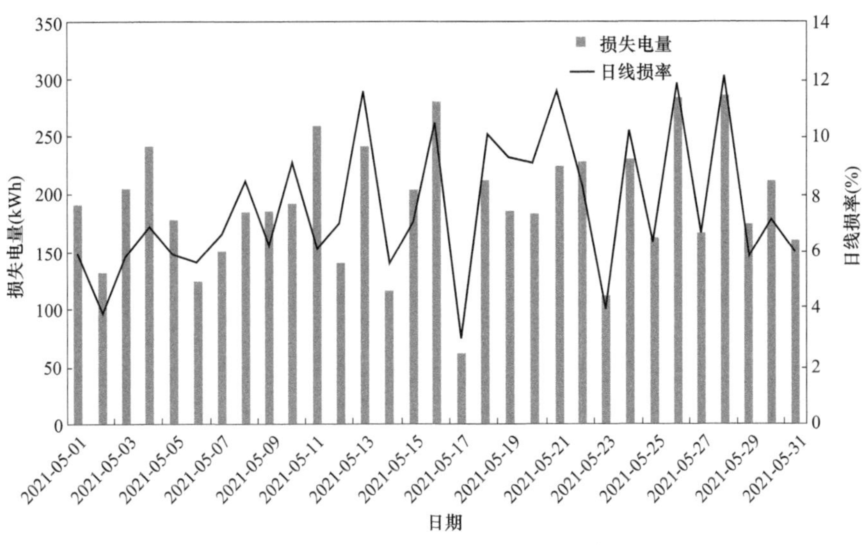

图 4-34　234 支路日线损率

由表 4-16 中的数据可知，平均日损失电量为 462.25 kWh，电能表表底数差值为 0.04 kWh，相对误差约 2%。

据此推测计量异常原因可能为电能表超差。

4.1.5.2　故障处理

计量运维人员于 2021 年 7 月 6 日前往该变电站进行计量异常调查，现场检查 282、234 计量点电能表外观良好，接线正确。电能表型号及二次回路电参数测试值见表 4-17。

表 4-17　电能表型号及二次回路电参数

电能表型号	DSZ331	准确度	0.5S/2
计量点编号	282	表号	30002×××××
额定电压	100V	额定电流	1.5（6）A
U_{ab}	104.462V	I_{ab}	0.027A
U_{cb}	104.950V	I_{cb}	0.027A
P_{ab}	2.038W	P_{cb}	2.759W
φ_1	43.513°	φ_2	–13.787°
$\cos\varphi$	0.967	f	50.02Hz
电能表型号	DSSD331	准确度	0.5S/2
计量点编号	234	表号	04000×××××

（续表）

额定电压	100V	额定电流	1.5（6）A
U_{ab}	102.139V	I_{ab}	0.009A
U_{cb}	102.219V	I_{cb}	0.012A
P_{ab}	0.723W	P_{cb}	1.066W
φ_1	44.491°	φ_2	–26.267°
cosφ	0.994	f	50.01Hz

由于每相负荷电流均小于电能表基本电流的 5%，不满足 DL/T 1664—2016《电能计量装置现场检验规程》中规定的电能表的工作误差测试条件要求，故未开展电能表现场误差测试。作业人员将原表拆回进行实验室检测，利用三相电能表检定装置，开展电能表的基本误差测试，测试结果详见表 4-18 和表 4-19。

表 4-18　某变电站 282 计量点电能表误差测试（表号：30002×××××）

正向有功基本误差（合元）							
功率因数	规定极限值（%）	电流值	实际相对误差（%）				
			第 1 组	第 2 组	第 3 组	第 4 组	平均值
1	± 0.3	I_{max}	+0.2	+0.2	+0.2	+0.2	+02
		$0.5I_{max}$	+0.2	+0.2	+0.2	+0.2	+02
		I_n	+0.2	+0.4	+0.4	+0.2	+0.3
		$0.05I_n$	+0.6	+0.6	+0.6	+0.6	+0.6
	± 0.6	$0.01I_n$	+0.6	+0.6	+0.6	+0.6	+0.6
0.5L	± 0.36	I_{max}	+0.2	+0.2	+0.2	+0.2	+02
		$0.5I_{max}$	+0.4	+0.4	+0.4	+0.4	+0.4
		I_n	+0.4	+0.4	+0.4	+0.4	+0.4
		$0.1I_n$	+0.6	+0.6	+0.6	+0.6	+0.6
	± 0.6	$0.02I_n$	+0.8	+0.8	+0.8	+0.8	+0.8
0.8C	± 0.36	I_{max}	+0.4	+0.4	+0.4	+0.4	+0.4
		$0.5I_{max}$	+0.4	+0.4	+0.4	+0.4	+0.4
		I_n	+0.2	+0.2	+0.2	+0.2	+02
		$0.1I_n$	+0.6	+0.6	+0.6	+0.6	+0.6
	± 0.6	$0.02I_n$	+0.8	+0.8	+0.8	+0.8	+0.8
0.5C	± 0.6	I_n	+1.0	+1.0	+1.0	+1.0	+1.0
0.25L	± 0.6	I_n	+1.0	+1.0	+10	+1.0	+1.0

表 4-19　某变电站 234 计量点电能表误差测试（表号：04000×××××）

正向有功基本误差（合元）							
功率因数	规定极限值（%）	电流值	实际相对误差（%）				
			第 1 组	第 2 组	第 3 组	第 4 组	平均值
1	±0.3	I_{max}	+0.2	+0.2	+0.2	+0.2	+02
		$0.5I_{max}$	+0.2	+0.2	+0.2	+0.2	+02
		I_n	+0.4	+0.4	+0.4	+0.4	+0.4
		$0.05I_n$	+0.8	+0.8	+0.8	+0.8	+0.8
	±0.6	$0.01I_n$	+0.8	+0.8	+0.8	+0.8	+0.8
0.5L	±0.36	I_{max}	+0.4	+0.4	+0.4	+0.4	+0.4
		$0.5I_{max}$	+0.4	+0.4	+0.4	+0.4	+0.4
		I_n	+0.4	+0.4	+0.4	+0.4	+0.4
		$0.1I_n$	+0.6	+0.6	+0.6	+0.6	+0.6
	±0.6	$0.02I_n$	+0.8	+0.8	+0.8	+0.8	+0.8
0.8C	±0.36	I_{max}	+0.4	+0.4	+0.4	+0.4	+0.4
		$0.5I_{max}$	+0.4	+0.4	+0.4	+0.4	+0.4
		I_n	+0.4	+0.4	+0.4	+0.4	+0.4
		$0.1I_n$	+0.6	+0.6	+0.6	+0.6	+0.6
	±0.6	$0.02I_n$	+0.8	+0.8	+0.8	+0.8	+0.8
0.5C	±0.6	I_n	+1.0	+1.0	+1.0	+1.0	+1.0
0.25L	±0.6	I_n	+1.0	+1.0	+1.0	+1.0	+1.0

由基本误差测试结果可知，该变电站 282、234 计量点电能表误差超差，因此导致了计量失准。

4.2　数字化电能表计量异常案例分析处理

4.2.1　计量异常

4.2.1.1　异常现象及初步判断

某 220kV 变电站投运日期为 2014 年 7 月 6 日，为一类枢纽地下智能变电站，电能计量装置按照国家电网有限公司新一代智能电能表标准设计，互感器为常规电磁式互感器，220kV、110kV 电压等级全部间隔及 10kV 主变压器间隔使用数字化电能表进行计量，10kV 馈线、电容器、电抗器、站用变压器间隔均使用智能终端（多合一装置）进行计量。如图 4-35 所示为现场使用的数字化电能表及智能终端，10kV 开关柜内预留安装智能电能表位置。

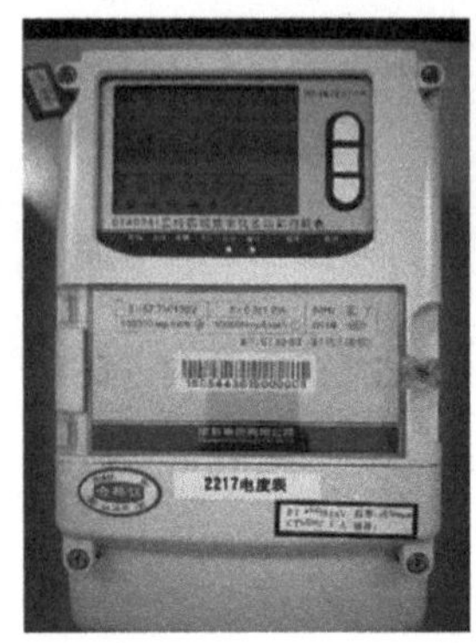

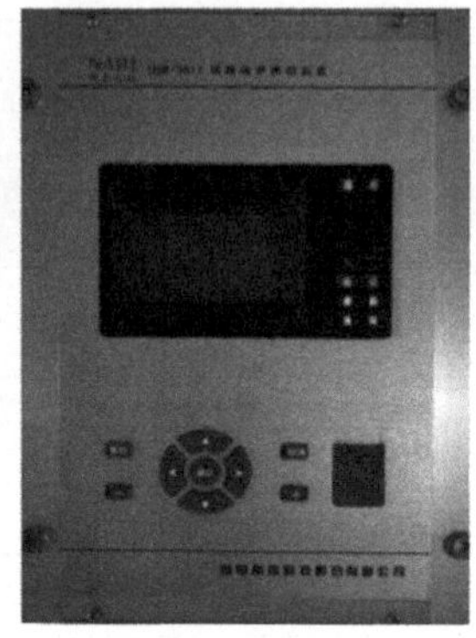

图 4-35 在运数字化电能表、智能终端及其屏显计量电量

自该站 10kV 馈线负荷带出后，供电公司多次反映计量失准的情况，具体情况为该 220kV 变电站 10kV 馈线智能终端所计电量与对端 10kV 开闭站、变电站所装智能电能表所计电量严重不符，分线线损率严重异常，影响供电公司线损指标，如图 4-36 所示为该站线损情况统计信息。

月份：2017-12　线损率：~　是否达标：否　是否可算：
电量接入：　白名单申请：　是否报备：　查询　重置
分线路同期日线损　导出　异常标注　报备申请　全量导出　异常分析

序号	线路编号	线路名称	变电站名称	年月	电压等级	输入电量(kW·h)	输出电量(kW·h)	售电量(kW·h)	损失电量(kW·h)	线损率(%)	线路关口(	
											总数	成功数
1	02M2		北京.菜市口	2017-12	交流220kV	72600.00	0.00	887380.30	-814780.30	-1122.29	1	
2	02M2		北京.菜市口	2017-12	交流220kV	56400.00	0.00	649769.60	-593369.60	-1052.07	1	
3	02M7		北京.菜市口	2017-12	交流220kV	67800.00	0.00	903748.90	-835948.90	-1232.96	1	
4	02M7		北京.菜市口	2017-12	交流220kV	11400.00	0.00	171160.00	-159760.00	-1401.40	1	
5	02M7		北京.菜市口	2017-12	交流220kV	46800.00	0.00	704800.00	-658000.00	-1405.98	1	
6	02M7		北京.菜市口	2017-12	交流220kV	0.00	0.00	0.00	0.00	-100.00	1	
7	02M2		北京.菜市口	2017-12	交流220kV	67800.00	0.00	655063.80	-587263.80	-866.17	1	
8	02M7		北京.菜市口	2017-12	交流220kV	4200.00	0.00	61600.00	-57400.00	-1366.67	1	
9	02M7		北京.菜市口	2017-12	交流220kV	26400.00	0.00	256960.00	-230560.00	-873.33	1	
10	02M7		北京.菜市口	2017-12	交流220kV	127200.00	0.00	1515290.80	-1388090.80	-1091.27	1	
11	02M2		北京.草桥	2017-12	交流220kV	571200.00	0.00	508760.00	62440.00	10.93	1	

图 4-36 某变电站 10kV 分线线损异常统计

针对以上情况，供电公司、检修公司多次组会研讨，智能终端厂家也进行了实地检查，均无法判断计量异常原因，最终决定由计量中心牵头在站内 10kV 开关柜预留装表位置加装智能电能表，尝试解决问题。

4.2.1.2 故障处理

作业人员在 2019 年 12 月 17 日为该 220kV 变电站加装 10kV 馈线智能电能表后，电量信息通过电子式电能表获取，母线平衡数据也由相应数据计算得到。截至 2022 年 3 月，未出现分线线损异常情况。后续计量中心将协同检修公司共同组织智能终端（多合一装置）与智能电能表运行情况分析，力求尽早分析数字化计量系统问题所在。10kV 开关柜预留装表位置如图 4-37 所示。10kV 馈线加装智能电能表如图 4-38 所示。

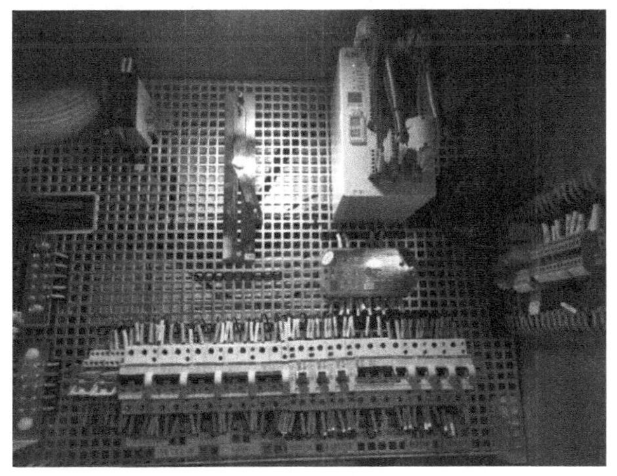

图 4-37 10kV 开关柜预留装表位置

图 4-38 10kV 馈线加装智能电能表

4.2.2 电源故障

4.2.2.1 异常现象及初步判断

2020 年 12 月 22 日，计量运维人员在某 220kV 变电站开展电能表信息核查工作时，发现 GIS 室内 110kV 母线 145 智能控制柜 145 计量点电能表液晶屏无显示。现场检查发现电能表电源开关正常，电能表电源输入端子电压正常，推断故障原因为电能表液晶显示屏损坏或电能表内部电源模块损坏。

4.2.2.2 故障处理

2020 年 12 月 25 日，作业人员前往现场进行故障处理，更换 145 计量点电能表电源模块之后，电能表恢复正常计量，电能量采集系统可以正常采集数据。如图4-39 和图 4-40 所示为现场在运数字化电能表及其电源模块组件。

图 4-39　运数字化电能表

图 4-40　第一代数字化电能表电源模块组件

4.2.2.3　经验总结

该 220kV 变电站投运日期为 1993 年 10 月 20 日，为一类负荷室内常规变电站，2011 年进行智能化改造，将 220kV、110kV 电压等级全部间隔及 10kV 主变压器间隔二次系统改造为数字化设备。在运数字化电能表 12 具（均为计量一次电量的数字化电能表），表型为第一代数字化电能表，其内部芯片组、电源模块、显示模块等部件均为按 IEC 61850 9—1 标准设计研制，表计参数设置在项目改造时无标准可供参照，实际解析的电参量为上级模拟量输入合并单元所提供的一次系统电参量报文，电能量数值为一次系统电能量值（兆瓦时数量级）。

自 2016 年起，该类型数字化电能表开始出现电源模块故障情况，导致电能表停走。经与生产厂家进行多次沟通，确认故障原因为以下情形：一是该批次电能表原装电源模块电容元件有缺陷；二是电能表电源模块与内部芯片组的配合上存在缺陷；三是第一代数字化电能表生产时尚无统一形式规范、技术条件，处于研发试点阶段，因此电能表运行功耗较大，元器件发热异常；四是变电站现场直流电源电压波动致电源模块产生冲击，导致电源损坏。

综合各种因素及现场情况，针对数字化电能表电源模块故障，目前采用更换电能表电源组件的方式进行处理，其效果一般，更换电源电路板后数字化电能表运行 2～3 年仍会出现类似故障。2020 年国网北京市电力公司处理三起因上述原因造成的数字化电能表停走故障，分别为 103、145、202B 间隔。上述计量异常故障导致该 220kV 变电站 10kV 母线电量平衡指标异常，如图 4-41 和图 4-42 所示。

序号	对象名称	数据时间	总(本期)				
			有功				
			供入	供出	损耗	线损率	可信度(I,O)
1	10kV母线	2017-06-05	1098200.00	1500520.00	-402320.00	-36.63	4/4,68/68
2	10kV母线	2017-06-06	978200.00	1342320.00	-364120.00	-37.22	4/4,68/68
3	10kV母线	2017-06-07	1066900.00	1446080.00	-379180.00	-35.54	4/4,68/68
4	10kV母线	2017-06-08	1119200.00	1514320.00	-395120.00	-35.30	4/4,68/68
5	10kV母线	2017-06-09	1232500.00	1660720.00	-428220.00	-34.74	4/4,68/68
6	10kV母线	2017-06-10	1086700.00	1478480.00	-391780.00	-36.05	4/4,68/68
7	10kV母线	2017-06-11	1082700.00	1472880.00	-390180.00	-36.04	4/4,68/68
8	10kV母线	2017-06-12	1081400.00	1477840.00	-396440.00	-36.66	4/4,68/68
9	10kV母线	2017-06-13	1095000.00	1475960.00	-380960.00	-34.79	4/4,68/68
10	10kV母线	2017-06-14	1218300.00	1638720.00	-420420.00	-34.51	4/4,68/68

图 4-41　某变电站 10kV 母线电量不平衡率

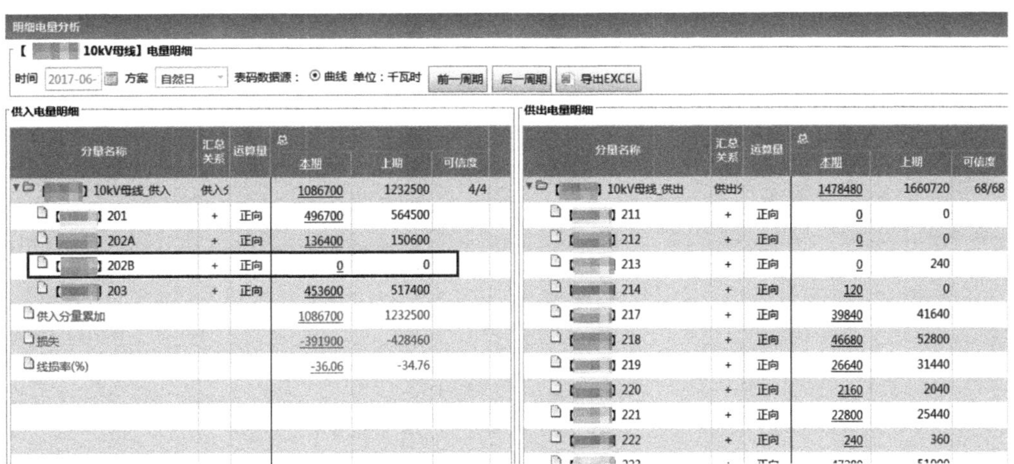

分量名称	汇总关系	运算量	总 本期	上期	可信度
10kV母线_供入	供入		1086700	1232500	4/4
201	+	正向	496700	564500	
202A	+	正向	136400	150600	
202B	+	正向	0	0	
203	+	正向	453600	517400	
供入分量累加			1086700	1232500	
损失			-391900	-428460	
线损率(%)			-36.06	-34.76	

分量名称	汇总关系	运算量	总 本期	上期	可信度
10kV母线_供出	供出		1478480	1660720	68/68
211	+	正向	0	0	
212	+	正向	0	0	
213	+	正向	0	240	
214	+	正向	120	0	
217	+	正向	39840	41640	
218	+	正向	46680	52800	
219	+	正向	26640	31440	
220	+	正向	2160	2040	
221	+	正向	22800	25440	
222	+	正向	240	360	

图 4-42　某变电站 202B 计量点数字化电能表数据

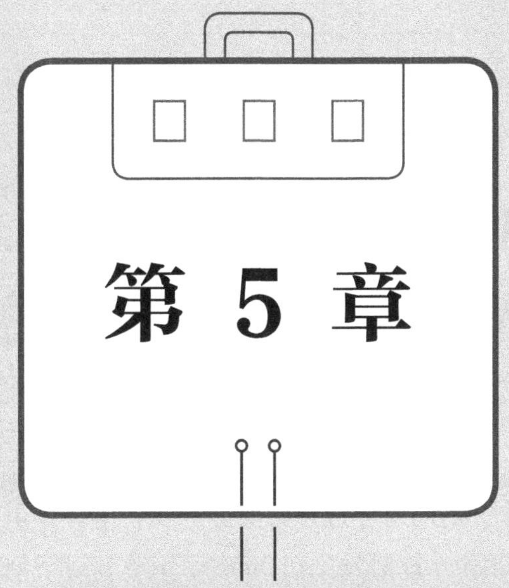

第 5 章 计量二次回路故障典型案例分析处理

计量二次回路故障占到了计量装置故障总数的一半以上，不仅数量多，影响较大，还不易被发现，由此带来的电量损失也较多，需要引起计量运维人员的高度重视。计量二次回路涉及电流互感器二次端子箱、电压互感器二次端子箱、熔断器或空气断路器、二次电缆、电压切换继电器、端子排、电能表等多个环节，设备复杂、点多面广，故障排查难度较大。因此，本章对不同类型的计量二次回路故障的分析处理过程进行了详细介绍，以期举一反三，为计量运维人员提供参考。

5.1 设备缺陷案例分析处理

5.1.1 继电器端子松动

5.1.1.1 异常现象及初步判断

2021 年 5 月 28 日，计量运维人员发现某 220kV 变电站 2201 计量点电能表 B 相失压。计算运维人员第一时间对异常现象展开分析，电能量采集系统数据显示，该变电站 2201 计量点 B 相失压故障发生在 2021 年 5 月 12 日 5:00 到 5 月 12 日 6:00 期间。如图 5-1 所示为电能量采集系统内 2201 计量点电压参数数据记录。

序号	测量点名称	时间	有功功率	无功功率	A相电压
1	[illegible] 2201	2021-05-12 00:00:00	0.6100	0.6100	61.00
2	[illegible] 2201	2021-05-12 01:00:00	0.6100	0.6100	61.00
3	[illegible] 2201	2021-05-12 02:00:00	0.6100	0.6100	61.00
4	[illegible] 2201	2021-05-12 03:00:00	0.6100	0.6100	61.00
5	[illegible] 2201	2021-05-12 04:00:00	0.6100	0.6100	61.00
6	[illegible] 2201	2021-05-12 05:00:00	0.6000	0.6000	61.00
7	[illegible] 2201	2021-05-12 06:00:00	0.6000	0.0100	60.00
8	[illegible] 2201	2021-05-12 07:00:00	0.6000	0.0100	60.00
9	[illegible] 2201	2021-05-12 08:00:00	0.6000	0.0100	60.00
10	[illegible] 2201	2021-05-12 09:00:00	0.6000	0.0100	60.00
11	[illegible] 2201	2021-05-12 10:00:00	0.6000	0.0100	60.00
12	[illegible] 2201	2021-05-12 11:00:00	0.6000	0.0100	60.00

图 5-1 某变电站 2201 计量点电压参数数据记录

5.1.1.2 现场处理

2021 年 6 月 2 日，计量运维人员前往该变电站开展关口电能计量装置故障处理。现场检查发现 2201 计量点电能表显示 A 相电压为 60.6V，B 相电压为 1.6V，C 相电压为 60.4V，失压记录显示上一次失压时间为 2021 年 5 月 12 日 5:26:40，失压总时间为 82456 min，失压次数为 20 次，如图 5-2 所示为该电能表失压记录。电能表外观无破损，表尾、接线盒以及电能表屏端子排处二次回路接线良好，无异常。

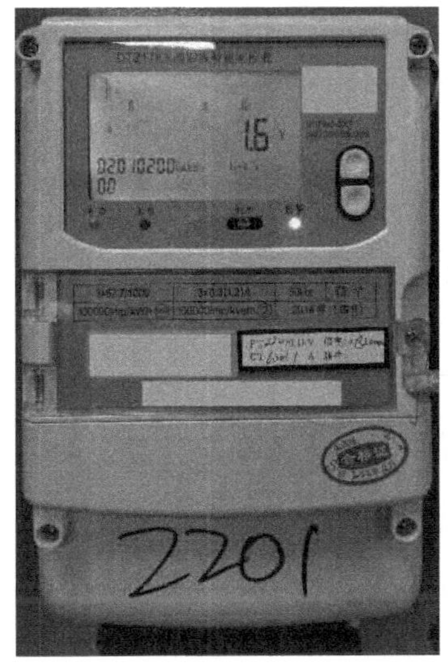

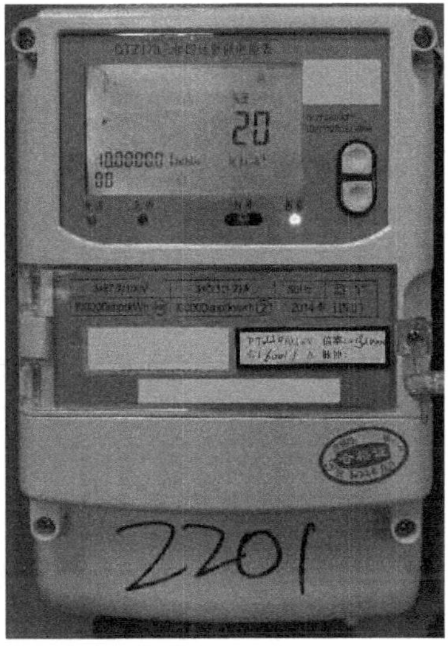

图 5-2　某变电站 2201 计量点 B 相失压记录

计量专业人员对该计量点电压二次回路进行异常排查，发现“220kV 电压切换屏Ⅱ”内，220kV 4 号母线 TV 切换继电器 B 相电压出口端子并接了两根电压线，该电压线压接不实。但是，该继电器多个电压端子排列紧密，为防止电压互感器二次回路短路、报异常信号，计量运维人员做简单紧固后 2201 计量点电能表恢复正常计量，并将现场情况告知检修公司运维管理人员，后续如有 1 号主变压器停电检修窗口，再检查处理。

图 5-3 所示为该变电站 220kV 4 号母线 TV 切换继电器正面及背面电压端子排列情况。

图 5-3　TV 切换继电器正面及背面端子排列情况

5.1.1.3 追退电量计算

（1）电量平衡法。根据电能量采集系统内 2201 计量点失压记录确定追退电量计算的起始时间为 2021 年 5 月 12 日 5 时，追退电量计算的截止时间为 2021 年 6 月 2 日 12 时。追退电量期间各计量点表码数据详见表 5-1 和表 5-2。

表 5-1　追退电量期间各计量点表码值　（kWh）

计量点编号	电能计量方向	2021-5-12 5:00 表码值	2021-6-2 12:00 表码值
2201	正向有功	980.38	988.67
	反向有功	0.00	0.00
101	正向有功	942.31	954.28
	反向有功	0.48	0.48
201	正向有功	0.00	0.00
	反向有功	0.00	0.00

表 5-2　某站各计量点电量数据　（kWh）

计量点编号	电能计量方向	计量点倍率	追退电量期间表码差值	追退期间各计量点电量
2201	正向有功	1320000	8.29	10942800
	反向有功	1320000	0.00	0
101	正向有功	1375000	11.97	16458750
	反向有功	1375000	0.00	0
201	正向有功	300000	0.00	0
	反向有功	300000	0.00	0

根据变压器电量平衡原理可知，有

$$W_{T入}=W_{T出}+\Delta W_T \tag{5-1}$$

式中：$W_{T入}$为流入变压器电量；$W_{T出}$为流出变压器电量；ΔW_T 为变压器损耗电量。此次追退电量计算涉及该变电站 1 号主变压器。2201 计量点所计电量为流入主变电量，101、201 计量点所计电量为流出主变电量。假设变压器损耗为零，则待追补电量为

$$\begin{aligned}\Delta W'_{2201}&=W_{101}+W_{102}-W_{2201}\\&=16458750-10942800\\&=5515950(kWh)\end{aligned} \tag{5-2}$$

式中：$\Delta W'_{2201}$ 为 2201 计量点待追补流入变压器有功电量，即正向有功电量；W_{101} 为 101 计量点实际累计流出变压器的有功电量；W_{102} 为 102 计量点实际累计流出变压器

的有功电量；W_{2201} 为 2201 计量点实际累计流入变压器的有功电量。

（2）更正系数法。该变电站 2201 计量点故障现象为缺一相电压，因此更正系数为

$$K_{\mathrm{j}} = \frac{3}{2} \tag{5-3}$$

根据电能表记录数据，2201 计量点应追补正向有功电量为

$$\begin{aligned}\Delta W''_{2201} &= (K_{\mathrm{j}} - 1)W_{2201} \\ &= \frac{1}{2} \times 10942800 \\ &= 5471400(\mathrm{kWh})\end{aligned} \tag{5-4}$$

式中：$\Delta W''_{2201}$ 为 2201 计量点待追补流入变压器有功电量，即正向有功电量；W_{2201} 为 2201 计量点实际累计流入变压器有功电量。

两种计算方法的相对误差为

$$e = \frac{\Delta W'_{2201} - \Delta W''_{2201}}{\Delta W'_{2201}} \times 100\% = 0.8\% \tag{5-5}$$

综上所述，由于实际电能表 C 相电压并不完全为零，采用更正系数法的前提是假设电能表一相完全失压，故本次计算取电量平衡法计算结果，2201 计量点追补电量为 551.595 万 kWh。

5.1.2 继电器接触不良

5.1.2.1 异常现象及初步判断

2021 年 10 月 8 日，计量运维人员进行关口电能计量装置信息核查时，在电能量采集系统内发现某 220kV 变电站 2201 计量点 B 相电压异常，该计量点为本章 5.1 节案例一中同一计量点，且异常现象与本章 5.1.1 节相同。如图 5-4 所示为电能量采集系统内 2201 计量点的电压记录。

本次故障为该计量点第三次同类故障，上两次分别为 2020 年 6 月 1 日和 2021 年 6 月 2 日 B 相失压故障，判断故障原因为 2201 计量点 4 号母线 TV 切换 1ZJ 继电器故障。

5.1.2.2 现场处理

2021 年 10 月 9 日，计量人员与变电站运维人员现场检查发现该继电器触点接触

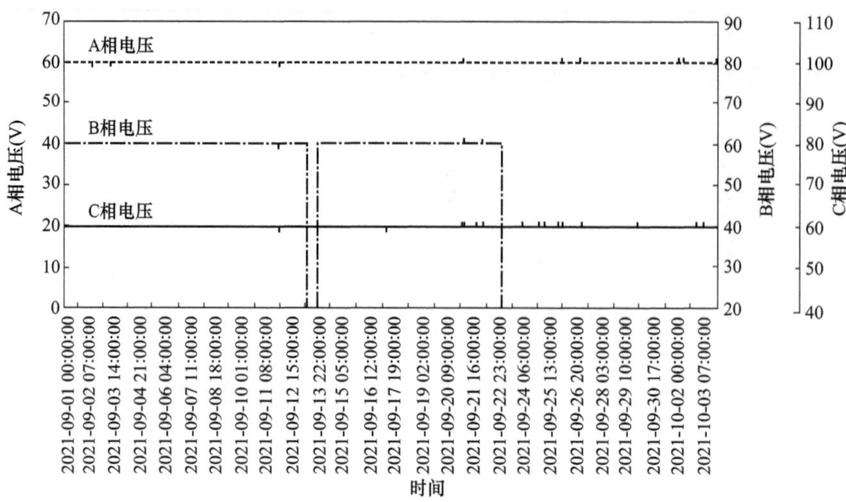

图 5-4　2201 计量点电压数据

不良导致电压回路时断时续。变电站运维人员后续更换继电器后，恢复正常。

继电器动作速率越高，则平均无故障工作时间越短。在继电器线圈上电瞬间，线圈突然承受额定电压，电流冲击应力较大，多次冲击之后导致接触片应力不足，从而造成继电器触点接触不良。这也是高速动作的继电器工作较短时间后就会失效的主要原因。

除此之外，环境条件也会对继电器的寿命造成影响。例如，高温条件下，绝缘材料软化，线圈电阻增大导致的吸动电压增加，会造成不吸动，引起继电器失效。在潮湿环境下，金属件腐蚀加剧，绝缘件绝缘性能下降等因素，也会造成继电器失效。

5.1.2.3　追退电量计算

查询电能量采集系统，自上次故障处理结束至 2021 年 10 月 9 日共发生两次失压事件，第一次失压起始时间为 2021 年 9 月 13 日 9 时，恢复时间为 2021 年 9 月 13 日 23 时。第二次失压起始时间为 2021 年 9 月 23 日 2 时，恢复时间为 2021 年 10 月 9 日 14 时。2201 计量点电能表失压期间，各计量点电能表所计电量见表 5-3。

表 5-3　各计量点电能表计量电量　（kWh）

计量点编号	第一次失压 正向有功电量	第一次失压 反向有功电量	第二次失压 正向有功电量	第二次失压 反向有功电量
101	632500.00	0.00	12993750.00	0.00
201	0.00	0.00	0.00	0.00

（续表）

计量点编号	第一次失压正向有功电量	第一次失压反向有功电量	第二次失压正向有功电量	第二次失压反向有功电量
2201	448800.00	0.00	8646000.00	0.00
2202	633600.00	0.00	13094400.00	0.00
2203	607200.00	0.00	12368400.00	0.00
2204	607200.00	0.00	12368400.00	0.00
2211	0.00	1760000.00	0.00	32835000.00
2212	0.00	1760000.00	0.00	33715000.00
2213	495000.00	0.00	9460000.00	1485000.00
2214	495000.00	0.00	9240000.00	1485000.00

（1）第一次失压追退电量计算。

2201 计量点利用变压器平衡法计算得到的追补正向有功电量为 183700kWh，利用母线平衡法计算得到追补的正向有功电量为 233200kWh，相对误差为 26.95%。

101 计量点倍率为 1375000，电能表每走 0.01 个字所计电量为 13750kWh，与变压器平衡法计算得到的追补电量比值为 7.49%。2211～2214 计量点倍率为 5500000，电能表每走 0.01 个字所计电量为 55000kWh，与母线平衡法计算得到的追补电量比值为 23.58%，故采用母线平衡法计算结果误差较大。

（2）第二次失压追退电量计算。

2201 计量点利用变压器平衡法计算得到的追补正向有功电量为 4347750kWh，母线平衡法计算得到的追补正向有功电量为 4342800kWh，相对误差为 0.11%。

（3）总结。

综上所述，本次计算采用变压器平衡法误差较小，2201 计量点第一次失压应追补正向有功电量 18.37 万 kWh，第二次失压应追补正向有功电量 434.775 万 kWh，共计追补正向有功电量 453.145 万 kWh。

5.2 计量二次回路接触不良案例分析处理

5.2.1 电流互感器二次开路

5.2.1.1 异常现象及初步判断

2021 年 5 月 28 日，计量运维人员发现某 220kV 变电站 10kV 母线不平衡率超标。电能量采集系统电量数据显示，自 3 月 25 日起，该变电站 10kV 母线不平衡率为 3.88%～4.66%，供入电量大于供出电量，即存在相关电能表少计电量的情况，初步推断原因为电能表故障或二次回路故障，如图 5-5 所示为电能量采集系统数据记录情况。

所属厂站	间隔	时间	供入电量(万kWh)	供出电量(万kWh)	损耗电量(万kWh)	不平衡率(%)
[illegible]	自然日	2021-03-22	83.340	83.212	0.128	0.15
[illegible]	自然日	2021-03-23	77.400	78.076	-0.676	-0.87
[illegible]	自然日	2021-03-24	75.660	75.988	-0.328	-0.43
[illegible]	自然日	2021-03-25	80.160	77.048	3.112	3.88
[illegible]	自然日	2021-03-26	81.180	77.932	3.248	4
[illegible]	自然日	2021-03-27	74.880	71.528	3.352	4.48
[illegible]	自然日	2021-03-28	74.940	71.852	3.088	4.12
[illegible]	自然日	2021-03-29	79.440	76.212	3.228	4.06
[illegible]	自然日	2021-03-30	78.960	75.796	3.164	4.01
[illegible]	自然日	2021-03-31	77.820	74.196	3.624	4.66
[illegible]	自然日	2021-04-01	76.980	73.684	3.296	4.28

图 5-5　电能量采集系统数据记录

查询智能电网调度控制系统实时监测情况，该变电站 10kV 5B 母线电流不平衡，流入母线电流为 724.4A，流出母线电流为 499.6A，流入电流和流出电流差值为 224.8A，流入母线电流和流出母线电流差值异常。

根据一次系统实时监控数据可知，10kV 5B 母线除电抗器、电容器、接地变压器以及未运行支路电流为零外，一般情况下为正常工况。263 某支路为重要商业用户，但系统显示电流为零，怀疑该支路计量异常。

查询电能量采集系统中 263 计量点电能表表码数据，自 2021 年 3 月 19 日 2 时起，263 计量点电压数值正常，电流数值为零。图 5-6 所示为 10kV 母线一次系统实时监测示意图。图 5-7 和图 5-8 为电压、电流数据记录。

作业人员利用电网资产管理系统（PMS）查询到该变电站 10kV 263 出线对端为某商业广场分界室，该分界室有两路进线，分别为该变电站 263 路和另一 220kV 变电站 222 路，主要用户为“××置业有限公司”。

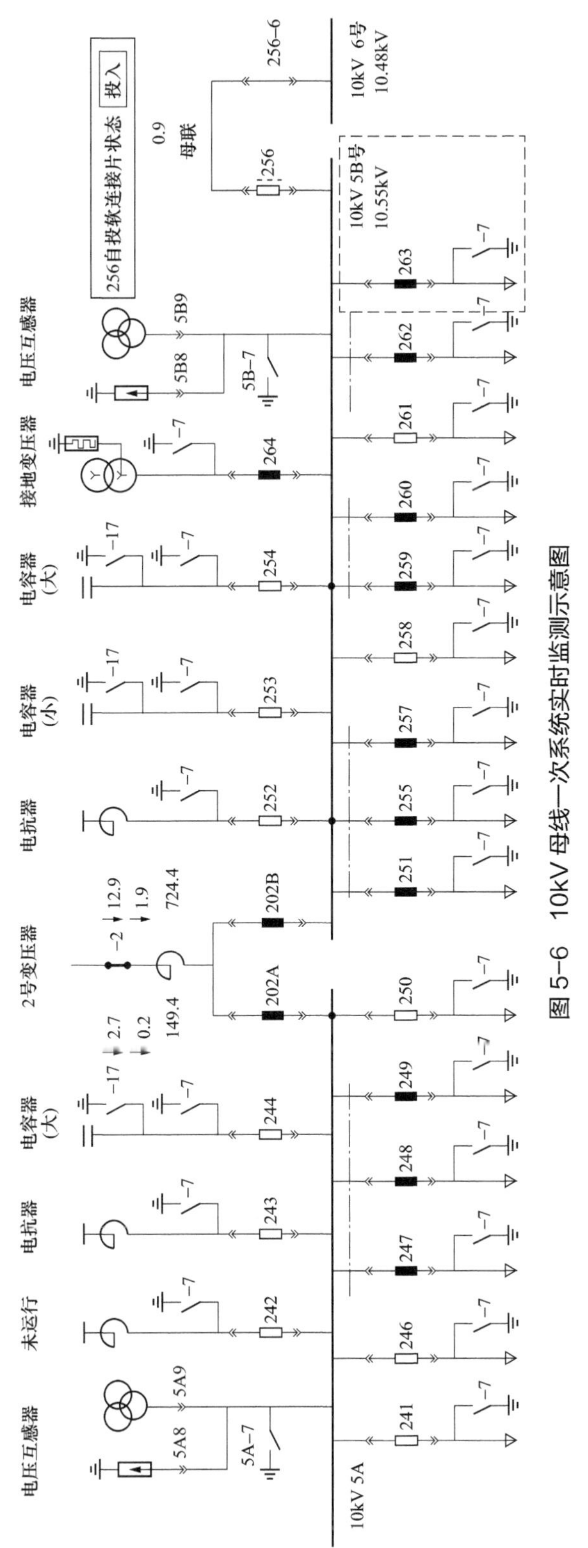

图 5-6 10kV 母线一次系统实时监测示意图

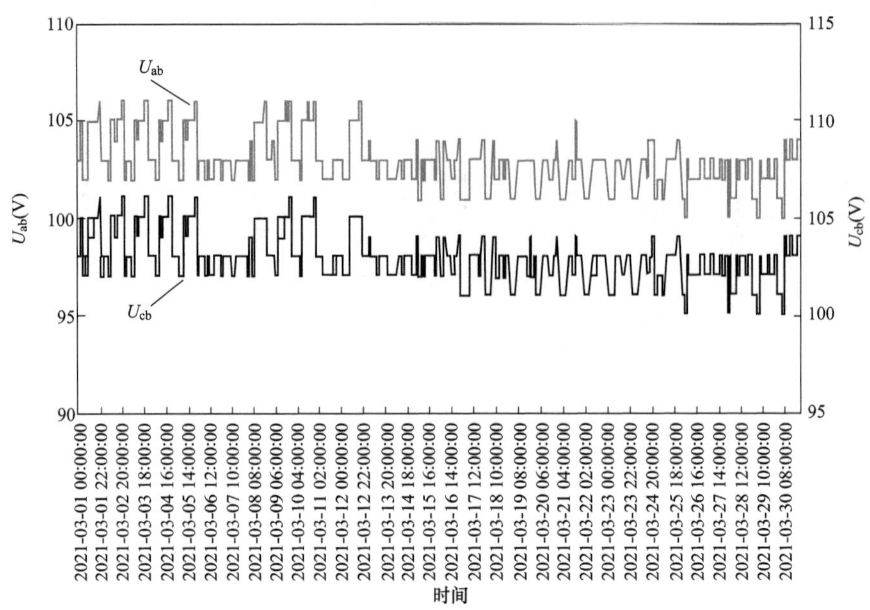

图 5-7　某变电站 263 计量点电压数值

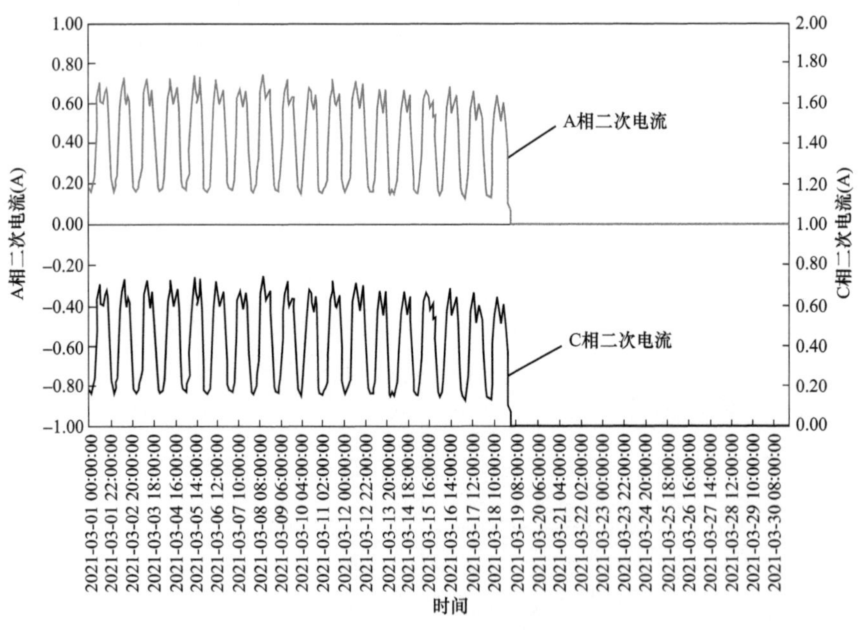

图 5-8　某变电站 263 计量点电流数值

查询营销业务应用系统（SG186 系统）中用户名为“××置业有限公司”的用户，与之对应的用户编号分别为“3861”和“7456”，用户对应的电能表编码见表 5-4。

查询用电采集系统中 3681 用户对应电能表一周（2021 年 5 月 19 日至 2021 年 5

月 25 日）的日冻结电流数据，如图 5-9 所示。本文为了说明该用户支路正常，故图中只绘制了 A 相电流数据，由用户的电能量数据表明该变电站 263 线路有负荷，线路正常。

表 5-4 用户计量点及电能表信息

用户编码	用户名称	用户地址	电能表编码
3861	××××× 有限公司（北京 ××× 物业管理有限公司）	广场 1 号	1266
			1677
			0861
			1759
7456	××××× 有限公司（北京 ××× 物业管理有限公司）	广场 1 号	5471

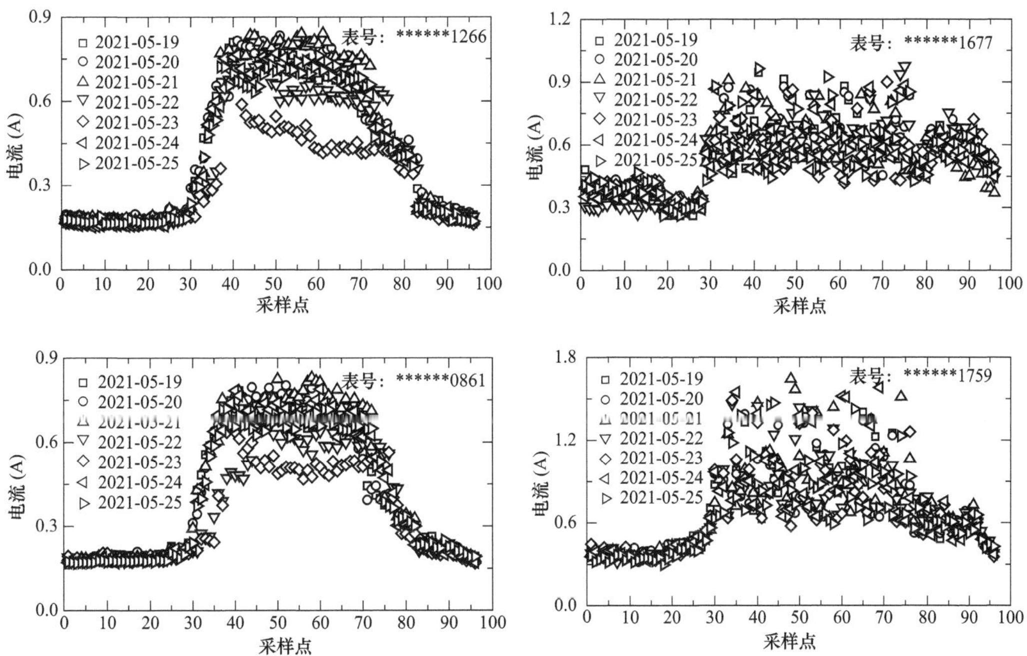

图 5-9 电能表日冻结电流数据

由上述分析可知，智能电网调度控制系统（D5000）和电能量采集系统（TMR）中该变电站 263 计量点电流数据均异常。D5000 系统数据来自 263 支路的测控回路，TMR 系统数据来自 263 支路的计量回路，两个相对独立的数据采集系统均无数据，说明数据源可能存在异常，即电流互感器异常。

电流互感器异常原因可能为设备故障和人为因素导致的故障。查询设备（资产）运维精益管理系统（PMS 系统）发现，2021 年 3 月 22 日，该变电站 263 路有“开关检修试验”和“保护校验自动化传动”两项工作，全部工作于 2021 年 3 月 22 日 11 时 18 分结束，如图 5-10 所示为工作票记录内容。

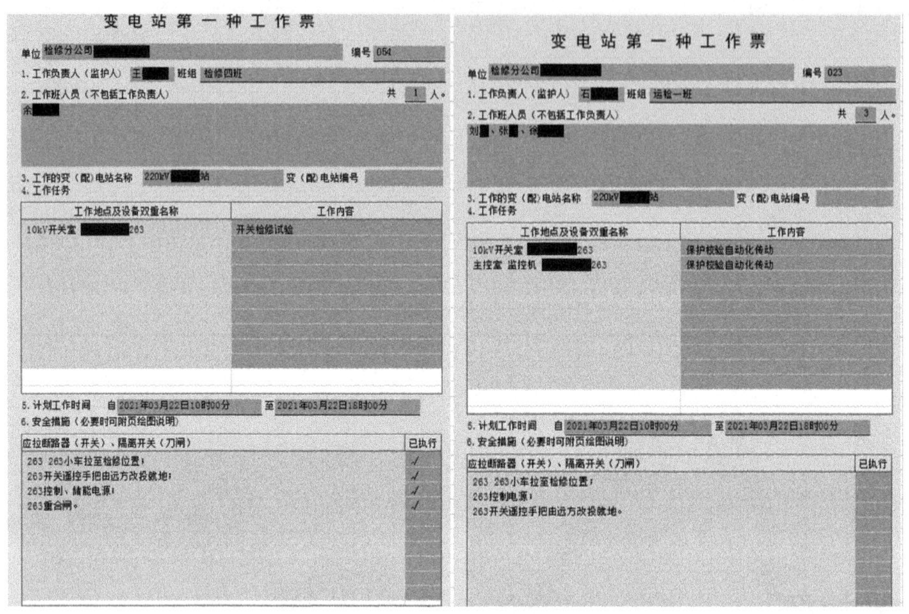

变电站第一种工作票

单位 检修分公司 编号 054

1. 工作负责人（监护人） 王 班组 检修四班

2. 工作班人员（不包括工作负责人） 共 1 人。

余

3. 工作的变（配）电站名称 220kV 站 变（配）电站编号

4. 工作任务

工作地点及设备双重名称	工作内容
10kV开关室 263	开关检修试验

5. 计划工作时间 自 2021年03月22日10时00分 至 2021年03月22日18时00分

6. 安全措施（必要时可附页绘图说明）

应拉断路器（开关）、隔离开关（刀闸）	已执行
263 263小车拉至检修位置；	√
263开关遥控手把由远方改投就地；	√
263控制、储能电源；	√
263重合闸。	√

变电站第一种工作票

单位 检修分公司 编号 023

1. 工作负责人（监护人） 石 班组 运检一班

2. 工作班人员（不包括工作负责人） 共 3 人。

刘、张、徐

3. 工作的变（配）电站名称 220kV 站 变（配）电站编号

4. 工作任务

工作地点及设备双重名称	工作内容
10kV开关室 263	保护校验自动化传动
主控室 监控机 263	保护校验自动化传动

5. 计划工作时间 自 2021年03月22日10时00分 至 2021年03月22日18时00分

6. 安全措施（必要时可附页绘图说明）

应拉断路器（开关）、隔离开关（刀闸）	已执行
263 263小车拉至检修位置；	
263控制电源；	
263开关遥控手把由远方改投就地。	

图 5-10 某变电站工作票记录

综合上述内容，分析导致该 220kV 变电站 10kV 母线不平衡率超标的事件流程可能为：检修公司 2021 年 3 月 22 日在 263 路有工作计划，故操作队于 3 月 19 日对该支路进行停电，263 计量点电流降为零；3 月 22 日操作队进行开关检修和保护校验工作时，将电流互感器二次回路短接，工作结束之后未将现场恢复原状，导致计量和测控异常。

5.2.1.2 现场处理

计量运维人员于 2021 年 6 月 1 日前往该变电站开展故障处理工作。根据故障原因分析，推断故障位置在电流互感器二次侧，现场进行电流互感器二次回路检查时发现 263 计量点电流互感器二次回路端子排中间滑块全部断开，电流互感器二次侧处于开路状态，10kV 开关柜本体有明显异响，计量、保护、测控等均无法采集电流信号，线路处于无保护运行状态。如图 5-11 所示为现场电流互感器二次端子排照片，且二次回路端子对地电压约为 206V。

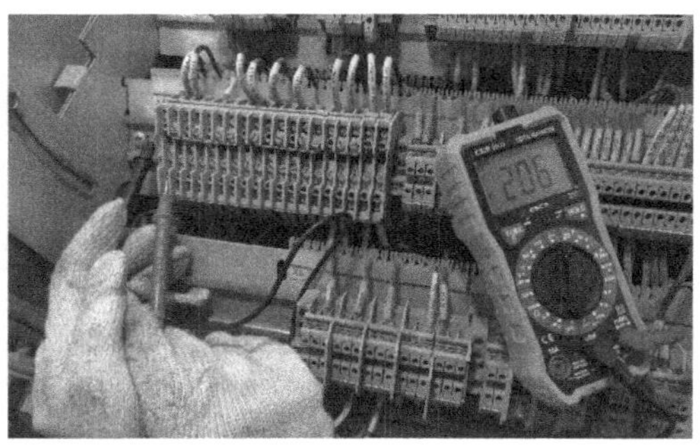

图 5-11 电流互感器二次端子排开路

电流互感器开路时间未知，且涉及专业较多，处置风险较大，计量专业人员立即通知公司运检指挥中心并告知缺陷相关情况，由运检指挥中心安排检修公司人员前往处理，计量专业人员向检修公司详细说明了现场情况并予以技术支持。

5.2.1.3 经验总结

《电力安全工作规程》规定，运行中的电流互感器二次侧严禁开路。电流互感器二次侧开路将产生高电压，危及人身安全，并引发互感器本体故障甚至烧毁。此次缺陷所在线路属于二级重要电力用户电网侧供电线路，该线路所在母线同时带有两路一级重要电力用户和两路二级重要电力用户。10kV 线路在无保护运行情况下，如发生短路故障会严重扩大事故范围，导致线路所在母线全停。

5.2.2 电压二次回路接触不良

5.2.2.1 异常现象及初步判断

某 220kV 变电站 102 计量点电能表 C 相失压，电能量采集系统显示 102 计量点自 2021 年 5 月 17 日 14 时起数据采集中断，当天 23 时数据采集恢复之后，C 相电压为零。电量采集中断原因为该变电站内有 3 号主变压器扩建工程，工作期间有倒闸操作，使 102 计量点电量采集中断。恢复正常供电之后，102 计量点 C 相电压为零，到 2021 年 6 月 1 日 6 时，C 相电压恢复。如图 5-12 所示为电能量采集系统（TMR）内该变电站 102 计量点的电压变化情况。

初步判断故障原因为变电站内开关倒闸操作震动引起二次回路螺钉松动，导致接触不良，从而引起失压故障。

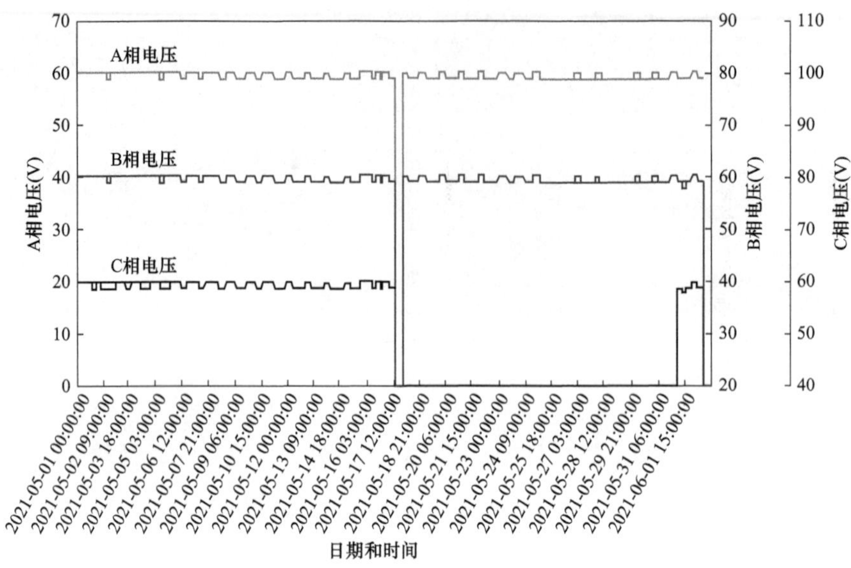

图 5-12　102 计量点电压变化情况

5.2.2.2　现场处理

2021 年 6 月 3 日计量运维人员前往该变电站进行故障排查，现场检查时 102 计量点电能表电压已恢复正常，电能表记录显示失压时间为 2021 年 5 月 17 日 23:38:23，失压恢复时间为 2021 年 6 月 1 日 5:25:01，失压时正向有功电量为 1429.07kWh，恢复时正向有功电量为 1433.86kWh，失压总时间为 20506 min，失压次数为 1 次。如图 5-13 所示为现场电能表失压记录情况。

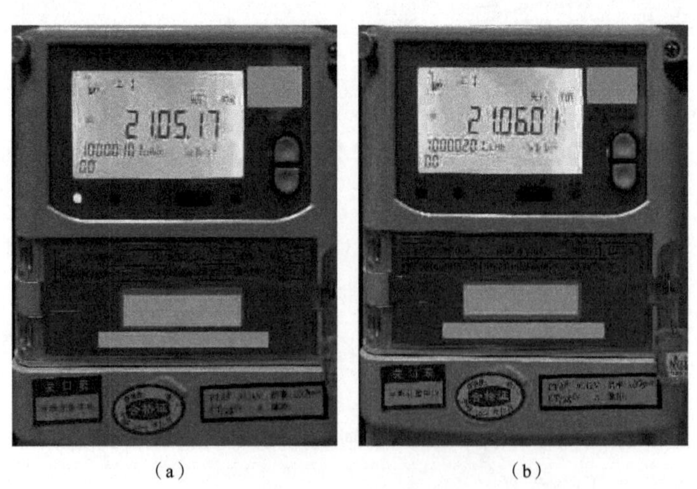

（a）　　（b）

图 5-13　某变电站 102 计量点电能表失压记录（一）

（a）失压起始日期；（b）失压结束日期

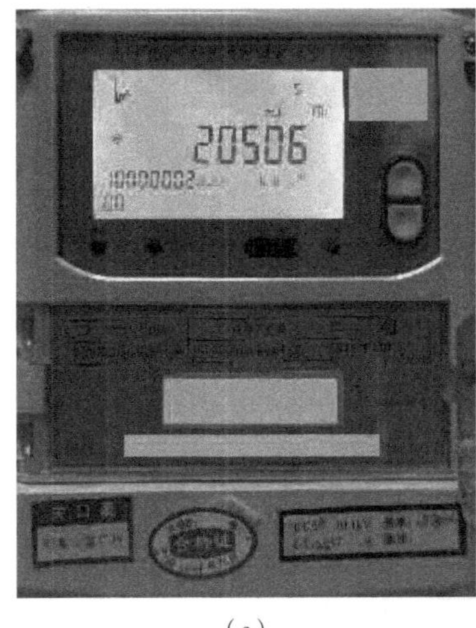

（c）

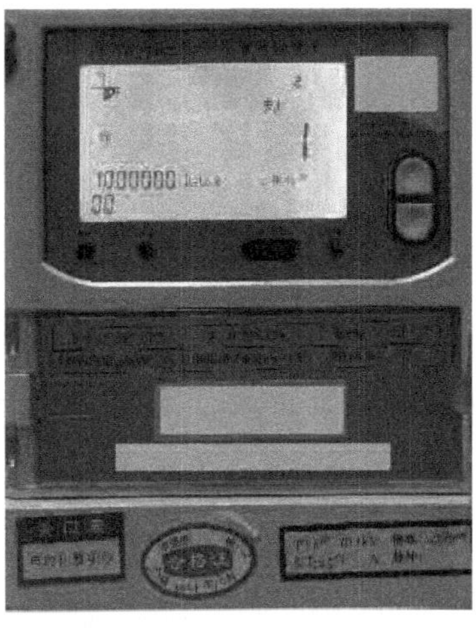

（d）

图 5-13　某变电站 102 计量点电能表失压记录（二）

（c）失压总时间；（d）失压次数

现场对电能表表尾、接线盒、电能表屏端子排、电压切换屏端子排二次电压回路的螺丝进行了紧固。

5.2.2.3　电量追退计算

根据现场电能表失压记录确定电量追退计算起始时间为 2021 年 5 月 17 日 23:38:23，截止时间为 2021 年 6 月 1 日 5:25:01。

（1）更正系数法。

该变电站 102 计量点计量故障原因为缺一相电压，因此更正系数为

$$K_{\mathrm{j}}=\frac{3}{2} \tag{5-6}$$

根据电能表记录数据，102 计量点应追补正向有功电量为

$$\begin{aligned}\Delta W_{102}&=(K_{\mathrm{j}}-1)W_{102}\\&=\frac{1}{2}\times(1433.86-1429.07)\times1375000\\&=3293125(\mathrm{kWh})\end{aligned} \tag{5-7}$$

式中：W_{102} 为 102 计量点电能表电量追退期间的实际累计电量。

（2）电量平衡法。

采用变压器电量平衡法进行追补电量计算。根据变压器电量平衡可知

$$W_{2202}=W_{102}+W_{202}+\Delta W_{\mathrm{T}} \tag{5-8}$$

式中：W_{2202}、W_{102}、W_{202} 分别为 2 号主变压器高压侧、中压侧和低压侧电能表所计电量；ΔW_T 为变压器损耗。

变压器损耗与变压器的运行效率有关。按定义变压器的效率是变压器输出功率 P_2 与输入功率 P_1 之比，即

$$\eta = \frac{P_2}{P_1} \tag{5-9}$$

变压器损耗无法直接获取，因此可以根据历史数据对其进行估算，本次计算选择故障前一个月的变压器历史数据对其运行效率进行估算，2 号主变压器各计量点电能表表码值详见表 5-5。

表 5-5　各计量点电能表表码值　（kWh）

计量点编号	2202		102		202	
计量点倍率	1320000		1375000		300000	
电能计量方向	正向有功	反向有功	正向有功	反向有功	正向有功	反向有功
追补电量起始时刻表码值	1466.10	0.00	1400.94	0.00	2.88	0.01
追补电量截止时刻表码值	1485.17	0.00	1419.16	0.00	2.94	0.01
电量差值	19.07	0.00	18.22	0.00	0.06	0.00

则 2 号主变压器运行效率 η 为

$$\begin{aligned}\eta &= \frac{P_{102}+P_{202}}{P_{2202}} = \frac{P_{102}t+P_{202}t}{P_{2202}t} = \frac{W_{102}+W_{202}}{W_{2202}} \\ &= \frac{18.22\times1375000+0.06\times300000}{19.07\times1320000}\times100\% \\ &= 99.60\%\end{aligned} \tag{5-10}$$

式中：P_{102}、P_{202}、P_{2202} 分别为 102、202、2202 计量点的有功功率。由于电能量采集系统以小时为单位采集各计量点的电量数据，因此确定追补电量起始时间为 2021 年 5 月 17 日 23 时，截止时间为 2021 年 6 月 1 日 16 时。电量追退期间 2 号主变压器高压侧、中压侧和低压侧各计量点电能表表码值详见表 5-6。

表 5-6 各计量点电能表表码值 （kWh）

计量点编号	2202		102		202	
计量点倍率	1320000		1375000		300000	
电能计量方向	正向有功	反向有功	正向有功	反向有功	正向有功	反向有功
追补电量起始时刻表码值	1495.54	0.00	1429.07	0.00	0.96	0.01
追补电量截止时刻表码值	1503.11	0.00	1433.87	0.00	2.97	0.01
电量差值	7.57	0.00	4.80	0.00	2.01	0.00

根据变压器电量平衡关系有

$$\Delta W_{\mathrm{T}}=(1-\eta)W_{2202} \tag{5-11}$$

$$W_{2202}=W_{102}+W_{202}+\Delta W_{\mathrm{T}} \tag{5-12}$$

式（5-11）和式（5-12）中：W_{2202} 为第一次失压期间 2202 计量点电能表所计电量；ΔW_{2202} 为待追补正向有功电量。由以上可得

$$\begin{aligned}\Delta W_{102}&=\eta W_{2202}-W_{202}-W'_{102}\\&=99.60\%\times 7.57\times 1320000-4.8\times 1375000-2.01\times 300000\\&=9952430.4-6600000-603000\\&=2749430(\mathrm{kWh})\end{aligned} \tag{5-13}$$

假设 ΔW_1 为更正系数法计算得到的追补电量值，ΔW_2 为变压器平衡法得到的追补电量值，则两种计算方法得到的相对误差为

$$\begin{aligned}e&=\frac{\Delta W_1\ \ \Delta W_2}{\Delta W_1}\times 100\%\\&=\frac{3293125-2749430}{3293125}\times 100\%\\&=16.51\%\end{aligned} \tag{5-14}$$

电能量采集系统采集到的表底数记录时间间隔为 1h，误差要大于电能表记录的数据，因此本次计算以电量平衡法计算得到的结果为准。

5.2.2.4 经验总结

电能计量装置二次回路螺钉松动属于典型故障。导致此类问题的原因在于施工质量不达标，工程验收不到位。电能计量装置周期检查关注点主要在电能表计量的准确性和互感器器压降测试等，二次回路松动这一问题极不容易被发现，也容易被忽略。

变电站内开关操作的机械振动是引起此次故障发生的直接原因，属于外界环境因素，对其进行控制和干预存在一定难度。

基于上述分析，为了避免此类情况再次发生，一是要加强工程质量的把关，在开展工程验收工作中将二次回路连接是否紧固列入重点检查项目之一；二是电能表周期检查以及相关工作中，作业人员要留意二次回路导线连接情况，对于可能出现松动或已经出现松动的情况要及时处理；三是变电站内有改扩建工程时需重点关注站内计量装置的运行情况，除了注意开关操作震动可能引起的计量故障外，还需注意防范工程施工人员和其他作业人员误操作引起的计量异常问题。

5.2.3 电压二次回路端子排松动

5.2.3.1 异常现象及初步判断

2021 年 8 月 24 日，计量运维班组在进行电能表周期检测时发现某 220kV 变电站 2201、2215、2219 计量点电能表 B 相电压均为零，现场未查明故障原因，需专业人员前往协助处理。

查询该变电站主接线，发现 2201、2215、2219 计量点共用 5 号母线 TV 电压信号，据此推测故障原因为 5 号母线 TV 电压二次回路故障。如图 5-14 所示为该变电站主接线。

5.2.3.2 现场处理

2021 年 9 月 18 日，计量运维人员赴该变电站进行计量异常处理。

现场检查发现 220kV 59TV 汇控柜内计量电压二次回路端子因线缆长度不足，导致压接不实。电压端子排可前后双层压接，计量运维人员将原压接后排电压二次回路接线调整至前排，电能表恢复正常计量，图 5-15 所示为调整前后 B 相二次回路端子所在位置。

现场查询各计量点电能表内记录数据可知，2215 计量点电能表记录失压总时间为 84922 min，失压次数为 6 次，最近一次失压时间为 2021 年 8 月 22 日 13:35:35，失压恢复时间为 2021 年 9 月 18 日 14:52:01。

2219 计量点电能表记录失压总时间为 83656 min，失压次数为 173 次，最近一次失压时间为 2021 年 9 月 17 日 16:20:17，失压恢复时间为 2021 年 9 月 18 日 14:52:01。

2201 计量点电能表记录失压总时间为 84928 min，失压次数为 6 次，最近一次失

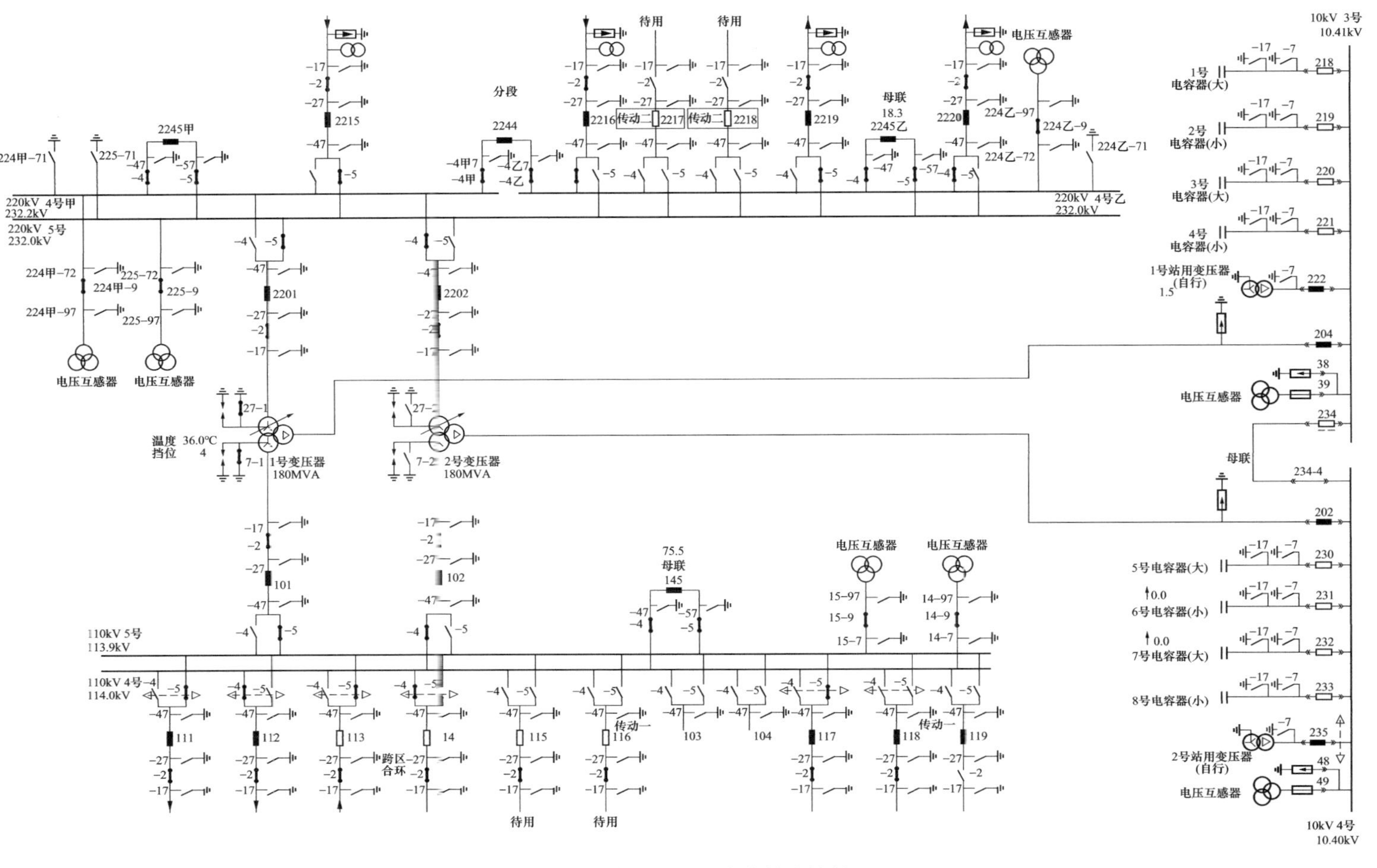

图 5-14 某 220kV 变电站主接线

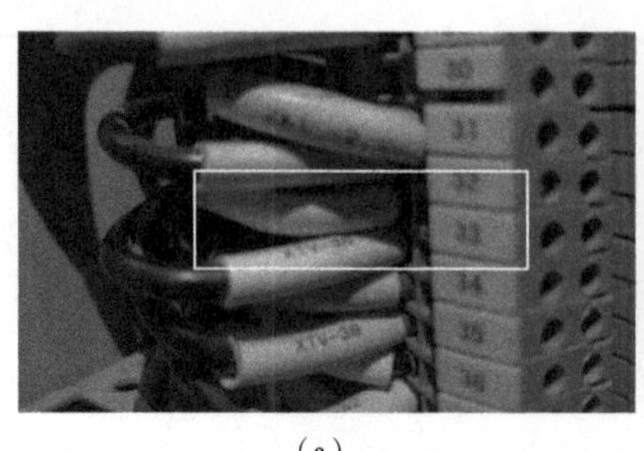

(a)

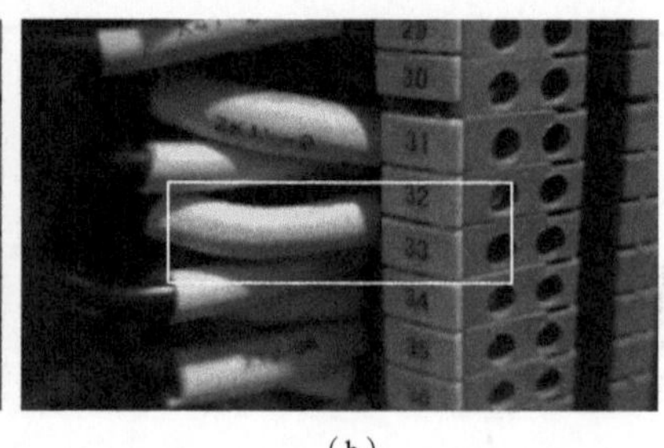

(b)

图 5-15　故障处理前后二次回路端子位置

(a) 调整前；(b) 调整后

压时间为 2021 年 8 月 22 日 13 时 35 分 43 秒，失压恢复时间为 2021 年 9 月 18 日 14 时 52 分 01 秒。

值得注意的是，2219 计量点失压时间和失压次数与 2201、2215 计量点差异较大，需持续关注。

5.2.3.3　电量追退计算

由电力系统一次接线图可知，2201、2215、2219 计量点共用 5 号母线电压 TV 信号。查询电能量采集系统，共有三次失压需要进行电量追补计算，如图 5-16 所示为 2201 计量点电压数据记录。各计量点电量追补计算期间的表码值见表 5-7。

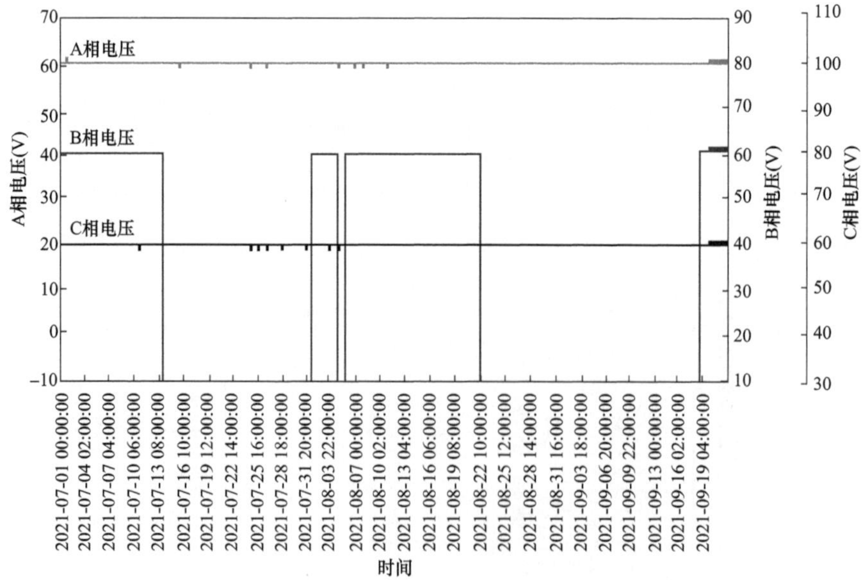

图 5-16　2201 计量点电压数据记录

表 5-7 电量追补期间表码值 （kWh）

计量点编号	2201		2215		2219	
倍率	1320000	1320000	5500000	5500000	5500000	5500000
电能计量方向	正向有功	反向有功	正向有功	反向有功	正向有功	反向有功
第一次失压 2021-7-14 0:00 表码值	624.29	0.00	0.09	306.23	156.26	3.79
第一次失压 2021-8-1 19:00 表码值	639.7	0.00	0.09	311.05	157.35	3.79
第二次失压 2021-8-4 22:00 表码值	643.53	0.00	0.09	312.38	157.75	3.79
第二次失压 2021-8-6 0:00 表码值	644.47	0.00	0.09	312.63	157.78	3.79
第三次失压 2021-8-22 14:00 表码值	663.3	0.00	0.09	317.19	158.14	4.14
第三次失压 2021-9-18 15:00 表码值	681.42	0.00	0.09	322.08	158.78	4.27

1. 更正系数法计算

所有计量点均为B相失压，更正系数为3/2，不考虑母线损耗的情况下，用恢复计量时刻的表码值减去失压时刻的表码值，再乘以倍率得到失压期间各计量点所计电量，然后用该值进行电量追补计算，得到的结果详见表5-8。

表 5-8 电量追补计算结果 （kWh）

计量点编号	2201		2215		2219	
倍率	1320000	1320000	5500000	5500000	5500000	5500000
电能计量方向	正向有功	反向有功	正向有功	反向有功	正向有功	反向有功
第一次失压期间表码差值	15.41	0.00	0.00	4.82	1.09	0.00
第二次失压期间表码差值	0.94	0.00	0.00	0.25	0.03	0.00
第三次失压期间表码差值	18.12	0.00	0.00	4.89	0.64	0.13

（续表）

第一次失压期间电量	20341200	0	0	26510000	5995000	0
第二次失压期间电量	1240800	0	0	1375000	165000	0
第三次失压期间电量	23918400	0	0	26895000	3520000	715000
第一次失压期间追补电量	10170600	0	0	13255000	2997500	0
第二次失压期间追补电量	620400	0	0	687500	82500	0
第三次失压期间追补电量	11959200	0	0	13447500	1760000	357500
总追补电量	22750200	0	0	27390000	4840000	357500

综上，2201 计量点共计追补正向有功电量 2275.02 万 kWh，2215 计量点共计追补反向有功电量 2739 万 kWh，2219 计量点共计追补正向有功电量 484 万 kWh，反向有功电量 35.75 万 kWh。

2. 电量平衡法

该 220kV 变电站共两台主变压器，2201、2202 计量点流入主变压器潮流等于 101、102、201、202 计量点流出主变压器潮流。故 2201 计量点需追补电量等于 101、102、201、202 计量点电量之和减去 2202、2201 所计电量。主变压器计量点表码值详见表 5-9 ~ 表 5-11。

根据电量平衡法，2201 计量点追补正向有功电量为 2240.97 万 kWh（见表 5-12），两种计算方法的相对误差为

$$(27750200-22409700)/27750200\times100\%=1.5\%$$

采用电量平衡法无法计算得到 2215、2219 计量点追补电量值，故本次电量追补计算以更正系数法为准。

综上，2201 计量点共计追补正向有功电量 2275.02 万 kWh，2215 计量点共计追补反向有功电量 2739 万 kWh，2219 计量点共计追补正向有功电量 484 万 kWh，反向有功电量 35.75 万 kWh。

表 5-9 主变压器计量点表码值

（kWh）

计量点编号	2201		2202		101		102		201		202	
倍率	1320000	1320000	1320000	1320000	1375000	1375000	1375000	1375000	400000	400000	400000	400000
电能计量方向	正向有功	反向有功	正向有功	反向有功	正向有功	反向有功	正向有功	反向有功	正向有功	反向有功	正向有功	反向有功
第一次失压 2021-7-14 0:00 表码值	624.29	0.00	632.71	0.00	601.64	0.02	605.46	0.00	2.00	0.00	0.80	0.00
第一次失压 2021-8-1 19:00 表码值	639.7	0.00	655.92	0.00	623.71	0.02	627.69	0.00	2.03	0.00	0.80	0.00
第二次失压 2021-8-4 22:00 表码值	643.53	0.00	659.79	0.00	627.43	0.02	631.40	0.00	2.03	0.00	0.80	0.00
第二次失压 2021-8-6 0:00 表码值	644.47	0.00	661.19	0.00	628.77	0.02	632.75	0.00	2.03	0.00	0.80	0.00
第三次失压 2021-8-22 14:00 表码值	663.3	0.00	680.16	0.00	646.83	0.02	650.92	0.00	2.06	0.00	0.80	0.00
第三次失压 2021-9-18 15:00 表码值	681.42	0.00	707.52	0.00	672.89	0.02	677.13	0.00	2.10	0.00	0.80	0.00

表 5-10 各计量点表码差值

（kWh）

计量点编号	2201		2202		101		102		201		202	
倍率	1320000	1320000	1320000	1320000	1375000	1375000	1375000	1375000	400000	400000	400000	400000
电能计量方向	正向有功	反向有功	正向有功	反向有功	正向有功	反向有功	正向有功	反向有功	正向有功	反向有功	正向有功	反向有功
第一次失压期间表码差值	15.41	0.00	23.21	0.00	22.07	0.00	22.23	0.00	0.03	0.00	0.00	0.00
第二次失压期间表码差值	0.94	0.00	1.40	0.00	1.34	0.00	1.35	0.00	0.00	0.00	0.00	0.00
第三次失压期间表码差值	18.12	0.00	27.36	0.00	26.06	0.00	26.21	0.00	0.04	0.00	0.00	0.00

表 5- 11 各计量点失压期间累计电量

（kWh）

计量点编号	2201		2202		101		102		201		202	
电能计量方向	正向有功	反向有功	正向有功	反向有功	正向有功	反向有功	正向有功	反向有功	正向有功	反向有功	正向有功	反向有功
第一次失压期间所计电量	20341200	0	30637200	0	30346250	0	30566250	0	12000	0	0	0
第二次失压期间所计电量	1240800	0	1848000	0	1842500	0	1856250	0	0	0	0	0
第三次失压期间所计电量	23918400	0	36115200	0	35832500	0	36038750	0	16000	0	0	0

表 5-12　2201 计量点追补正向有功电量值　（kWh）

电量追退时间	潮流流入	潮流流出	追补电量
第一次失压期间电量	50978400	60924500	9946100
第二次失压期间电量	3088800	3698750	609950
第三次失压期间电量	60033600	71887250	11853650
累计追补电量	—	—	22409700

5.3　计量二次回路错接线案例分析处理

5.3.1　三相电流回路接线错误

5.3.1.1　异常现象及初步判断

2021 年 1 月 6 日，计量运维人员发现某 220kV 变电站 2219、2220 计量点电能表电流反向，据此初步判断异常原因为计量二次回路电流错接线。

图 5-17 所示为该变电站 2219、2220 计量点所在线路的主接线及潮流方向示意图。按照电力调度控制中心关于变电站、电厂计量装置及其二次回路计量方向的规定，变电站及电厂的进出线计量装置及其二次回路的计量方向以与其整体电能计量装置直接连接的母线为参考点，以潮流流出母线的方向为电能表计量正向，流入母线的方向为电能表计量反向。

5.3.1.2　故障处理

作业人员现场检查确认电能表外观无破损，封印完好，电能表显示屏显示完整，无黑屏等故障，2219、2220 计量点电能表液晶屏显示 A 相、C 相电流为反向，B 相电流为正向，如图 5-18 所示为 2202 计量点电能表外观及液晶显示内容。

经作业人员检查，计量异常原因为 2219 和 2220 计量点电能表接线盒电流二次回路反接。2219 和 2220 计量点电能表接线盒处 3 号、7 号、8 号端子处应该是电流进线，4 号、8 号、12 号端子处应该是电流出线。实际情况 4 号、8 号、12 号端子为电流进线，3 号、7 号、8 号端子为电流出线，故电能表电流反向，如图 5-19 所示为 2220 计量点电能表接线盒处的接线。

线路电能表屏 2220 计量点接线端子去电能计量装置远程校验监测系统屏端子排出线颜色为黄色，号管编号为：A453（2220）/220kV 计量屏、B453（2220）/220kV 计量屏、C453（2220）/220kV 计量屏。

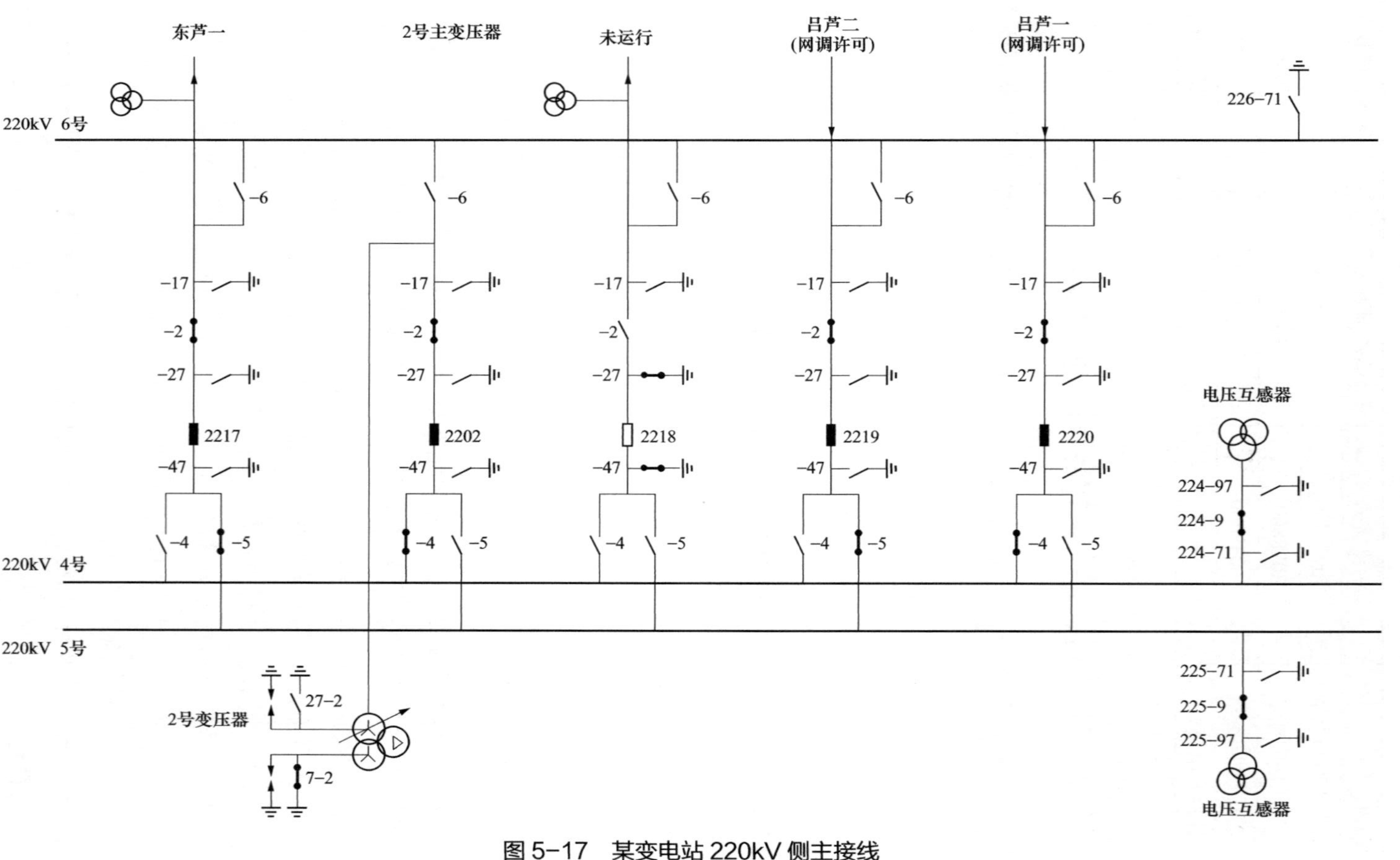

图 5-17　某变电站 220kV 侧主接线

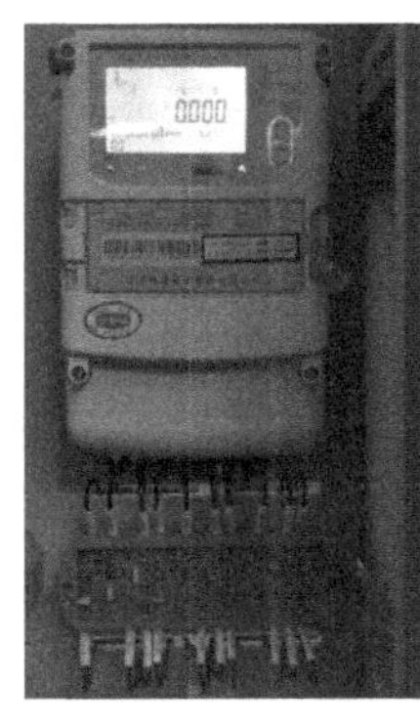
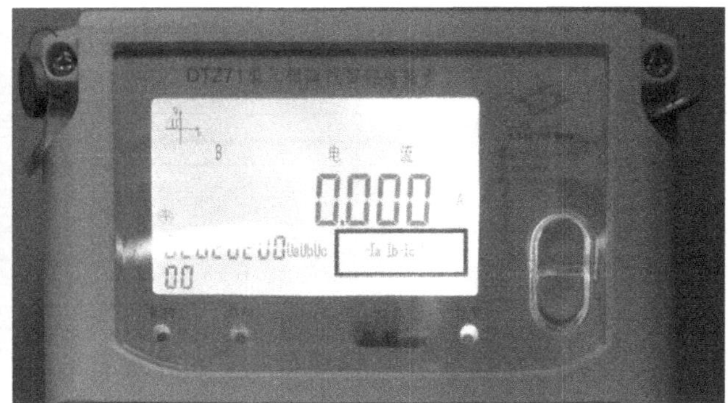

图 5-18 2220 计量点电能表外观及液晶显示

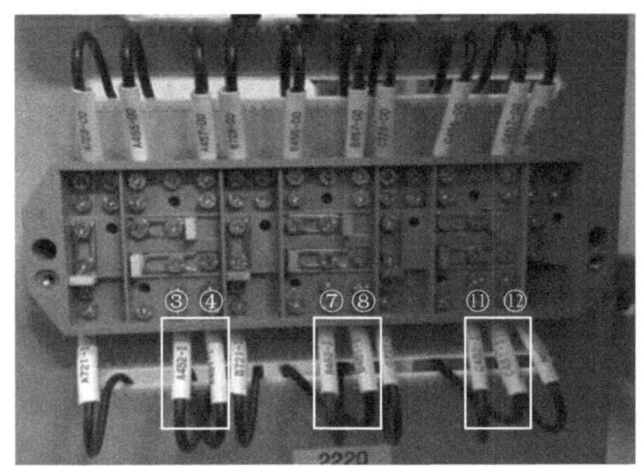

图 5-19 电能表联合接线盒处接线

远程校验系统屏端子排 2220 计量点进线颜色为黄色，号管标号为：A451/2220 端子箱、B451/2220 端子箱、C451/2220 端子箱。根据二次回路对端标号原则，此处号管标号两侧不一致。

在两端编号不一致的情况下，电度表屏侧的出线为黄色出线，测控屏无黄色接线，远程校验屏端子排处有 2220 计量点黄色进线。因此，电能表屏端子排 A453、B453、C453 和远程校验屏端子排 A451、B451、C451 为同一回路。如图 5-20 和图 5-21 所示为 2220 计量点二次回路接线及错接线位置示意图，为了直观说明问题，图中未绘制电压回路接线。根据现场接线情况判断，为在电能表端子排和接线盒之间电流二次回路错接线，作业人员调整接线后恢复正常。

2219 计量故障情况与 2220 计量点故障情况类似，作业人员调整接线后恢复正常。

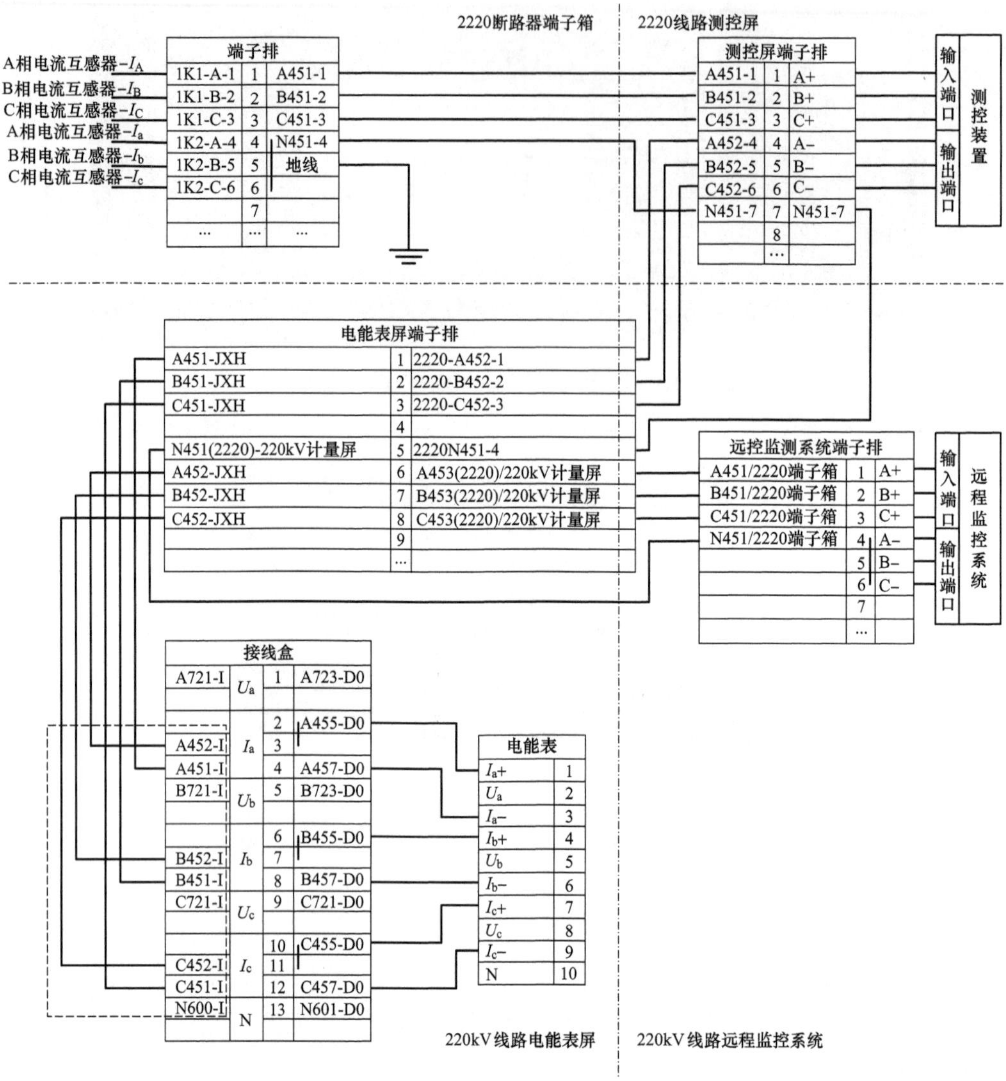

2220断路器端子箱　　2220线路测控屏

A相电流互感器-I_A
B相电流互感器-I_B
C相电流互感器-I_C
A相电流互感器-I_a
B相电流互感器-I_b
C相电流互感器-I_c

端子排		
1K1-A-1	1	A451-1
1K1-B-2	2	B451-2
1K1-C-3	3	C451-3
1K2-A-4	4	N451-4
1K2-B-5	5	地线
1K2-C-6	6	
	7	
…	…	…

测控屏端子排		
A451-1	1	A+
B451-2	2	B+
C451-3	3	C+
A452-4	4	A−
B452-5	5	B−
C452-6	6	C−
N451-7	7	N451-7
	8	
	…	

测控装置：输入端口　输出端口

电能表屏端子排		
A451-JXH	1	2220-A452-1
B451-JXH	2	2220-B452-2
C451-JXH	3	2220-C452-3
	4	
N451(2220)-220kV计量屏	5	2220N451-4
A452-JXH	6	A453(2220)/220kV计量屏
B452-JXH	7	B453(2220)/220kV计量屏
C452-JXH	8	C453(2220)/220kV计量屏
	9	
	…	

远控监测系统端子排		
A451/2220端子箱	1	A+
B451/2220端子箱	2	B+
C451/2220端子箱	3	C+
N451/2220端子箱	4	A−
	5	B−
	6	C−
	7	
	…	

远程监控系统：输入端口　输出端口

接线盒			
A721-I	U_a	1	A723-D0
	I_a	2	A455-D0
A452-I		3	
A451-I		4	A457-D0
B721-I	U_b	5	B723-D0
	I_b	6	B455-D0
B452-I		7	
B451-I		8	B457-D0
C721-I	U_c	9	C721-D0
	I_c	10	C455-D0
C452-I		11	
C451-I		12	C457-D0
N600-I	N	13	N601-D0

电能表	
I_a+	1
U_a	2
I_a−	3
I_b+	4
U_b	5
I_b−	6
I_c+	7
U_c	8
I_c−	9
N	10

220kV线路电能表屏　　220kV线路远程监控系统

图 5-20　2220 计量点二次回路接线

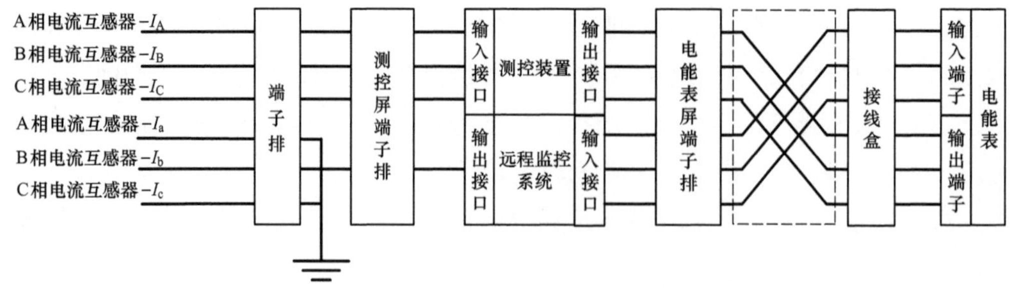

图 5-21　2220 计量点错接线位置示意图

5.3.2 电流回路反接

5.3.2.1 故障现象及初步判断

2021 年 3 月 22 日，计量运维人员发现某 220kV 变电站 2219、2220 计量点电流反向，需调整接线。

电网调度控制系统实时数据显示该变电站 2219、2220 线路潮流方向均为流出母线，如图 5-22 所示为该变电站 220kV 主接线及潮流方向。

按照运维单位关口管理要求，变电站进出线计量装置及其二次回路的计量方向以与其整体电能计量装置直接连接的母线为参考点，以潮流流出母线的方向为电能表计量正向，流入母线的方向为电能表计量反向。

查询电能量采集系统可知 2219、2220 计量点电流数据均为负值，计量反向有功电能与公司关口管理要求不符，初步判断故障原因为电流二次回路反接。

5.3.2.2 现场处理情况

计量运维人员于 2021 年 3 月 23 日前往该变电站进行计量异常处理，现场勘查发现 2219 计量点电流二次回路由 TA 二次侧引出，经 TA 汇控柜端子排到保护室电能表屏端子排，再经过联合接线盒和电能表连接，电流二次回路接线示意图如图 5-23 所示。

2219 计量点电流互感器铭牌如图 5-24 所示。计量绕组为 TA-7，电流互感器二次侧 S1 抽头二次回路中电流方向应流入电能表，S2 或 S3 抽头二次回路中电流方向应流出电能表。TV 汇控柜内，端子排接线如图 5-25 所示。S1 抽头二次回路引出线与电能表电流元件出线连接，S3 抽头二次回路引出线与电能表电流元件进行连接，TV 汇控柜端子排电流二次回路反接。

现场检查发现 2219 汇控柜 TA 端子排处电流二次回路反接，需调整电流回路接线。

（1）用万用表检查短接线是否导通良好。

（2）用钳形电流表检测二次回路电流大小。

（3）用短接线将 TA 二次侧封好，封电流过程中始终用钳形电流表监控二次回路电流。

（4）如图 5-26 所示为短接线封电流位置示意图。如图 5-27 所示，待电流二次回路电流降为零后，断开电流连片，调整电流连片到目标位置，然后调整二次回路接地线位置。

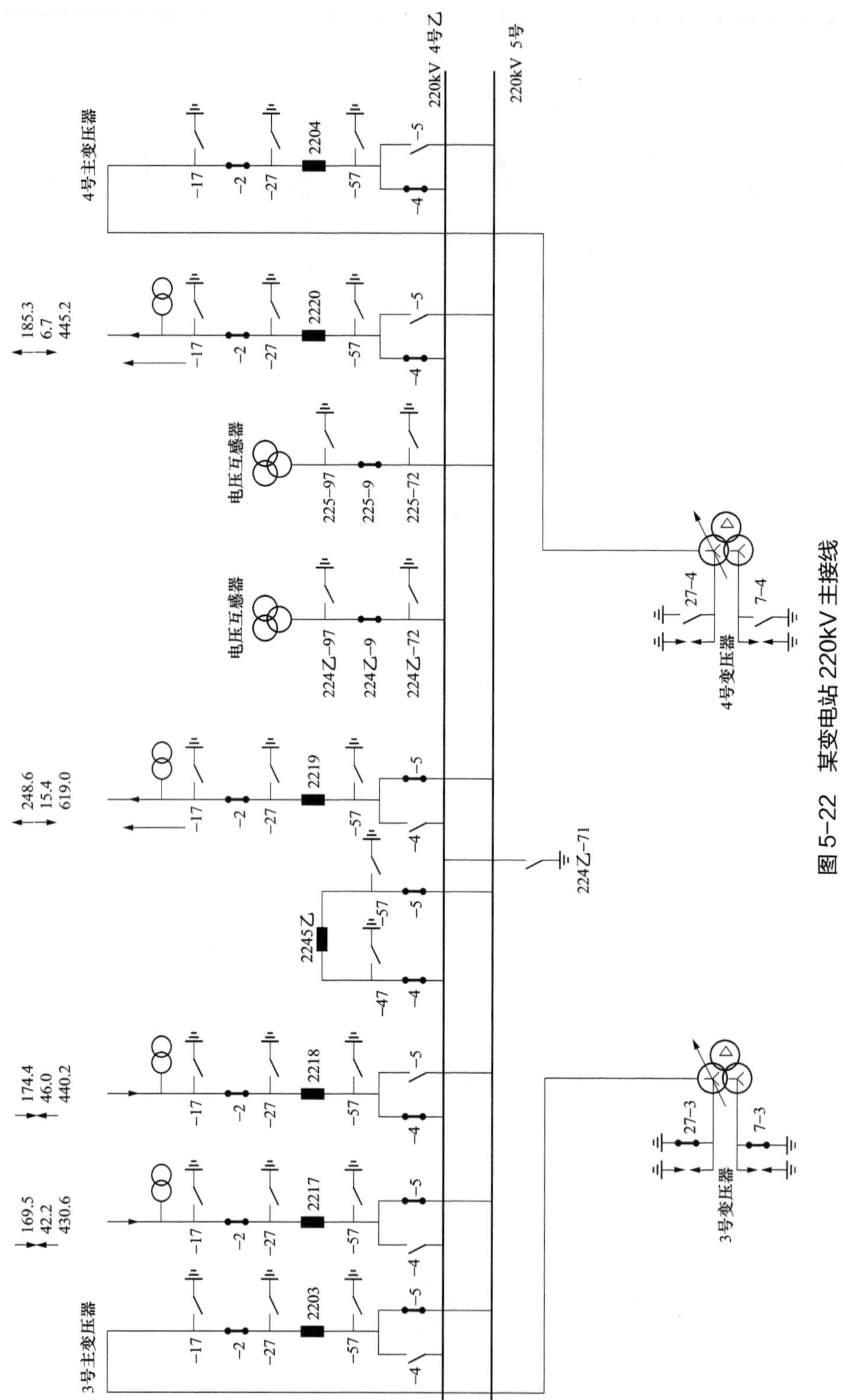

图 5-22 某变电站 220kV 主接线

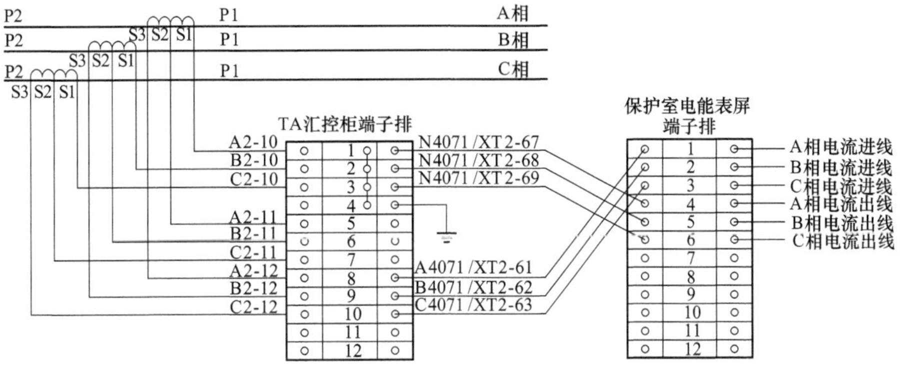

图 5-23　电流二次回路接线

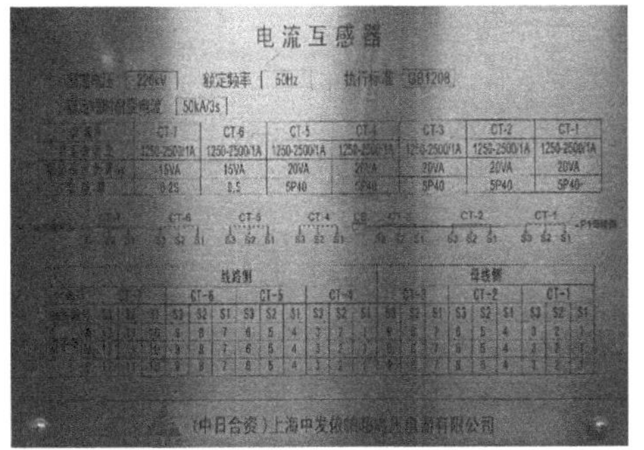

图 5-24　2219 计量点 TA 铭牌

图 5-25　2219 计量点汇控柜端子排接线

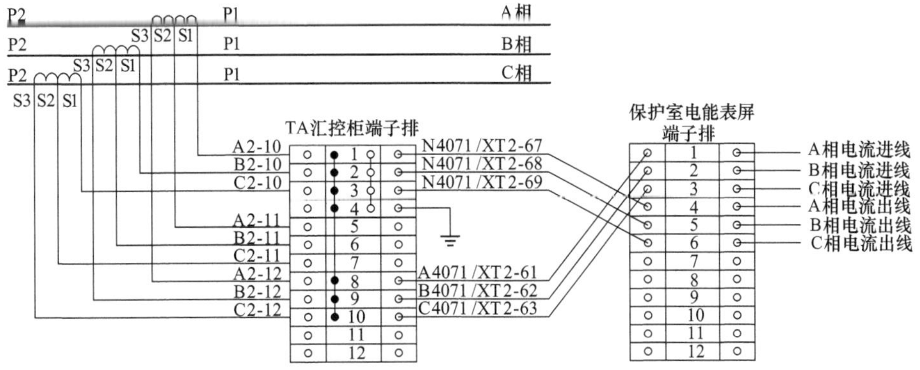

图 5-26　短接线封电流位置示意图

（5）调整电流回路接线，断开一相调整一相。

（6）调整结束后，断开短接线。短接线断开过程中，要始终用钳形电流表监测该相电流，防止发生异常。断开短接线过程中，先断相线，再断地线。图 5-28 所示为调整后接线。

接线调整完毕后恢复正常计量。

图 5-27　用短接线封好电流并调整电流连片

图 5-28　调整后接线

5.3.3　单相电流回路接线错误

5.3.3.1　异常现象及初步判断

2021 年 11 月 2 日，计量运维人员发现某 220kV 变电站 10kV 出线 243 路、265 路电能表计量异常，基本情况如下。

（1）10 月 29 日，某 220kV 变电站 243 线路投运发电，但站内电能表无正向有功电量，反向有功电量每天累计 3000kWh，目前线路下售电量每天约在 33000kWh，怀疑电能表计量异常。

（2）某 220kV 变电站 265 线路为该变电站与另一 110kV 变电站的联络线路，目前线路未通电，但站内电能表每天累计正向有功电量约 1200kWh，怀疑电能表计量异常。

5.3.3.2　现场处理

计量运维人员于 2021 年 11 月 4 日前往该变电站开展计量异常调查处理。作业人员现场检查 243 计量点电能表外观良好。采用校验仪进行电能表现场校验时发现 C 相电流反向，测试结果如图 5-29 所示。打开电能表表尾盖，发现表尾 C 相电流接反，如图 5-30 所示。现场调整接线后恢复正常计量。

现场检查 265 计量点电能表外观和接线无异常，5 次工作误差测试结果平均值为

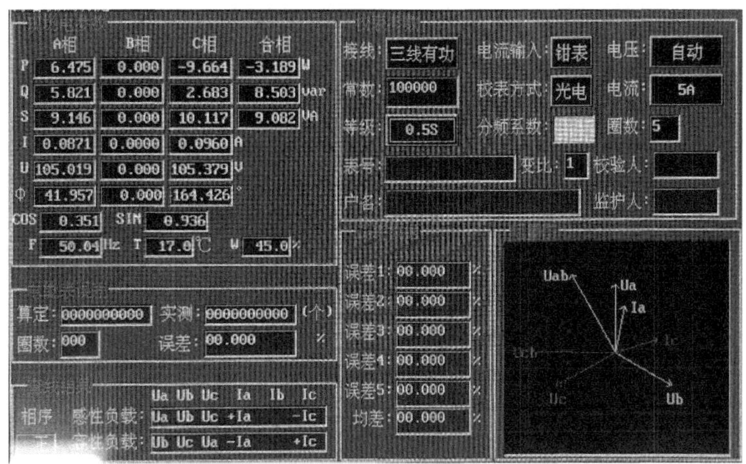

图 5-29　故障处理前 243 计量点测量数据

图 5-30　故障处理前 243 表尾接线情况

0.015%，工作误差满足电能表工作误差限制要求。

5.3.3.3　电量追退计算

（1）更正系数法。该 220kV 变电站 243 计量点自 2021 年 10 月 29 日 10 时开始走反向有功电量，至 2021 年 11 月 4 日 13 时错接线调整完毕，计量点倍率为 6000，243 计量点表码值详见表 5-13。

表 5-13　243 计量点表码值　（kWh）

时间		电量数据	
		正向有功电量	反向有功电量
追退电量起始时间	2021-10-29 10:00	6.24	0.01
追退电量截止时间	2021-11-4 12:00	6.24	0.38

243 电能表为错接线，采用更正系数法进行追补电量计算。接线调整前、后电能表参数详见表 5-14 和表 5-15。

表 5-14　接线调整前电能表参数

参数	数值	参数	数值
U_{ab}	105.019 V	U_{bc}	105.379 V
I_{ab}	0.0871 A	I_{bc}	0.096 A
φ_1	41.957°	φ_2	164.462°

表 5-15　接线调整后电能表参数

参数	数值	参数	数值
U_{ab}	105.019 V	U_{bc}	105.367 V
I_{ab}	0.0947 A	I_{bc}	0.1062 A
φ_1	38.915°	φ_2	–17.725°

计算时，设 P 为接线调整前电能表测量功率，P_0 为接线调整后电能表测量功率，P_1、P_2 分别为第一元件和第二元件功率，U_{ab} 为 A、B 相线电压，U_{cb} 为 C、B 相线电压，I_a 为 A 相相电流，I_c 为 C 相相电流；φ_1 为 A 相电压与 A 相电流之间的夹角，φ_2 为 C 相电压与 C 相电流之间的夹角。

采用更正系数法进行计算时，需假设三相负荷平衡，即存在 $U_{ab}=U_{cb}=U$、$I_a=I_b=I$。

综上，错误计量功率表达式为

$$
\begin{aligned}
P&=P_1+P_2\\
&=U_{ab}I_a\cos(30°+\varphi_1)+U_{ab}I_c\cos(150°+\varphi_2)\\
&=UI[\cos(30°+\varphi_1)+\cos(150°+\varphi_2)]\\
&=UI[\cos(41.957°)+\cos(164.462°)]\\
&=-0.22UI
\end{aligned}
\tag{5-15}
$$

正确计量功率表达式为

$$
\begin{aligned}
P_0&=P_1+P_2\\
&=U_{ab}I_a\cos(30°+\varphi_1)+U_{cb}I_c\cos(150°+\varphi_2)\\
&=UI[\cos(30°+\varphi_1)+\cos(150°+\varphi_2)]\\
&=UI[\cos(38.915°)+\cos(-17.725°)]\\
&=1.73UI
\end{aligned}
\tag{5-16}
$$

更正系数 K_j 为

$$K_j = \frac{P_0}{P} = -7.86 \tag{5-17}$$

故追退电量为

$$\Delta W = W_0 - W = (K_j - 1)W = -8.86W \tag{5-18}$$

式中：W 为错误接线时所计电量；W_0 为正确接线条件下的应计电量。

ΔW 为正值时，为应追补的电量；为负值时，为应退还的电量。将243计量点电能表电量追退期间表码值代入式（5-18），可得追退反向有功电量为

$$\Delta W = -8.86 \times (0.38 - 0.01) \times 60000 = -196692(\text{kWh}) \tag{5-19}$$

负值表示应退还反向有功电量，即正向有功电量少计，反向有功电量多计。故243计量点应追补正向有功电量196692kWh。

（2）母线平衡法。243线路所在母线为10kV 5号母线，母线各条线路计量点表码值详见表5-16（电量追退期间表码值不发生变化的未列出）。

表5-16 追退电量期间各计量点表码值 （kWh）

计量点编号	电能计量方向	2021-10-29 10:00 表码值	2021-11-4 12:00 表码值	倍率	电量差值
232	正向有功	24.51	24.70	20000	3800
	反向有功	0.00	0.00	20000	0
239	正向有功	257.32	258.91	60000	95400
	反向有功	0.00	0.00	60000	0
243	正向有功	6.24	6.24	60000	0
	反向有功	0.01	0.38	60000	22200
244	正向有功	6.13	6.21	60000	4800
	反向有功	0.00	0.00	60000	0
250	正向有功	4.63	4.63	100000	0
	反向有功	0.04	0.07	100000	3000
203	正向有功	42.13	42.95	400000	328000
	反向有功	0.01	0.01	400000	0

根据规定，203计量点潮流流入母线为正，其余计量点潮流流出母线为正。假设 W_{203}、W_{232}、W_{239}、W_{244} 分别为203、232、239、244计量点的正向有功电量，W'_{243}、W'_{250} 分别为243、250计量点的反向有功电量，W_{in} 为追退电量期间流入母线的总电量，W_{out} 为追退电量期间流出母线的总电量。则电量追退期间流入母线电量为

$$\begin{aligned} W_{in} &= W'_{243} + W'_{250} - W_{203} \\ &= 22200 + 3000 + 328000 \\ &= 353200(\text{kWh}) \end{aligned} \tag{5-20}$$

流出母线电量为

$$
\begin{aligned}
W_{out}&=W_{232}+W_{239}-W_{244}\\
&=3800+65400+4800\\
&=104000(kWh)
\end{aligned}
\tag{5-21}
$$

忽略母线损耗，追补正向有功电量为

$$
\begin{aligned}
\Delta W&=W_{in}-W_{out}\\
&=353200-104000\\
&=249200(kWh)
\end{aligned}
\tag{5-22}
$$

（3）误差分析。采用更正系数法开展追退电量计算时，计算更正系数过程中认为 $U_{ab}=U_{bc}$，$I_a=I_c$，但事实上两者并不一定相等，因此会引入计算误差。除此之外，φ 角采用了测量时刻的瞬时值，但受频率、电压、电流变化的影响，电压、电流之间的相角也不是恒定不变的。

综上，本次计算以母线平衡法为准，更正系数法计算结果作为验证，243 计量点追补正向有功电量 24.92 万 kWh。

5.3.4 电压回路接线错误

5.3.4.1 异常现场及初步判断

2022 年 4 月 15 日，计量运维人员发现某 220kV 变电站 251、252 线路计量异常，电能量采集系统显示该变电站 251、252、253、254 线路计量点电能表均只有反向有功电量和反向无功电量，以 2022 年 4 月 24 日 0 时电能表冻结数据为例，各计量点冻结电量详见表 5-17。

表 5-17 计量点冻结电量 （kWh）

计量点编号	电量类型			
	正向有功电量	反向有功电量	正向无功电量	反向无功电量
251	0.00	591.41	0.00	343.39
252	0.00	671.88	0.00	389.25
253	0.00	554.38	0.00	321.88
254	0.00	12.38	0.00	7.16

该变电站 251、252、253、254 线路均为 10kV 3 号母线电容器组，如图 5-31 所示为该变电站 10kV 3 号母线主接线。由于电容器组为纯容性负载，所以正常情况下

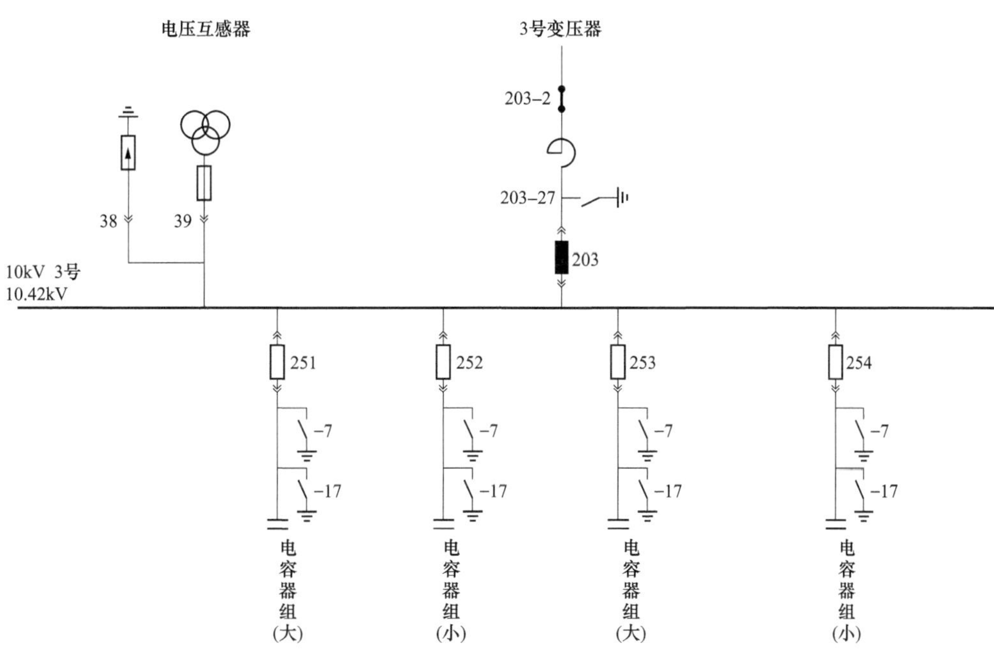

图 5-31 某变电站 10kV 3 号母线主接线

电流超前于电压，作为无功源输出无功，此时电能表应计组合无功 I 电量（即正向无功）。现电量采集系统显示各计量点正向无功电量数值为 0，说明计量异常。初步怀疑计量异常原因为错接线。

10kV 支路采用三相三线电能表进行电能计量。若三相电压对称，则有功电量和无功电量可用式（5-23）表示，即

$$P=U_{AB}I_A\cos(30°+\varphi_A)+U_{CB}I_C\cos(30°-\varphi_C) \tag{5-23}$$

若三相电路完全对称，则式（5-23）可写成

$$\begin{aligned}P&=UI\cos(30°+\varphi)+UI\cos(30°-\varphi_C)\\&=\sqrt{3}UI\cos\varphi\\&=3U_pI_p\cos\varphi\end{aligned} \tag{5-24}$$

式中：U、I 为线电压和线电流；U_p、I_p 为相电压和相电流。

同理，可得无功电量的表达式为

$$Q=3U_pI_p\sin\varphi=\sqrt{3}UI\sin\varphi \tag{5-25}$$

线路所计电量为反向有功和反向无功。当电能表计反向有功电量时，说明 $90°<\varphi<270°$；当电能表计反向无功电量时（组合无功 II 总电能），应为第二象限无功电能与第三象限无功电能之和，电压和电流相角范围满足 $90°<\varphi<270°$。

绘制正常工作情况下三相三线电压、电流相量图，如图 5-32 所示。

以 A 相为例对问题进行说明，φ 为 90° ~ 270° 时，I_a 可能的位置如图 5-33 中阴影区域所示。

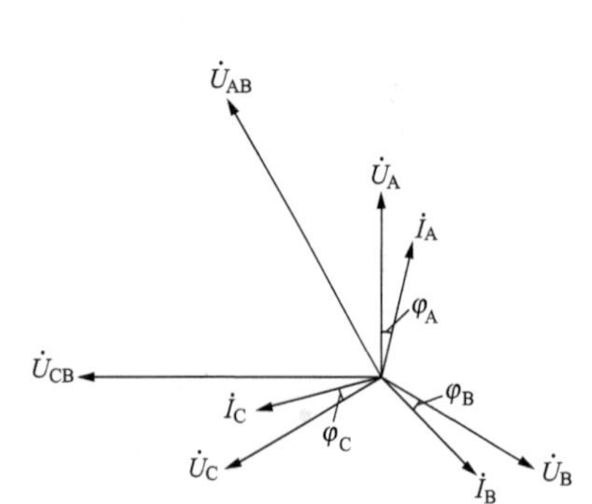

图 5-32　正常计量时电压、电流相量图

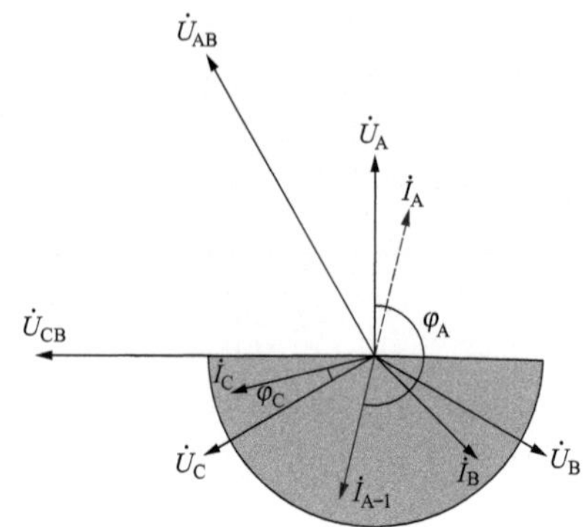

图 5-33　电流相量位置

若电流正常，则电压相量位置可能如图 5-34 所示。

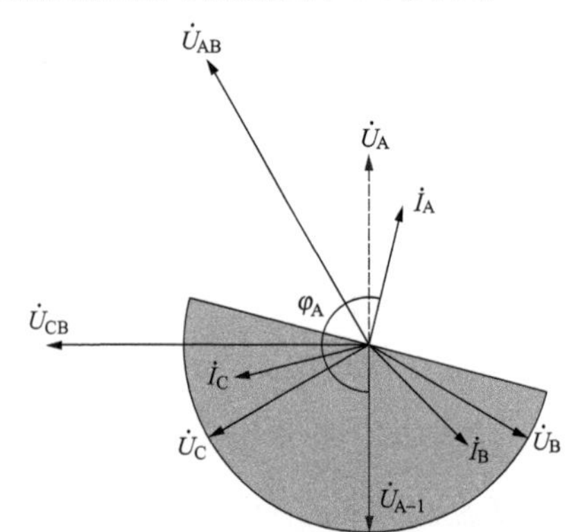

图 5-34　电压相量位置

由于实际功率是随负荷变化的瞬时值，而电能量是功率对时间的积分，因此可用电能表的走字或累计电量值近似等效为有功功率和无功功率，此时得到的 φ 值为一段时间内的平均值，即有

$$\tan\varphi=\frac{\sin\varphi}{\cos\varphi}=\frac{3U_pI_p\sin\varphi}{3U_pI_p\cos\varphi}=\frac{Q}{P}=\frac{QT}{PT}=\frac{W_Q}{W_P} \tag{5-26}$$

以 251 计量点电量数值为例，可得

$$\tan\varphi\approx 0.5803 \tag{5-27}$$

需要注意的是，电能表记录的组合无功Ⅱ总电能是第二象限无功电能与第三象限无功电能之和，在不确定实际电压电流相角的情况下，上述 $\tan\varphi$ 值为绝对值。在 90° ~ 270°范围内，φ 角可能为 149.76° 或 210.24°。为了表述和作图方便，将 φ 角

取整，小数部分用 $\Delta\varphi$ 表示，则 φ 可以表示为 $150°-\Delta\varphi$ 或 $210°+\Delta\varphi$。若 φ 角为 $150°-\Delta\varphi$，则电能表所计为第二象限无功电能；若 φ 角为 $210°+\Delta\varphi$，则电能表所计电量为第三象限无功电能。因此实际运行相量图如图 5-35 所示。

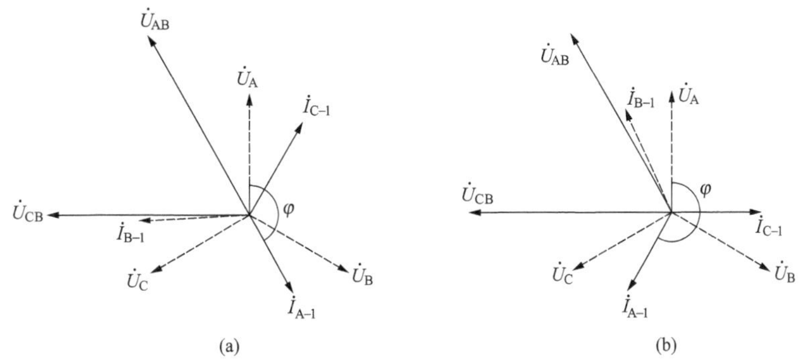

图 5-35　实际可能运行的相量图

（a）工况一：相角为 $150°-\Delta\varphi$；（b）工况二：相角为 $210°+\Delta\varphi$

5.3.4.2　现场处理

作业人员于 2022 年 4 月 25 日前往现场进行异常处理。

（1）外观检查发现 251、252、253、254 计量点电能表表尾均有改动痕迹。B 相电压接入电能表 C 相端子，C 相电压接入电能表 B 相端子，如图 5-36 所示。

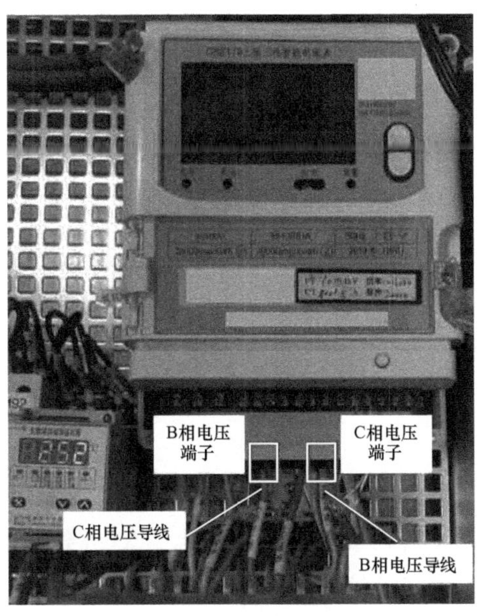

图 5-36　现场错接线情况

（2）电能表 A 相电压示值为 103.1V，B 相电压示值为 0.0V，C 相电压示值为 103V。电容器未投入运行，电能表 A 相、C 相电流示值均为零。

（3）用相序表测量电压相序，结果显示电压为正相序。在电能表表尾 B 相、C 相电压交叉接线的情况下，说明除了表尾错接线外，电压二次回路还有其他错接线情况。

使用万用表测量电压小母线空气断路器下口端子和电能表表尾端子各相之间的电压，结果详见表 5-18。

表 5-18　各接线端子电压测量值　（V）

测量位置		电压值
电压小母线空气断路器下口	电能表表尾	
A 相	A 相	103.1
	B 相	0.0
	C 相	103.0
B 相	A 相	103.1
	B 相	103.1
	C 相	0.0
C 相	A 相	0.0
	B 相	103.1
	C 相	103.0

由此可判断，电能表表尾 A 相电压为 C 相母线电压，电能表表尾 B 相电压为实际 A 相母线电压，电能表表尾 C 相电压为 B 相母线电压。

排查计量二次回路接线，发现在 X12 端子排处存在交叉接线。实际接线情况如图 5-37 所示。

根据电压二次回路实际接线情况，绘制如图 5-38 所示的电压二次回路接线示意图，表尾电压的实际相序为 CAB。

作业人员调整了 X6 端子排 10、12 端子接线以及电能表表尾 B 相和 C 相电压接线。

（4）现场检查电流二次回路接线无异常。但由于电容器组未投入运行，无法测量电流回路实际电流，实际电流相量相角未知。若二次回路接线存在标号错误，则不能排除电流二次回路存在错接线的情况，因此，有待进一步分析。

（5）完成电压回路调整后，绘制电压、电流相量图。

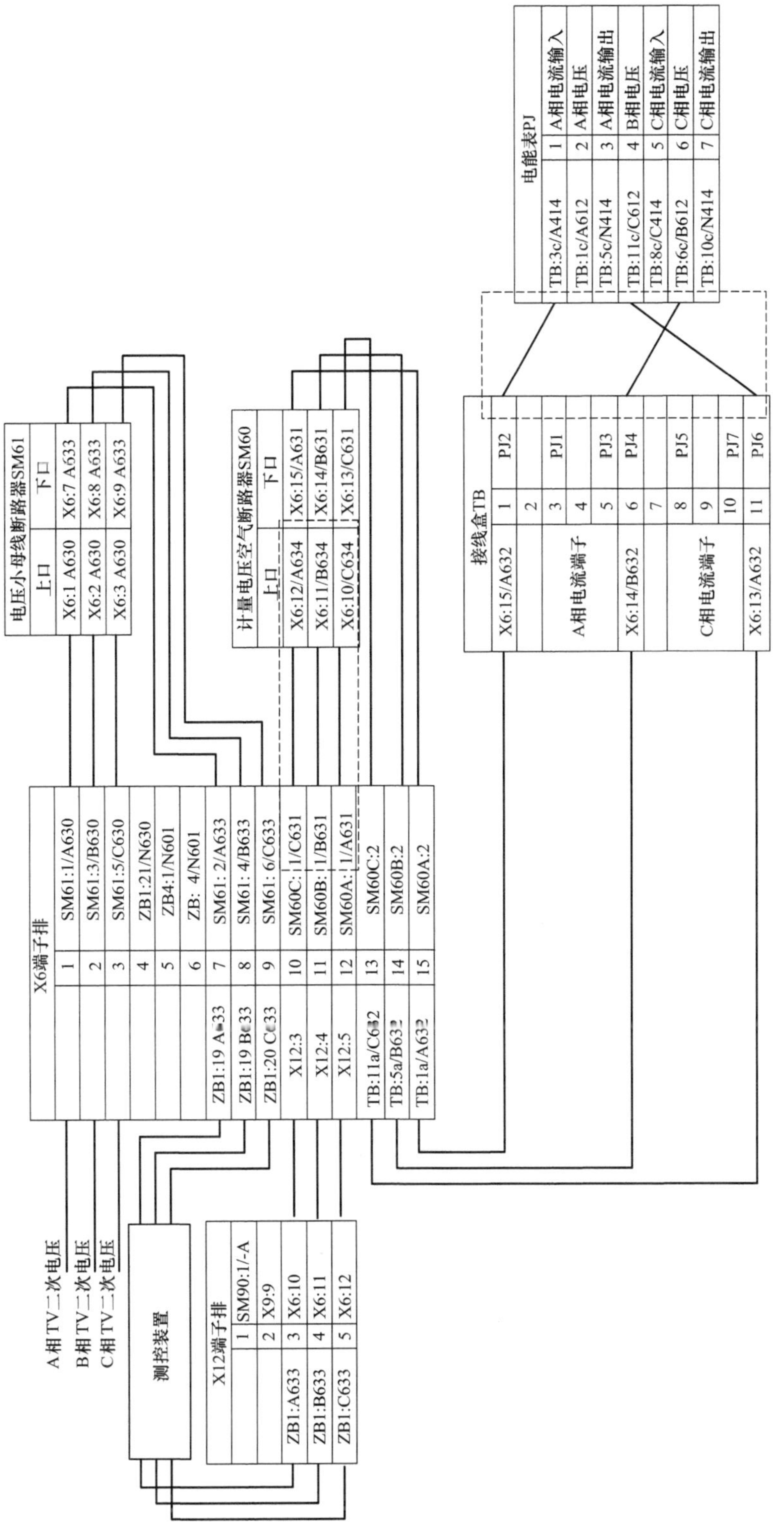

A相TV二次电压
B相TV二次电压
C相TV二次电压

测控装置

X12端子排		
	1	SM90:1/-A
	2	X9:9
ZB1:A633	3	X6:10
ZB1:B633	4	X6:11
ZB1:C633	5	X6:12

X6端子排		
	1	SM61:1/A630
	2	SM61:3/B630
	3	SM61:5/C630
	4	ZB1:21/N630
	5	ZB4:1/N601
	6	ZB: 4/N601
ZB1:19 A633	7	SM61: 2/A633
ZB1:19 B633	8	SM61: 4/B633
ZB1:20 C633	9	SM61: 6/C633
X12:3	10	SM60C: 1/C631
X12:4	11	SM60B: 1/B631
X12:5	12	SM60A: 1/A631
TB:11a/C632	13	SM60C:2
TB:5a/B632	14	SM60B:2
TB:1a/A632	15	SM60A:2

电压小母线断路器SM61	
上口	下口
X6:1 A630	X6:7 A633
X6:2 A630	X6:8 A633
X6:3 A630	X6:9 A633

计量电压空气断路器SM60	
上口	下口
X6:12/A634	X6:15/A631
X6:11/B634	X6:14/B631
X6:10/C634	X6:13/C631

接线盒TB		
X6:15/A632	1	PJ2
	2	
A相电流端子	3	PJ1
	4	
	5	PJ3
X6:14/B632	6	PJ4
	7	
C相电流端子	8	PJ5
	9	
	10	PJ7
X6:13/A632	11	PJ6

电能表PJ		
TB:3c/A414	1	A相电流输入
TB:1c/A612	2	A相电压
TB:5c/N414	3	A相电流输出
TB:11c/C612	4	B相电压
TB:8c/C414	5	C相电流输入
TB:6c/B612	6	C相电压
TB:10c/N414	7	C相电流输出

图 5-37 电压二次回路接线

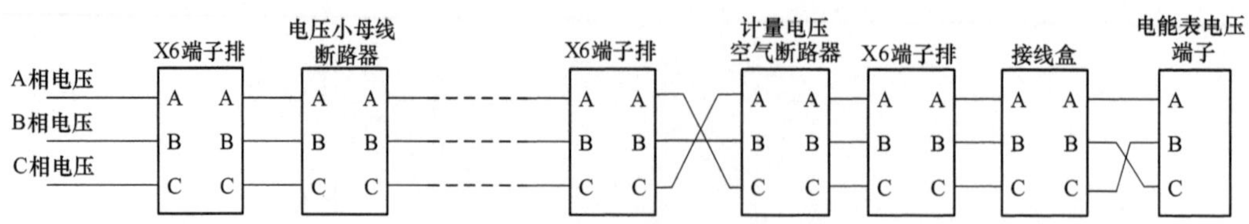

图 5-38 电压二次回路接线示意图

1）工况一：调整后电压、电流相量如图 5-39（a）所示（相当于原先的 A 相电压为实际的 C 相电压，B 相电压为实际的 A 相电压，C 相电压为实际的 B 相电压）。将电压相量 U_A 绘制在 0° 位置，如图 5-39（b）所示。

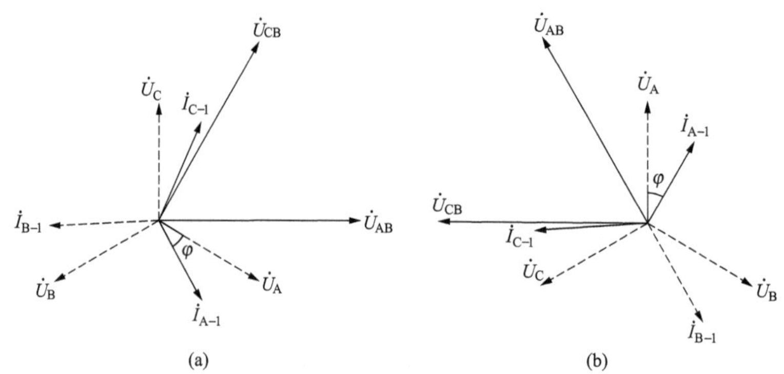

图 5-39 调整接线后电压、电流相量

这一工况下，电能表所计电能以有功电能为主，但实际负荷为电容器组。

2）工况二：调整后电压、电流相量图如图 5-40（a）所示。将电压相量 U_A 绘制在 0° 位置，如图 5-40（b）所示。

根据相量图，此时 φ 为 $90°+\Delta\varphi$，电能表计第二象限无功电能，即组合无功 Ⅱ 电

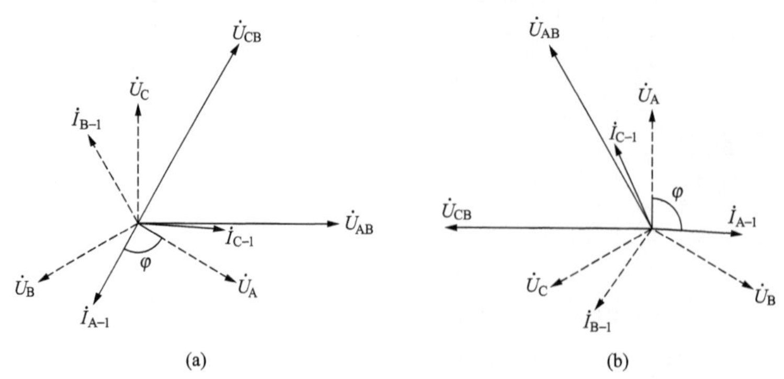

图 5-40 调整接线后电压、电流相量

能（反向无功电能）。

（6）调整接线后，电能量采集系统在2022年4月25日至2022年4月28日期间，采集得到的各计量点电量数据详见表5-19。

表5-19 调整接线后电量数据变化情况

计量点编号	251		252		253		254	
电能计量方向	正向	反向	正向	反向	正向	反向	正向	反向
2022-4-25 17:00 有功电量（kWh）	0.00	596.47	0.00	671.88	0.00	554.38	0.00	12.38
2022-4-25 17:00 无功电量（kvarh）	0.00	346.32	0.00	389.25	0.00	321.88	0.00	7.16
2022-4-28 17:00 有功电量（kWh）	0.00	596.49	0.00	671.89	0.00	554.39	0.00	12.38
2022-4-28 17:00 无功电量（kvarh）	0.00	352.20	0.00	392.09	0.00	324.42	0.00	7.16
有功电量差值（kWh）	0.00	0.02	0.00	0.01	0.00	0.01	0.00	0.00
无功电量差值（kvarh）	0.00	5.88	0.00	2.84	0.00	2.54	0.00	0.00

由表5-19中数据可知，各计量点电能表所计电量以反向无功电能（组合无功Ⅱ电能）为主，同时存在少量反向有功电能。据此，可知实际运行情况与工况二相符，A、C相电流反向。

（7）作业人员再次前往现场调整接线后恢复正常计量。绘制接线调整后的运行相量图如图5-41所示。

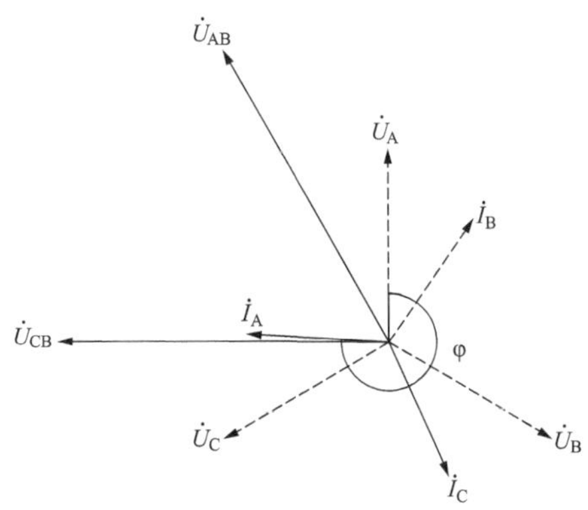

图5-41 正常运行时电压、电流相量图

总结：

- 根据电能表所计电量以及负荷特征确定相角。
- 组合无功Ⅰ为第一象限无功电量与第四象限无功电量之和，组合无功Ⅱ为第二象限无功电量和第三象限无功电量之和。
- 现场进行故障排查时，需要同时关注二次回路电压、电流情况，同时抄录现场四个象限的无功电量，以便进行接线判断。

5.3.4.3 差错电量计算

（1）有功电能为

$$K_1=\frac{P_1}{P_2}=\frac{\sqrt{3}UI\cos\varphi_1}{\sqrt{3}UI\cos\varphi_2}=\frac{\cos(270°+\Delta\varphi)}{\cos(210°+\Delta\varphi)}\approx 0 \quad (5\text{-}28)$$

$$K_2=\frac{P_1}{P_3}=\frac{\sqrt{3}UI\cos\varphi_1}{\sqrt{3}UI\cos\varphi_2}=\frac{\cos(270°+\Delta\varphi)}{\cos(90°+\Delta\varphi)}\approx 0 \quad (5\text{-}29)$$

$$W_3=W_4K \quad (5\text{-}30)$$

式中：P_1 为正确值；P_2 为实际值；P_3 为真实值。

因此，真实的有功电量应为零。

故第一次调整接线后，各计量点应退还全部反向有功电量，各计量点退还反向有功电量详见表 5-20。

表 5-20　各计量点应退还反向有功电量（kWh）

计量点编号	表码值	实际电量
251	596.47	9543520
252	671.88	10750080
253	554.38	8870080
254	12.38	198080

（2）无功电能为

$$K_3=\frac{Q_1}{Q_2}=\frac{\sqrt{3}UI\sin\varphi_1}{\sqrt{3}UI\sin\varphi_2}=\frac{\sin(270°+\Delta\varphi)}{\sin(210°+\Delta\varphi)}\approx 2 \quad (5\text{-}31)$$

式中：Q_1 为正确值；Q_2 为实际值。

所以，第一次调整接线前，真实的无功电能应为实际计量无功电能的 2 倍。且实际无功电能为反向无功电能（第三象限无功电能），真实无功电能应为正向无功电能（第四象限无功电能）。

故第一次调整接线后，各计量点追、退无功电量见表 5-21。

表 5-21 各计量点追、退无功电量 （kvarh）

计量点编号	电能类型	表码值		实际电量	
		退还	追补	退还	追补
251	正向无功电能	0.00	692.64	0	11082240
	反向无功电能	346.32	0.00	5541120	0
252	正向无功电能	0.00	778.50	0	12456000
	反向无功电能	389.25	0.00	6228000	0
253	正向无功电能	0.00	643.76	0	10300160
	反向无功电能	321.88	0.00	5150080	0
254	正向无功电能	0.00	14.32	0	229120
	反向无功电能	7.16	0.00	114560	0

$$K_3=\frac{Q_1}{Q_2}=\frac{\sqrt{3}UI\sin\varphi_1}{\sqrt{3}UI\sin\varphi_2}=\frac{\sin(270°+\Delta\varphi)}{\sin(90°+\Delta\varphi)}\approx -1 \tag{5-32}$$

第二次调整接线前，真实的无功电能和实际无功电能方向相反，即实际计量反向无功电能（第二象限无功），真实应为正向无功电能（第四象限无功电能）。

5.4 计量二次回路其他故障案例分析处理

5.4.1 接线盒异常

5.4.1.1 异常现象及初步判断

2021 年 1 月 13 日，计量运维人员发现某 220kV 变电站 220kV 母线电量不平衡率超限，该母线电量不平衡率约 −40.1%～−29.3%，疑似存在关口电能计量装置故障，如图 5-42 所示。

该变电站 220kV 母线共有 10 条出线，对比智能电网调度控制系统和电能量采集系统数据发现 2218 出线有潮流流出，但电能量采集系统电量显示为零，据此初步判断该变电站 220kV 母线线损异常原因为 2218 计量点电能计量异常。

5.4.1.2 故障处理

2021 年 2 月 2 日，计量运维人员前往该变电站进行故障处理，现场检查 2218 计量点电能表无报警，三相电流示值异常，电流值均为 0A，电能表停走，电能表外观如图 5-43 所示。现场勘查发现 2218 计量点电能表断流故障原因为接线盒三相电流连片均短接，如图 5-44 所示。作业人员调整短接片位置后电能表恢复正常计量。

2218 出线为 2020 年 12 月新投运线路，查阅检修施工记录发现工程施工人员在通流试验后未恢复正常接线，由此导致了电能计量异常。

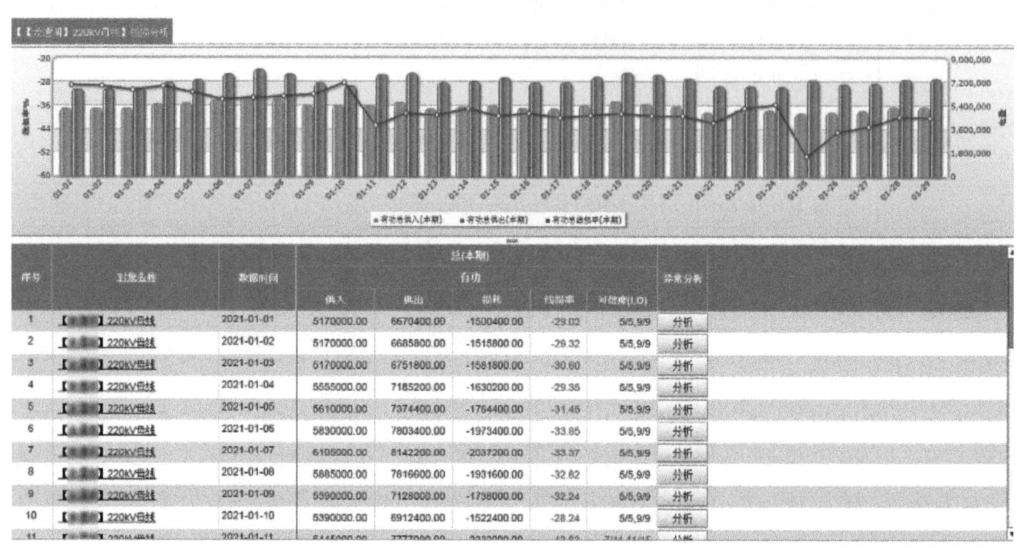

序号	对象名称	数据时间	总(本期) 有功 供入	供出	损耗	线损率	可信度(I,O)	异常分析
1	【[illegible]】220kV母线	2021-01-01	5170000.00	6670400.00	-1500400.00	-29.02	5/5,9/9	分析
2	【[illegible]】220kV母线	2021-01-02	5170000.00	6685800.00	-1515800.00	-29.32	5/5,9/9	分析
3	【[illegible]】220kV母线	2021-01-03	5170000.00	6751800.00	-1581800.00	-30.60	5/5,9/9	分析
4	【[illegible]】220kV母线	2021-01-04	5555000.00	7185200.00	-1630200.00	-29.35	5/5,9/9	分析
5	【[illegible]】220kV母线	2021-01-05	5610000.00	7374400.00	-1764400.00	-31.45	5/5,9/9	分析
6	【[illegible]】220kV母线	2021-01-06	5830000.00	7803400.00	-1973400.00	-33.85	5/5,9/9	分析
7	【[illegible]】220kV母线	2021-01-07	6105000.00	8142200.00	-2037200.00	-33.37	5/5,9/9	分析
8	【[illegible]】220kV母线	2021-01-08	5885000.00	7816600.00	-1931600.00	-32.82	5/5,9/9	分析
9	【[illegible]】220kV母线	2021-01-09	5390000.00	7128000.00	-1738000.00	-32.24	5/5,9/9	分析
10	【[illegible]】220kV母线	2021-01-10	5390000.00	6912400.00	-1522400.00	-28.24	5/5,9/9	分析

图 5-42　某变电站 220kV 母线线损异常

图 5-43　2218 计量点电能表外观

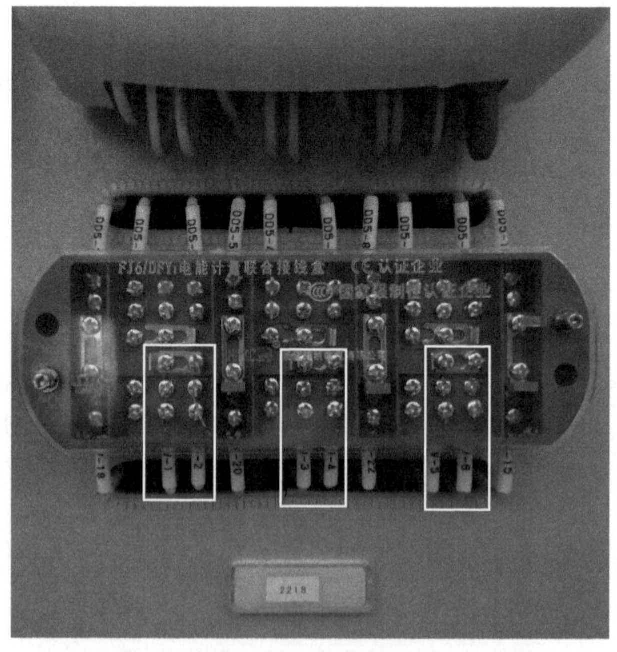

图 5-44　2218 计量点接线盒短接片错误

根据电能量采集系统数据，并结合工程投运记录和现场运行工况，综合判定计量异常时间为2021年1月1日0时至2021年2月2日11时。

5.4.1.3 追退电量计算

由于2218计量点电能表停走，无电量数据，因此追退电量计算主要参考该变电站220kV母线电量平衡及2218线路对端某500kV变电站2213线路电能表所计电量。根据计量异常时间确定电量追退计算起始时间为2020年1月1日0时，截止时间为2021年2月3日0时00分。

查询电能量采集系统可知，在电量追退期间该变电站220kV母线供入电量为243714000.00kWh，供出电量为239987000.00kWh。

母线供入电量等于供出电量加母线损耗，因此有

$$W_{in}=W_{out}+\Delta W_L \tag{5-33}$$

$$W_{in}=W'_{in}+\Delta W \tag{5-34}$$

式（5-33）和式（5-34）中：W_{in}为220kV母线实际供入电量；W'_{in}为电能量采集系统记录的220kV母线供入电量；W_{out}为220kV母线实际供出电量；ΔW_L为220kV母线损耗；ΔW为待计算的追补电量。

若按母线线损率1.0%计算，则追退电量为

$$\begin{aligned}\Delta W &= W_{out}+1.0\%\times W_{in}-W'_{in}\\ &=\frac{W_{out}}{1-1\%}-W'_{in}\\ &=\frac{239987000.00}{0.99}-243714000.00\\ &=66246111.00(\text{kWh})\end{aligned} \tag{5-35}$$

由于该变电站2218线路潮流流向为流入母线，因此待追补电量为反向有功电量。

综上，该变电站2218计量点共计追补反向有功总电量6624.6111万kWh。

5.4.2 二次空气断路器跳闸

5.4.2.1 异常现象及初步判断

2021年1月25日，计量运维人员发现某220kV变电站2214计量点电能表累计电量与一次积分电量差异较大，且2号主变压器电量损耗异常，疑似存在关口电能计量装置故障情况。

接到通知后，计量运维人员第一时间对异常现象进行分析。

（1）电能量采集系统记录显示 2214 计量点自 2018 年 2 月 1 日 14 时有电参量数据记录以来，C 相电压值为零。

（2）2018 年 7 月 27 日 14 时电能量采集系统中断采集，中断采集之前该变电站 2 号主变压器 2202 计量点电参量数据正常。

（3）2018 年 10 月 19 日 13 时电能量采集系统恢复正常工作后，该变电站 2202 计量点 A 相电压值为零。

该 220kV 变电站正常运行工况下，主变压器高压侧 2202 支路和 2214 出线同 4 甲母线连接，且该母线无其他出线。2202 计量点和 2214 计量点电压信号源于 224 甲 -9 电压互感器，如图 5-45 所示为该变电站 220kV 主接线。

基于上述内容，初步判断计量异常可能原因如下。

（1）2202、2214 计量点电能表故障。

（2）2214 计量点 C 相失压原因可能为电压二次回路虚接。

（3）2202 计量点 A 相失压原因可能为电压二次回路虚接。

（4）224 甲 -9 电压互感器二次回路断开，可能导致 2202、2214 计量点电能表失压。

5.4.2.2 现场处理

2021 年 2 月 3 日，计量运维人员前往该变电站开展故障处理。

现场检查发现 2202、2214 计量点电能表报警灯长亮，2202 计量点电能表显示 A 相失压，电压值为 0.0V，累计失压 24 次，累计失压时间为 204664 min，上次失压时间因时钟电池失电无法确定；2214 计量点电能表显示 C 相失压，电压值为 0.0V，累计失压 1195 次，累计失压时间为 265399 min，上次失压起始时间为 2020 年 12 月 12 日 14 时 44 分 14 秒。图 5-46 为 2214 计量点电能表失压记录和报警显示。

现场调查发现，2202 计量计量点电压二次回路空气断路器 A 相跳闸，2214 计量二次回路空气断路器 C 相跳闸，作业人员于 2021 年 2 月 3 日上午 10 时将 2202、2214 计量点电压二次回路空气断路器合闸后恢复正常计量，如图 5-47 和图 5-48 所示。

完成处理后约 10h，计量运维人员再次检查电能量采集系统数据时发现 2202 计量点 A 相电压变为 0.0V，2214 计量点 C 相电压变为 0.0V。

为排除 2202、2214 计量点电压二次回路空气断路器故障引起的电压回路异常，2021 年 2 月 5 日，运维人员再次前往该变电站进行故障处理，更换 2202、2214 计量点电压二次回路空气断路器，重新合闸后恢复正常计量。

现场检查发现该变电站 2 号主变压器电能表屏（即 2202 计量点电能表及二次回

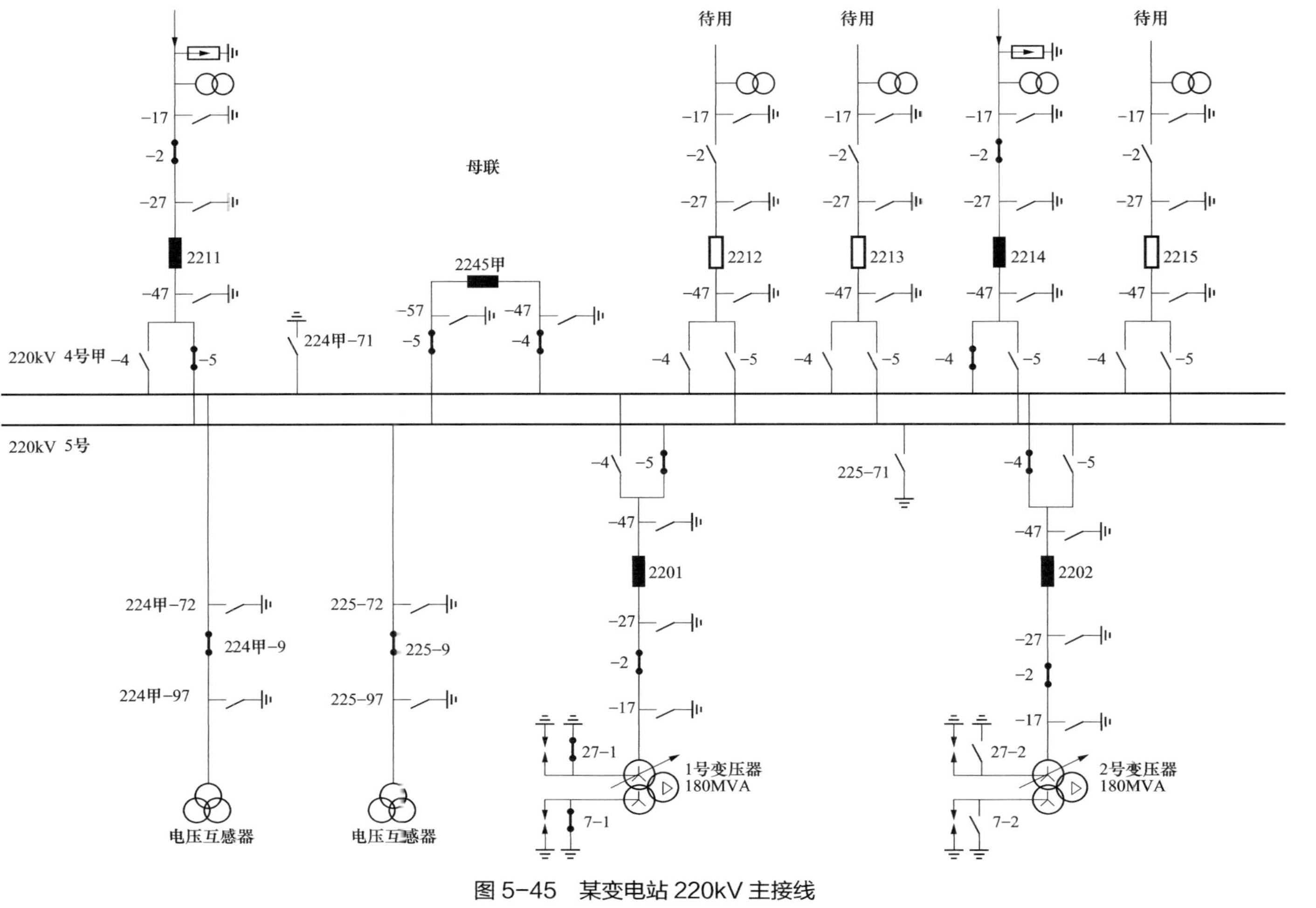

图5-45 某变电站220kV主接线

(a)

(b)

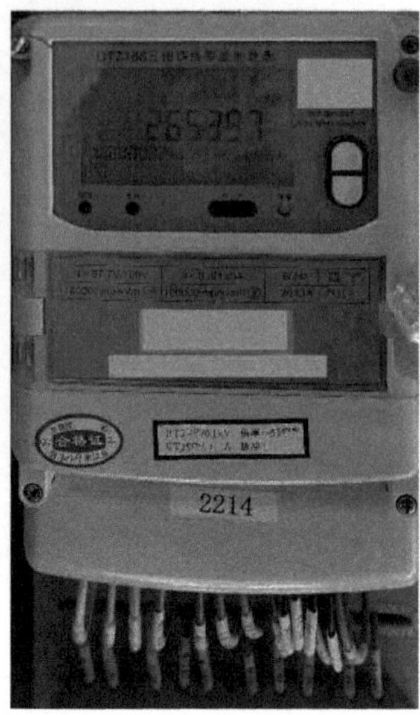

(c)

图 5-46　某变电站 2214 计量点电能表失压记录和报警显示

(a) C 相电压示值；(b) 失压次数；(c) 失压总时间

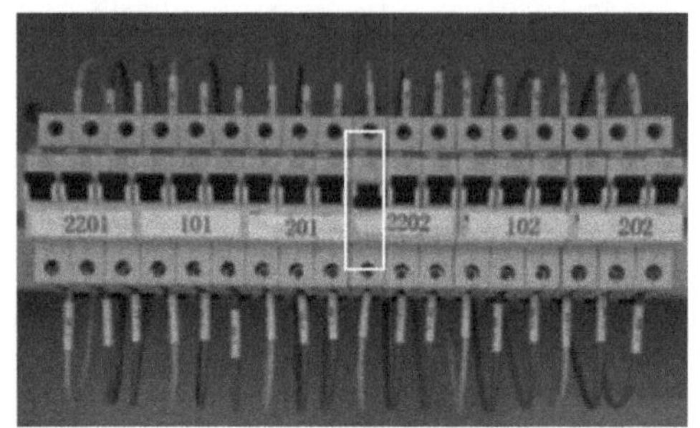

图 5-47　2202 计量点电压二次回路 A 相空气断路器

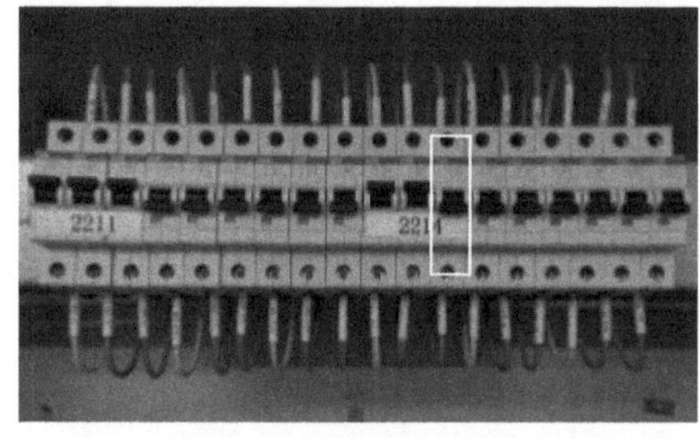

图 5-48　2214 计量点电压二次回路 C 相空气断路器

路所在屏柜）空气断路器导轨接地不良，用万用表测量空气断路器金属导轨和屏柜内裸露金属部位之间是否存在电位差，万用表显示两者之间电位差约为 1.0V。为排除接地不良导致空气断路器误动作的可能，作业人员用短接线将空气断路器导轨接地。

更换的空气断路器实验室检测显示其功能正常，跳闸原因与空气断路器质量无关。

5.4.2.3　追退电量计算

根据电能量采集系统数据、现场工况，综合判定电量追退计算时间可分为两部分，详见表 5-22。

表 5-22　电量追退计算时间

计量点编号	2202		2201	
时间	电量追退计算起始时间	电量追退计算截止时间	电量追退计算起始时间	电量追退计算截止时间
第一阶段	2018 年 10 月 19 日 0 时	2021 年 2 月 3 日 13 时	2018 年 2 月 1 日 0 时	2021 年 2 月 3 日 13 时
第二阶段	2021 年 2 月 3 日 21 时	2021 年 2 月 5 日 12 时	2021 年 2 月 3 日 21 时	2021 年 2 月 5 日 12 时

该变电站 2202、2214 计量点均为单表配置，两个计量点均为电能表单相失压，在负荷平衡的情况下可采用更正系数法计算，同时参考该变电站 2 号主变压器电量平衡及 2214 计量点对端某 500kV 变电站安 2226 计量点电能表所计电量数据作为验证。表 5-23 为该变电站 2202、2214 计量点电能表表码数据。

表 5-23　某变电站 2202、2214 计量点电能表表码数据　（kWh）

计量点编号	2202		2214	
电能计量方向	正向有功	反向有功	正向有功	反向有功
2018-10-9 0:00 表码值	0.36	0.00	0.00	0.00
2021-2-3 11:00 表码值	34.40	0.00	0.53	8.13
第一次故障期间表计电量	34.04	0.00	0.53	8.13
2021-2-3 21:00 表码值	34.64	0.00	0.53	8.19
2021-2-5 12:00 表码值	35.25	0.00	0.53	8.35
第二次故障期间表计电量	0.61	0.00	0.00	0.16

变压器互感器参数详见表 5-24。

表 5-24　变压器互感器参数

计量点	2201	2202	101	102	201	202
电压互感器变比	220/0.1	220/0.1	110/0.1	110/0.1	10/0.1	10/0.1
电流互感器变比	600/1	600/1	1250/1	1250/1	4000/1	4000/1
计量点倍率	1320000	1320000	1375000	1375000	400000	400000

2214 计量点互感器参数如下。

1）电压互感器变比：220/0.1。

2）电流互感器变比：2500/1。

3）计量点倍率：5500000。

（1）更正系数法。更正系数法即采用正确接线方式的功率与错接线方式的功率之比，即

$$K_{\mathrm{j}}=\frac{\text{正确功率表达式}}{\text{错误功率表达式}}=\frac{P_0}{P} \quad (5\text{-}36)$$

对于三相功率，正确功率表达式为

$$P=\sqrt{3}UI\cos\varphi \quad (5\text{-}37)$$

或

$$P=3U_{\mathrm{P}}I\cos\varphi \quad (5\text{-}38)$$

式（5-37）和式（5-38）中：U 为线电压；U_{P} 为相电压。

更正系数为正数时，表明电能表正向计量；更正系数为负数时，表明电能表反向计量。

根据实际情况也可以采用电能表在正确的接线方式下所计的电量与在错误接线方式下所计电量的比值计算得到更正系数，即

$$K_{\mathrm{j}}=\frac{\text{正确电量}}{\text{错误电量}}=\frac{W_0}{W} \quad (5\text{-}39)$$

追退电量可按式（5-40）计算，即

$$\Delta W=W_0-W=(K_{\mathrm{j}}W-W)=(K_{\mathrm{j}}-1)W \quad (5\text{-}40)$$

式中：ΔW 为正值时，为应追补的电量；ΔW 为负值时，为应退还的电量。

该 220kV 变电站 2202 计量点和 2214 计量点计量异常均为缺一相电压，因此更正系数为

$$K_{\mathrm{j}}=\frac{3}{2} \quad (5\text{-}41)$$

所以，2202 计量点第一次失压期间应追补正向有功电量为

$$\begin{aligned}\Delta W_{2202}&=(K_{\mathrm{j}}-1)W_{2202}\\&=\frac{1}{2}\times 34.04\times 1320000\\&=22466400(\mathrm{kWh})\end{aligned} \quad (5\text{-}42)$$

2202 计量点第二次失压期间应追补正向有功电量为

$$\begin{aligned}\Delta W_{2202} &= (K_{\mathrm{j}}-1)W_{2202}\\ &= \frac{1}{2}\times 0.61\times 1320000\\ &= 402600(\mathrm{kWh})\end{aligned} \tag{5-43}$$

2214 计量点第一次失压期间应追补正向有功电量为

$$\begin{aligned}\Delta W_{2214} &= (K_{\mathrm{j}}-1)W_{2214}\\ &= \frac{1}{2}\times 0.53\times 5500000\\ &= 1457500(\mathrm{kWh})\end{aligned} \tag{5-44}$$

2214 计量点第一次失压期间应追补反向有功电量为

$$\begin{aligned}\Delta W_{2214} &= (K_{\mathrm{j}}-1)W_{2214}\\ &= \frac{1}{2}\times 8.13\times 5500000\\ &= 22357500(\mathrm{kWh})\end{aligned} \tag{5-45}$$

2214 计量点第二次失压期间应追补反向有功电量为

$$\begin{aligned}\Delta W_{2214} &= (K_{\mathrm{j}}-1)W_{2214}\\ &= \frac{1}{2}\times 0.16\times 5500000\\ &= 440000(\mathrm{kWh})\end{aligned} \tag{5-46}$$

（2）电量平衡法。根据变压器电量平衡可知，流入变压器潮流等于流出变压器潮流加变压器损耗，因此在追退电量期间，流入 2202 计量点电量等于流出 102 计量点电量加流出 202 计量点电量与变压器损耗之和，表达式为

$$W_{2202}=W_{102}+W_{202}+\Delta W_{\mathrm{T}} \tag{5-47}$$

式中：W_{2202}、W_{102}、W_{202} 分别为 2 号主变压器高压侧、中压侧和低压侧电能表所计电量；ΔW_{T} 为变压器损耗。

变压器损耗与变压器的运行效率有关。

变压器运行效率是指变压器输出功率 P_2 与输入功率 P_1 之比，即

$$\eta = \frac{P_2}{P_1} \tag{5-48}$$

由于变压器是一种静止的电气设备，在能量转换过程中没有机械损耗，它的效率比同容量的旋转电动机高，一般中小型变压器的效率为 95% ~ 98%，大型变压器则可达 99% 以上。

此外，两台变压器并联运行时，应满足以下条件。

1）各台并联变压器的一次侧与二次侧电压大小相等，相位相同。

2）空载时并联的各台变压器二次侧之间没有循环电流。

3）负载后，各台变压器所承担的负载电流按它们的额定容量成比例地分配。

4）各台变压器用标幺值表示的短路阻抗应相等，短路电抗和短路电阻之比也应相等。

因此，在难以直接计算得到变压器运行效率的情况下，1 号变压器和 2 号变压器型号相同，运行工况相似，运行效率基本一致，2 号变压器运行效率可由 1 号变压器运行效率近似。可利用 1 号变压器在追退电量期间的运行效率近似估算 2 号变压器的运行效率，1 号变压器高、中、低压侧计量点电量数据详见表 5-25。

表 5-25　1 号主变压器各电能计量点表底数　（kWh）

计量点编号	2201		101		201	
电能计量方向	正向有功	反向有功	正向有功	反向有功	正向有功	反向有功
2018-10-9 0:00 表码值	0.36	0.00	0.00	0.00	0.48	0.00
2021-2-3 11:00 表码值	51.33	0.00	47.09	0.02	3.37	0.00
第一次故障期间表计电量	50.97	0.00	47.09	0.02	2.89	0.00
2021-2-3 21:00 表码值	51.57	0.00	47.32	0.02	3.37	0.00
2021-2-5 12:00 表码值	52.49	0.00	48.20	0.02	3.75	0.00
第二次故障期间表计电量	0.92	0.00	0.88	0.00	0.38	0.00

第一次失压期间 1 号主变压器运行效率

$$\begin{aligned}\eta_1 &= \frac{W_{102}+W_{202}}{W_{2201}} \\ &= \frac{1375000\times 47.09+400000\times 2.89}{1320000\times 50.97}\times 100\% \\ &= 97.96\%\end{aligned} \tag{5-49}$$

第二次失压期间 1 号主变压器运行效率

$$\begin{aligned}\eta_2 &= \frac{W_{102}+W_{202}}{W_{2201}} \\ &= \frac{1375000\times 0.88+400000\times 0.38}{1320000\times 0.92}\times 100\% \\ &= 112.15\%\end{aligned} \tag{5-50}$$

由式（5-50）可知，1 号主变压器中压侧和低压侧电能表所计电能量之和大于高压侧电能表所计电能量之和，说明 1 号主变压器和 2 号主变压器之间存在环流，第二次失压期间不宜用变压器电量平衡的方法进行电量追退计算。

由此可得，第一次失压期间各变量满足

$$\Delta W_T=(1-\eta_1)W_{2202} \tag{5-51}$$

$$W_{2202}=W'_{2202}+\Delta W_{2202} \tag{5-52}$$

$$W_{2202}=W_{102}+W_{202}+\Delta W_T \tag{5-53}$$

式中：W'_{2202} 为第一次失压期间 2202 计量点电能表所计电量；ΔW_{2202} 为待追补正向有功电量。由式（5-51）~式（5-53）和表 5-26 中数据可得

$$\begin{aligned}\Delta W_{2202} &= \frac{W_{102}+W_{202}}{\eta_1}-W'_{2202} \\ &= \frac{1375000\times 46.75+400000\times 3.22}{97.96\%}-1320000\times 34.04 \\ &= 22001918.25(\text{kWh})\end{aligned} \tag{5-54}$$

表 5-26　2 号主变压器各电能计量点表底数　　（kWh）

计量点编号	2202		102		202	
电能计量方向	正向有功	反向有功	正向有功	反向有功	正向有功	反向有功
2018-10-9 0:00 表码值	0.36	0.00	0.01	0.00	0.52	0.00
2021-2-3 11:00 表码值	34.4	0.00	46.76	0.02	3.74	0.00
第一次故障期间表计电量	34.04	0.00	46.75	0.02	3.22	0.00
2021-2-0 21:00 表码值	34.64	0.00	46.98	0.02	3.74	0.00
2021-2-5 12:00 表码值	35.25	0.00	47.86	0.02	3.75	0.00
第二次故障期间表计电量	0.61	0.00	0.88	0.00	0.01	0.00

根据母线电量平衡可知

$$W_{2211}+W_{2214}=W_{2201}+W_{2202}+\Delta W_L \tag{5-55}$$

式中：W_{2211}、W_{2214}、W_{2201}、W_{2202} 分别为 2211、2214、2201、2202 计量点所计电量；ΔW_L 为母线损耗。

根据电网线损有关管理要求，母线损耗不超过供入电量的 ±1%，有

$$\Delta W_L=(W_{2211}+W_{2214})\times 1\% \tag{5-56}$$

第一次失压期间 220kV 母线相关各计量点电量数据见表 5-27。

表 5-27　第一次失压期间各计量点电量　（kWh）

计量点编号	2214		2211		2201		2202	
计量点倍率	5500000	5500000	5500000	5500000	1320000	1320000	1320000	1320000
电能计量方向	正向有功	反向有功	正向有功	反向有功	正向有功	反向有功	正向有功	反向有功
故障起始时刻表码值	0.00	0.00	0.00	0.00	0.00	0.00	0.00	0.00
故障截止时刻表码值	0.53	8.13	0.32	12.76	51.33	0.00	34.40	0.00
故障期间表码差值	0.53	8.13	0.32	12.76	51.33	0.00	34.40	0.00
故障期间实际电量	2915000	44715000	1760000	70180000	67755600	0	45408000	0

则第一次失压期间 2214 计量点待追补正向有功电量为

$$
\begin{aligned}
\Delta W_{2214} &= \frac{W_{2201}+W_{2202}}{1-1.00\%}-W_{2211}-W'_{2214} \\
&= \frac{W_{2201}+W'_{2202}+\Delta W_{2202}}{1-1.00\%}-W_{2211}-W'_{2214} \\
&= \frac{1320000\times 51.33+1320000\times 34.40+22001918.25}{99.00\%}-5500000\times 0.32-5500000\times 0.53 \\
&= 131855826.50(\text{kWh})
\end{aligned}
\tag{5-57}
$$

由式（5-57）计算得到的追补电量值和更正系数法追补电量计算结果存在较大差异，计算结果不可信。

根据电网运行管理单位关于变电站及电厂计量装置及其二次回路计量方向的相关规定：①变电站及电厂的进出线计量装置及其二次回路的计量方向以与其整体电能计量装置直接连接的母线为参考点，以潮流流出母线的方向为电能表计量正向，流入母线的方向为电能表计量反向；②变压器计量装置及其二次回路以变压器为参考点，高压侧计量装置以潮流流入变压器为电能表计量正向，流出变压器为电能表计量反向，中、低压侧以潮流流出变压器为电能表计量正向，流入变压器为电能表计量反向。

因此，由各计量点电能表码数据可知，2211 和 2214 计量点既有潮流流入母线，又有潮流流出母线，变压器计量点 2201 和 2202 计量点只有流出母线潮流，无流入母线潮流，说明电能表失压期间有未经过变压器的母线间潮流。所以，计算 2214 计量点待追补电量时，计入变压器计量点电量数据的情况下会产生较大误差。这一情况下不宜采用电量平衡法进行追补电量计算。

（3）对端平衡法。220kV 线路为连接两个变电站之间的重要线路，在本端电能计量有误的情况下，可根据对端相应电能计量点的计量数据进行追补电量计算。

该变电站 2214 线路与对端某 500kV 变电站 2226 线路为同一线路，2214 线路流出母线潮流对应于 2226 线路流入母线潮流，2214 线路流入母线潮流对应于 2224 线路流出母线潮流，因此 2214 计量点正向有功电量对应于 2226 计量点反向有功电量，2214 计量点反向有功电量对应于 2226 计量点正向有功电量。

电能量采集系统中该 500kV 变电站 2226 计量点表底数见表 5-28。

表 5-28 某 500kV 变电站 2226 计量点电量数据 （kWh）

计量时段	第一次追退电量期间		第二次追退电量期间	
电能计量方向	正向有功	反向有功	正向有功	反向有功
追退电量起始时刻表码值	43.34	16.52	58.30	18.35
追退电量截止时刻表码值	55.59	17.28	58.54	18.35
追退电量期间表计电量差值	12.25	0.76	0.24	0.00

已知 2226 计量点倍率和 2214 计量点倍率相同，均为 5500000。根据表 5-23 和表 5-28 中的数据计算 2214 计量点两次失压期间待追补电量（设 W_{22141}、W_{22142} 分别为 2214 正向、反向有功电量；W_{22261}、W_{22262} 分别为 2226 正向、反向有功电量）。

第一次失压期间 2214 计量点待追补正向有功电量为

$$\begin{aligned}\Delta W_{2214}&=W_{22262}-W_{22141}\\&=(0.79-0.53)\times 5500000\\&=1430000(\text{kWh})\end{aligned} \quad (5\text{-}58)$$

第一次失压期间 2214 计量点待追补反向有功电量为

$$\begin{aligned}\Delta W_{2214}&=W_{22261}\ \ W_{22142}\\&=(12.25-8.13)\times 5500000\\&=22660000(\text{kWh})\end{aligned} \quad (5\text{-}59)$$

第二次失压期间 2214 计量点待追补反向有功电量为

$$\begin{aligned}\Delta W_{2214}&=W_{22261}-W_{22142}\\&=(0.25-0.16)\times 5500000\\&=495000(\text{kWh})\end{aligned} \quad (5\text{-}60)$$

由上述计算结果可知，采用对端平衡法和更正系数法计算得到的追补电量值基本相同，由于存在线路损耗，因此本文采用更正系数法计算结果作为追退电量的依据。

综上，该 220kV 变电站 2202 计量点共计追补正向有功总电量 2286.90 万 kWh，2214 计量点共计追补正向有功总电量 145.75 万 kWh、反向有功总电量 2279.75 万 kWh。

5.4.3 地线接触不良

5.4.3.1 异常现象及初步判断

计量运维人员在某 220kV 变电站 2202、2214 计量点电能表数据检查时发现，自 2021 年 4 月 2 日起，2202 计量点电能表 A 相失压，2214 计量点电能表 C 相失压，如图 5-49 所示为电能量采集系统内该变电站 2202 和 2214 计量点电能表的数据记录。故障现象和计量运维人员于 2021 年 2 月 5 日、2021 年 2 月 3 日处理过的同一变电站相同计量点的故障现象相同。分析推测，2202 计量点 A 相和 2214 计量点 C 相电压二次回路跳闸。

序号	测量点名称	时间	A相电压	B相电压	C相电压
25	2202	2021-04-02 00:00:00	59	59	59
26	2202	2021-04-02 01:00:00	59	59	59
27	2202	2021-04-02 02:00:00	59	59	59
28	2202	2021-04-02 03:00:00	59	59	59
29	2202	2021-04-02 04:00:00	59	59	59
30	2202	2021-04-02 05:00:00	59	59	59
31	2202	2021-04-02 06:00:00	00	59	59
32	2202	2021-04-02 07:00:00	00	59	59
33	2202	2021-04-02 08:00:00	00	58	59
34	2202	2021-04-02 09:00:00	00	59	59
35	2202	2021-04-02 10:00:00	00	59	59
36	2202	2021-04-02 11:00:00	00	59	59

序号	测量点名称	时间	A相电压	B相电压	C相电压
25	2214	2021-04-02 00:00:00	59	59	59
26	2214	2021-04-02 01:00:00	59	59	59
27	2214	2021-04-02 02:00:00	59	59	59
28	2214	2021-04-02 03:00:00	59	59	59
29	2214	2021-04-02 04:00:00	59	59	59
30	2214	2021-04-02 05:00:00	59	59	59
31	2214	2021-04-02 06:00:00	59	59	00
32	2214	2021-04-02 07:00:00	59	59	00
33	2214	2021-04-02 08:00:00	59	58	00
34	2214	2021-04-02 09:00:00	59	59	00
35	2214	2021-04-02 10:00:00	59	59	00
36	2214	2021-04-02 11:00:00	59	59	00

图 5-49 某变电站电能表电压记录

计量电压二次回路一般为并联接线，从电压互感器二次端子箱引出后，经过电压切换装置，然后进入电能表屏。该变电站 2202 和 2214 计量点电压数据来自同一台母线电压互感器，即在 224 甲端子箱处并联电压二次回路分别至 2202 计量点和 2214 计量点，因此两计量点电压回路应该是相对独立的，但是 2202 计量点 A 相和 2214 计量点 C 相电压回路断路器同时跳闸，推测：故障原因一可能为电压二次回路存在电缆破损情况导致线路短接；故障原因二可能为电压切换装置内部故障，因此导致 2202 计量回路和 2214 计量回路异常。

上一次故障检查时，已经更换过电压二次回路空气断路器，故排除空气断路器故障的可能性。

5.4.3.2 现场处理

计量运维人员现场检查发现 2202 和 2214 计量点电能表外观及接线良好。

2202 计量点电能表失压总次数 26 次，失压总时间 286558min，电能表时钟电池异常，日期时间不准确。A 相电压为 0.0V，B 相电压为 59.0V，C 相电压为 59.2V。

2214 计量点电能表失压总次数 1197 次，失压总时间 347293min，上一次失压时间为 2021 年 3 月 31 日 2:23:28，电能表日期时间不准确。

经检查 220kV 计量电压切换屏Ⅰ、主电能表屏所有接线均正确。现场测量 N600 线对地有电压，幅值约 1.8V。

查阅计量回路图纸发现中性线 N600 自 TV 智能汇控柜使用以来，AN、BN、CN 与避雷器相连，但避雷器相对于地线有电压。作业人员将避雷器短接，N600 经原避雷器接线改至其他绕组地线端。

此次处理之后，该变电站再无类似故障发生。

5.4.3.3 追补电量计算

根据故障发生时刻以及恢复正常计量时刻电能表表底数进行追补电量计算，该变电站 2202 和 2214 计量点追退电量期间表码值详见表 5-29 和表 5-30。

表 5-29 某变电站 2202 计量点表码值 （kWh）

电能计量方向	故障发生时刻 2021-04-02 06:00 表码值	正确计量时刻 2021-05-27 16:00 表码值	故障期间电量差值
正向有功	67.38	88.89	21.51
反向有功	0.00	0.00	0.00

表 5-30　某变电站 2214 计量点表码值　（kWh）

电能计量方向	故障发生时刻 2021-04-02 06:00 表码值	正确计量时刻 2021-05-27 16:00 表码值	故障期间电量差值
正向有功	0.53	0.53	0.00
反向有功	16.06	21.27	5.21

2202 计量点追补正向有功电量为

$$\begin{aligned}\Delta W_{2202} &= \frac{1}{2}\times 21.51\times 1320000\\ &= 14196600(\text{kWh})\end{aligned} \quad (5\text{-}61)$$

2214 计量点追补反向有功电量

$$\begin{aligned}\Delta W_{2214} &= \frac{1}{2}\times 5.21\times 5500000\\ &= 14327500(\text{kWh})\end{aligned} \quad (5\text{-}62)$$

完成该 220kV 变电站 2202、2214 电能表单相失压故障处理。现场判断故障原因为 220kV 计量电压切换屏 1 内 N600 线未接地，在特殊情况下会引起电能表三相电压波动，导致单相空气开关跳闸。现场按规程要求将 N600 线接入地电位，恢复正常计量。

按照电能计量装置设计规范要求，电压互感器的二次回路只允许一处接地，接地线中不应串接有可能断开的设备；采用母线电压互感器，需要二次电压并列或切换时，接地点应在控制室或保护小室等，其他情况接地点宜在互感器端子箱内；电压互感器采用 YNyn 或 Yyn 接线时，中性线应接地；电压互感器为 Vv 接线时，B 相线应接地。接地点在控制室或保护小室时，接地的二次线在互感器接地端子箱内经放电间隙或氧化锌阀片接地。

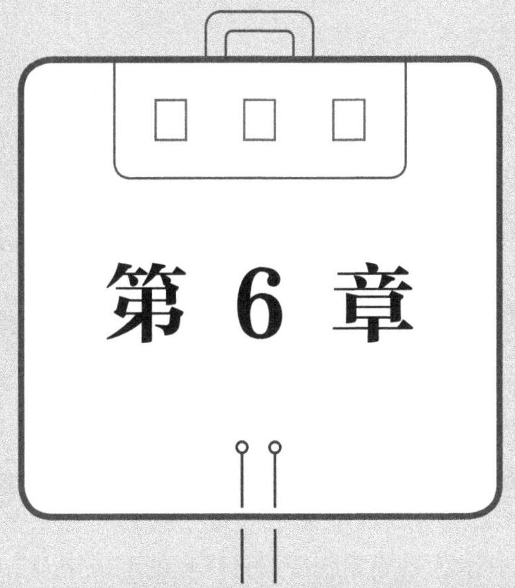

采集相关及其他故障典型案例分析处理

电能计量采集系统是指采用通信和计算机等技术对电能计量信息进行采集、处理和实时监控的系统。采集系统从根本上克服了传统人工抄表的弊端，不仅提高了电能计量装置的运维效率，同时也节约了人力物力。因此，采集系统的安全稳定运行对运维人员及时获取电能计量数据以及掌握设备的运行状态具有重要意义。本章主要介绍涉及电能量采集环节的计量异常以及现场处理过程。除了前述内容介绍的典型故障之外，本章对实际工作中遇到的其他故障情况进行了介绍。

6.1 采集相关故障分析处理

6.1.1 通信模块故障

6.1.1.1 异常现象及初步判断

2021 年 3 月 16 日，计量运维人员发现某 500kV 变电站 2202（主）计量点采集不通。计量人员查询电能量采集系统发现该变电站 2202（主）计量点采集中断，无电能量数据。如图 6-1 所示为采集系统中该计量点的电压记录。

2021-02-11 19:00 及以后，采集系统中无 2202（主）计量点电能量数据。

2021-02-18 11:00 采集系统中恢复电能量数据采集。

2021-02-24 00:00 至 2021-02-26 00:00，2202（主）计量点恢复采集。

2021-02-26 00:00，2202（主）计量点采集再次中断。

采集中断和恢复过程中，A、B、C 三相数据中断和恢复时刻保持一致。

根据故障现象及采集数据初步判断为采集回路故障。故障原因可能为：① 485 线松动或脱落，导致电能表数据采集过程时断时续；②电能表采集模块损坏或故障。

6.1.1.2 现场处理

计量人员现场检查确认该变电站 2202 计量点电能表外观完好，无破损，电能计量功能正常。查询电能数据采集器中的表计通信状态，2202A、2212、2213 计量点通信中断，其中 2212、2213 计量点未使用，如图 6-2 所示。因此判断为采集回路故障。

2202（主）计量点电能表型号为：兰吉尔 ZMQ202C。该电能表有单独的通信模块和两个 RS485 通信接口，由两条 6 芯网线和端子排连接，如图 6-3 和 图 6-4 所示。

检查通信线回路，无松动和脱落情况，并对所有端子进行紧固。通信模块接口引出的通信线，经 V-1D 端子排和采集系统连接，由 485 接口引出的通信线在电能表屏后悬空，无连接。由此推断数据采集过程中该电能表通信模块起通信功能。

判断通信模块功能是否正常。602 计量点电能表计量和通信正常，现场调换 2202（主）计量点和 602 计量点电能表通信模块。查询电能数据采集器，2202（主）计量点通信正常，602 计量点通信中断。2202（主）计量点实时遥测数据 A 相电压为

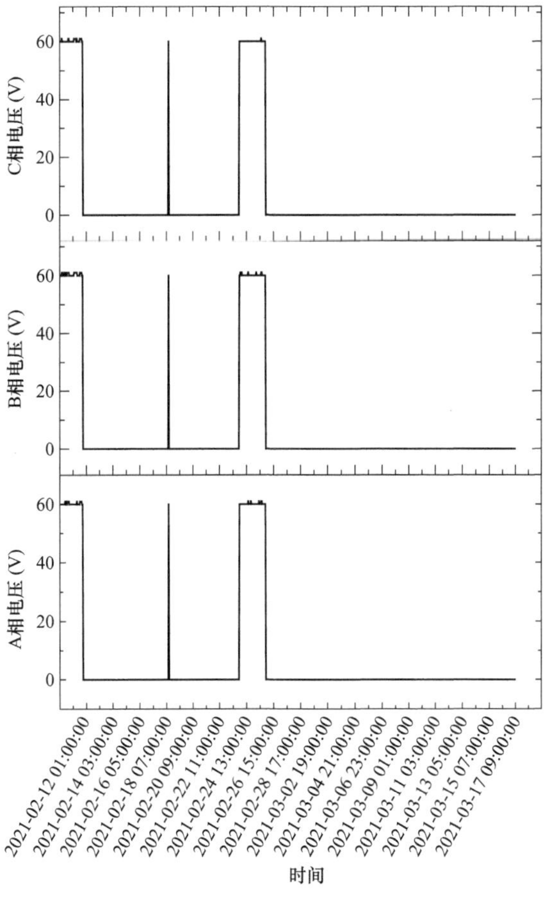

图 6-1　2202（主）计量点电能表电压记录

图 6-2　电能量采集器 2202A 计量点通信中断

图 6-3　2202（主）电能表通信模块

101.2V，B 相电压为 0V，C 相电压为 101.0V，且电能量数据均为原 602 计量点电能量数据；602 计量点实时遥测数据 A、B、C 三相电压值为 60V，电能量数据均为原 2202 计量点电能量数据，如图 6-5 所示。

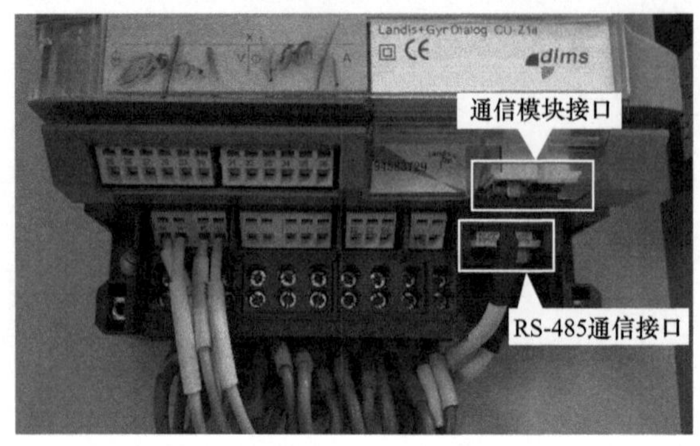

图 6-4　2202（主）电能表通信接口

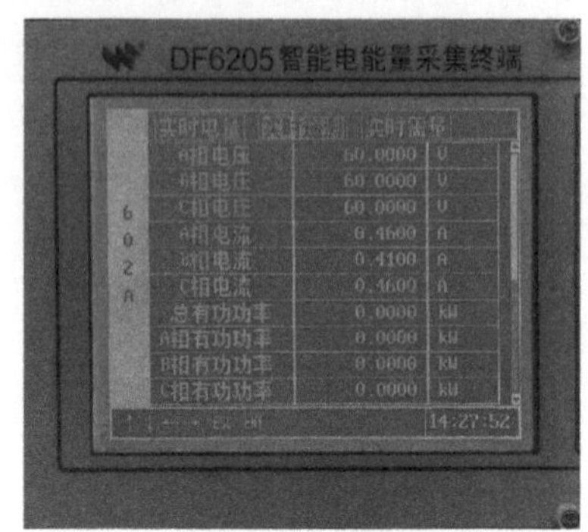

图 6-5　更换通信模块后 602 计量点实时遥测数据

2202 计量点为 220kV 线路计量点，计量二次回路电能表采用三相四线接法，A、B、C 三相额定电压为 57.7V；602 计量点为 66kV 线路计量点，计量二次回路电能表采用三相三线接法，A、C 相额定电压为 100V，B 相额定电压为 0V。由此可以推断电能表计量数据会存储在通信模块中，通信模块与对应的电能表绑定，且原 2202（主）计量点电能表通信模块故障，导致采集中断。

计量作业人员无可更换通信模块配件，对 2202 计量点主、副电能表同时更换新表，更换新表后恢复正常采集。表 6-1、表 6-2 分别为 2202（主）和 2202（副）计量点换表单。

表 6-1　2202（主）计量点换表单

2202（主）旧表信息							
生产厂家	××× 有限公司	出厂年份	2007	安装时间	—	型号	ZMQ202C
标定电压	57.7/100V	标定电流	3×1A	准确度等级	0.2S/1	脉冲常数	100000imp/kWh
类型	电子式多功能	方向	—	费率	—	出厂编号	××××3727
正向有功	2377.786kWh	反向有功	315.865kWh	TV 变比	220/0.1	TA 变比	4000/1
正向无功	380.707kvarh	反向无功	212.298kvrah	倍率	8800000		

（续表）

2202（主）新表信息							
生产厂家	××××有限公司	出厂年份	2020	安装时间	2021/3/17	型号	DTZ341
标定电压	57.7/100V	标定电流	0.3（1.2）A	准确度等级	0.5S/2	脉冲常数	100000imp/kWh
类型	智能－无费控	方向	双	费率	四（Ⅱ）	出厂编号	××××0489
正向有功	0.00kWh	反向有功	0.00kWh	TV变比	220/0.1	TA变比	4000/1
正向无功	0.00kvarh	反向无功	0.00kvrah	倍率	8800000		

表6-2 2202（副）计量点换表单

2202（副）旧表信息							
生产厂家	××有限公司	出厂年份	2007	安装时间	—	型号	ZMQ202C
标定电压	57.7/100V	标定电流	3×1A	准确度等级	0.2S/1	脉冲常数	100000imp/kWh
类型	电子式多功能	方向	—	费率		出厂编号	××××3729
正向有功	2377.9kWh	反向有功	323.409kWh	TV变比	220/0.1	TA变比	4000/1
正向无功	382.293kvarh	反向无功	212.279kvarh	倍率	8800000		
2202（副）新表信息							
生产厂家	××有限公司	出厂年份	2020	安装时间	2021/3/17	型号	DTZ341
标定电压	57.7/100V	标定电流	0.3（1.2）A	准确度等级	0.5S/2	脉冲常数	100000imp/kWh
类型	智能－无费控	方向	双	费率	四（Ⅱ）	出厂编号	××××0756
正向有功	0.00kWh	反向有功	0.00kWh	TV变比	220/0.1	TA变比	4000/1
正向无功	0.00kvarh	反向无功	0.00kvrah	倍率	8800000		

6.1.2 端口设置错误

6.1.2.1 异常现象及初步判断

计量运维人员发现某 220kV 变电站 2203 计量点电量异常。电能量采集系统显示自 2021 年 5 月 18 日 14 时起，该变电站 2203 计量点采集异常，正向有功总电量和反向有功总电量累计数值不变，电压、电流数值不变。如图 6-6 所示为采集系统内该变电站 2203 计量点电量数据记录。

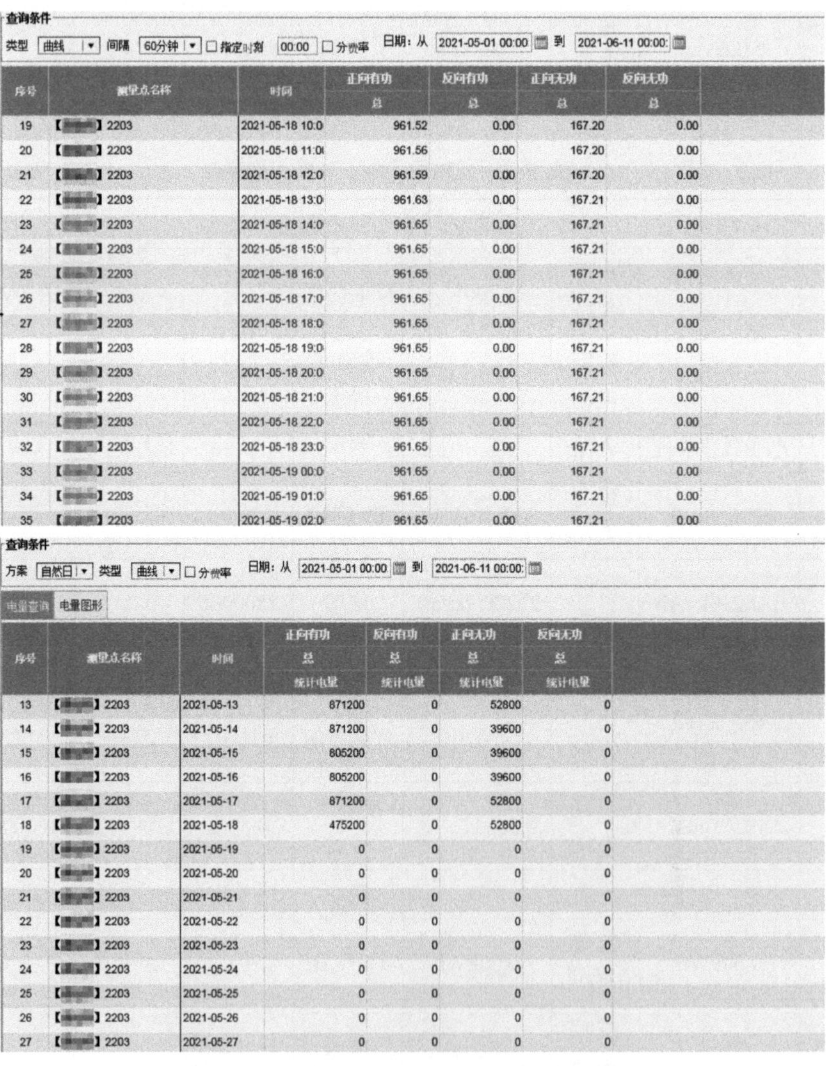

查询条件

类型 曲线 间隔 60分钟 □指定时刻 00:00 □分费率 日期：从 2021-05-01 00:00 到 2021-06-11 00:00:

序号	测量点名称	时间	正向有功	反向有功	正向无功	反向无功
			总	总	总	总
19	【[illegible]】2203	2021-05-18 10:0	961.52	0.00	167.20	0.00
20	【[illegible]】2203	2021-05-18 11:0	961.56	0.00	167.20	0.00
21	【[illegible]】2203	2021-05-18 12:0	961.59	0.00	167.20	0.00
22	【[illegible]】2203	2021-05-18 13:0	961.63	0.00	167.21	0.00
23	【[illegible]】2203	2021-05-18 14:0	961.65	0.00	167.21	0.00
24	【[illegible]】2203	2021-05-18 15:0	961.65	0.00	167.21	0.00
25	【[illegible]】2203	2021-05-18 16:0	961.65	0.00	167.21	0.00
26	【[illegible]】2203	2021-05-18 17:0	961.65	0.00	167.21	0.00
27	【[illegible]】2203	2021-05-18 18:0	961.65	0.00	167.21	0.00
28	【[illegible]】2203	2021-05-18 19:0	961.65	0.00	167.21	0.00
29	【[illegible]】2203	2021-05-18 20:0	961.65	0.00	167.21	0.00
30	【[illegible]】2203	2021-05-18 21:0	961.65	0.00	167.21	0.00
31	【[illegible]】2203	2021-05-18 22:0	961.65	0.00	167.21	0.00
32	【[illegible]】2203	2021-05-18 23:0	961.65	0.00	167.21	0.00
33	【[illegible]】2203	2021-05-19 00:0	961.65	0.00	167.21	0.00
34	【[illegible]】2203	2021-05-19 01:0	961.65	0.00	167.21	0.00
35	【[illegible]】2203	2021-05-19 02:0	961.65	0.00	167.21	0.00

查询条件

方案 自然日 类型 曲线 □分费率 日期：从 2021-05-01 00:00 到 2021-06-11 00:00:

电量查询 电量图形

序号	测量点名称	时间	正向有功	反向有功	正向无功	反向无功
			总	总	总	总
			统计电量	统计电量	统计电量	统计电量
13	【[illegible]】2203	2021-05-13	871200	0	52800	0
14	【[illegible]】2203	2021-05-14	871200	0	39600	0
15	【[illegible]】2203	2021-05-15	805200	0	39600	0
16	【[illegible]】2203	2021-05-16	805200	0	39600	0
17	【[illegible]】2203	2021-05-17	871200	0	52800	0
18	【[illegible]】2203	2021-05-18	475200	0	52800	0
19	【[illegible]】2203	2021-05-19	0	0	0	0
20	【[illegible]】2203	2021-05-20	0	0	0	0
21	【[illegible]】2203	2021-05-21	0	0	0	0
22	【[illegible]】2203	2021-05-22	0	0	0	0
23	【[illegible]】2203	2021-05-23	0	0	0	0
24	【[illegible]】2203	2021-05-24	0	0	0	0
25	【[illegible]】2203	2021-05-25	0	0	0	0
26	【[illegible]】2203	2021-05-26	0	0	0	0
27	【[illegible]】2203	2021-05-27	0	0	0	0

图 6-6 某变电站 2203 计量点电量采集数据

计量运维人员推测故障原因为采集系统故障，导致采集故障的原因一般有硬件故障和软件故障。硬件故障原因一般为采集回路断开、485 线松动以及采集装置故障等问题。软件原因多为参数设置错误以及软件版本不匹配等。

6.1.2.2 现场处理

2021 年 6 月 2 日，作业人员赴该变电站开展故障处理，现场检查确认 2203 计量点电能表表尾 RS-485 端口通信正常、接线良好，电能量采集终端正常工作，排除硬件故障的可能，如图 6-7 和图 6-8 所示。

查询采集终端 2203 计量点参数设置，发现 2203 通信端口设置为 COM2，与 103、203 等计量点通信端口不一致，103、203 等通信端口为 COM7。将 2203 通信端口调整为 COM7 后，采集系统恢复正常，如图 6-9 和图 6-10 所示。

故障原因疑似为前期变电站内 2217 扩建工程，调整 2217 计量点参数时误操作所致，2217 通信端口为 COM2。

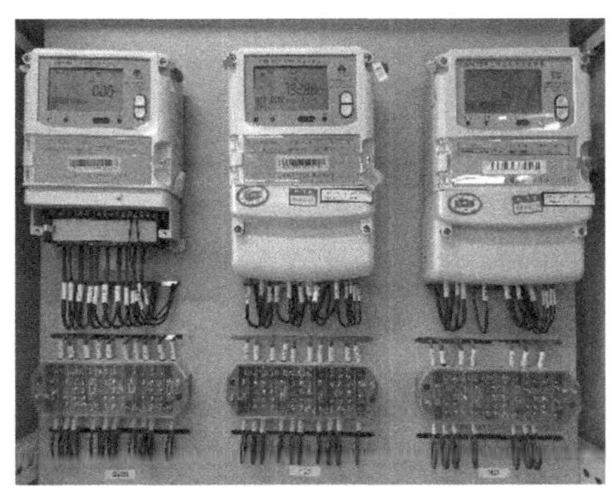

图 6-7 电能表现场接线

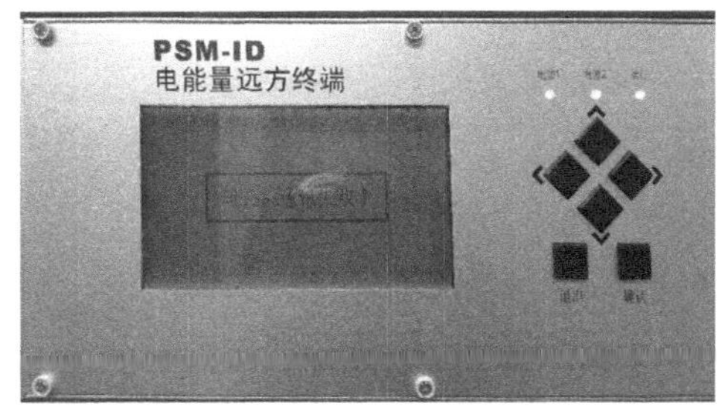

图 6-8 采集终端通信失败

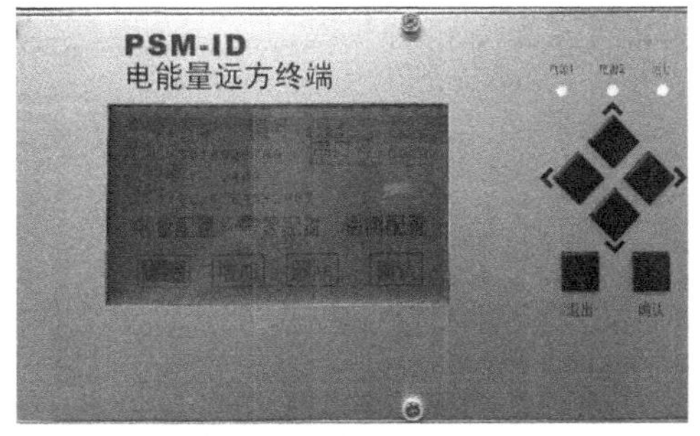

图 6-9 修改前端参数设置

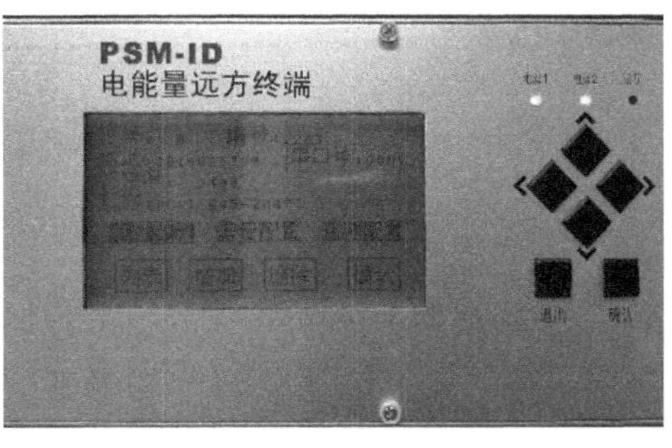

图 6-10 修改后参数设置

6.1.2.3 经验总结

采集终端参数设置错误导致的采集不通，多属于人为原因导致的计量异常事件，为了避免此类计量异常事件的发生，需要加强计量装置的管理以及操作人员技能的培训和提升。

对采集终端参数进行修改之前，需提前通知计量中心。此次计量异常事件，作业人员对采集装置进行参数设置时，并未事先通知计量中心相关人员，便擅自对采集终端进行修改。在不清楚各终端参数设置的情况下导致参数设置错误，进而引起了计量异常事件。

6.2 其他类型故障分析处理

6.2.1 软件故障

6.2.1.1 异常现象及初步判断

2021 年 3 月 22 日，计量运维人员发现电能量采集系统中某 220kV 变电站 2219 计量点无电能量采集数据，需进行计量异常分析和处理。

电能量采集系统显示该变电站 2219 计量点采集中断时间为 2021 年 2 月 10 日 7 时，如图 6-11 所示。初步判断故障原因为电能表故障或采集线路故障。

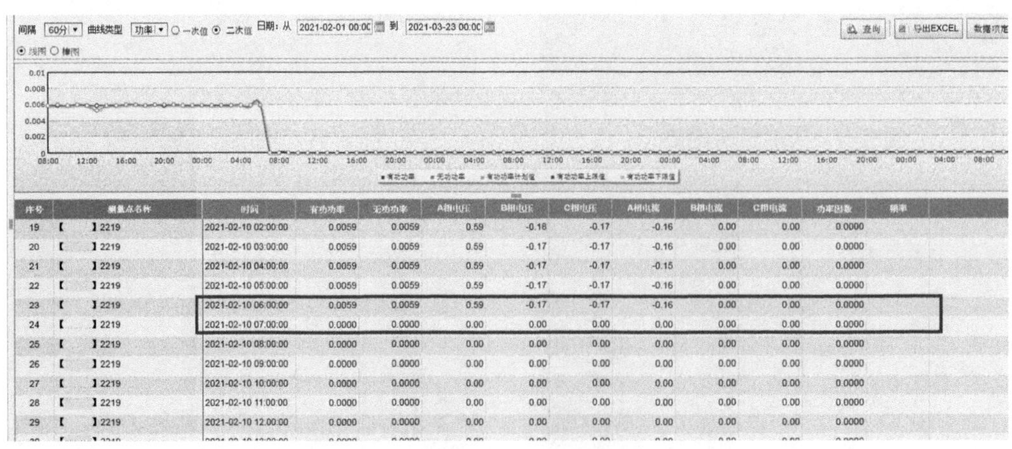

序号	测量点名称	时间	有功功率	无功功率	A相电压	B相电压	C相电压	A相电流	B相电流	C相电流	功率因数	频率
19	【　】2219	2021-02-10 02:00:00	0.0059	0.0059	0.59	-0.18	-0.17	-0.16	0.00	0.00	0.0000	
20	【　】2219	2021-02-10 03:00:00	0.0059	0.0059	0.59	-0.17	-0.17	-0.16	0.00	0.00	0.0000	
21	【　】2219	2021-02-10 04:00:00	0.0059	0.0059	0.59	-0.17	-0.17	-0.15	0.00	0.00	0.0000	
22	【　】2219	2021-02-10 05:00:00	0.0059	0.0059	0.59	-0.17	-0.17	-0.16	0.00	0.00	0.0000	
23	【　】2219	2021-02-10 06:00:00	0.0059	0.0059	0.59	-0.17	-0.17	-0.16	0.00	0.00	0.0000	
24	【　】2219	2021-02-10 07:00:00	0.0000	0.0000	0.00	0.00	0.00	0.00	0.00	0.00	0.0000	
25	【　】2219	2021-02-10 08:00:00	0.0000	0.0000	0.00	0.00	0.00	0.00	0.00	0.00	0.0000	
26	【　】2219	2021-02-10 09:00:00	0.0000	0.0000	0.00	0.00	0.00	0.00	0.00	0.00	0.0000	
27	【　】2219	2021-02-10 10:00:00	0.0000	0.0000	0.00	0.00	0.00	0.00	0.00	0.00	0.0000	
28	【　】2219	2021-02-10 11:00:00	0.0000	0.0000	0.00	0.00	0.00	0.00	0.00	0.00	0.0000	
29	【　】2219	2021-02-10 12:00:00	0.0000	0.0000	0.00	0.00	0.00	0.00	0.00	0.00	0.0000	

图 6-11　某变电站 2219 计量点采集异常

6.2.1.2 现场处理

2021 年 3 月 23 日，计量运维人员前往该变电站进行故障处理，现场检查确认 2219 计量点电能表外观良好，2219 计量点为数字式电能表，根据经验怀疑异常原因为系统错误，现场重启电能表电源后恢复正常运行。

6.2.1.3 电量追退计算

由电能量采集系统采集中断时间确认电量追退起始时间为 2021 年 2 月 10 日 8 时，电量追退截止时间为 2021 年 3 月 23 日 17 时。如图 6-12 所示为采集系统中断和恢复正常的记录时间。

测量点名称	时间	正向有功	反向有功	正向无功	反向无功
		总	总	总	总
【 】2219	2021-02-10 03:00:00	0.00	197.78	53.74	0.48
【 】2219	2021-02-10 04:00:00	0.00	197.81	53.75	0.48
【 】2219	2021-02-10 05:00:00	0.00	197.84	53.75	0.48
【 】2219	2021-02-10 06:00:00	0.00	197.84	53.75	0.48
【 】2219	2021-02-10 07:00:00	0.00	197.84	53.75	0.48
【 】2219	2021-02-10 08:00:00	0.00	197.84	53.75	0.48

测量点名称	时间	正向有功	反向有功	正向无功	反向无功
		总	总	总	总
【 】2219	2021-03-23 13:00:00	0.00	197.84	53.75	0.48
【 】2219	2021-03-23 14:00:00	0.00	197.84	53.75	0.48
【 】2219	2021-03-23 15:00:00	0.00	197.84	53.75	0.48
【 】2219	2021-03-23 16:00:00	0.00	197.84	53.75	0.48
【 】2219	2021-03-23 17:00:00	0.00	197.86	53.76	0.48
【 】2219	2021-03-23 18:00:00	0.00	197.87	53.76	0.48
【 】2219	2021-03-23 19:00:00	0.00	197.89	53.77	0.48

图 6-12 采集系统中断和恢复正常时间

（1）对端平衡法。该变电站 2219 出线对端为某换流站 2214 出线。根据系统档案信息可知，该变电站 2219 计量点电压互感器变比为 220/0.1，电流互感器变比为 2500/1，电能计量倍率为 5500000；换流站 2214 计量点电压互感器变比为 220/0.1，电流互感器变比为 2500/1，电能计量倍率为 5500000。

根据对端平衡法，换流站 2214 计量点在追退电量期间的表码记录电量数据见表 6-3。

表 6-3 电量追退期间电量数据 （kWh）

计量点编号	电能计量方向	2021-02-10 08:00 表码值	2021-03-23 17:00 表码值	故障期间表计电量
××××站 2219	正向有功	0.00	0.00	0.00
	反向有功	197.84	197.86	0.02
××××换流站 2214	正向有功	197.7327	220.1301	22.3974
	反向有功	0.0033	0.0033	0.0000

该变电站 2219 计量点待追补反向有功电量约为 1.23 亿 kWh，计算方法为

$$\begin{aligned}\Delta W_{2219}&=(22.3974-0.02)\times5500000\\&=123075700(\text{kWh})\end{aligned} \quad (6\text{-}1)$$

故障发生时刻到恢复正确计量时刻共计 995h，平均每小时少计电量约为 12.37 万 kWh，即

$$\Delta W_{\text{h}}=\frac{123075700}{995}=123694.17(\text{kWh}) \quad (6\text{-}2)$$

平均每天少计电量约为 296.87 万 kWh，即

$$\Delta W_{\text{d}}=123694.17\times24=2968660.10(\text{kWh}) \quad (6\text{-}3)$$

（2）电量平衡法。该变电站 220kV 主接线如图 6-13 所示。电量追退期间各计量点表码信息详见表 6-4 和表 6-5。

表 6-4 电量追退期间各计量点正向有功电能量数据 （kWh）

计量点编号	2021-02-10 5:00 表码值	2021-03-23 17:00 表码值	故障期间表计电量
2219	0.00	0.00	0.00
2211	174.77	193.86	19.09
2214	177.89	197.27	19.38
2216	0.00	0.00	0.00
2220	2.09	2.09	0.00
2203	81.03	95.14	14.11
2204	81.09	95.20	14.11

表 6-5 电量追退期间各计量点反向有功电能量数据 （kWh）

计量点编号	2021-02-10 5:00 表码值	2021-03-23 17:00 表码值	故障期间表计电量
2219	197.84	197.86	0.02
2211	0.87	0.87	0.00

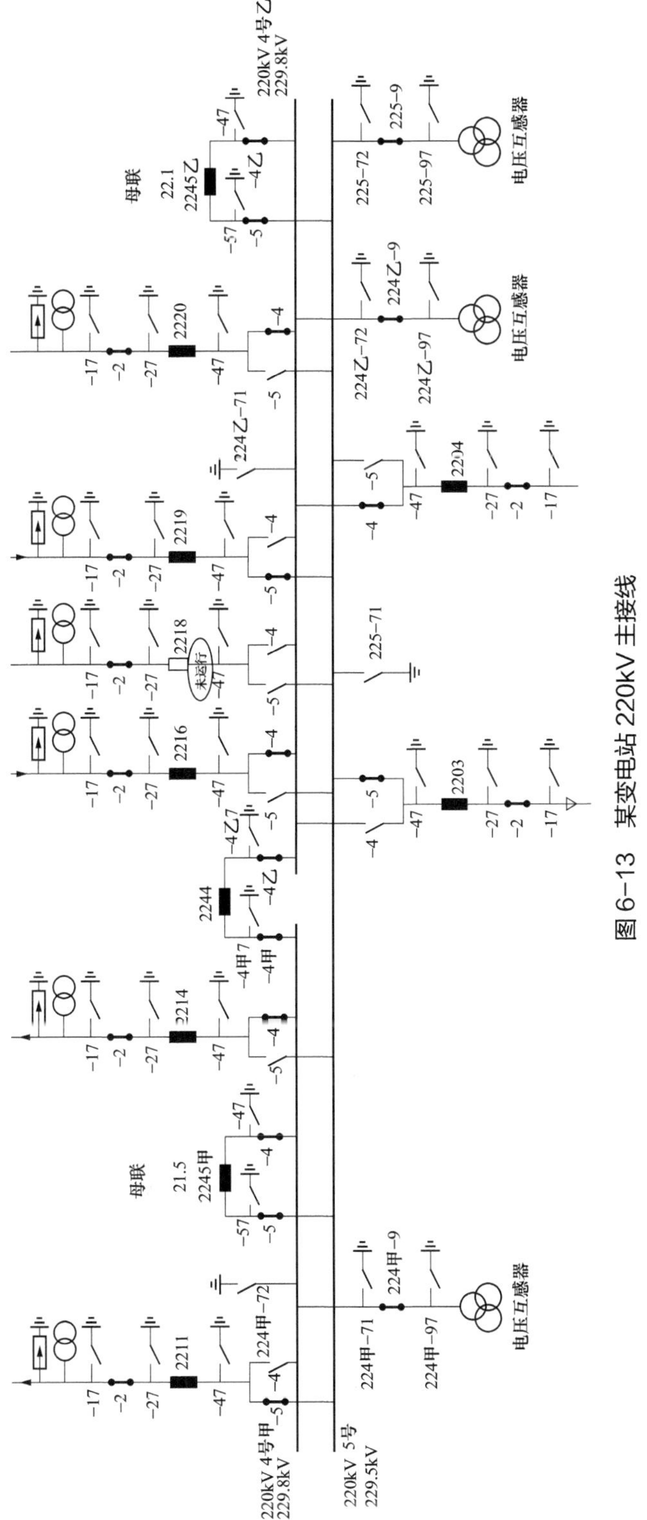

图6-13 某变电站220kV主接线

（续表）

计量点编号	2021-02-10 5:00 表码值	2021-03-23 17:00 表码值	故障期间表计电量
2214	1.14	1.14	0.00
2216	193.31	216.13	22.82
2220	0.31	0.32	0.01
2203	0.34	0.34	0.00
2204	0.34	0.34	0.00

假设故障期间潮流方向未发生变化，则有

$$W_{in}=W_{out}+\Delta W_L \tag{6-4}$$

式中：W_{in} 为实际供入电量；W_{out} 为母线供出电量；ΔW_L 为母线损耗，按供入电量的 1% 计算母线损耗。该变电站 2211、22142216、2219、2220 计量点的倍率均为 5500000，2203、2204 计量点的倍率为 1320000。

2211、2214、2203、2204 计量点正向有功为潮流流入母线，2219、2216、2220 计量点反向有功为潮流流出母线。则有

$$\begin{aligned}W_{out}&=W_{2211}+W_{2214}+W_{2203}+W_{2204}\\&=5500000\times19.09+550000\times19.38+1320000\times14.11+1320000\times14.11\\&=248835400(\text{kWh})\end{aligned} \tag{6-5}$$

$$W_{in}=W_{out}+1\%\times W_{in} \tag{6-6}$$

$$W_{out}=(1-1\%)\times(W_{2216}+W_{2220}+W'_{2219}+\Delta W_{2219}) \tag{6-7}$$

式中：W'_{2219} 为 2219 计量点实际记录电量；ΔW_{2219} 为 2219 计量点待追补反向有功电量。则有

$$\begin{aligned}\Delta W_{2219}&=\frac{W_{out}}{99.0\%}-W_{2216}-W'_{2219}\\&=\frac{248835400}{99.0\%}-5500000\times22.82-5500000\times0.02-5500000\times0.01\\&=251348888-125510000.00-110000-55000\\&=125673889(\text{kWh})\end{aligned} \tag{6-8}$$

综上可知，2219 计量点共追补反向有功电量约 1.26 亿 kWh。

追补电量占累计供入电量的百分比为

$$\begin{aligned}\varepsilon&=\frac{\Delta W_{2219}}{W_{in}}\times100\%\\&=\frac{125673889}{251348889}\times100\%\\&=50.00\%\end{aligned} \tag{6-9}$$

两种方法计算得到的追补电量相对误差为

$$
\begin{aligned}
e &= \frac{\left|\Delta W_{2219\text{对端平衡}} - \Delta W_{2219\text{电量平衡}}\right|}{\Delta W_{2219\text{对端平衡}}} \times 100\% \\
&= \frac{\left|123075700 - 125673889\right|}{123075700} \times 100\% \\
&= 2.11\%
\end{aligned} \tag{6-10}
$$

综上可知，该站 2219 计量点待追补反向有功电量约为 1.23 亿 kWh。

6.2.2 电源接线异常

6.2.2.1 异常现象及初步判断

2021 年 7 月 5 日，某供电公司向计量运维人员反映某 220kV 变电站 104 线路电能表停走。电能量采集系统显示自 2021 年 6 月 26 日 13 时 00 分起，104 计量点电能表码异常，自 2021 年 6 月 27 日起 104 计量点每日电量均为零。如图 6-14 和图 6-15 所示为电能量采集系统记录数据，据此推测故障原因为电能表故障。

6.2.2.2 现场处理

2021 年 7 月 8 日，计量运维人员前往该变电站开展现场计量故障处理。104 计量

电量查询　电量图形

序号	测量点名称	时间	正向有功 总 统计电量	反向有功 总 统计电量	正向无功 总 统计电量	反向无功 总 统计电量
22	【　】104	2021-06-22	27500	0	27500	0
23	【　】104	2021-06-23	13750	0	41250	0
24	【　】104	2021-06-24	27500	0	82500	0
25	【　】104	2021-06-25	13750	0	27500	0
26	【　】104	2021-06-26	13750	0	27500	0
27	【　】104	2021-06-27	0	0	0	0
28	【　】104	2021-06-28	0	0	0	0
29	【　】104	2021-06-29	0	0	0	0
30	【　】104	2021-06-30	0	0	0	0
31	【　】104	2021-07-01	0	0	0	0
32	【　】104	2021-07-02	0	0	0	0
33	【　】104	2021-07-03	0	0	0	0
34	【　】104	2021-07-04	0	0	0	0
35	【　】104	2021-07-05	0	0	0	0
36	【　】104	2021-07-06	0	0	0	0

图 6-14　104 计量点日电量数据

序号	测量点名称	时间	正向有功	反向有功	正向无功	反向无功
			总	总	总	总
7	【[illegible]】104	2021-06-26 06:00:00	2.47	0.05	8.72	0.05
8	【[illegible]】104	2021-06-26 07:00:00	2.47	0.05	8.72	0.05
9	【[illegible]】104	2021-06-26 08:00:00	2.47	0.05	8.72	0.05
10	【[illegible]】104	2021-06-26 09:00:00	2.47	0.05	8.72	0.05
11	【[illegible]】104	2021-06-26 10:00:00	2.47	0.05	8.72	0.05
12	【[illegible]】104	2021-06-26 11:00:00	2.47	0.05	8.72	0.05
13	【[illegible]】104	2021-06-26 12:00:00	2.48	0.05	8.72	0.05
14	【[illegible]】104	2021-06-26 13:00:00	2.48	0.05	8.73	0.05
15	【[illegible]】104	2021-06-26 14:00:00	2.48	0.05	8.73	0.05
16	【[illegible]】104	2021-06-26 15:00:00	2.48	0.05	8.73	0.05
17	【[illegible]】104	2021-06-26 16:00:00	2.48	0.05	8.73	0.05
18	【[illegible]】104	2021-06-26 17:00:00	2.48	0.05	8.73	0.05
19	【[illegible]】104	2021-06-26 18:00:00	2.48	0.05	8.73	0.05

图 6-15 104 计量点表码数据

点采用 DTAD747 型三相四线数字化电能表，二次信号由光纤传输，同时接有 RS-485 采集回路和直流电源回路。

现场检查发现 104 计量点电能表黑屏，直流电源回路端子排处电压正常，拆开表尾盖发现电源端子松动，如图 6-16 所示为现场照片。重新紧固后电能表计量恢复正常。

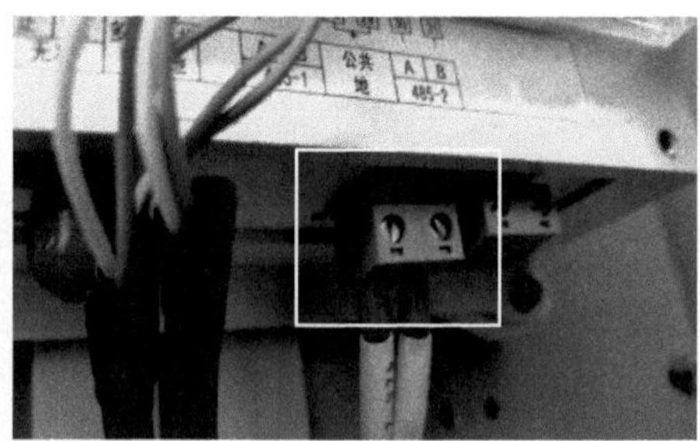

图 6-16 104 计量点电源端子松动

6.2.2.3 电量追退计算

为确定电量追退计算的起始时间和截止时间，查询电能量采集系统 104 计量点电压、电流记录，采集系统显示自 2021 年 6 月 26 日 13 时 00 分起至故障处理结束，104 计量点三相电压、电流值不变，如图 6-17 和图 6-18 所示。据此确电量追退计算起始时间为 2021 年 6 月 26 日 13 时，电量追退计算截止时间为 2021 年 7 月 8 日 13 时。

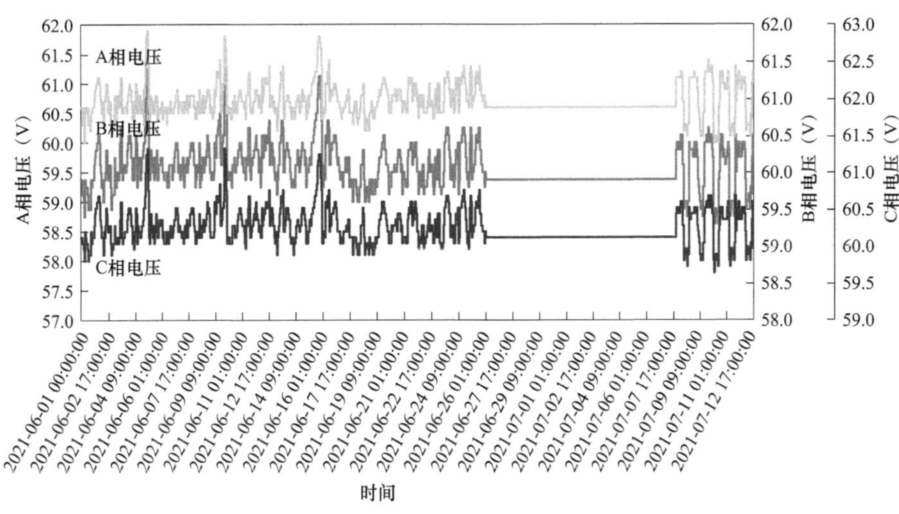

图 6-17　104 电能表电压数据

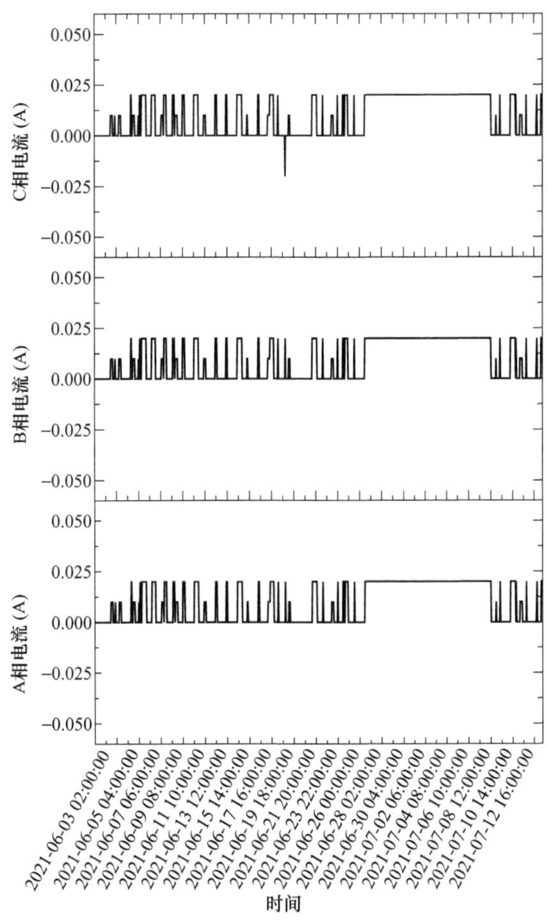

图 6-18　104 电能表电流数据

本次电量追退计算采用电量平衡法。

（1）变压器电量平衡。根据变压器电量平衡原理可知，104 线路所在 4 号主变压器流入主变电量等于流出主变电量加变压器损耗，设电量追退计算期间 2204、104、204 计量点电量分别为 W_{2204}、W_{104}、W_{204}，变压器损耗为 ΔW_T，则变压器电量平衡方程式表示为

$$W_{2204}=W_{104}+W_{204}+\Delta W_T \tag{6-11}$$

由于变压器损耗与变压器的运行效率有关，且变压器损耗无法直接获取，查询历史数据可知在电量追退计算期间该站负荷变化不大，因此可根据历史数据对变压器运行效率进行估算，本次计算选择故障前一个月的变压器历史数据对其进行估算，4 号主变压器各计量点表底数详见表 6-6。

表 6-6　各计量点电能表表底数　（kWh）

计量点编号	2204		104		204	
计量点倍率	1320000		1375000		400000	
电能计量方向	正向有功	反向有功	正向有功	反向有功	正向有功	反向有功
起始时间 2021-05-01 0:00 表码值	6.31	0.00	1.81	0.05	13.55	0.00
截止时间 2021-06-01 0:00 表码值	7.05	0.00	2.11	0.05	14.78	0.00
电量差值	0.74	0.00	0.30	0.00	1.23	0.00

4 号主变压器运行效率 η 可用式（6-12）表示，即

$$\begin{aligned}\eta &= \frac{P_{104}+P_{204}}{P_{2204}} = \frac{P_{104}t+P_{204}t}{P_{2204}t} \\ &= \frac{W_{104}+W_{204}}{W_{2204}} \\ &= \frac{0.30\times1375000+1.23\times400000}{0.74\times1320000}\times100\% \\ &= 92.60\%\end{aligned} \tag{6-12}$$

式中：P_{2204}、P_{104}、P_{204} 分别为主变压器高压侧功率、中压侧功率、低压侧功率；t 为变压器运行时间。代数表中数据，可计算得到变压器运行效率为 92.60%。

根据变压器运行效率即可得到追补电量期间变压器损耗 ΔW_T 为

$$\Delta W_T=(1-\eta)W_{2204} \tag{6-13}$$

则 104 计量点待追退电量 W'_{104} 为

$$\begin{aligned}\Delta W'_{104} &= \eta W_{2204} - W_{204} - W_{104} \\ &= 92.60\% \times 0.58 \times 1320000 - 1.27 \times 400000 \\ &= 708945.6 - 508000 \\ &= 200945.6(\mathrm{kWh})\end{aligned} \quad (6\text{-}14)$$

式中：W_{104} 为 104 计量点电能表计量异常期间所计电量。根据表 6-7 底数可知该值为零。

表 6-7　各计量点电能表表底数　（kWh）

计量点编号	2204		104		204	
计量点倍率	1320000		1375000		400000	
电能计量方向	正向有功	反向有功	正向有功	反向有功	正向有功	反向有功
起始时间 2021-06-26 13:00 表码值	7.94	0.00	2.48	0.05	16.34	0.00
截止时间 2021-07-08 13:00 表码值	8.52	0.00	2.48	0.05	17.61	0.00
电量差值	0.58	0.00	0.00	0.00	1.27	0.00

（2）母线平衡。为验证电量追退计算结果的可靠性，采用母线平衡法进行电量追退计算。该变电站 110kV 母线一次系统接线如图 6-19 所示。由图 6-19 可知，110kV 母线由 103、104 支路供电，118 支路为负荷支路，各计量点在电量追退期间的表底数见表 6-8。

表 6-8　各计量点追补电量期间表底数　（kWh）

计量点编号	103		104		118	
计量点倍率	1375000		1375000		1375000	
电能计量方向	正向有功	反向有功	正向有功	反向有功	正向有功	反向有功
起始时间 2021-06-26 13:00 表码值	0.07	2.14	2.48	0.05	0.35	0.00
截止时间 2021-07-08 13:00 表码值	0.07	2.26	2.48	0.05	0.40	0.00
追退期间电量差值	0.00	0.12	0.00	0.00	0.05	0.00

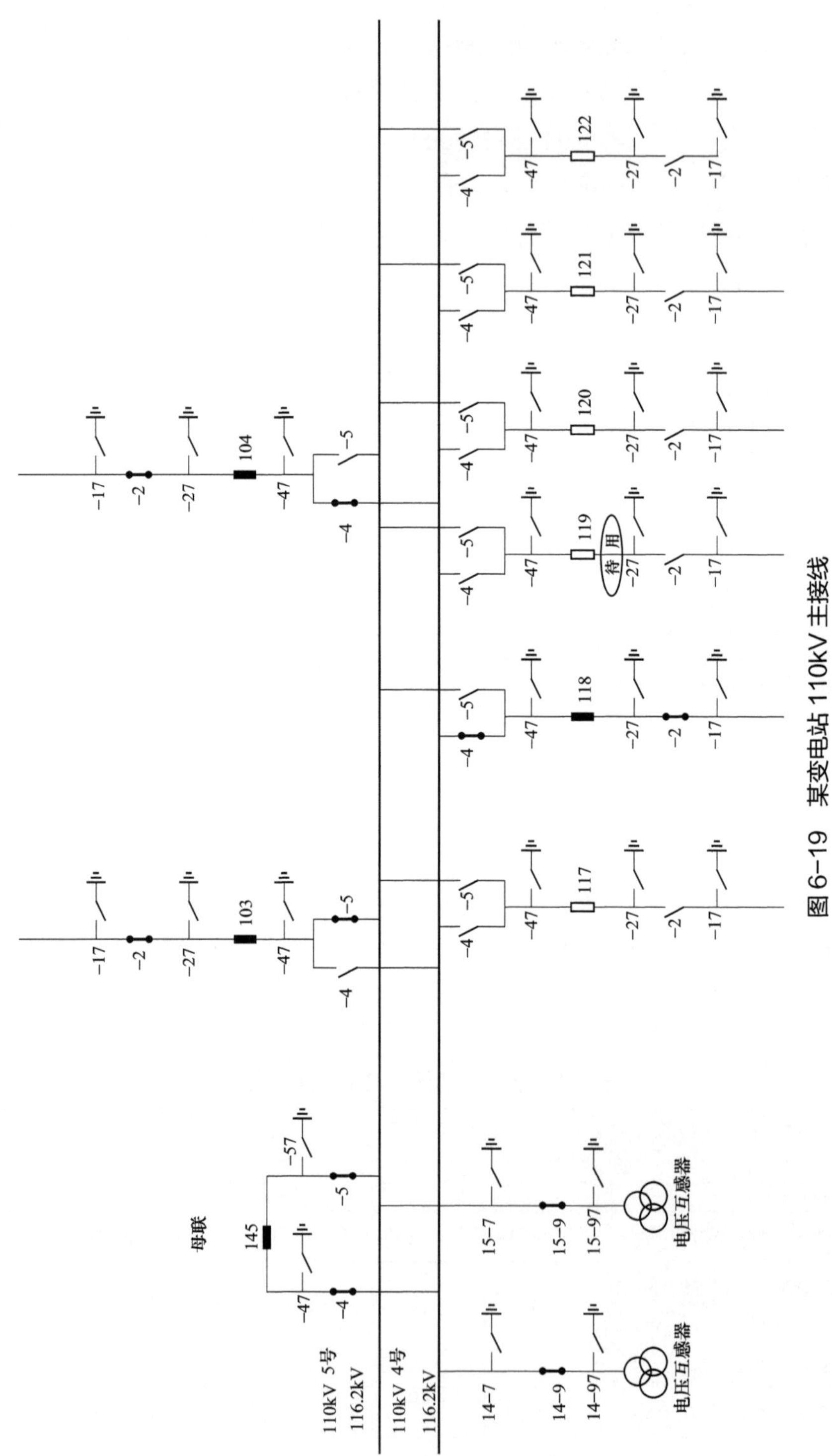

图 6-19 某变电站 110kV 主接线

根据母线电量平衡可知，流入母线电量等于流出母线电量与母线损耗之和，设追退电量期间 103、104、118 计量点累计电量分别为 W_{103}、W_{104}、W_{118}，则母线电量平衡表达式为

$$W_{103}+W_{104}=W_{118}+\Delta W_{L} \tag{6-15}$$

式中：ΔW_{L} 为母线损耗。由于该变电站负荷较小，母线损耗可以忽略不计，则 104 计量点待追补电量 $\Delta W''_{104}$ 为

$$\begin{aligned}\Delta W''_{104}&=W_{118}-W_{103}\\&=0.05\times1375000-(-0.12)\times1375000\\&=233750(\text{kWh})\end{aligned} \tag{6-16}$$

根据上述计算结果，得到两种计算方式的相对误差 e 为

$$\begin{aligned}e&=\frac{\Delta W'_{104}-\Delta W''_{104}}{\Delta W'_{104}}\times100\%\\&=\frac{200945.6-233750}{200945.6}\times100\%\\&=-16.32\%\end{aligned} \tag{6-17}$$

由于该变电站负荷较低，变压器损耗较大，且变压器高、中、低压侧计量点互感器精度和倍率不同，会引入较大计算误差。因此，本次追退电量计算以母线电量平衡法计算得到的结果为准。

6.2.3 电压互感器设备异常

6.2.3.1 异常现象及初步判断

2021 年 8 月 5 日，某电力公司反映某 110kV 变电站 302 计量点电能表每月有 0.05kWh 反向电量，致其分压线损指标异常。

一体化线损管理系统显示，该计量点自 2020 年 7 月起开始走反向有功电能。智能电网调度控制系统在线监测系统显示该变电站 35kV 5 号母线一次电压 U_A 为 20.96kV、U_B 为 20.89kV、U_C 为 18.31kV，U_{AB} 为 36.32kV。母线 C 相电压低于 A 相和 B 相电压。

由于该支路负荷较低，一次电流仅为 3.52A，电流互感器变比为 1200/5。与之相关的母线及出线 35 计量点一次电流为 3.75A，互感器变比为 400/5。根据互感器变比，折算到电流二次回路，302 计量点电流为 0.015A，35 计量点二次回路电流为 0.047A。

6.2.3.2 现场处理

计量运维人员于 2021 年 8 月 10 日前往该 110kV 变电站开展计量异常调查处理。作业人员现场检查 302 计量点电能表外观良好，封印完整。302 计量点为三相三线电能表，现场测试表尾电压 U_{ab} 为 102.9V，U_{cb} 为 94.1V，U_{cb} 电压要低于 U_{ab} 电压。图 6-20 为 302 计量点测量数据。测试数据显示 302 计量点电压相位和相序正确，C 相电压幅值偏低，电流因负荷较低，不能准确判断。且电能表有失压记录，失压次数 1 次，失压总时间 58 分钟，失压时间为 2020 年 8 月 26 日 13 时 4 分 2 秒，失压恢复时间为 2020 年 8 月 26 日 14 时 2 分 3 秒。

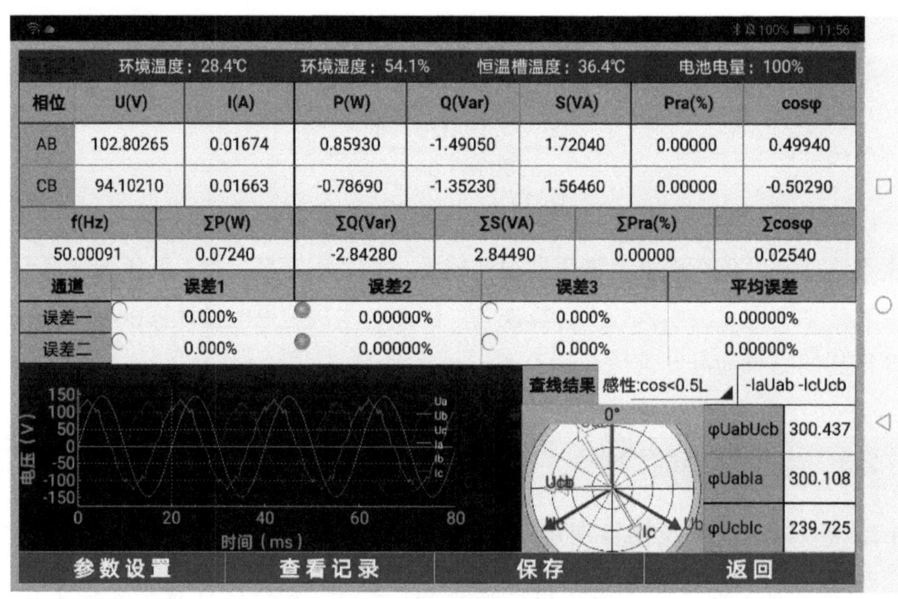

图 6-20 302 计量点测量数据

主站一次系统显示 2 号主变压器 35kV 侧与 35kV 5 号母线连接，该母线只有一条出线为 35 出线，如图 6-21 所示为站内调控显示 35kV 一次系统接线图。

作业人员现场测试 35 计量点电能表表尾电压，U_{ab} 为 102.48V，U_{cb} 为 93.67V。U_{cb} 电压也明显低于 U_{ab} 电压，如图 6-22 所示为 35 计量点测量数据。

作业人员现场测试 35kV 5 号母线未运行支路 34、36 计量点电压，同样 C 相电压低于 A 相电压，据此排除 302、35 计量点二次电压回路故障。

检查电压二次回路发现 59TV 只有一套二次回路绕组，所有与之相关的电压二次回路都是由其并联引出。59TV 二次端子排处 A 相电压为 59.0V、B 相电压为

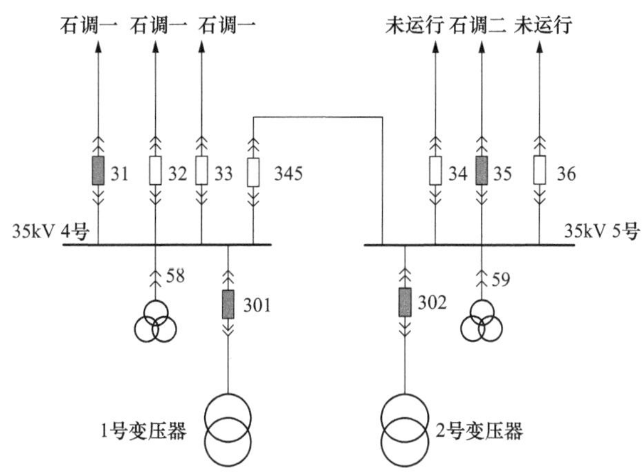

图 6-21　35kV 一次系统接线图

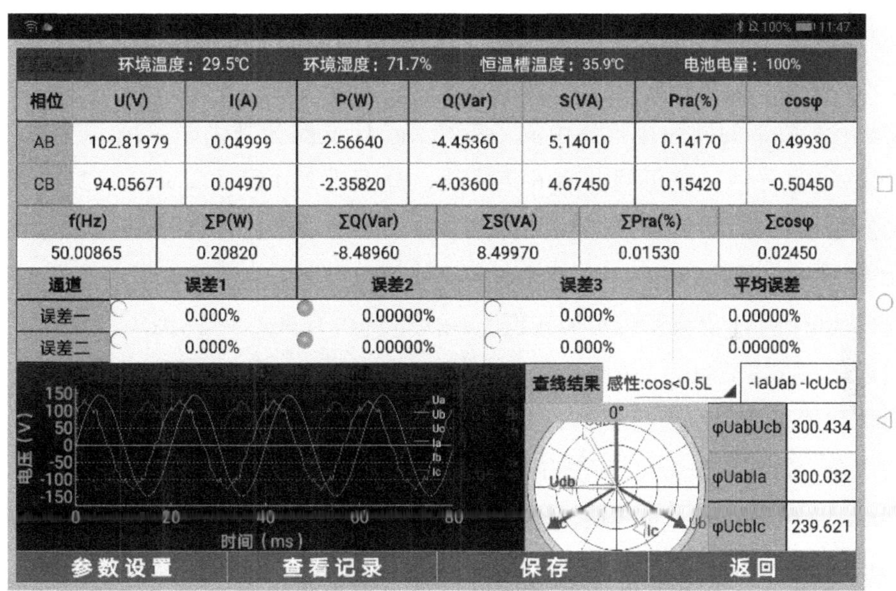

图 6-22　35 计量点测量数据

59.0V、C 相电压为 52.0V。据此推测 59TV 存在异常，导致 C 相电压偏低原因可能为：①电压互感器本体故障；②电压互感器二次端子接线不实；③ 35kV 一次系统存在异常。

由于 35kV 电压互感器本体在开关柜内，因此进一步检查需要运维检修人员停电配合，作业人员将现场判断和检查情况反馈检修公司运维班和调控中心配电相关人员。

2021 年 9 月 13 日，调控中心反馈由检修公司对电压互感器现场检查发现，5 号母线电压互感器本体存在缺陷，重新更换互感器后，35kV 母线电压恢复正常，35、

302 计量点各相电压恢复正常。

6.2.4 无功补偿不足

6.2.4.1 异常现场及初步判断

2021 年 11 月 12 日，某供电公司向计量运维人员反映：某 220kV 变电站 10kV 271 线路线损率为 -9.06%。经核查该线路所带 6 个高压用户，户用变压器关系正常，采集均无异常，且不存在分布式光伏用电等情况。因此，初步怀疑为供电关口计量异常，需计量专业人员协助核查。

基于上述情况，计量专业人员对该线路异常用电情况开展分析，查询该 220kV 变电站基本信息可知：271 线路所在母线为 10kV 6 号母线，该母线共有 4 条出线，分别为 267 京 ××× 二、268 冬 ××× 一、271 五 ××× 二、272 冬 ××× 二，另有 266 2 号站用变压器、265 2 号接地变压器，及 3 组电抗器和 1 组电容器。

271 出线所带的同一用户还由同一变电站 241 支路为其供电，241 支路所在母线为 10kV 5 号母线，该母线共有 6 条出线，分别为 230 京 ××× 一、231 大 ×× 一、232 冬 ×××× 一、237 冬 × 一、238 冬 × 三、241 五 ××× 一，另有 248 1 号站用变、247 1 号接地变，及 3 组电抗器和 1 组电容器。

271 出线和 241 出线所带负荷较低，一次电流约为 50A，当 10kV 母线电抗器投入运行后，一次电流超过 500A。

一体化线损管理系统记录 271 线路所带负荷 2021 年 5 月至 2021 年 10 月输入电量和售电量以及线损率变化情况如图 6-23 所示。由历史数据可知，该线路 2021 年 9 月和 2021 年 10 月出现了负线损，属于异常情况，如图 6-24 所示。

通过查询计量资产管理系统得到该变电站 271 计量点和 241 计量点所用电能表信息详见表 6-9。

表 6-9 271、241 计量点电能表信息

计量点编号	条码号	表号	厂家	类型	型号	电压	电流	精度	常数	类型
271	×××××× 2294	×××××× 2294	盛 ×	智能－无费控	DSZ395	100V	0.3(1.2)A	0.5S/2	100000imp	三相三线
241	×××××× 1813	×××××× 1813	盛 ×	智能－无费控	DSZ395	100V	0.3(1.2)A	0.5S/2	100000imp	三相三线

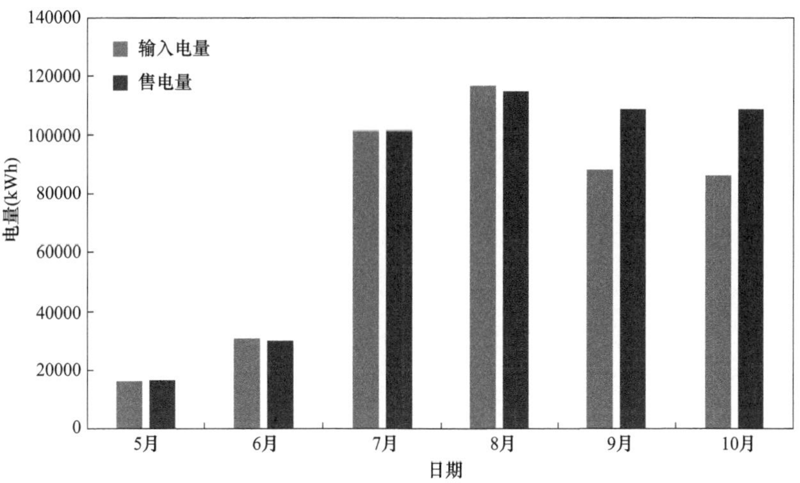

图 6-23　271 出线输入电量和售电量比较

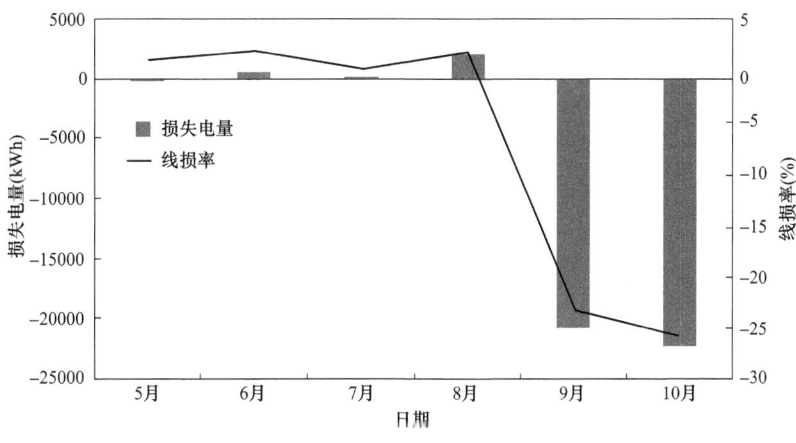

图 6-24　271 出线损失电量及线损率

6.2.4.2　计量异常分析

查询电能量采集系统显示，自 2021 年 4 月 18 日 9 时起至 2021 年 11 月 25 日 12 时，该变电站 271 计量点和 241 计量点电压数据如图 6-25 和图 6-26 所示。由电压数据可知，电压集中分布在 102 ~ 103V，电压最大为 106.5V，最小为 100.6V，电压有频繁波动，推测电压波动原因为 10kV 线路电容器组或电抗器的频繁投切引起的母线电压波动。

电能量采集系统记录的电流数据如图 6-27 ~ 图 6-29 所示。由电流数据可知在有数据记录期间，A 相电流为正、C 相电流为负，且 A 相电流幅值大于 C 相电流幅值。

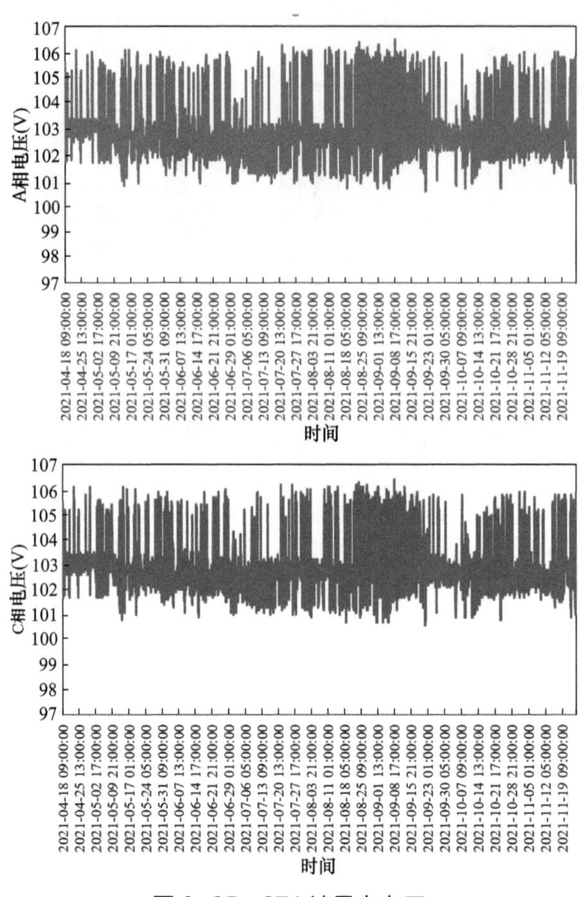

图 6-25　271 计量点电压

241 计量点和 271 计量点总功率因数自 2021 年 6 月 22 日起，开始频繁变化，同时负荷电流也在这一期间逐步增加。由图 6-30 可以看到 271 计量点自 2021 年 6 月 22 日起，功率因数值在 0.3 ~ 1.0 范围内剧烈变化，功率因数的变化已经不满足输电线路的正常运行要求。其他具体信息如图 6-30 ~ 图 6-32 所示。

变电站侧属于电源侧，功率因数一般恒定，据此推测负荷侧功率因数的变化可能导致线路功率因数异常，进而引起电能计量异常。为此，查询一体化电量与线损管理系统得到 271、241 出线所带用户电能表信息详见表 6-10。

利用“电力用户用电信息采集系统”查询用户电能表功率因数记录情况，发现尾号为“8406”的电能表功率因数异常，用电地址编号为“749”，同一地区另一电能表尾号为“9705”。

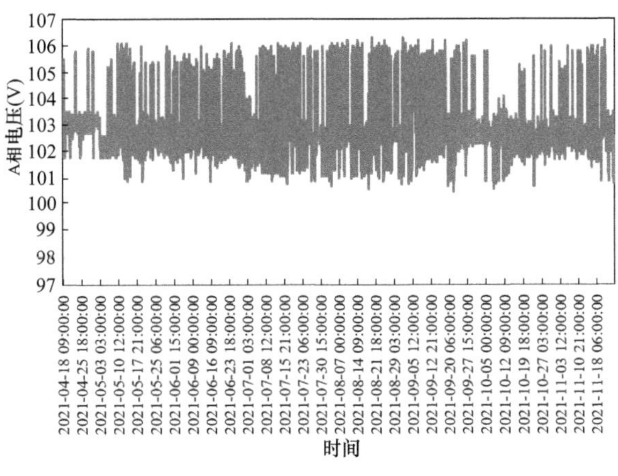

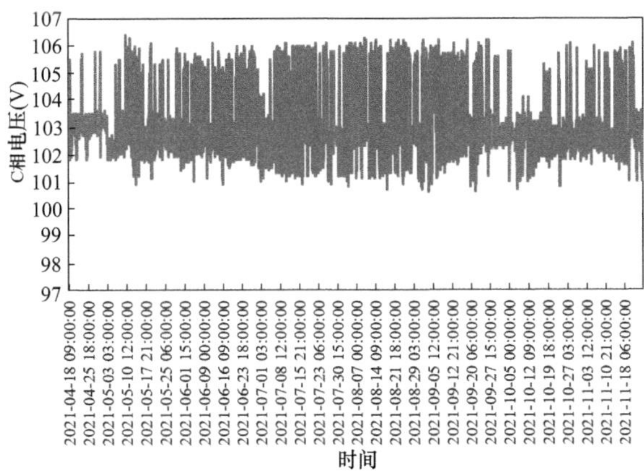

图 6-26　241 计量点电压

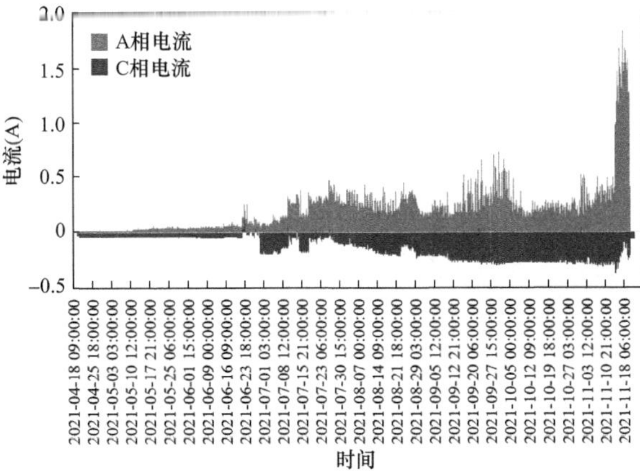

图 6-27　271 计量点电流

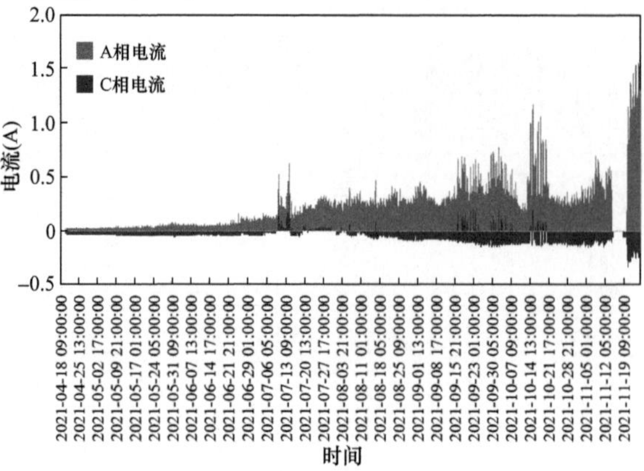

图 6-28　241 计量点电流

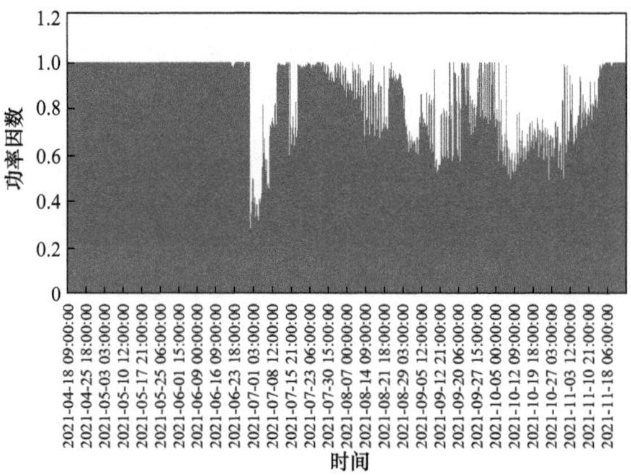

图 6-29　271 计量点功率因数

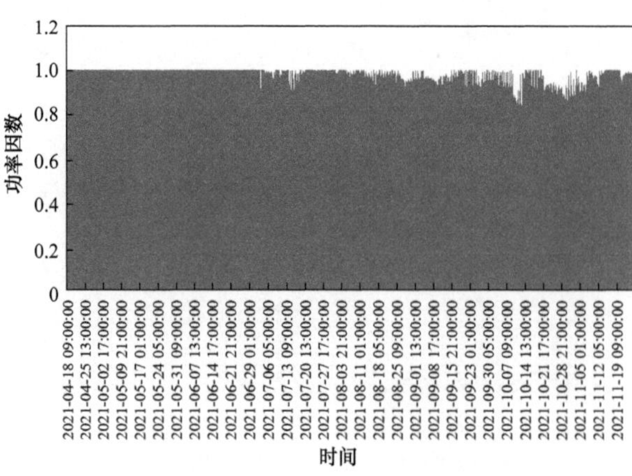

图 6-30　241 计量点功率因数

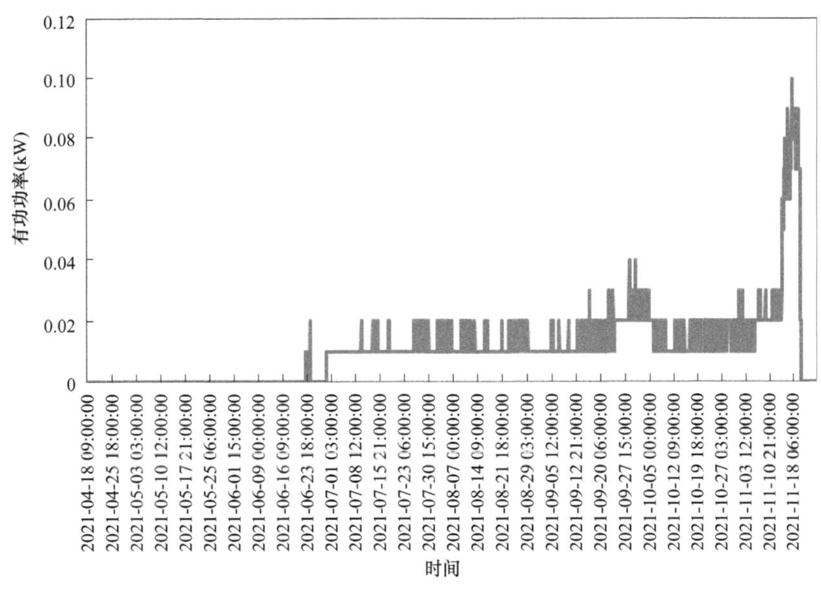

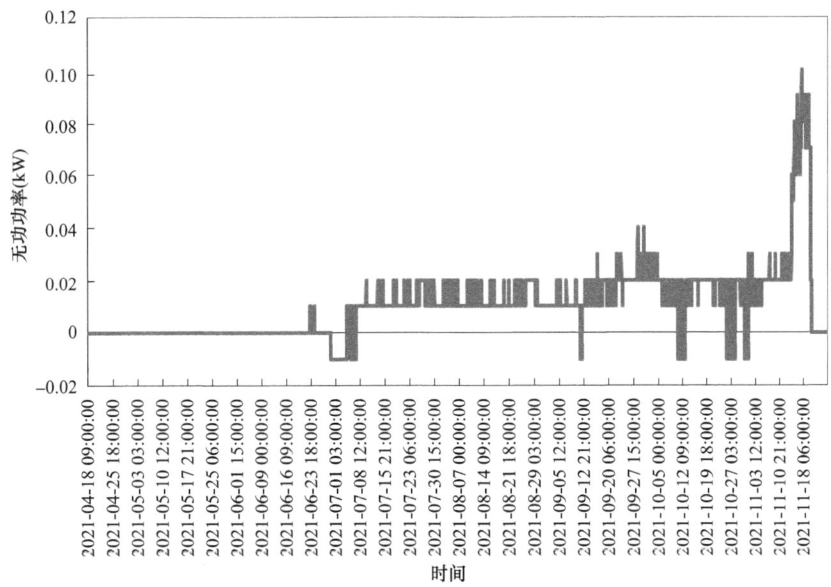

图 6–31　271 计量点有功功率和无功功率

图 6-33～图 6-36 所示分别表示尾号为 8406、9705、9591、8706 电能表的功率因数，图中横坐标轴表示每天 96 个采样点，纵坐标轴为采样日期，用颜色深度来表示功率因数变化。空白区域为采集中断区域，未采到有效数据。图 6-33 显示，自 2021 年 4 月 27 日起至 11 月，8406 电能表功率因数普遍低于 0.8，属于负荷异常情况。

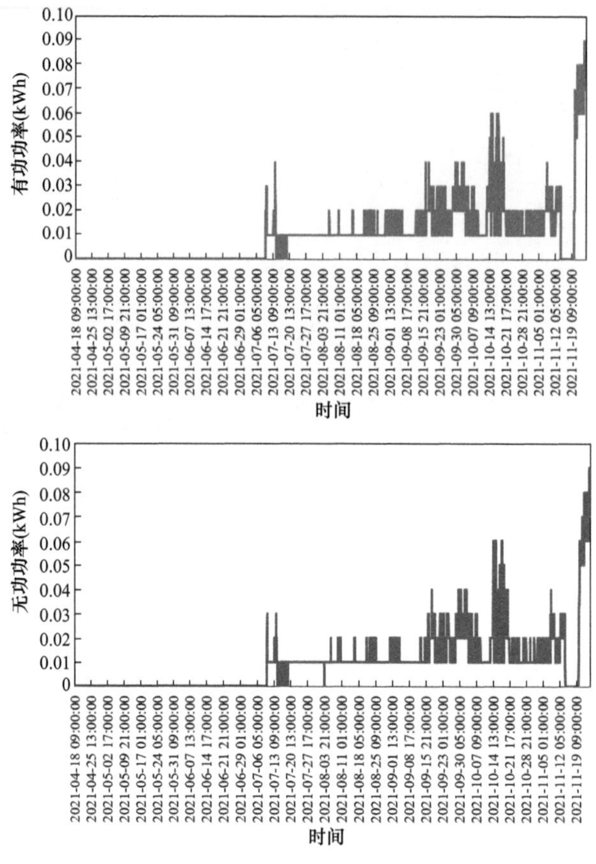

图 6-32　241 计量点有功功率和无功功率

同一供电区域 9705 电能表的功率因数如图 6-34 所示，图 6-34 中阴影区域为采集中断情况，未采到有效数据。由图 6-34 可以看出，9705 电能表 6 月份功率因数异常，其余时间功率因数均大于 0.8。

9591 计量点功率因数如图 6-35 所示。由图 6-35 可知，在 9～11 月期间 9591 电能表功率因数在 0.9～0.75 变化，波动较为明显，线路负荷不稳定。同一地区 241 线路所带负荷电能表尾号为 8706，其功率因数变化如图 6-36 所示。

各计量点电能表电量数据如图 6-37 所示。2021 年 11 月 13 日至 2021 年 11 月 19 日，负荷增加较为明显。

综上所述，计量生产中心推测分析，计量异常原因可能有以下几点。

（1）271 线路所带 8406 电能表用户及 9591 电能表用户使用了较多无功负荷，且未采用无功补偿设备，导致线路功率因数较低。

（2）271 线路电能表故障，导致计量异常。

表 6-10 用户电能表信息

线路编号	计量点名称	表号	出厂编号	资产编号	所属路线	类型	倍率	容量（VA）	用电地址编号
241 出线所带用户电能表信息	北京 ××××× 有限公司	××××6292	××××9470	××××9470	五 ×××× 一	高压用户	3000	126240.0	××××738
	北京 ××××× 有限公司	××××5229	××××8407	××××8407	五 ×××× 一	高压用户	1500	60000.0	××××739
	北京 ××××× 有限公司	××××6527	××××9705	××××9705	五 ×××× 一	高压用户	3000	118224.0	××××749
	北京 ××××× 有限公司	××××5775	××××8953	××××8953	五 ×××× 一	高压用户	3000	96000.0	××××758
	北京 ××××× 有限公司	××××5773	××××8951	××××8951	五 ×××× 一	高压用户	1500	48000.0	××××755
	北京 ××××× 有限公司	××××5774	××××8952	××××8952	五 ×××× 一	高压用户	2000	86400.0	××××754
271 出线所带用户电能表信息	北京 ××××× 有限公司	××××6414	××××9592	××××9592	五 ×××× 二	高压用户	3000	126240.0	××××738
	北京 ××××× 有限公司	××××5528	××××8706	××××8706	五 ×××× 二	高压用户	1500	60000.0	××××739
	北京 ××××× 有限公司	××××5228	××××8406	××××8406	五 ×××× 二	高压用户	3000	118224.0	××××749
	北京 ××××× 有限公司	××××6300	××××9478	××××9478	五 ×××× 二	高压用户	3000	96000.0	××××758
	北京 ××××× 有限公司	××××6413	××××9591	××××9591	五 ×××× 二	高压用户	1500	48000.0	××××755
	北京 ××××× 有限公司	××××6412	××××9590	××××9590	五 ×××× 二	高压用户	2000	86400.0	××××754

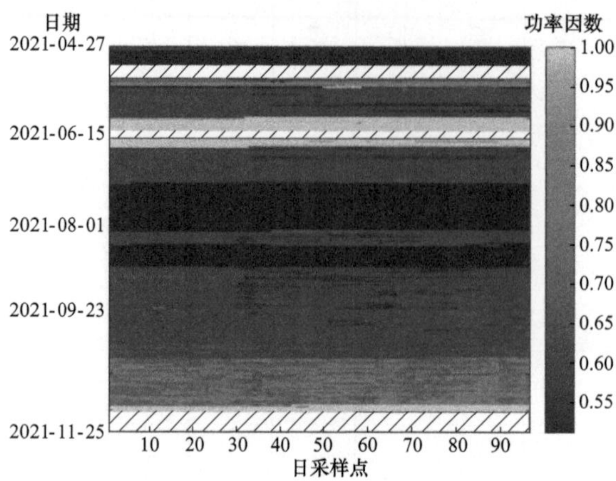

图 6-33 8406 电能表功率因数

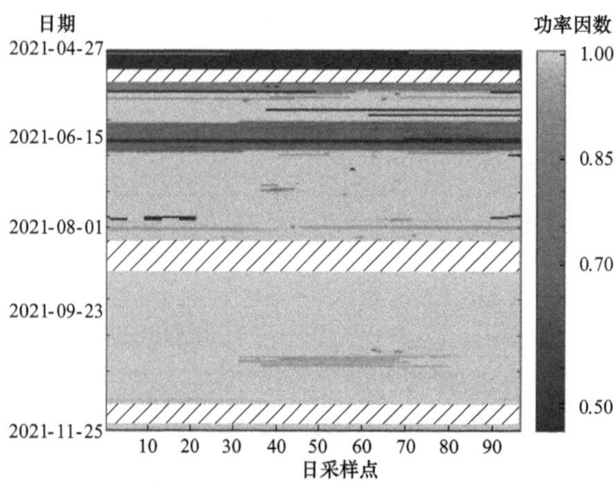

图 6-34 9705 电能表功率因数

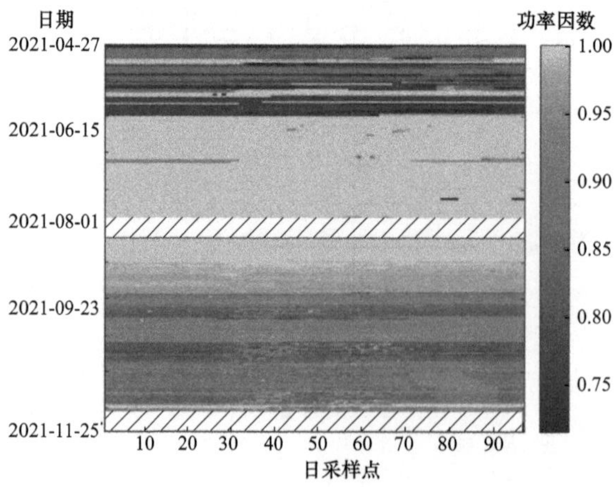

图 6-35 9591 电能表功率因数

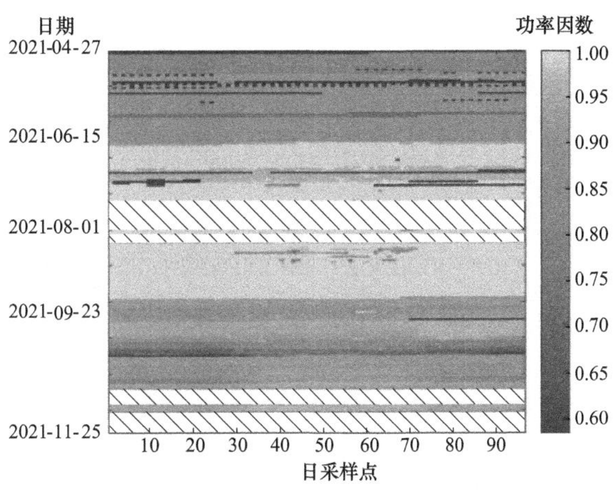

图 6-36 8706 电能表功率因数

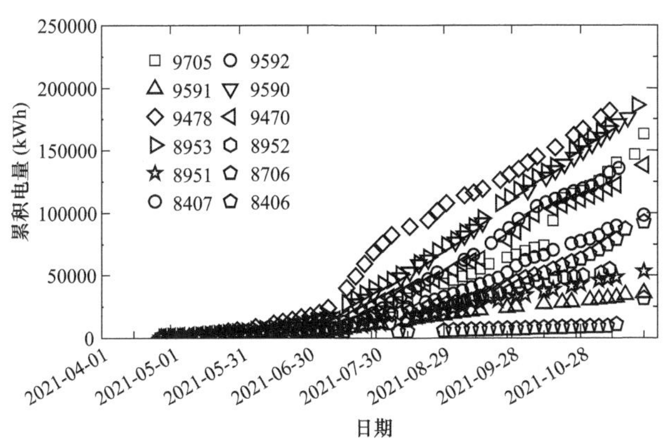

图 6-37 各电能表累计电量

6.2.4.3 现场处理

2021 年 11 月 18 日，计量运维人员前往该 220kV 变电站开展故障排查和处理工作。

现场检查确认 271 计量点电能表外观和显示正常，无报警信号。利用电能表校验仪开展误差测试，检测发现五次谐波电压含量为 1.096%U_n，五次谐波电流为 18.991%I_n，在这一谐波条件下，五次测试的误差平均值为 0.017%，满足电能表的运行要求，说明电能表工作正常。如图 6-38 所示为现场误差测试结果。

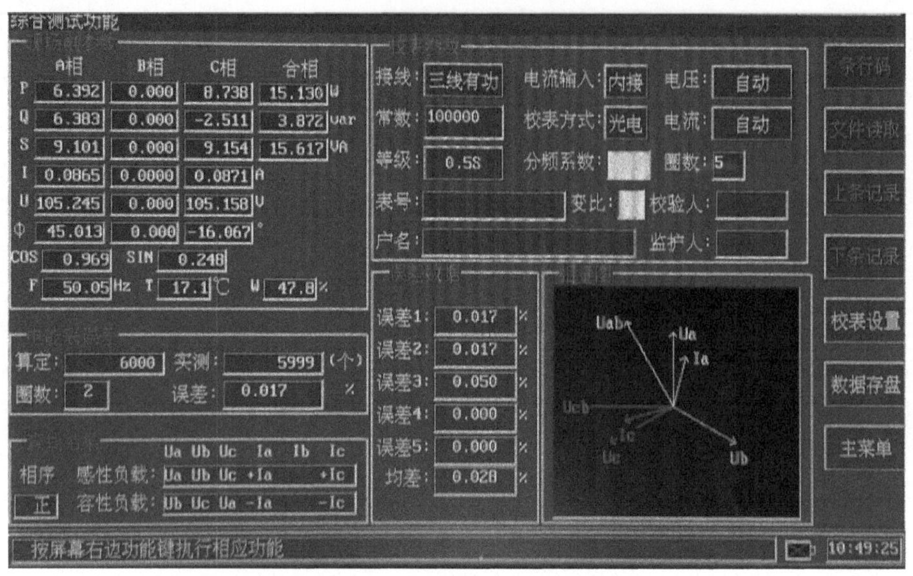

图 6-38　271 计量点工作误差测试结果

计量运维人员将上述分析及检查结果向供电公司进行反馈，并建议其前往用户侧检查。

供电公司对用户检查后报告，8406、8951 电能表用户在 2021 年 7—10 月期间新装了一批制冷设备，但未及时安装无功补偿设备。由于制冷设备在使用过程中会产生无功功率，且用户侧未及时安装相应的无功补偿设备，因此使得线路功率因数产生波动，从而导致了计量异常。

参考文献

[1] 马振强 . 装表接电 [M]. 北京：中国电力出版社，2013.

[2] 吴安岚 . 电能计量基础及新技术 [M]. 2 版 . 北京：中国水利水电出版社，2008.

[3] 王月志 . 电能计量技术 [M]. 2 版 . 北京：中国电力出版社，2015.

[4] 彭时雄 . 交流电能（电功率）测量综合误差的测试计算及改进技术 [M]. 北京：中国电力出版社，2002.

[5] 肖勇 . 电能计量设备故障分析与可靠性技术 [M]. 北京：中国电力出版社，2014.

[6] 国网湖南省电力公司电力科学研究院 . 电能计量技术及故障处理 [M]. 北京：中国电力出版社，2015.

[7] 凌子恕 . 高压互感器技术手册 [M]. 北京：中国电力出版社，2005.